冶金工业出版社

普通高等教育“十四五”规划教材

广义连续介质力学

魏培君　编著

本书数字资源

北　京

冶　金　工　业　出　版　社

2024

内 容 提 要

本书介绍了经典连续介质力学的基本理论，如变形、应力、弹塑性本构模型以及守恒方程等内容；经典的连续介质力学通常不包含微结构效应，但考虑到材料微结构对力学行为、热传导以及电磁感应行为的影响不可忽视，特别是高频弹性波传播的色散和衰减特性，微纳尺度下的力、电、热及其耦合力学等问题，本书还介绍了偶应力弹性理论、应变梯度弹性理论、微态弹性理论以及非局部弹性理论。

本书可作为高等学校理工科学生的“连续介质力学”课程教材，也可供有关学科科技工作者参考。

图书在版编目（CIP）数据

广义连续介质力学 / 魏培君编著. -- 北京 ：冶金工业出版社，2024. 12. --（普通高等教育“十四五”规划教材）. -- ISBN 978-7-5240-0037-2

Ⅰ. O33

中国国家版本馆 CIP 数据核字第 202423VY48 号

广义连续介质力学

出版发行 冶金工业出版社　**电　话**（010）64027926
地　址 北京市东城区嵩祝院北巷 39 号　**邮　编** 100009
网　址 www. mip1953. com　**电子信箱** service@ mip1953. com

责任编辑 于昕蕾 卢 蕊 美术编辑 吕欣童 版式设计 郑小利
责任校对 石 静 责任印制 窦 唯
北京印刷集团有限责任公司印刷
2024 年 12 月第 1 版，2024 年 12 月第 1 次印刷
710mm×1000mm 1/16；13. 5 印张；260 千字；205 页
定价 39. 00 元

投稿电话（010）64027932 **投稿信箱** tougao@cnmip. com. cn
营销中心电话（010）64044283
冶金工业出版社天猫旗舰店 yjgycbs. tmall. com
（本书如有印装质量问题，本社营销中心负责退换）

前　言

连续介质力学，早期也称连续统力学，是力学的一个重要分支。它采用张量分析数学工具，系统和严谨地分析连续介质在外力作用下的变形和运动规律。连续介质力学不同于材料力学、弹性力学以及塑性力学，它是在材料几何大变形或者有限变形的基础上研究力与变形及运动的规律，小变形下的力与变形及运动的规律只是它的一个特殊情况。因此，学习连续介质力学有助于从更广阔的视角理解力学各个分支之间的关系。从这个角度说，连续介质力学是更高层级的力学课程。经典的连续介质力学重点研究变形描述，从而引出各种应变度量；从力的精确描述出发，引出各种应力张量。本构关系描述应力与应变之间的关系。由于固体、液体和气体的不同变形性质，本构关系因材料的不同而具有多样性，但它们遵循一些最基本的要求，譬如客观性要求和坐标不变性要求。在静力的作用下，主要考虑物质最终的变形。在动载荷作用下，还需要考虑变形速率和旋转速率。物质在变形和运动过程中还需要遵守基本的守恒定律，譬如质量守恒定律、动量守恒定律、动量矩守恒定律以及能量守恒定律和热力学第二定律。这些守恒定律是所有被涵盖在连续介质概念下的物质，包括固体、液体和气体共同遵守的。这些内容构成经典连续介质力学。实际材料都存在这样或那样的微结构，譬如颗粒材料的颗粒结构、多孔材料的孔隙结构、晶体材料的晶胞结构等。随着力学的发展，特别是随着微纳尺度下力学行为的深入研究，发现材料微结构对力学行为、电磁感应行为、热传导行为以及这些物理场之间的耦合行为均存在不可忽视的效应，统称为微结构效应。经典的连续介质理论一般并不包含微结构效应，本书的一大特色就是将包含微结构效应的弹性理论加入其中，这些包含微结构效应的弹性理论有：第 6 章的偶应力弹性理论；第 7 章的应变梯度弹性理论；第 8 章的微态、微极及微膨胀弹性理论；第 9 章的非局部弹性理论。特别需要指出的是，经典的连续介质理论要求本构关系必须满足局部性原理，而非局部弹性理论突破了这个要求。从这个角度，可以将考虑微结构效应以及突破局部性原理的连续介质理论称为广义连续介质力学。由于“连续介质”是自然材料最广泛应用的材料模型，因此连续介质力学在众多工程领域，譬如航空航天、车辆、矿业、机械、土木、交通、材料、冶金等都有广泛的应用。

作者多年给研究生讲授“连续介质力学”课程。本书是作者在该课程的讲稿基础上整理而成的，书中参考了部分现有“连续介质力学”课程相关教材，在本书参考文献中列出。作者主要从事复杂介质中弹性波传播问题研究，书中一些内容也参考了作者课题组的部分科研工作。为了加深对讲授内容的理解，各章均配有一定数量的习题。

在本书的编写过程中，得到作者的博士研究生曹静、宋鹏飞以及硕士研究生晁志鹏、陈云龙、黄宏才和王永强等的大力帮助。他们在书稿内容及公式校对、文字编排及插图绘制等方面做了大量工作，在此表示衷心的感谢。此外，还要感谢“北京科技大学研究生教材建设项目”的资助。

由于作者水平所限，书中难免存在不妥之处，敬请读者批评指正。

魏培君
于北京科技大学力学系
2024 年 5 月 20 日

目　　录

1　张量分析基础

1.1　正交直线坐标系下的矢量和张量

1.1.1　矢量及其代数运算

设正交直线坐标系的单位基矢量为 $\boldsymbol{e}_i(i=1,\ 2,\ 3)$，则任意矢量可以表示为

$$\boldsymbol{a}=a_1\boldsymbol{e}_1+a_2\boldsymbol{e}_2+a_3\boldsymbol{e}_3=\sum_{i=1}^{3}a_i\boldsymbol{e}_i=a_i\boldsymbol{e}_i \tag{1-1}$$

上式记法中采用了爱因斯坦求和约定，即在张量运算中，如果某项中出现重复指标，则意味着对重复指标进行求和，而将求和符号省掉。单位基矢量满足正交性条件

$$\boldsymbol{e}_i\cdot\boldsymbol{e}_j=\begin{cases}1 & (i=j)\\0 & (i\neq j)\end{cases} \tag{1-2}$$

以及循环条件

$$\boldsymbol{e}_i\times\boldsymbol{e}_j=\begin{cases}0 & (i=j)\\e_{ijk}\boldsymbol{e}_k & (i\neq j)\end{cases} \tag{1-3}$$

上式中，置换符号 e_{ijk}（又称 Racci 符号）满足

$$e_{ijk}=\begin{cases}+1 & (i,\ j,\ k\ \text{构成偶排列})\\-1 & (i,\ j,\ k\ \text{构成奇排列})\\0 & (i,\ j,\ k\ \text{有重复指标})\end{cases} \tag{1-4}$$

在三维空间，上述指标（i，j，k）中的每 1 个有 3 种取法，排列 ijk 共有 27 种。任意调换其中一对指标称为一次置换。如果指标的排列是从初始排列 123 经过偶数次置换得到的就称为偶排列；如果指标排列是初始排列 123 经过奇数次置换得到的就称为奇排列，否则称为非序排列，譬如存在重复指标的情况就是非序排列。

矢量的代数运算包括标量积（点积）、矢量积（叉积）以及混合积，定义

如下：

$$
\begin{aligned}
\boldsymbol{a} \cdot \boldsymbol{b} &= (a_1\boldsymbol{e}_1 + a_2\boldsymbol{e}_2 + a_3\boldsymbol{e}_3) \cdot (b_1\boldsymbol{e}_1 + b_2\boldsymbol{e}_2 + b_3\boldsymbol{e}_3) \\
&= a_1b_1\boldsymbol{e}_1 \cdot \boldsymbol{e}_1 + a_1b_2\boldsymbol{e}_1 \cdot \boldsymbol{e}_2 + a_1b_3\boldsymbol{e}_1 \cdot \boldsymbol{e}_3 + \\
&\quad a_2b_1\boldsymbol{e}_2 \cdot \boldsymbol{e}_1 + a_2b_2\boldsymbol{e}_2 \cdot \boldsymbol{e}_2 + a_2b_3\boldsymbol{e}_2 \cdot \boldsymbol{e}_3 + \\
&\quad a_3b_1\boldsymbol{e}_3 \cdot \boldsymbol{e}_1 + a_3b_2\boldsymbol{e}_3 \cdot \boldsymbol{e}_2 + a_3b_3\boldsymbol{e}_3 \cdot \boldsymbol{e}_3 \\
&= a_ib_j\boldsymbol{e}_i \cdot \boldsymbol{e}_j = a_1b_1 + a_2b_2 + a_3b_3 = a_ib_i
\end{aligned} \tag{1-5}
$$

$$
\begin{aligned}
\boldsymbol{a} \times \boldsymbol{b} &= (a_1\boldsymbol{e}_1 + a_2\boldsymbol{e}_2 + a_3\boldsymbol{e}_3) \times (b_1\boldsymbol{e}_1 + b_2\boldsymbol{e}_2 + b_3\boldsymbol{e}_3) \\
&= a_1b_1\boldsymbol{e}_1 \times \boldsymbol{e}_1 + a_1b_2\boldsymbol{e}_1 \times \boldsymbol{e}_2 + a_1b_3\boldsymbol{e}_1 \times \boldsymbol{e}_3 + \\
&\quad a_2b_1\boldsymbol{e}_2 \times \boldsymbol{e}_1 + a_2b_2\boldsymbol{e}_2 \times \boldsymbol{e}_2 + a_2b_3\boldsymbol{e}_2 \times \boldsymbol{e}_3 + \\
&\quad a_3b_1\boldsymbol{e}_3 \times \boldsymbol{e}_1 + a_3b_2\boldsymbol{e}_3 \times \boldsymbol{e}_2 + a_3b_3\boldsymbol{e}_3 \times \boldsymbol{e}_3 \\
&= a_ib_j\boldsymbol{e}_i \times \boldsymbol{e}_j = a_ib_je_{ijk}\boldsymbol{e}_k
\end{aligned} \tag{1-6}
$$

$$
\begin{aligned}
\boldsymbol{a} \times \boldsymbol{b} \cdot \boldsymbol{c} &= [(a_1\boldsymbol{e}_1 + a_2\boldsymbol{e}_2 + a_3\boldsymbol{e}_3) \times (b_1\boldsymbol{e}_1 + b_2\boldsymbol{e}_2 + b_3\boldsymbol{e}_3)] \cdot (c_1\boldsymbol{e}_1 + c_2\boldsymbol{e}_2 + c_3\boldsymbol{e}_3) \\
&= a_ib_jc_k[\boldsymbol{e}_i \times \boldsymbol{e}_j] \cdot \boldsymbol{e}_k \\
&= a_ib_jc_ke_{ijm}\boldsymbol{e}_m \cdot \boldsymbol{e}_k \\
&= a_ib_jc_ke_{ijm}\delta_{mk} = a_ib_jc_ke_{ijk}
\end{aligned} \tag{1-7}
$$

上述矢量代数运算具有明显的几何意义。标量积

$$\boldsymbol{a} \cdot \boldsymbol{b} = |\boldsymbol{a}| \cdot |\boldsymbol{b}| \cos(\boldsymbol{a}, \boldsymbol{b}) \tag{1-8}$$

表示矢量 $\boldsymbol{a}$ 在矢量 $\boldsymbol{b}$ 上的投影，或者矢量 $\boldsymbol{b}$ 在矢量 $\boldsymbol{a}$ 上的投影。矢量积

$$\boldsymbol{a} \times \boldsymbol{b} = |\boldsymbol{a}| \cdot |\boldsymbol{b}| \sin(\boldsymbol{a}, \boldsymbol{b}) \cdot \boldsymbol{n} / |\boldsymbol{n}| \tag{1-9}$$

其大小表示两个矢量构成的平行四边形的面积，其方向表示平行四边形所在平面的法线 $\boldsymbol{n}$。混合积

$$\boldsymbol{a} \times \boldsymbol{b} \cdot \boldsymbol{c} = |\boldsymbol{a}| \cdot |\boldsymbol{b}| \cdot |\boldsymbol{c}| \sin(\boldsymbol{a}, \boldsymbol{b}) \cos(\boldsymbol{n}, \boldsymbol{c}) \tag{1-10}$$

表示由三个矢量构成的平行六面体的体积。从混合积的这一物理意义不难发现混合积满足如下规则：

$$(\boldsymbol{a} \times \boldsymbol{b}) \cdot \boldsymbol{c} = (\boldsymbol{b} \times \boldsymbol{c}) \cdot \boldsymbol{a} = (\boldsymbol{c} \times \boldsymbol{a}) \cdot \boldsymbol{b} \tag{1-11}$$

根据上述矢量运算的定义，可以证明三个矢量的二重叉积满足以下恒等式：

$$\boldsymbol{u} \times (\boldsymbol{v} \times \boldsymbol{w}) = (\boldsymbol{u} \cdot \boldsymbol{w})\boldsymbol{v} - (\boldsymbol{u} \cdot \boldsymbol{v})\boldsymbol{w} \tag{1-12}$$

由上式可知二重叉积不满足结合律，即

$$\boldsymbol{u} \times (\boldsymbol{v} \times \boldsymbol{w}) \neq (\boldsymbol{u} \times \boldsymbol{v}) \times \boldsymbol{w} \tag{1-13}$$

1.1.2 张量积及张量概念

除了标量积和矢量积，我们还可以定义两个矢量之间的张量积：

$$\boldsymbol{A} = \boldsymbol{a} \otimes \boldsymbol{b} = a_i \boldsymbol{e}_i \otimes b_j \boldsymbol{e}_j = a_i b_j \boldsymbol{e}_i \otimes \boldsymbol{e}_j = c_{ij} \boldsymbol{e}_i \otimes \boldsymbol{e}_j \tag{1-14}$$

$$\boldsymbol{A}' = \boldsymbol{b} \otimes \boldsymbol{a} = b_i \boldsymbol{e}_i \otimes a_j \boldsymbol{e}_j = b_i a_j \boldsymbol{e}_i \otimes \boldsymbol{e}_j = c'_{ij} \boldsymbol{e}_i \otimes \boldsymbol{e}_j \tag{1-15}$$

上式中，$\boldsymbol{e}_i \otimes \boldsymbol{e}_j$ 称为并矢基，即由两个单位基矢量并置在一起构成的复合基。并矢基中单位基矢量的并置顺序不同，应该看成是不同的并矢基。一般将 $\boldsymbol{e}_j \otimes \boldsymbol{e}_i$ 看成 $\boldsymbol{e}_i \otimes \boldsymbol{e}_j$ 的转置并矢基。

由于 $c_{ij} \neq c'_{ij}$，所以

$$\boldsymbol{a} \otimes \boldsymbol{b} \neq \boldsymbol{b} \otimes \boldsymbol{a} \tag{1-16}$$

事实上，

$$\boldsymbol{b} \otimes \boldsymbol{a} = b_j \boldsymbol{e}_j \otimes a_i \boldsymbol{e}_i = a_i b_j \boldsymbol{e}_j \otimes \boldsymbol{e}_i = b_{ij} \boldsymbol{e}_j \otimes \boldsymbol{e}_i \tag{1-17}$$

与 $\boldsymbol{a} \otimes \boldsymbol{b}$ 只是并矢基的顺序不同，一般称 $\boldsymbol{b} \otimes \boldsymbol{a}$ 与 $\boldsymbol{a} \otimes \boldsymbol{b}$ 互为转置，记为 $\boldsymbol{A}' = \boldsymbol{A}^{\mathrm{T}}$ 或者 $\boldsymbol{A} = \boldsymbol{A}'^{\mathrm{T}}$。一般地，通过两个矢量的张量积得到的新的量为张量。由于并矢基是由两个单位基矢量并置构成的，因此称这样的张量为二阶张量。

类似地，可以定义

$$\boldsymbol{A} \otimes \boldsymbol{c} = a_{ij} \boldsymbol{e}_i \otimes \boldsymbol{e}_j \otimes c_k \boldsymbol{e}_k = a_{ij} c_k \boldsymbol{e}_i \otimes \boldsymbol{e}_j \otimes \boldsymbol{e}_k = b_{ijk} \boldsymbol{e}_i \otimes \boldsymbol{e}_j \otimes \boldsymbol{e}_k \tag{1-18}$$

由于并矢基包含 3 个单位基矢量，因此称为三阶张量。一般地，n 阶张量可表示为

$$\boldsymbol{A} = a_{i_1 i_2 \cdots i_n} \boldsymbol{e}_{i_1} \otimes \boldsymbol{e}_{i_2} \otimes \cdots \otimes \boldsymbol{e}_{i_n} \tag{1-19}$$

称 $\boldsymbol{e}_{i_1} \otimes \boldsymbol{e}_{i_2} \otimes \cdots \otimes \boldsymbol{e}_{i_n}$ 为张量的并矢基，而称 $a_{i_1 i_2 \cdots i_n}$ 为与此并矢基对应的张量分量。需要特别指出的是，在许多文献中，并矢基中的符号$\otimes$被省略。

下面我们来讨论两个矢量的并矢运算的力学意义。如果我们知道一点的应力状态，就意味着过这一点的任意空间斜截面（其法线为 $\boldsymbol{n}$）上的受力情况都已知。那么该用一个什么量来表示这一点的应力状态呢？如果构造这样一个二阶张量

$$\boldsymbol{\sigma} = \boldsymbol{t} \otimes \boldsymbol{n} \tag{1-20}$$

则过空间一点的任意斜截面（其法线为 $\boldsymbol{n}$）上的面力就可以按照下式进行计算：

$$\boldsymbol{t} = \boldsymbol{\sigma} \cdot \boldsymbol{n} \tag{1-21}$$

上式表示张量 $\boldsymbol{\sigma}$ 在法线为 $\boldsymbol{n}$ 的斜截面上的投影就是这个斜截面上的面力。可见定义两个矢量的张量积在力学问题中具有重要意义。这里 $\boldsymbol{n}$ 表示斜截面的单位法向矢量，而 $\boldsymbol{t}$ 表示斜截面上单位面积上的面力。任意选定一个坐标系，在这个坐标系中，$\boldsymbol{n} = n_i \boldsymbol{e}_i$，$\boldsymbol{t} = t_i \boldsymbol{e}_i$，则应力张量可以表示为

$$\boldsymbol{\sigma} = t_i \boldsymbol{e}_i \otimes n_j \boldsymbol{e}_j = t_i n_j \boldsymbol{e}_i \otimes \boldsymbol{e}_j = \sigma_{ij} \boldsymbol{e}_i \otimes \boldsymbol{e}_j \tag{1-22}$$

而坐标面（其法线为 $\boldsymbol{n}_i$，$\boldsymbol{n}_i = \boldsymbol{e}_i$）上的面力

$$\boldsymbol{t}_i = \boldsymbol{\sigma} \cdot \boldsymbol{n}_i = \boldsymbol{\sigma} \cdot \boldsymbol{e}_i = \sigma_{ij}\boldsymbol{e}_j \tag{1-23}$$

可见 σ_{ij} 的力学意义就是垂直 $\boldsymbol{e}_i$ 的坐标面上的正应力和剪应力。

当 $\boldsymbol{n}$ 与 $\boldsymbol{e}_i(i = x, y, z)$ 不重合时，$\boldsymbol{n}$ 表示在三个坐标轴上的截距均不为零的某斜截面，而不是坐标面。

$$\boldsymbol{n} = n_\beta \boldsymbol{e}_\beta \tag{1-24}$$

$$n_\beta = \cos\theta_{n\beta} \tag{1-25}$$

式中，$\theta_{n\beta}$ 为斜截面法线 $\boldsymbol{n}$ 与坐标轴 $\boldsymbol{e}_\beta$ 之间的夹角。

$$\boldsymbol{\sigma} \cdot \boldsymbol{n} = t_{i\alpha}\boldsymbol{e}_\alpha \otimes \boldsymbol{e}_i \cdot n_\beta \boldsymbol{e}_\beta = t_{i\alpha} n_\beta \delta_{i\beta} \boldsymbol{e}_\alpha = t_{\beta\alpha} n_\beta \boldsymbol{e}_\alpha = t_\alpha \boldsymbol{e}_\alpha = \boldsymbol{t}_n \tag{1-26}$$

表明斜截面上的面力 $\boldsymbol{t}_n$ 可通过 $\boldsymbol{\sigma}$ 与斜截面的单位法向矢量 $\boldsymbol{n}$ 按 $\boldsymbol{\sigma} \cdot \boldsymbol{n}$ 求得。换句话说，一旦知道斜截面的单位法线，就可以求得作用在该斜截面上的面力 $\boldsymbol{t}_n$，可见构造这样一个二阶张量 $\boldsymbol{\sigma}$ 是非常有用的。从式（1-26）可以看出，为了满足 $\boldsymbol{\sigma} \cdot \boldsymbol{n} = \boldsymbol{t}_n$，这个二阶张量可以表示为 $\boldsymbol{\sigma} = \boldsymbol{t}_n \otimes \boldsymbol{n}$。$\boldsymbol{t}_n$ 也可以理解为二阶张量 $\boldsymbol{\sigma}$ 在斜截面 $\boldsymbol{n}$ 上的投影。从上述这个例子可以看出，矢量的张量积的定义不是主观虚构的，而是根据解决实际物理问题的客观需要而产生的。就如同定义标量积是为了求投影，定义矢量积是为了求面积，定义混合积是为了求体积一样，定义张量积则是为了求任意斜截面上的面力。

1.1.3 张量的代数运算

张量是矢量概念的自然推广，类似于矢量的代数运算，可以定义张量的代数运算如下：

（1）张量相等。如果两个张量 $\boldsymbol{A}$ 和 $\boldsymbol{B}$ 阶次相同，且对应相同的并矢基的分量也相同，则称这两个张量是相等的，记为 $\boldsymbol{A} = \boldsymbol{B}$。

（2）张量的加减。如果两个张量 $\boldsymbol{A}$ 和 $\boldsymbol{B}$ 阶次相同，定义这两个张量的加减运算为（以二阶张量为例）

$$\boldsymbol{A} \pm \boldsymbol{B} = a_{ij}\boldsymbol{e}_i \otimes \boldsymbol{e}_j \pm b_{ij}\boldsymbol{e}_i \otimes \boldsymbol{e}_j = (a_{ij} \pm b_{ij})\boldsymbol{e}_i \otimes \boldsymbol{e}_j \tag{1-27}$$

（3）标量与张量相乘。以二阶张量 $\boldsymbol{A}$ 为例，设 α 为标量，定义

$$\alpha\boldsymbol{A} = \alpha a_{ij}\boldsymbol{e}_i \otimes \boldsymbol{e}_j \tag{1-28}$$

（4）张量的标量积（点积）。设 $\boldsymbol{A}$ 为二阶张量，$\boldsymbol{C}$ 为三阶张量，定义这两个张量的标量积为

$$\boldsymbol{A} \cdot \boldsymbol{C} = a_{mn}\boldsymbol{e}_m \otimes \boldsymbol{e}_n \cdot c_{ijk}\boldsymbol{e}_i \otimes \boldsymbol{e}_j \otimes \boldsymbol{e}_k = (a_{mn}c_{ijk})(\boldsymbol{e}_n \cdot \boldsymbol{e}_i)\boldsymbol{e}_m \otimes \boldsymbol{e}_j \otimes \boldsymbol{e}_k$$

$$= (a_{mn}c_{ijk})\delta_{ni}\boldsymbol{e}_m \otimes \boldsymbol{e}_j \otimes \boldsymbol{e}_k = (a_{mi}c_{ijk})\boldsymbol{e}_m \otimes \boldsymbol{e}_j \otimes \boldsymbol{e}_k = b_{mjk}\boldsymbol{e}_m \otimes \boldsymbol{e}_j \otimes \boldsymbol{e}_k \tag{1-29}$$

式中，$b_{mjk} = a_{mi}c_{ijk} = \sum_{i=1}^{3} a_{mi}c_{ijk}$。从张量的标量积运算规则可知，$n$ 阶张量与一个矢量的标量积，结果为 $n-1$ 阶张量；n 阶张量与一个 m 阶张量的标量积，结果为 $n+m-2$ 阶张量。

（5）张量的矢量积（叉积）。设 $\boldsymbol{A}$ 为二阶张量，$\boldsymbol{C}$ 为三阶张量，定义这两个张量的矢量积为

$$\begin{aligned}\boldsymbol{A} \times \boldsymbol{C} &= a_{mn}\boldsymbol{e}_m \otimes \boldsymbol{e}_n \times c_{ijk}\boldsymbol{e}_i \otimes \boldsymbol{e}_j \otimes \boldsymbol{e}_k = (a_{mn}c_{ijk})\boldsymbol{e}_m \otimes (\boldsymbol{e}_n \times \boldsymbol{e}_i) \otimes \boldsymbol{e}_j \otimes \boldsymbol{e}_k \\ &= (a_{mn}c_{ijk})\boldsymbol{e}_m \otimes e_{nil}\boldsymbol{e}_l \otimes \boldsymbol{e}_j \otimes \boldsymbol{e}_k = (a_{mn}c_{ijk}e_{nil})\boldsymbol{e}_m \otimes \boldsymbol{e}_l \otimes \boldsymbol{e}_j \otimes \boldsymbol{e}_k \\ &= b_{mljk}\boldsymbol{e}_m \otimes \boldsymbol{e}_l \otimes \boldsymbol{e}_j \otimes \boldsymbol{e}_k\end{aligned} \tag{1-30}$$

式中，$b_{mljk} = a_{mn}c_{ijk}e_{nil} = \sum_{n=1}^{3}\sum_{i=1}^{3} a_{mn}c_{ijk}e_{nil}$。从张量的矢量积运算规则可知，$n$ 阶张量与一个矢量的矢量积，结果仍为一个 n 阶张量；n 阶张量与一个 m 阶张量的矢量积，结果为 $n+m-1$ 阶张量。

（6）张量的张量积。设 $\boldsymbol{A}$ 为二阶张量，$\boldsymbol{C}$ 为三阶张量，定义这两个张量的张量积为

$$\begin{aligned}\boldsymbol{A} \otimes \boldsymbol{C} &= (a_{mn}\boldsymbol{e}_m \otimes \boldsymbol{e}_n) \otimes (c_{ijk}\boldsymbol{e}_i \otimes \boldsymbol{e}_j \otimes \boldsymbol{e}_k) = (a_{mn}c_{ijk})\boldsymbol{e}_m \otimes (\boldsymbol{e}_n \otimes \boldsymbol{e}_i) \otimes \boldsymbol{e}_j \otimes \boldsymbol{e}_k \\ &= (a_{mn}c_{ijk})\boldsymbol{e}_m \otimes \boldsymbol{e}_n \otimes \boldsymbol{e}_i \otimes \boldsymbol{e}_j \otimes \boldsymbol{e}_k = b_{mnijk}\boldsymbol{e}_m \otimes \boldsymbol{e}_n \otimes \boldsymbol{e}_i \otimes \boldsymbol{e}_j \otimes \boldsymbol{e}_k\end{aligned} \tag{1-31}$$

式中，$b_{mnijk} = a_{mn}c_{ijk}$。从张量的张量积运算规则可知，$n$ 阶张量与一个矢量的张量积，结果为一个 $n+1$ 阶张量；n 阶张量与一个 m 阶张量的张量积，结果为 $n+m$ 阶张量。

（7）张量的双点积。设 $\boldsymbol{A}$ 为二阶张量，$\boldsymbol{B}$ 为三阶张量。张量的双点积有两种，即并联双点积和串联双点积。并联双点积定义为

$$\begin{aligned}\boldsymbol{A} : \boldsymbol{B} &= a_{mn}\boldsymbol{e}_m \otimes \boldsymbol{e}_n : b_{ijk}\boldsymbol{e}_i \otimes \boldsymbol{e}_j \otimes \boldsymbol{e}_k = (a_{mn}b_{ijk})(\boldsymbol{e}_m \cdot \boldsymbol{e}_i)(\boldsymbol{e}_n \cdot \boldsymbol{e}_j)\boldsymbol{e}_k \\ &= (a_{mn}b_{ijk})\delta_{mi}\delta_{nj}\boldsymbol{e}_k = (a_{ij}b_{ijk})\boldsymbol{e}_k = c_k\boldsymbol{e}_k\end{aligned} \tag{1-32}$$

式中，$c_k = a_{ij}b_{ijk} = \sum_{i=1}^{3}\sum_{j=1}^{3} a_{ij}b_{ijk}$。串联双点积定义为

$$\begin{aligned}\boldsymbol{A} \cdot\cdot\, \boldsymbol{B} &= a_{mn}\boldsymbol{e}_m \otimes \boldsymbol{e}_n \cdot\cdot\, b_{ijk}\boldsymbol{e}_i \otimes \boldsymbol{e}_j \otimes \boldsymbol{e}_k = (a_{mn}b_{ijk})(\boldsymbol{e}_m \cdot \boldsymbol{e}_j)(\boldsymbol{e}_n \cdot \boldsymbol{e}_i)\boldsymbol{e}_k \\ &= (a_{mn}b_{ijk})\delta_{mj}\delta_{ni}\boldsymbol{e}_k = (a_{ji}b_{ijk})\boldsymbol{e}_k = c_k\boldsymbol{e}_k\end{aligned} \tag{1-33}$$

式中，$c_k = a_{ji}b_{ijk} = \sum_{i=1}^{3}\sum_{j=1}^{3} a_{ji}b_{ijk}$。一般地，并联双点积与串联双点积得到的是不同

的结果。

（8）张量的二重叉积及混合积。设 $\boldsymbol{A}$ 为二阶张量，$\boldsymbol{B}$ 为三阶张量。张量的二重叉积定义为

$$\boldsymbol{A}\overset{\times}{\underset{\times}{}}\boldsymbol{B} = (a_{mn}\boldsymbol{e}_m \otimes \boldsymbol{e}_n)\overset{\times}{\underset{\times}{}}(b_{ijk}\boldsymbol{e}_i \otimes \boldsymbol{e}_j \otimes \boldsymbol{e}_k) = (a_{mn}b_{ijk})(\boldsymbol{e}_m \times \boldsymbol{e}_i)(\boldsymbol{e}_n \times \boldsymbol{e}_j)\boldsymbol{e}_k$$

$$= (a_{mn}b_{ijk}e_{mis}e_{njt})\boldsymbol{e}_s\boldsymbol{e}_t\boldsymbol{e}_k = c_{stk}\boldsymbol{e}_s \otimes \boldsymbol{e}_t \otimes \boldsymbol{e}_k \tag{1-34}$$

式中，$c_{stk} = a_{mn}b_{ijk}e_{mis}e_{njt} = \sum_{m=1}^{3}\sum_{n=1}^{3}\sum_{i=1}^{3}\sum_{j=1}^{3} a_{mn}b_{ijk}e_{mis}e_{njt}$。张量的二重混合积定义为

$$\boldsymbol{A}\overset{\times}{\underset{\cdot}{}}\boldsymbol{B} = (a_{mn}\boldsymbol{e}_m \otimes \boldsymbol{e}_n)\overset{\times}{\underset{\cdot}{}}(b_{ijk}\boldsymbol{e}_i \otimes \boldsymbol{e}_j \otimes \boldsymbol{e}_k) = (a_{mn}b_{ijk})(\boldsymbol{e}_m \times \boldsymbol{e}_i)(\boldsymbol{e}_n \cdot \boldsymbol{e}_j)\boldsymbol{e}_k$$

$$= (a_{mn}b_{ijk}e_{mis})\delta_{nj}\,\boldsymbol{e}_s \otimes \boldsymbol{e}_k = (a_{mn}b_{ink}e_{mis})\,\boldsymbol{e}_s \otimes \boldsymbol{e}_k = c_{sk}\boldsymbol{e}_s \otimes \boldsymbol{e}_k \tag{1-35}$$

式中，$c_{sk} = a_{mn}b_{ink}e_{mis}\sum_{m=1}^{3}\sum_{n=1}^{3}\sum_{i=1}^{3} a_{mn}b_{ink}e_{mis}$。

（9）张量的转置。对于二阶张量 $\boldsymbol{A} = a_{ij}\boldsymbol{e}_i \otimes \boldsymbol{e}_j$，定义张量转置为

$$\boldsymbol{A}^{\mathrm{T}} = a_{ji}\boldsymbol{e}_i \otimes \boldsymbol{e}_j = a_{ij}\boldsymbol{e}_j \otimes \boldsymbol{e}_i \tag{1-36}$$

即并矢基保持不变，分量的两个指标进行交换；或者分量保持不变，而将并矢基的两个基矢量顺序进行交换。

对于二阶以上张量，如 $\boldsymbol{C} = c_{ijk}\boldsymbol{e}_i \otimes \boldsymbol{e}_j \otimes \boldsymbol{e}_k$，张量的转置应指明针对哪两个指标，即

$$\boldsymbol{C}^{\mathrm{T}}(ij) = c_{jik}\boldsymbol{e}_i \otimes \boldsymbol{e}_j \otimes \boldsymbol{e}_k \tag{1-37}$$

$$\boldsymbol{C}^{\mathrm{T}}(jk) = c_{ikj}\boldsymbol{e}_i \otimes \boldsymbol{e}_j \otimes \boldsymbol{e}_k \tag{1-38}$$

或

$$\boldsymbol{C}^{\mathrm{T}}(jk) = c_{ijk}\boldsymbol{e}_i \otimes \boldsymbol{e}_k \otimes \boldsymbol{e}_j \tag{1-39}$$

（10）张量的对称化与反对称化。设二阶张量 $\boldsymbol{A} = a_{ij}\boldsymbol{e}_i \otimes \boldsymbol{e}_j$，则

$$\boldsymbol{A}^{\mathrm{sym}} = \frac{1}{2}(\boldsymbol{A} + \boldsymbol{A}^{\mathrm{T}}) \tag{1-40}$$

是对称张量,而

$$\boldsymbol{A}^{\mathrm{asym}} = \frac{1}{2}(\boldsymbol{A} - \boldsymbol{A}^{\mathrm{T}}) \tag{1-41}$$

是反对称张量。对称张量满足

$$(\boldsymbol{A}^{\mathrm{sym}})^{\mathrm{T}} = \boldsymbol{A}^{\mathrm{sym}} \tag{1-42}$$

反对称张量满足

$$(\boldsymbol{A}^{\mathrm{asym}})^{\mathrm{T}} = -\boldsymbol{A}^{\mathrm{asym}} \tag{1-43}$$

（11）张量的迹。对于二阶张量 $\boldsymbol{A}=a_{ij}\boldsymbol{e}_i\otimes\boldsymbol{e}_j$，总存在一个二阶矩阵 $[a_{ij}]$ 与之相对应。定义这个二阶矩阵的迹为二阶张量的迹，记为

$$\mathrm{tr}\boldsymbol{A}=\mathrm{tr}(a_{ij}\boldsymbol{e}_i\otimes\boldsymbol{e}_j)=a_{ij}\boldsymbol{e}_i\cdot\boldsymbol{e}_j=a_{ij}\delta_{ij}=a_{ii} \tag{1-44}$$

（12）张量的幂。对于任意张量 $\boldsymbol{A}$，定义

$$\boldsymbol{A}^2=\boldsymbol{A}\cdot\boldsymbol{A},\ \boldsymbol{A}^3=\boldsymbol{A}\cdot\boldsymbol{A}\cdot\boldsymbol{A}=\boldsymbol{A}^2\cdot\boldsymbol{A},\ \boldsymbol{A}^n=\boldsymbol{A}^{n-1}\cdot\boldsymbol{A} \tag{1-45}$$

（13）张量的平方根。若存在张量 $\boldsymbol{M}$ 使得 $\boldsymbol{M}^2=\boldsymbol{A}$，则称 $\boldsymbol{M}$ 为张量 $\boldsymbol{A}$ 的平方根，记为 $\boldsymbol{M}=\sqrt{\boldsymbol{A}}=\boldsymbol{A}^{\frac{1}{2}}$。

（14）张量的指数。标量 x 的指数表示为

$$\mathrm{e}^x=1+x+\frac{1}{2!}x^2+\frac{1}{3!}x^3+\cdots \tag{1-46}$$

类似地，张量的指数定义为

$$\mathrm{e}^{\boldsymbol{A}}=\boldsymbol{I}+\boldsymbol{A}+\frac{1}{2!}\boldsymbol{A}^2+\frac{1}{3!}\boldsymbol{A}^3+\cdots \tag{1-47}$$

这里 $\boldsymbol{I}$ 为与 $\boldsymbol{A}$ 同阶的单位张量。

（15）张量的对数。若存在张量 $\boldsymbol{M}=\mathrm{e}^{\boldsymbol{A}}$，则称张量 $\boldsymbol{A}$ 为张量 $\boldsymbol{M}$ 的对数，记为

$$\boldsymbol{A}=\ln\boldsymbol{M} \tag{1-48}$$

（16）张量的商法则。设 $\boldsymbol{A}$ 和 $\boldsymbol{C}$ 均为张量，且满足

$$\boldsymbol{C}=\boldsymbol{B}*\boldsymbol{A} \tag{1-49}$$

则 $\boldsymbol{B}$ 必为张量。式中，$*$ 表示标量积、矢量积和张量积中任意一种张量运算。张量 $\boldsymbol{B}$ 的阶次取决于张量 $\boldsymbol{A}$ 和 $\boldsymbol{C}$ 以及 $*$ 所代表的特定运算。

1.1.4 张量的坐标变换

首先考虑二维空间中的矢量的坐标变换，设 Oxy 与 $Ox'y'$ 是两个平面直角坐标系，如图 1-1 所示。坐标系 $Ox'y'$ 是坐标系 Oxy 经过刚体转动之后形成的。矢量 $\boldsymbol{a}$ 在两个坐标系的坐标轴上的投影是完全不同的，但矢量的长度和方向并没有改变，从这一角度我们可以说矢量是客观的，它的本质属性（长度和方向）不依赖于坐标系。

矢量 $\boldsymbol{a}$ 在两套坐标系下可分别表示为

$$\boldsymbol{a}=a_x\boldsymbol{e}_x+a_y\boldsymbol{e}_y \tag{1-50}$$

$$\boldsymbol{a}'=a'_x\boldsymbol{e}'_x+a'_y\boldsymbol{e}'_y \tag{1-51}$$

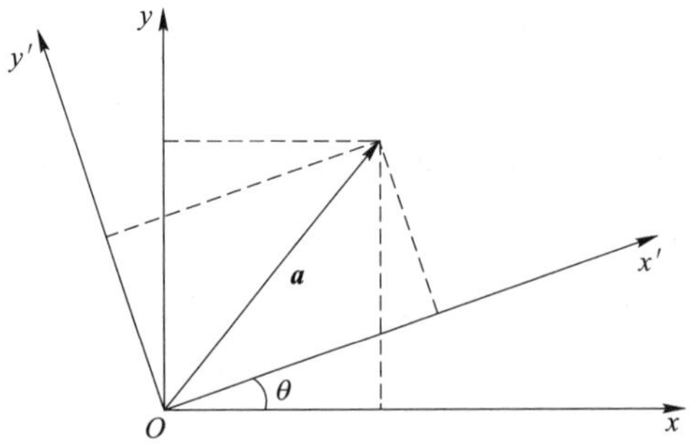

图 1-1 坐标系旋转前后新旧坐标示意图

考虑到

$$\boldsymbol{e}_x' = \cos\theta \cdot \boldsymbol{e}_x + \sin\theta \cdot \boldsymbol{e}_y \tag{1-52}$$

$$\boldsymbol{e}_y' = -\sin\theta \cdot \boldsymbol{e}_x + \cos\theta \cdot \boldsymbol{e}_y \tag{1-53}$$

将上式改写为矩阵形式，即

$$\begin{bmatrix} \boldsymbol{e}_x' \\ \boldsymbol{e}_y' \end{bmatrix} = \begin{bmatrix} \cos\theta & \sin\theta \\ -\sin\theta & \cos\theta \end{bmatrix} \begin{bmatrix} \boldsymbol{e}_x \\ \boldsymbol{e}_y \end{bmatrix} = \boldsymbol{R} \cdot \begin{bmatrix} \boldsymbol{e}_x \\ \boldsymbol{e}_y \end{bmatrix} \tag{1-54}$$

则式（1-51）可改写为

$$\begin{aligned} \boldsymbol{a}' &= a_x'\boldsymbol{e}_x' + a_y'\boldsymbol{e}_y' \\ &= a_x'(\cos\theta \cdot \boldsymbol{e}_x + \sin\theta \cdot \boldsymbol{e}_y) + a_y'(-\sin\theta \cdot \boldsymbol{e}_x + \cos\theta \cdot \boldsymbol{e}_y) \\ &= (a_x'\cos\theta - a_y'\sin\theta)\boldsymbol{e}_x + (a_x'\sin\theta + a_y'\cos\theta)\boldsymbol{e}_y \end{aligned} \tag{1-55}$$

与式（1-50）比较，则有

$$a_x = a_x'\cos\theta - a_y'\sin\theta \tag{1-56}$$

$$a_y = a_x'\sin\theta + a_y'\cos\theta \tag{1-57}$$

将上式改写为矩阵形式，有

$$\begin{bmatrix} a_x \\ a_y \end{bmatrix} = \begin{bmatrix} \cos\theta & -\sin\theta \\ \sin\theta & \cos\theta \end{bmatrix} \begin{bmatrix} a_x' \\ a_y' \end{bmatrix} = \boldsymbol{R}^{\mathrm{T}} \cdot \begin{bmatrix} a_x' \\ a_y' \end{bmatrix} \tag{1-58}$$

考虑到有 $\boldsymbol{R}^{\mathrm{T}} \cdot \boldsymbol{R} = \boldsymbol{I}$，即 $\boldsymbol{R}$ 矩阵是正交矩阵，则下式仍成立：

$$\begin{bmatrix} a_x' \\ a_y' \end{bmatrix} = \boldsymbol{R} \cdot \begin{bmatrix} a_x \\ a_y \end{bmatrix} \tag{1-59}$$

上式虽然是在二维坐标系下推出的，但在三维坐标系下也是成立的，只需将 $\boldsymbol{R}$ 理解为三维坐标系下的基矢量的变换矩阵即可。于是将上式写为张量形式：

$$\boldsymbol{a}' = \boldsymbol{R} \cdot \boldsymbol{a} \quad 或 \quad \boldsymbol{a} = \boldsymbol{R}^{\mathrm{T}} \cdot \boldsymbol{a}' \tag{1-60}$$

上式分量形式为

$$a_i' = R_{im} \cdot a_m \tag{1-61}$$

现在来讨论二阶张量的坐标变换，设$\boldsymbol{A} = \boldsymbol{a} \otimes \boldsymbol{b}$，$\boldsymbol{A}' = \boldsymbol{a}' \otimes \boldsymbol{b}'$。其中，$\boldsymbol{a}' = \boldsymbol{R} \cdot \boldsymbol{a}$，$\boldsymbol{b}' = \boldsymbol{R} \cdot \boldsymbol{b}$ 满足矢量的坐标变换规则，从而

$$\begin{aligned}\boldsymbol{A}' &= \boldsymbol{a}' \otimes \boldsymbol{b}' = (\boldsymbol{R} \cdot \boldsymbol{a}) \otimes (\boldsymbol{R} \cdot \boldsymbol{b}) = (\boldsymbol{R} \cdot \boldsymbol{a}) \otimes (\boldsymbol{b} \cdot \boldsymbol{R}^{\mathrm{T}}) \\ &= \boldsymbol{R} \cdot \boldsymbol{a} \otimes \boldsymbol{b} \cdot \boldsymbol{R}^{\mathrm{T}} = \boldsymbol{R} \cdot \boldsymbol{A} \cdot \boldsymbol{R}^{\mathrm{T}}\end{aligned} \tag{1-62}$$

上式即为二阶张量的坐标变换公式，写为分量形式为

$$A_{ij}' = R_{im} R_{jn} A_{mn} \tag{1-63}$$

与矢量的坐标变换公式相比较，发现由于二阶张量的并矢基中有两个单位基矢量，需要作两次坐标变换。以此类推，三阶张量的并矢基中有三个单位基矢量，所以三阶张量的坐标变换满足

$$A_{ijk}' = R_{im} R_{jn} R_{kl} A_{mnl} \tag{1-64}$$

更高阶的张量的坐标变换公式可以此类推。类似于矢量的本质属性（长度和方向）不会因为坐标变换而改变，张量的本质属性也不会因为坐标变换而改变。那么张量的本质属性是什么？张量的本质属性可以理解为是张量的不变量。对于二阶张量，张量的本质属性就是三个特征值和三个特征矢量。换句话说，二阶张量具有三个大小和三个方向。对于二阶应力张量，对应的就是三个主应力和三个主方向。

1.1.5 二阶张量的映射

任意一个二阶张量与矢量的点积结果还是一个矢量。这表明二阶张量对矢量的点积相当于在矢量空间的一个映射。关于二阶张量的这种映射作用，有如下结论：任意二阶张量将一个线性相关的矢量集映射为线性相关的矢量集。设矢量集 $\boldsymbol{u}_i(i = 1, 2, \cdots, I)$ 线性相关，则存在不全为零的实数 α_i，使得

$$\sum_{i=1}^{I} \alpha_i \boldsymbol{u}_i = 0 \tag{1-65}$$

将二阶张量 $\boldsymbol{T}$ 作用在等式两端得

$$\boldsymbol{T} \cdot \sum_{i=1}^{I} \alpha_i \boldsymbol{u}_i = \sum_{i=1}^{I} \alpha_i (\boldsymbol{T} \cdot \boldsymbol{u}_i) = 0 \tag{1-66}$$

但二阶张量 $\boldsymbol{T}$ 是否将一个线性无关的矢量集也映射为线性无关的矢量集呢？设三维空间中任意线性无关矢量组 $\boldsymbol{u}$、$\boldsymbol{v}$、$\boldsymbol{w}$。二阶张量 $\boldsymbol{T}$ 将它们映射为另一矢量组，

且满足

$$(\boldsymbol{T}\cdot\boldsymbol{u})\times(\boldsymbol{T}\cdot\boldsymbol{v})\cdot(\boldsymbol{T}\cdot\boldsymbol{w})=(e_{ijk}T_{il}u_lT_{jm}v_m)\boldsymbol{e}_k\cdot(T_{rn}w_n\boldsymbol{e}_r)$$
$$=e_{ijk}T_{il}u_lT_{jm}v_mT_{kn}w_n=(e_{ijk}T_{il}T_{jm}T_{kn})u_lv_mw_n$$
$$=(\det\boldsymbol{T})e_{lmn}u_lv_mw_n=\det\boldsymbol{T}\cdot[(\boldsymbol{u}\times\boldsymbol{v})\cdot\boldsymbol{w}] \tag{1-67}$$

由此可见，如果二阶张量的行列式不为零，则线性无关的矢量集映射后仍然为线性无关的矢量集。为此，定义：行列式值不为零（$\det\boldsymbol{T}\neq 0$）的二阶张量 $\boldsymbol{T}$ 为正则的二阶张量，否则为退化的二阶张量。显然，如果二阶张量 $\boldsymbol{T}$ 是正则的，则它的转置张量 $\boldsymbol{T}^{\mathrm{T}}$ 也是正则的。对于正则的二阶张量 $\boldsymbol{T}$，必存在唯一的正则二阶张量 $\boldsymbol{T}^{-1}$，使

$$\boldsymbol{T}\cdot\boldsymbol{T}^{-1}=\boldsymbol{T}^{-1}\cdot\boldsymbol{T}=\boldsymbol{I} \tag{1-68}$$

$\boldsymbol{T}^{-1}$ 称为正则的二阶张量的逆，正则的二阶张量也可以称为可逆二阶张量。式（1-68）中的二阶张量 $\boldsymbol{I}=\boldsymbol{e}_x\otimes\boldsymbol{e}_x+\boldsymbol{e}_y\otimes\boldsymbol{e}_y+\boldsymbol{e}_z\otimes\boldsymbol{e}_z$ 称为二阶单位张量，与其对应的二阶矩阵是二阶单位矩阵。

1.1.6 二阶张量的不变量

二阶张量 $\boldsymbol{T}$ 的分量与基矢量均随坐标系变换而改变，从而保证了其整体对于坐标变换的不变性。但如果对这些随坐标变换而变化的张量分量进行一定的运算，就可以得到一些不随坐标变换而变化的标量，这种标量称为张量 $\boldsymbol{T}$ 的标量不变量，简称为张量的不变量。张量的不变量有多种形式，在二阶张量的各种不变量中，下式所定义的三个不变量称为主不变量：

$$g_1=\mathrm{tr}\boldsymbol{T},\ g_2=\frac{1}{2}[(\mathrm{tr}\boldsymbol{T})^2-\mathrm{tr}\boldsymbol{T}^2],\ g_3=\det\boldsymbol{T} \tag{1-69}$$

这三个不变量的几何意义可以通过下面的关系式来理解：

$$(\boldsymbol{T}\cdot\boldsymbol{u})\times\boldsymbol{v}\cdot\boldsymbol{w}+\boldsymbol{u}\times(\boldsymbol{T}\cdot\boldsymbol{v})\cdot\boldsymbol{w}+\boldsymbol{u}\times\boldsymbol{v}\cdot(\boldsymbol{T}\cdot\boldsymbol{w})=g_1^{(\boldsymbol{T})}[(\boldsymbol{u}\times\boldsymbol{v})\cdot\boldsymbol{w}] \tag{1-70}$$

$$(\boldsymbol{T}\cdot\boldsymbol{u})\times(\boldsymbol{T}\cdot\boldsymbol{v})\cdot\boldsymbol{w}+\boldsymbol{u}\times(\boldsymbol{T}\cdot\boldsymbol{v})\cdot(\boldsymbol{T}\cdot\boldsymbol{w})+$$
$$(\boldsymbol{T}\cdot\boldsymbol{u})\times\boldsymbol{v}\cdot(\boldsymbol{T}\cdot\boldsymbol{w})=g_2^{(\boldsymbol{T})}[(\boldsymbol{u}\times\boldsymbol{v})\cdot\boldsymbol{w}] \tag{1-71}$$

$$(\boldsymbol{T}\cdot\boldsymbol{u})\times(\boldsymbol{T}\cdot\boldsymbol{v})\cdot(\boldsymbol{T}\cdot\boldsymbol{w})=g_3^{(\boldsymbol{T})}[(\boldsymbol{u}\times\boldsymbol{v})\cdot\boldsymbol{w}] \tag{1-72}$$

式（1-70）~式（1-72）中，等号左边表示三个六面体的体积之和。式（1-70）中六面体只有一条棱边被映射，式（1-71）中六面体有两条棱边被映射，而式（1-72）中六面体三条棱边均被映射，所以式（1-72）就表示映射前后六面体

的体积之间的关系，而体积比就是第三不变量。$g_i^{(T)}(i=1,2,3)$ 表示张量 $\boldsymbol{T}$ 的三个不变量。除 g_1、g_2、g_3 这三个主不变量外，比较重要的二阶张量不变量是矩不变量，n 个二阶张量 $\boldsymbol{T}$ 依次点积（仍是二阶张量）再对这个二阶张量求迹，称为原张量的 n 阶矩，记为 g_n^*。三个矩不变量定义为

$$g_1^* = \mathrm{tr}\boldsymbol{T},\ g_2^* = \mathrm{tr}(\boldsymbol{T}\cdot\boldsymbol{T}),\ g_3^* = \mathrm{tr}(\boldsymbol{T}\cdot\boldsymbol{T}\cdot\boldsymbol{T}) \tag{1-73}$$

二阶张量的矩不变量 g_1^*、g_2^*、g_3^* 彼此是互相独立的，主不变量 g_1、g_2、g_3 彼此也是独立的，它们之间满足

$$g_1^* = g_1,\ g_2^* = (g_1)^2 - 2g_2,\ g_3^* = (g_1)^3 - 3g_1g_2 + 3g_3 \tag{1-74}$$

$$g_1 = g_1^*,\ g_2 = \frac{1}{2}[(g_1^*)^2 - g_2^*],\ g_3 = \frac{1}{6}(g_1^*)^3 - \frac{1}{2}g_1^*g_2^* + \frac{1}{3}g_3^* \tag{1-75}$$

1.1.7 二阶张量的特征值与特征矢量

二阶张量与矩阵之间存在一一对应关系，因此矩阵的一些性质也被张量继承下来，譬如张量的转置、张量的行列式、张量的不变量等。下面讨论张量的特征值与特征矢量。定义满足下式的标量 λ 和矢量 $\boldsymbol{a}$ 为二阶张量 $\boldsymbol{N}$ 的特征值和特征矢量：

$$\boldsymbol{N}\cdot\boldsymbol{a} = \lambda\boldsymbol{a} \tag{1-76}$$

上式的分量形式为

$$N_{ij}a_j = \lambda a_i \quad (i=1,2,3) \tag{1-77}$$

可见，二阶张量的特征值与特征矢量就是与二阶张量对应的矩阵的特征值和特征矢量。上式是关于系数 $a_j(j=1,2,3)$ 的一组齐次线性代数方程组，对其求解可以得到矢量 $\boldsymbol{a}$ 的方向。存在非零解的条件是其系数行列式值为零，即

$$\Delta(\lambda) = \det(\lambda\delta_{ij} - N_{ij}) = 0 \tag{1-78}$$

上式称为张量 $\boldsymbol{N}$ 的特征方程，式中 λ 的系数就是 $\boldsymbol{N}$ 的三个主不变量 $g_1^{(N)}$、$g_2^{(N)}$、$g_3^{(N)}$，即

$$\Delta(\lambda) = \lambda^3 - g_1^{(N)}\lambda^2 + g_2^{(N)}\lambda - g_3^{(N)} \tag{1-79}$$

上式称为张量 $\boldsymbol{N}$ 的特征多项式。张量 $\boldsymbol{N}$ 的特征方程是三次代数方程，有三个根 λ，称为特征根，也就是张量 $\boldsymbol{N}$ 的主分量。当三个特征根为非重根时，对应有三组非零解，称为特征矢量，也就是与主分量相对应的 $\boldsymbol{N}$ 的三个主方向。可以证明实对称二阶张量的特征根必为实根，证明如下：设特征方程有一个复根 λ，由于其特征方程系数全为实数，故 λ 的共轭复数 $\bar{\lambda}$ 也必定是特征方程的另一个根。如

果 λ 对应的特征矢量是 $\boldsymbol{a}$（其分量也涉及复数），$\bar{\lambda}$ 对应的特征矢量就应是 $\bar{\boldsymbol{a}}$（其各分量是 $\boldsymbol{a}$ 的对应分量的共轭复数）。由式（1-76）可得

$$\boldsymbol{N}\cdot\boldsymbol{a}=\lambda\boldsymbol{a} \tag{1-80}$$

$$\boldsymbol{N}\cdot\bar{\boldsymbol{a}}=\bar{\lambda}\bar{\boldsymbol{a}} \tag{1-81}$$

将式（1-80）左乘 $\bar{\boldsymbol{a}}$、式（1-81）左乘 $\boldsymbol{a}$，可得

$$\bar{\boldsymbol{a}}\cdot\boldsymbol{N}\cdot\boldsymbol{a}=\lambda\bar{\boldsymbol{a}}\cdot\boldsymbol{a} \tag{1-82}$$

$$\boldsymbol{a}\cdot\boldsymbol{N}\cdot\bar{\boldsymbol{a}}=\bar{\lambda}\boldsymbol{a}\cdot\bar{\boldsymbol{a}} \tag{1-83}$$

因 $\boldsymbol{N}$ 对称，以上两式的等号左边部分相等，即

$$\bar{\boldsymbol{a}}\cdot\boldsymbol{N}\cdot\boldsymbol{a}=\boldsymbol{a}\cdot\boldsymbol{N}\cdot\bar{\boldsymbol{a}} \tag{1-84}$$

故其等号右边部分也相等，即

$$(\lambda-\bar{\lambda})\boldsymbol{a}\cdot\bar{\boldsymbol{a}}=0 \tag{1-85}$$

注意到 $\boldsymbol{a}\cdot\bar{\boldsymbol{a}}\neq 0$，故 $\lambda-\bar{\lambda}=0$，从而 λ 是实数。

此外，实对称二阶张量主方向还具有正交性，即 $\boldsymbol{a}_i\cdot\boldsymbol{a}_j=0(i\neq j)$。设

$$\boldsymbol{N}\cdot\boldsymbol{a}_1=\lambda_1\boldsymbol{a}_1 \tag{1-86}$$

$$\boldsymbol{N}\cdot\boldsymbol{a}_2=\lambda_2\boldsymbol{a}_2 \tag{1-87}$$

将式（1-86）左乘 $\boldsymbol{a}_2$、式（1-87）左乘 $\boldsymbol{a}_1$，可得

$$\boldsymbol{a}_2\cdot\boldsymbol{N}\cdot\boldsymbol{a}_1=\lambda_1\boldsymbol{a}_2\cdot\boldsymbol{a}_1 \tag{1-88}$$

$$\boldsymbol{a}_1\cdot\boldsymbol{N}\cdot\boldsymbol{a}_2=\lambda_2\boldsymbol{a}_1\cdot\boldsymbol{a}_2 \tag{1-89}$$

因 $\boldsymbol{N}$ 对称，以上两式的等号左边部分相等，故其等号右边部分也相等，即

$$0=(\lambda_1-\lambda_2)\boldsymbol{a}_2\cdot\boldsymbol{a}_1 \tag{1-90}$$

当 $\lambda_1\neq\lambda_2$ 时，$\boldsymbol{a}_2\cdot\boldsymbol{a}_1=0$。当对称二阶张量具有三个不等的实根 λ_1、λ_2、λ_3 时，设 $\lambda_1>\lambda_2>\lambda_3$，所对应的三个主轴方向 $\boldsymbol{a}_1$、$\boldsymbol{a}_2$、$\boldsymbol{a}_3$ 是唯一的且相互正交。当实对称二阶张量有重根时，主轴方向将不是唯一的。当对称二阶张量的特征方程具有两个相等的实根时，设 $\lambda_1=\lambda_2\neq\lambda_3$，与 λ_3 对应的主方向 $\boldsymbol{a}_3$ 是一个确定的主方向，与 $\boldsymbol{a}_3$ 垂直的平面内任意方向均是主方向，可任取其中两个相互正交的方向 $\boldsymbol{a}_1$、$\boldsymbol{a}_2$ 为主方向。当对称二阶张量 $\boldsymbol{N}$ 的特征方程具有三重实根时，空间任意方向都是主方向。称这种张量为球张量，记作 $\boldsymbol{P}$，球张量的主分量为

$$P_1=P_2=P_3=\frac{1}{3}g_1 \tag{1-91}$$

$$\boldsymbol{P}=\frac{1}{3}g_1\boldsymbol{I} \tag{1-92}$$

对于实对称张量 $\boldsymbol{N}$，可用三个主方向组成一组正交标准化基 $\boldsymbol{e}_1$、$\boldsymbol{e}_2$、$\boldsymbol{e}_3$， 在这组基中，实对称张量 $\boldsymbol{N}$ 可表示为 $\boldsymbol{N}=N_1\boldsymbol{e}_1\otimes\boldsymbol{e}_1+N_2\boldsymbol{e}_2\otimes\boldsymbol{e}_2+N_3\boldsymbol{e}_3\otimes\boldsymbol{e}_3$，或者省略符号⊗，简记为

$$\boldsymbol{N} = N_1\boldsymbol{e}_1\boldsymbol{e}_1 + N_2\boldsymbol{e}_2\boldsymbol{e}_2 + N_3\boldsymbol{e}_3\boldsymbol{e}_3 \tag{1-93}$$

称为张量 $\boldsymbol{N}$ 的对角型标准型，其对应的矩阵是对角阵。称 N_1、N_2、N_3 为张量 $\boldsymbol{N}$ 的主分量，正交标准化基 $\boldsymbol{e}_1$、$\boldsymbol{e}_2$、$\boldsymbol{e}_3$ 的 方向为张量 $\boldsymbol{N}$ 的主轴方向（或主方向），对应的笛卡儿坐标系称为张量 $\boldsymbol{N}$ 的主坐标系。

实对称二阶张量 $\boldsymbol{N}$ 所对应的线性变换是将 $\boldsymbol{N}$ 的三个主方向上的矢量 $\boldsymbol{a}_1$、$\boldsymbol{a}_2$、$\boldsymbol{a}_3$ 映射为与其自身平行（同向或反向）的矢量，且各自放大 N_1、N_2、N_3 倍，如图 1-2 所示，即

$$\boldsymbol{N}\cdot\boldsymbol{a}_1 = N_1\boldsymbol{a}_1,\ \boldsymbol{N}\cdot\boldsymbol{a}_2 = N_2\boldsymbol{a}_2,\ \boldsymbol{N}\cdot\boldsymbol{a}_3 = N_3\boldsymbol{a}_3 \tag{1-94}$$

在主轴坐标系下，$\boldsymbol{N}$ 可以写成如下标准型：

$$\boldsymbol{N} = \frac{N_1}{(\boldsymbol{a}_1)^2}\boldsymbol{a}_1\boldsymbol{a}_1 + \frac{N_2}{(\boldsymbol{a}_2)^2}\boldsymbol{a}_2\boldsymbol{a}_2 + \frac{N_3}{(\boldsymbol{a}_3)^2}\boldsymbol{a}_3\boldsymbol{a}_3 \tag{1-95}$$

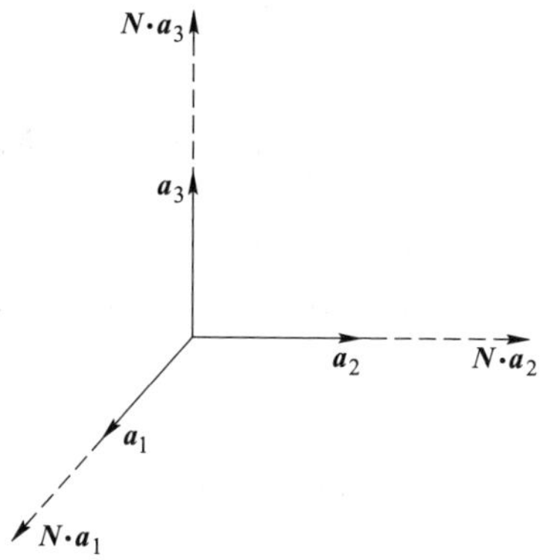

图 1-2 对称二阶张量对主方向的映射不改变方向只改变大小

1.1.8 张量函数的导数

当自变量为标量、函数为矢量时，其导数的定义与标量函数的定义类似，即

$$\boldsymbol{F}'(x) = \lim_{\xi\to 0}\frac{1}{\xi}[\boldsymbol{F}(x+\xi) - \boldsymbol{F}(x)] \tag{1-96}$$

$$\boldsymbol{F}(x+\xi) = \boldsymbol{F}(x) + \xi\boldsymbol{F}'(x) + 0(\xi) \tag{1-97}$$

当自变量为矢量时，如果沿用标量函数的导数定义则得到

$$\lim_{u \to 0} \frac{1}{\boldsymbol{u}}[\boldsymbol{F}(\boldsymbol{v}+\boldsymbol{u})-\boldsymbol{F}(\boldsymbol{v})] \tag{1-98}$$

上式包含了矢量为除数的运算，这是没有意义的。当自变量为张量时，会出现张量为除数的情况，也是没有意义的。为了解决这个问题，有必要修正导数的定义。一般地，当自变量为矢量或者张量时，称这样的函数为张量函数，不论函数值是标量、矢量还是张量。对于张量函数，我们定义其有限微分为

$$\boldsymbol{F}'(\boldsymbol{v};\boldsymbol{u})=\lim_{h \to 0} \frac{1}{h}[\boldsymbol{F}(\boldsymbol{v}+h\boldsymbol{u})-\boldsymbol{F}(\boldsymbol{v})] \tag{1-99}$$

式中，$\boldsymbol{u}$ 为与自变量$\boldsymbol{v}$同阶的张量，它表示自变量增加的方向；h 为标量，它表示自变量增加的大小。当自变量是标量时，上述定义就退化为普通函数的导数定义。张量函数的有限微分满足下列线性性质：

（1）
$$\boldsymbol{F}'(\boldsymbol{v};a\boldsymbol{u})=a\boldsymbol{F}'(\boldsymbol{v};\boldsymbol{u}) \tag{1-100}$$

证明如下：令 $h=\frac{k}{a}$，则

$$\begin{aligned}\boldsymbol{F}'(\boldsymbol{v};a\boldsymbol{u}) &= \lim_{h \to 0} \frac{1}{h}[\boldsymbol{F}(\boldsymbol{v}+ha\boldsymbol{u})-\boldsymbol{F}(\boldsymbol{v})] \\ &= a\lim_{k \to 0} \frac{1}{k}[\boldsymbol{F}(\boldsymbol{v}+k\boldsymbol{u})-\boldsymbol{F}(\boldsymbol{v})] \\ &= a\boldsymbol{F}'(\boldsymbol{v};\boldsymbol{u})\end{aligned}$$

（2）
$$\boldsymbol{F}'(\boldsymbol{v};\boldsymbol{u}+\boldsymbol{t})=\boldsymbol{F}'(\boldsymbol{v};\boldsymbol{u})+\boldsymbol{F}'(\boldsymbol{v};\boldsymbol{t}) \tag{1-101}$$

证明如下：

$$\begin{aligned}\boldsymbol{F}'(\boldsymbol{v};\boldsymbol{u}+\boldsymbol{t}) &= \lim_{h \to 0} \frac{1}{h}[\boldsymbol{F}(\boldsymbol{v}+h\boldsymbol{u}+h\boldsymbol{t})-\boldsymbol{F}(\boldsymbol{v})] \\ &= \lim_{h \to 0} \frac{1}{h}\{[\boldsymbol{F}(\boldsymbol{v}+h\boldsymbol{u}+h\boldsymbol{t})-\boldsymbol{F}(\boldsymbol{v}+h\boldsymbol{t})]+[\boldsymbol{F}(\boldsymbol{v}+h\boldsymbol{t})-\boldsymbol{F}(\boldsymbol{v})]\} \\ &= \boldsymbol{F}'(\boldsymbol{v};\boldsymbol{u})+\boldsymbol{F}'(\boldsymbol{v};\boldsymbol{t})\end{aligned}$$

利用上述性质可知

$$\begin{aligned}\boldsymbol{F}'(\boldsymbol{v};\boldsymbol{u}) &= \boldsymbol{F}'(\boldsymbol{v};u_i\boldsymbol{e}_i)=u_i\boldsymbol{F}'(\boldsymbol{v};\boldsymbol{e}_i) \\ &= (F'_j\boldsymbol{e}_j)u_i=(F'_j\boldsymbol{e}_j)\delta_{il}u_l=F'_j\boldsymbol{e}_j(\boldsymbol{e}_i\cdot\boldsymbol{e}_l)u_l \\ &= (F'_j\boldsymbol{e}_j\otimes\boldsymbol{e}_i)\cdot(u_l\boldsymbol{e}_l)=\boldsymbol{F}'(\boldsymbol{v})\cdot\boldsymbol{u}\end{aligned} \tag{1-102}$$

$$\boldsymbol{F}(\boldsymbol{v}+h\boldsymbol{u})-\boldsymbol{F}(\boldsymbol{v})=h\boldsymbol{F}'(\boldsymbol{v};\boldsymbol{u})+0(h)=h\boldsymbol{F}'(\boldsymbol{v})\cdot\boldsymbol{u}+0(h) \tag{1-103}$$

记

$$\mathrm{d}\boldsymbol{v}=h\boldsymbol{u},\ \boldsymbol{F}'(\boldsymbol{v})=\frac{\mathrm{d}\boldsymbol{F}(\boldsymbol{v})}{\mathrm{d}\boldsymbol{v}} \tag{1-104}$$

则

$$\mathrm{d}\boldsymbol{F}=\boldsymbol{F}(\boldsymbol{v}+h\boldsymbol{u})-\boldsymbol{F}(\boldsymbol{v})=\boldsymbol{F}'(\boldsymbol{v})\cdot\mathrm{d}\boldsymbol{v}=\mathrm{d}\boldsymbol{v}\cdot[\boldsymbol{F}'(\boldsymbol{v})]^{\mathrm{T}} \tag{1-105}$$

或者

$$\mathrm{d}\boldsymbol{F}=\frac{\mathrm{d}\boldsymbol{F}(\boldsymbol{v})}{\mathrm{d}\boldsymbol{v}}\cdot\mathrm{d}\boldsymbol{v} \tag{1-106}$$

类似于普通函数的导数，称 $\dfrac{\mathrm{d}\boldsymbol{F}(\boldsymbol{v})}{\mathrm{d}\boldsymbol{v}}$ 为张量函数的导数。

将上述推导过程扩展到一般张量情况，得到如下张量函数微分表达式：

(1) 自变量是矢量，函数值是标量：

$$\mathrm{d}f=f'(\boldsymbol{v})\cdot\mathrm{d}\boldsymbol{v}=\frac{\mathrm{d}f}{\mathrm{d}\boldsymbol{v}}\cdot\mathrm{d}\boldsymbol{v} \tag{1-107}$$

(2) 自变量是矢量，函数值是矢量：

$$\mathrm{d}\boldsymbol{F}=\boldsymbol{F}'(\boldsymbol{v})\cdot\mathrm{d}\boldsymbol{v}=\frac{\mathrm{d}\boldsymbol{F}}{\mathrm{d}\boldsymbol{v}}\cdot\mathrm{d}\boldsymbol{v} \tag{1-108}$$

(3) 自变量是矢量，函数值是二阶张量：

$$\mathrm{d}\boldsymbol{T}=\boldsymbol{T}'(\boldsymbol{v})\cdot\mathrm{d}\boldsymbol{v}=\frac{\mathrm{d}\boldsymbol{T}}{\mathrm{d}\boldsymbol{v}}\cdot\mathrm{d}\boldsymbol{v} \tag{1-109}$$

(4) 自变量是二阶张量，函数值是标量：

$$\mathrm{d}f=f'(\boldsymbol{S}):\mathrm{d}\boldsymbol{S}=\frac{\mathrm{d}f}{\mathrm{d}\boldsymbol{S}}:\mathrm{d}\boldsymbol{S} \tag{1-110}$$

(5) 自变量是二阶张量，函数值是矢量：

$$\mathrm{d}\boldsymbol{F}=\boldsymbol{F}'(\boldsymbol{S}):\mathrm{d}\boldsymbol{S}=\frac{\mathrm{d}\boldsymbol{F}}{\mathrm{d}\boldsymbol{S}}:\mathrm{d}\boldsymbol{S} \tag{1-111}$$

(6) 自变量是二阶张量，函数值是二阶张量：

$$\mathrm{d}\boldsymbol{T}=\boldsymbol{T}'(\boldsymbol{S}):\mathrm{d}\boldsymbol{S}=\frac{\mathrm{d}\boldsymbol{T}}{\mathrm{d}\boldsymbol{S}}:\mathrm{d}\boldsymbol{S} \tag{1-112}$$

(7) 自变量是 n 阶张量，函数值是 m 阶张量：

$$\mathrm{d}\boldsymbol{T}=\boldsymbol{T}'(\boldsymbol{A})\ \dot{\underset{n}{\cdot}}\,\mathrm{d}\boldsymbol{A}=\frac{\mathrm{d}\boldsymbol{T}(\boldsymbol{A})}{\mathrm{d}\boldsymbol{A}}\ \dot{\underset{n}{\cdot}}\,\mathrm{d}\boldsymbol{A} \tag{1-113}$$

式中，导数 $\dfrac{\mathrm{d}\boldsymbol{T}(\boldsymbol{A})}{\mathrm{d}\boldsymbol{A}}$ 是 $n+m$ 阶张量，点积的次数取决于张量增量的阶次。

例 1-1 已知质点的动能 $\varphi(\boldsymbol{v})=\dfrac{1}{2}\rho\boldsymbol{v}\cdot\boldsymbol{v}$，求 $\dfrac{\mathrm{d}\varphi(\boldsymbol{v})}{\mathrm{d}\boldsymbol{v}}$。

解： $\mathrm{d}\varphi=\dfrac{1}{2}\rho(\boldsymbol{v}\cdot\mathrm{d}\boldsymbol{v}+\mathrm{d}\boldsymbol{v}\cdot\boldsymbol{v})=\rho\boldsymbol{v}\cdot\mathrm{d}\boldsymbol{v}=\varphi'(\boldsymbol{v})\cdot\mathrm{d}\boldsymbol{v}$，从而 $\dfrac{\mathrm{d}\varphi(\boldsymbol{v})}{\mathrm{d}\boldsymbol{v}}=\rho\boldsymbol{v}$。

例 1-2 已知 $\boldsymbol{T}(\boldsymbol{A})=\boldsymbol{A}^m$，$\boldsymbol{A}$ 为二阶对称张量，求 $\dfrac{\mathrm{d}\boldsymbol{T}(\boldsymbol{A})}{\mathrm{d}\boldsymbol{A}}$。

解： 因为 $\mathrm{d}\boldsymbol{A}=\boldsymbol{I}\cdot\mathrm{d}\boldsymbol{A}=\boldsymbol{I}_4:\mathrm{d}\boldsymbol{A}$，所以 $\dfrac{\mathrm{d}\boldsymbol{A}}{\mathrm{d}\boldsymbol{A}}=\boldsymbol{I}_4$，而不是 $\dfrac{\mathrm{d}\boldsymbol{A}}{\mathrm{d}\boldsymbol{A}}=\boldsymbol{I}$。这里 $\boldsymbol{I}$ 表示二阶单位张量，$\boldsymbol{I}_4$ 表示四阶单位张量。又因为

$$\mathrm{d}\boldsymbol{A}^2=\mathrm{d}\boldsymbol{A}\cdot\boldsymbol{A}+\boldsymbol{A}\cdot\mathrm{d}\boldsymbol{A}=2\boldsymbol{A}\cdot\mathrm{d}\boldsymbol{A}=2\boldsymbol{A}\cdot(\boldsymbol{I}_4:\mathrm{d}\boldsymbol{A})=(2\boldsymbol{A}\cdot\boldsymbol{I}_4):\mathrm{d}\boldsymbol{A}$$

所以

$$\frac{\mathrm{d}\boldsymbol{A}^2}{\mathrm{d}\boldsymbol{A}}=2\boldsymbol{A}\cdot\boldsymbol{I}_4$$

以此类推，

$$\begin{aligned}\mathrm{d}\boldsymbol{A}^3&=\mathrm{d}\boldsymbol{A}^2\cdot\boldsymbol{A}+\boldsymbol{A}^2\cdot\mathrm{d}\boldsymbol{A}=(2\boldsymbol{A}\cdot\mathrm{d}\boldsymbol{A})\cdot\boldsymbol{A}+\boldsymbol{A}^2\cdot\mathrm{d}\boldsymbol{A}\\&=\boldsymbol{A}\cdot(2\boldsymbol{A}\cdot\mathrm{d}\boldsymbol{A})+\boldsymbol{A}^2\cdot\mathrm{d}\boldsymbol{A}=3\boldsymbol{A}^2\cdot\mathrm{d}\boldsymbol{A}=(3\boldsymbol{A}^2\cdot\boldsymbol{I}_4):\mathrm{d}\boldsymbol{A}\end{aligned}$$

归纳总结得

$$\frac{\mathrm{d}\boldsymbol{A}^m}{\mathrm{d}\boldsymbol{A}}=m\boldsymbol{A}^{m-1}\cdot\boldsymbol{I}_4 \tag{1-114}$$

例 1-3 已知应变能 $W=\dfrac{1}{2}\boldsymbol{\sigma}:\boldsymbol{\varepsilon}=\dfrac{1}{2}(\boldsymbol{E}:\boldsymbol{\varepsilon}):\boldsymbol{\varepsilon}=\dfrac{1}{2}(\boldsymbol{\varepsilon}:\boldsymbol{E}:\boldsymbol{\varepsilon})$，求 $\dfrac{\mathrm{d}W(\boldsymbol{\varepsilon})}{\mathrm{d}\boldsymbol{\varepsilon}}$。

解： 考虑到

$$\mathrm{d}\boldsymbol{\varepsilon}:\boldsymbol{E}:\boldsymbol{\varepsilon}=\mathrm{d}\boldsymbol{\varepsilon}:(\boldsymbol{E}:\boldsymbol{\varepsilon})=(\boldsymbol{E}:\boldsymbol{\varepsilon}):\mathrm{d}\boldsymbol{\varepsilon}$$

故

$$\mathrm{d}W=\frac{1}{2}(\mathrm{d}\boldsymbol{\varepsilon}:\boldsymbol{E}:\boldsymbol{\varepsilon})+\frac{1}{2}(\boldsymbol{\varepsilon}:\boldsymbol{E}:\mathrm{d}\boldsymbol{\varepsilon})=\frac{1}{2}(\boldsymbol{E}:\boldsymbol{\varepsilon}+\boldsymbol{\varepsilon}:\boldsymbol{E}):\mathrm{d}\boldsymbol{\varepsilon}$$

考虑到四阶张量 $\boldsymbol{E}$ 满足对称性 $E_{ijkl}=E_{klij}$，故应变能的微分可进一步简写为 $\mathrm{d}W=(\boldsymbol{E}:\boldsymbol{\varepsilon}):\mathrm{d}\boldsymbol{\varepsilon}$，从而

$$\frac{\mathrm{d}W(\boldsymbol{\varepsilon})}{\mathrm{d}\boldsymbol{\varepsilon}}=\boldsymbol{E}:\boldsymbol{\varepsilon}=\boldsymbol{\sigma} \tag{1-115}$$

1.1.9 张量的梯度、散度和旋度

定义一个矢量算子∇(nabla)：

$$\nabla = \frac{\partial}{\partial v_i}\boldsymbol{e}_i \tag{1-116}$$

将它作用到标量、矢量或者张量形式的物理场上，得到

$$f\nabla = \frac{\partial f}{\partial v_i}\boldsymbol{e}_i, \quad \nabla f = \boldsymbol{e}_i\frac{\partial f}{\partial v_i} = f\nabla \tag{1-117}$$

$$\boldsymbol{F}\nabla = \frac{\partial \boldsymbol{F}}{\partial v_i}\boldsymbol{e}_i, \quad \nabla\boldsymbol{F} = \boldsymbol{e}_i\frac{\partial \boldsymbol{F}}{\partial v_i} = (\boldsymbol{F}\nabla)^{\mathrm{T}} \tag{1-118}$$

$$\boldsymbol{T}\nabla = \frac{\partial \boldsymbol{T}}{\partial v_i}\boldsymbol{e}_i = \frac{\partial T_{jk}}{\partial v_i}\boldsymbol{e}_j\boldsymbol{e}_k\boldsymbol{e}_i, \quad \nabla\boldsymbol{T} = \boldsymbol{e}_i\frac{\partial \boldsymbol{T}}{\partial v_i} = \frac{\partial T_{jk}}{\partial v_i}\boldsymbol{e}_i\boldsymbol{e}_j\boldsymbol{e}_k \tag{1-119}$$

∇f、$\nabla\boldsymbol{F}$、$\nabla\boldsymbol{T}$和$f\nabla$、$\boldsymbol{F}\nabla$、$\boldsymbol{T}\nabla$分别称为张量函数的左梯度和右梯度。有了张量函数梯度的定义，张量函数的微分可以表示为

$$\mathrm{d}f = f\nabla\cdot\mathrm{d}\boldsymbol{v} = \mathrm{d}\boldsymbol{v}\cdot\nabla f \tag{1-120}$$

$$\mathrm{d}\boldsymbol{F} = \boldsymbol{F}\nabla\cdot\mathrm{d}\boldsymbol{v} = \mathrm{d}\boldsymbol{v}\cdot\nabla\boldsymbol{F} \tag{1-121}$$

$$\mathrm{d}\boldsymbol{T} = \boldsymbol{T}\nabla\cdot\mathrm{d}\boldsymbol{v} = \mathrm{d}\boldsymbol{v}\cdot\nabla\boldsymbol{T} \tag{1-122}$$

除了梯度之外，还可以定义张量函数的散度：

$$\boldsymbol{F}\cdot\nabla = \frac{\partial \boldsymbol{F}}{\partial v_i}\cdot\boldsymbol{e}_i, \quad \nabla\cdot\boldsymbol{F} = \boldsymbol{e}_i\cdot\frac{\partial \boldsymbol{F}}{\partial v_i} \tag{1-123}$$

对于函数值是矢量的张量函数，成立

$$\mathrm{div}\boldsymbol{F} = \nabla\cdot\boldsymbol{F} = \mathrm{tr}\left(\frac{\mathrm{d}\boldsymbol{F}}{\mathrm{d}\boldsymbol{v}}\right) = \frac{\partial F_j}{\partial v_i}\boldsymbol{e}_j\cdot\boldsymbol{e}_i = \frac{\partial F_i}{\partial v_i} = \boldsymbol{F}\cdot\nabla \tag{1-124}$$

对于函数值是张量的张量函数，定义左散度和右散度为

$$\nabla\cdot\boldsymbol{T} = \boldsymbol{e}_i\cdot\frac{\partial \boldsymbol{T}}{\partial v_i}, \quad \boldsymbol{T}\cdot\nabla = \frac{\partial \boldsymbol{T}}{\partial v_i}\cdot\boldsymbol{e}_i \tag{1-125}$$

一般地，对于函数值是张量的张量函数，左散度与右散度是不同的。

定义张量场函数的旋度为

$$\nabla\times\boldsymbol{T} = \boldsymbol{e}_i\times\frac{\partial \boldsymbol{T}}{\partial v_i} = \boldsymbol{\varepsilon}:\nabla\boldsymbol{T} \tag{1-126}$$

$$\boldsymbol{T}\times\nabla = \frac{\partial \boldsymbol{T}}{\partial v_i}\times\boldsymbol{e}_i = \boldsymbol{T}\nabla:\boldsymbol{\varepsilon} \tag{1-127}$$

对于函数值是矢量的张量函数，成立

$$\mathrm{curl}\boldsymbol{F} = \nabla \times \boldsymbol{F} = \boldsymbol{e}_i \times \frac{\partial \boldsymbol{F}}{\partial v_i} = \boldsymbol{\varepsilon} : \nabla \boldsymbol{F} = -\boldsymbol{\varepsilon} : \boldsymbol{F} \nabla = -\frac{\partial \boldsymbol{F}}{\partial v^i} \times \boldsymbol{e}_i = -(\boldsymbol{F} \times \nabla) \tag{1-128}$$

当张量函数的自变量是矢径 $\boldsymbol{r}$ 时，矢量算子变成空间梯度算子 $\nabla = \frac{\partial}{\partial v_i}\boldsymbol{e}_i = \frac{\partial}{\partial x_i}\boldsymbol{e}_i = \frac{\partial}{\partial \boldsymbol{r}}$，相应地，

$$f\nabla = \frac{\partial f}{\partial x_i}\boldsymbol{e}_i,\ \nabla f = \boldsymbol{e}_i \frac{\partial f}{\partial x_i} = f\nabla \tag{1-129}$$

$$\boldsymbol{F}\nabla = \frac{\partial \boldsymbol{F}}{\partial x_i}\boldsymbol{e}_i,\ \nabla \boldsymbol{F} = \boldsymbol{e}_i \frac{\partial \boldsymbol{F}}{\partial x_i} = (\boldsymbol{F}\nabla)^{\mathrm{T}} \tag{1-130}$$

$$\boldsymbol{T}\nabla = \frac{\partial \boldsymbol{T}}{\partial x_i}\boldsymbol{e}_i = \frac{\partial T_{jk}}{\partial x_i}\boldsymbol{e}_j\boldsymbol{e}_k\boldsymbol{e}_i,\ \nabla \boldsymbol{T} = \boldsymbol{e}_i \frac{\partial \boldsymbol{T}}{\partial x_i} = \frac{\partial T_{jk}}{\partial x_i}\boldsymbol{e}_i\boldsymbol{e}_j\boldsymbol{e}_k \tag{1-131}$$

$$\mathrm{d}f = f\nabla \cdot \mathrm{d}\boldsymbol{r} = \mathrm{d}\boldsymbol{r} \cdot \nabla f \tag{1-132}$$

$$\mathrm{d}\boldsymbol{F} = \boldsymbol{F}\nabla \cdot \mathrm{d}\boldsymbol{r} = \mathrm{d}\boldsymbol{r} \cdot \nabla \boldsymbol{F} \tag{1-133}$$

$$\mathrm{d}\boldsymbol{T} = \boldsymbol{T}\nabla \cdot \mathrm{d}\boldsymbol{r} = \mathrm{d}\boldsymbol{r} \cdot \nabla \boldsymbol{T} \tag{1-134}$$

张量函数的空间散度和空间旋度也可以类似得到。

1.2 非正交直线坐标系下的矢量和张量

1.2.1 协变基矢量与逆变基矢量

不同于直角坐标系，斜角直线坐标系的基矢量既非单位矢量，彼此之间也不正交，如图 1-3 所示。在斜角遵循下的任意矢量可以表示为

$$\boldsymbol{P} = P^1\boldsymbol{g}_1 + P^2\boldsymbol{g}_2 = \sum_{\alpha=1}^{2} P^\alpha \boldsymbol{g}_\alpha = P^\alpha \boldsymbol{g}_\alpha \tag{1-135}$$

上式采用了爱因斯坦求和约定，其中 α 称为哑指标。哑指标满足如下规则：

（1）在同一项中，以一个上指标或和一个下指标成对地出现。

（2）每一对哑指标的字母可以用相同取值范围的另一对字母任意替换，意义不变，譬如

$$\boldsymbol{P} = P^\alpha \boldsymbol{g}_\alpha = P^\beta \boldsymbol{g}_\beta \tag{1-136}$$

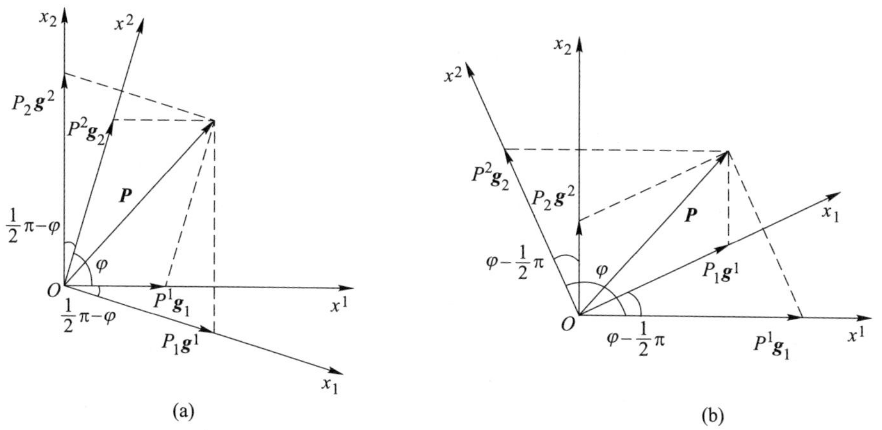

图 1-3 平面内的斜角直线坐标系

(a) $\varphi<\frac{1}{2}\pi$；(b) $\varphi>\frac{1}{2}\pi$

在斜角直线坐标系下，还可以定义另外一对基矢量 $\boldsymbol{g}^\alpha(\alpha=1,\ 2)$ 满足如下对偶关系：

$$\boldsymbol{g}^1\cdot\boldsymbol{g}_2=\boldsymbol{g}^2\cdot\boldsymbol{g}_1=0 \tag{1-137}$$

$$\boldsymbol{g}^1\cdot\boldsymbol{g}_1=\boldsymbol{g}^2\cdot\boldsymbol{g}_2=1 \tag{1-138}$$

称 $\boldsymbol{g}_\alpha$ 为协变基矢量，与其对偶的参考矢量 $\boldsymbol{g}^\beta(\beta=1,\ 2)$ 为逆变基矢量。它们之间所满足的对偶关系可以简写为

$$\boldsymbol{g}_\alpha\cdot\boldsymbol{g}^\beta=\delta_\alpha^\beta\quad(\alpha,\ \beta=1,\ 2) \tag{1-139}$$

式中的 δ_α^β 为克罗内克（Kronecker）符号，其值为

$$\delta_\alpha^\beta=\begin{cases}1 & (\alpha=\beta)\\ 0 & (\alpha\neq\beta)\end{cases} \tag{1-140}$$

矢量 $\boldsymbol{P}$ 还可以对逆变基矢量 $\boldsymbol{g}^\beta$ 分解：

$$\boldsymbol{P}=P_1\boldsymbol{g}^1+P_2\boldsymbol{g}^2=P_\beta\boldsymbol{g}^\beta \tag{1-141}$$

式中，P_β 为矢量 $\boldsymbol{P}$ 的协变分量。P^α 为矢量 $\boldsymbol{P}$ 的逆变分量。它们分别满足

$$P_\beta=\boldsymbol{P}\cdot\boldsymbol{g}_\beta\quad(\beta=1,\ 2) \tag{1-142}$$

$$P^\alpha=\boldsymbol{P}\cdot\boldsymbol{g}^\alpha\quad(\alpha=1,\ 2) \tag{1-143}$$

上式中出现的指标 α 称为自由指标。不同于哑指标，自由指标满足下列规则：

（1）一个指标在表达式的各项中都在同一水平上出现，并且只出现一次，或者全为上标，或者全为下标。表示该表达式在该自由指标的取值范围内都成

立，即代表了 α 个表达式。

（2）一个表达式的某个自由指标可以全体地换用相同取值范围内的其他字母，意义不变。譬如，$P_\beta = \boldsymbol{P} \cdot \boldsymbol{g}_\beta (\beta = 1, 2)$，改写为 $P_\alpha = \boldsymbol{P} \cdot \boldsymbol{g}_\alpha (\alpha = 1, 2)$，其意义保持不变。

显然，对于直角坐标系，协变基与逆变基是重合的，即

$$\boldsymbol{g}_1 = \boldsymbol{g}^1 = \boldsymbol{e}_1 \tag{1-144}$$

$$\boldsymbol{g}_2 = \boldsymbol{g}^2 = \boldsymbol{e}_2 \tag{1-145}$$

还应该指出，在笛卡儿坐标系中，基矢量是正交标准化基，一组协变基矢量 $\boldsymbol{e}_\alpha$ 与对应的逆变基矢量 $\boldsymbol{e}^\alpha$ 完全重合，不需要区分上下指标。此时，并且只有在此时，哑指标可以不分上下。例如，在笛卡儿坐标系中可以写成 $\boldsymbol{P} = P_\alpha \boldsymbol{e}_\alpha$，还可以将 δ_α^β 写成 $\delta_{\alpha\beta}$ 等。

关于二维斜角直线坐标系中的协变基和逆变基的讨论可以自然地扩展到三维空间中的斜角直线坐标系。如图 1-4 所示。三维空间点的位置可以用坐标原点至该点的矢径 $\boldsymbol{r}$ 来表示：

$$\boldsymbol{r} = x^1 \boldsymbol{g}_1 + x^2 \boldsymbol{g}_2 + x^3 \boldsymbol{g}_3 = x^i \boldsymbol{g}_i \quad (i = 1, 2, 3) \tag{1-146}$$

上式中 $\boldsymbol{g}_i (i = 1, 2, 3)$ 分别是沿三个坐标轴的参考矢量，在直角坐标系中，它们的大小与方向都不随空间点的位置变化。矢径的微分可以表示为

$$\mathrm{d}\boldsymbol{r} = \frac{\partial \boldsymbol{r}}{\partial x^i} \mathrm{d}x^i = \boldsymbol{g}_i \mathrm{d}x^i,\ \boldsymbol{g}_i = \frac{\partial \boldsymbol{r}}{\partial x^i} \tag{1-147}$$

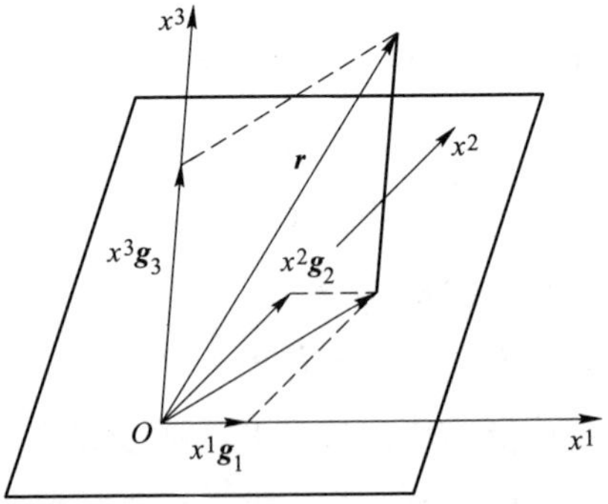

图 1-4　三维空间中的斜角直线坐标系

一般地，将矢径对坐标的偏导数定义为协变基矢量 $\boldsymbol{g}_i$，称为自然基矢量。当 $\boldsymbol{g}_1$、$\boldsymbol{g}_2$、$\boldsymbol{g}_3$ 构成右手系时混合积为正值，称为基容，记为 $[\boldsymbol{g}_1 \quad \boldsymbol{g}_2 \quad \boldsymbol{g}_3] = \sqrt{g}$。而按照对偶条件 $\boldsymbol{g}^j \cdot \boldsymbol{g}_i = \delta_i^j (i, j = 1, 2, 3)$ 导出的另外一组基矢量 $\boldsymbol{g}^j$ 称为逆变基矢

量。两组基矢量满足对偶条件，因此不是独立的。给定一组基矢量就可以根据对偶条件求得另一组基矢量。下面讨论如何由协变基矢量求逆变基矢量。

方法Ⅰ： 因 $\boldsymbol{g}^1$ 垂直于 $\boldsymbol{g}_2$ 与 $\boldsymbol{g}_3$，故 $\boldsymbol{g}^1$ 平行于 $\boldsymbol{g}_2\times\boldsymbol{g}_3$。令 $\boldsymbol{g}^1=a\boldsymbol{g}_2\times\boldsymbol{g}_3$，则有

$$1=\boldsymbol{g}^1\cdot\boldsymbol{g}_1=a(\boldsymbol{g}_2\times\boldsymbol{g}_3)\cdot\boldsymbol{g}_1=a\sqrt{g} \tag{1-148}$$

从而

$$a=\frac{1}{[\boldsymbol{g}_1\quad\boldsymbol{g}_2\quad\boldsymbol{g}_3]}=\frac{1}{\sqrt{g}} \tag{1-149}$$

上式中，$[\boldsymbol{g}_1\quad\boldsymbol{g}_2\quad\boldsymbol{g}_3]$ 表示这三个基矢量的混合积。由此得

$$\boldsymbol{g}^1=\frac{1}{\sqrt{g}}(\boldsymbol{g}_2\times\boldsymbol{g}_3) \tag{1-150}$$

$$\boldsymbol{g}^2=\frac{1}{\sqrt{g}}(\boldsymbol{g}_3\times\boldsymbol{g}_1) \tag{1-151}$$

$$\boldsymbol{g}^3=\frac{1}{\sqrt{g}}(\boldsymbol{g}_1\times\boldsymbol{g}_2) \tag{1-152}$$

方法Ⅱ： 将逆变基矢量 $\boldsymbol{g}^i(i=1,\ 2,\ 3)$ 作为矢量对协变基矢量 $\boldsymbol{g}_j$ 分解得

$$\boldsymbol{g}^i=g^{ij}\boldsymbol{g}_j\quad(i=1,\ 2,\ 3) \tag{1-153}$$

$$\boldsymbol{g}^i\cdot\boldsymbol{g}^j=g^{ik}\boldsymbol{g}_k\cdot\boldsymbol{g}^j=g^{ik}\delta_k^j=g^{ij}\quad(i,\ j=1,\ 2,\ 3) \tag{1-154}$$

同样，协变基矢量 $\boldsymbol{g}_i(i=1,\ 2,\ 3)$ 也可以对逆变基矢量 $\boldsymbol{g}^j$ 分解，即

$$\boldsymbol{g}_i=g_{ij}\boldsymbol{g}^j\quad(i=1,\ 2,\ 3) \tag{1-155}$$

$$\boldsymbol{g}_i\cdot\boldsymbol{g}_j=g_{ij}\quad(i,\ j=1,\ 2,\ 3) \tag{1-156}$$

其中，g^{ij} 或者 g_{ij} 均构成 3×3 矩阵，且满足如下性质：

（1）对称性。

$$g_{ij}=g_{ji},\ g^{ij}=g^{ji} \tag{1-157}$$

（2）互逆性。

$$\delta_i^j=\boldsymbol{g}_i\cdot\boldsymbol{g}^j=g_{ik}\boldsymbol{g}^k\cdot\boldsymbol{g}^j=g_{ik}g^{kj}\quad(i,\ j=1,\ 2,\ 3) \tag{1-158}$$

写成矩阵形式，即

$$[g_{ij}]=[g^{ij}]^{-1} \tag{1-159}$$

1.2.2 指标升降规则

一般地，称 $g_{ij}\boldsymbol{g}^i\otimes\boldsymbol{g}^j$ 和 $g^{ij}\boldsymbol{g}_i\otimes\boldsymbol{g}_j$ 为度量张量，用 $\boldsymbol{G}$ 表示。而称 g_{ij} 为度量张

量 $\boldsymbol{G}$ 的协变分量，g^{ij} 为度量张量 $\boldsymbol{G}$ 的逆变分量。g_{ij} 的对应矩阵的行列式

$$\det(g_{ij}) = \begin{vmatrix} \boldsymbol{g}_1 \cdot \boldsymbol{g}_1 & \boldsymbol{g}_1 \cdot \boldsymbol{g}_2 & \boldsymbol{g}_1 \cdot \boldsymbol{g}_3 \\ \boldsymbol{g}_2 \cdot \boldsymbol{g}_1 & \boldsymbol{g}_2 \cdot \boldsymbol{g}_2 & \boldsymbol{g}_2 \cdot \boldsymbol{g}_3 \\ \boldsymbol{g}_3 \cdot \boldsymbol{g}_1 & \boldsymbol{g}_3 \cdot \boldsymbol{g}_2 & \boldsymbol{g}_3 \cdot \boldsymbol{g}_3 \end{vmatrix} = [\boldsymbol{g}_1 \quad \boldsymbol{g}_2 \quad \boldsymbol{g}_3]^2 = g = V_0^2 \tag{1-160}$$

类似地，

$$\det(\boldsymbol{g}_i \cdot \boldsymbol{g}^j) = [\boldsymbol{g}_1 \quad \boldsymbol{g}_2 \quad \boldsymbol{g}_3][\boldsymbol{g}^1 \quad \boldsymbol{g}^2 \quad \boldsymbol{g}^3] = \det(\delta_i^j) = 1 \tag{1-161}$$

$$V^0 = [\boldsymbol{g}^1 \quad \boldsymbol{g}^2 \quad \boldsymbol{g}^3] = \frac{1}{[\boldsymbol{g}_1 \quad \boldsymbol{g}_2 \quad \boldsymbol{g}_3]} = \frac{1}{\sqrt{g}} = \frac{1}{V_0} \tag{1-162}$$

式中，V_0 和 V^0 分别为斜角直线坐标系中协变基和逆变基构成的斜平行六面体的体积，即基容。可见，这两个基容是互为倒数的。在直角坐标系中，指标不分上下，从而有

$$g_{ij} = g^{ij} = \delta_{ij} \quad (i, j = 1, 2, 3) \tag{1-163}$$

相应地，度量张量就退化为二阶单位张量 $\boldsymbol{G} = g_{ij}\boldsymbol{g}^i \otimes \boldsymbol{g}^j = \delta_{ij}\boldsymbol{e}_i \otimes \boldsymbol{e}_j = \boldsymbol{I}$； 所以斜角直线坐标系下的度量张量 $\boldsymbol{G}$ 与直角坐标系下的单位张量 $\boldsymbol{I}$ 具有相同的意义。对于任意矢量 $\boldsymbol{a}$ 和二阶张量 $\boldsymbol{A}$，存在下列关系：

$$\boldsymbol{I} \cdot \boldsymbol{a} = \boldsymbol{a},\ \boldsymbol{I} \cdot \boldsymbol{A} = \boldsymbol{A} \tag{1-164}$$

$$\boldsymbol{G} \cdot \boldsymbol{a} = \boldsymbol{a},\ \boldsymbol{G} \cdot \boldsymbol{A} = \boldsymbol{A} \tag{1-165}$$

借助于基容的定义，协变基和逆变基的关系可以表述为

$$\boldsymbol{g}_1 = \sqrt{g}(\boldsymbol{g}^2 \times \boldsymbol{g}^3) = V_0(\boldsymbol{g}^2 \times \boldsymbol{g}^3) \tag{1-166}$$

$$\boldsymbol{g}_2 = \sqrt{g}(\boldsymbol{g}^3 \times \boldsymbol{g}^1) = V_0(\boldsymbol{g}^3 \times \boldsymbol{g}^1) \tag{1-167}$$

$$\boldsymbol{g}_3 = \sqrt{g}(\boldsymbol{g}^1 \times \boldsymbol{g}^2) = V_0(\boldsymbol{g}^1 \times \boldsymbol{g}^2) \tag{1-168}$$

$$\boldsymbol{g}^1 = \frac{1}{\sqrt{g}}(\boldsymbol{g}_2 \times \boldsymbol{g}_3) = V^0(\boldsymbol{g}_2 \times \boldsymbol{g}_3) \tag{1-169}$$

$$\boldsymbol{g}^2 = \frac{1}{\sqrt{g}}(\boldsymbol{g}_3 \times \boldsymbol{g}_1) = V^0(\boldsymbol{g}_3 \times \boldsymbol{g}_1) \tag{1-170}$$

$$\boldsymbol{g}^3 = \frac{1}{\sqrt{g}}(\boldsymbol{g}_1 \times \boldsymbol{g}_2) = V^0(\boldsymbol{g}_1 \times \boldsymbol{g}_2) \tag{1-171}$$

现在我们来讨论矢量的协变分量与逆变分量的变换问题。任意矢量 $\boldsymbol{P}$ 既可以对协变基分解，又可对逆变基分解，即

$$\boldsymbol{P} = P^i\boldsymbol{g}_i = P_j\boldsymbol{g}^j \tag{1-172}$$

上式中，

$$P^i = \boldsymbol{P} \cdot \boldsymbol{g}^i = P_k \boldsymbol{g}^k \cdot \boldsymbol{g}^i = P_k g^{ki} \tag{1-173}$$

$$P_j = \boldsymbol{P} \cdot \boldsymbol{g}_j = P^k \boldsymbol{g}_k \cdot \boldsymbol{g}_j = P^k g_{kj} \tag{1-174}$$

由此可见，协变分量与逆变分量可以通过度量张量的分量进行变换。式（1-173）和式（1-174）称为矢量分量的指标升降关系。利用指标升降关系可以根据需要对张量运算的过程和结果灵活地进行表示。譬如，斜角直线坐标系中两个矢量的点积、矢量的模，以及两个矢量之间的夹角可以分别表示为

$$\boldsymbol{u} \cdot \boldsymbol{v} = u^i v_i = u_i v^i = u_i v_j g^{ij} = u^i v^j g_{ij} \tag{1-175}$$

$$|\boldsymbol{u}|^2 = u^i u_i = g_{ij} u^i u^j = g^{ij} u_i u_j \tag{1-176}$$

$$\cos(\boldsymbol{u} \cdot \boldsymbol{v}) = \frac{\boldsymbol{u} \cdot \boldsymbol{v}}{|\boldsymbol{u}||\boldsymbol{v}|} = \frac{u^i v_i}{\sqrt{u^j u_j}\sqrt{v^k v_k}} \tag{1-177}$$

1.3 曲线坐标系下的张量分析

1.3.1 曲线坐标系

当物理问题所涉及的边界是平面时，用直线坐标系（正交或非正交）是自然的，但当物体的边界是曲面时，为了便于处理边界条件，采用曲线坐标系是方便的。常用的曲线坐标系有研究平面问题的极坐标系，研究空间问题的圆柱坐标系和球坐标系。更复杂的曲线坐标系还有椭球坐标系和抛物坐标系。

空间任意一点的位置既可以用直角坐标系描述，也可以用曲线坐标系描述，如图 1-5 和图 1-6 所示。因此，曲线坐标系下的坐标与直角坐标系下的坐标之间存在对应关系。若用 $x^i(i = 1, 2, 3)$ 表示曲线坐标系下的坐标，用 $x_i(i = 1, 2, 3)$ 表示直角坐标系下的坐标，则矢径 $\boldsymbol{r}$ 可以表示为

$$\boldsymbol{r} = x_1(x^1, x^2, x^3)\boldsymbol{i} + x_2(x^1, x^2, x^3)\boldsymbol{j} + x_3(x^1, x^2, x^3)\boldsymbol{k} \tag{1-178}$$

上式中，直角坐标与曲线坐标之间的关系为

$$x_k = x_k(x^1, x^2, x^3) = x_k(x^k) \quad (k = 1, 2, 3) \tag{1-179}$$

譬如，球坐标系：$x^1 = r$，$x^2 = \theta$，$x^3 = \varphi$。其中 x^2 和 x^3 都不是长度的量纲，矢径 $\boldsymbol{r}$ 的表达式为

$$\boldsymbol{r} = x^1 \sin x^2 \cos x^3 \boldsymbol{i} + x^1 \sin x^2 \sin x^3 \boldsymbol{j} + x^1 \cos x^2 \boldsymbol{k}$$
$$(0 < x^1 < \infty, 0 \leqslant x^2 \leqslant \pi, 0 \leqslant x^3 \leqslant 2\pi) \tag{1-180}$$

$$x = x_1 = x^1 \sin x^2 \cos x^3,\ y = x_2 = x^1 \sin x^2 \sin x^3,\ z = x_3 = x^1 \cos x^2$$

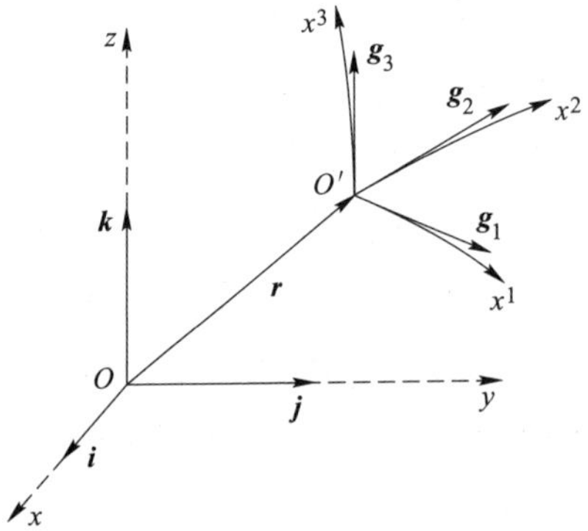

图 1-5　直角坐标系与曲线坐标系示意图

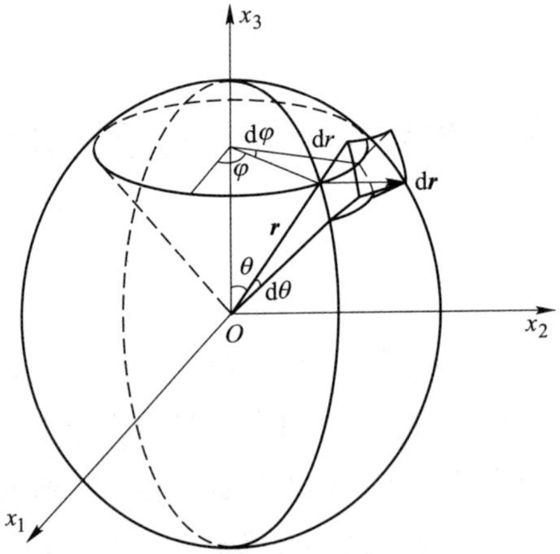

图 1-6　直角坐标系与球坐标系示意图

由于直角坐标与曲线坐标都与空间点存在一一对应关系，因此它们之间也必然存在一一对应关系：

$$\begin{bmatrix} x_1 \\ x_2 \\ x_3 \end{bmatrix} = \det\left(\frac{\mathrm{d}x_i}{\mathrm{d}x^j}\right)\begin{bmatrix} x^1 \\ x^2 \\ x^3 \end{bmatrix} \tag{1-181}$$

这种一一对应关系就要求 $x_k(x^k)$ 在定义域内，单值、连续和可逆。上式可逆的条件要求

$$\det\left(\frac{\mathrm{d}x_i}{\mathrm{d}x^j}\right) \neq 0,\ \det\left(\frac{\mathrm{d}x^j}{\mathrm{d}x_i}\right) \neq 0 \tag{1-182}$$

称矩阵 $\left[\dfrac{\mathrm{d}x_i}{\mathrm{d}x^j}\right]$ 和 $\left[\dfrac{\mathrm{d}x^j}{\mathrm{d}x_i}\right]$ 为雅可比（Jacobi）矩阵，其行列式称为雅可比行列式。

矢径 $\boldsymbol{r}$ 的增量 $\mathrm{d}\boldsymbol{r}$ 是一个矢量，有

$$\mathrm{d}\boldsymbol{r} = \frac{\partial \boldsymbol{r}}{\partial x^i}\mathrm{d}x^i = \boldsymbol{g}_i\mathrm{d}x^i,\ \boldsymbol{g}_i = \frac{\partial \boldsymbol{r}}{\partial x^i} \tag{1-183}$$

称这个由 $\boldsymbol{g}_i$ 构成的坐标系为空间某点处关于曲线坐标（x^1，x^2，x^3）的局部坐标系（切标架）。$\boldsymbol{g}_i$ 与笛卡儿坐标系中的正交标准化基的变换关系：

$$\boldsymbol{g}_i = \frac{\partial x}{\partial x^i}\boldsymbol{i} + \frac{\partial y}{\partial x^i}\boldsymbol{j} + \frac{\partial z}{\partial x^i}\boldsymbol{k} \quad (i = 1,\ 2,\ 3) \tag{1-184}$$

以球坐标为例：

$$\boldsymbol{g}_1 = \sin x^2\cos x^3\boldsymbol{i} + \sin x^2\sin x^3\boldsymbol{j} + \cos x^2\boldsymbol{k},\ |\boldsymbol{g}_1| = 1 \tag{1-185}$$

$$\boldsymbol{g}_2 = x^1(\cos x^2\cos x^3\boldsymbol{i} + \cos x^2\sin x^3\boldsymbol{j} - \sin x^2\boldsymbol{k}),\ |\boldsymbol{g}_2| = x^1 = r \tag{1-186}$$

$$\boldsymbol{g}_3 = x^1\sin x^2(-\sin x^3\boldsymbol{i} + \cos x^3\boldsymbol{j}),\ |\boldsymbol{g}_3| = x^1\sin x^2 = r\sin\theta \tag{1-187}$$

从此例可见，三个协变基矢量中仅 $\boldsymbol{g}_1$ 是单位矢量，但其方向逐点变化；$\boldsymbol{g}_2$ 和 $\boldsymbol{g}_3$ 的大小与方向都逐点变化，且不是无量纲的，它们具有长度的量纲。与直角坐标系不同，在曲线坐标系中，基矢量 $\boldsymbol{g}_i$ 不是常矢量，其大小与方向都随空间点的位置变化，是一种与所研究点处的坐标线相切的局部基矢量。而与之存在对偶关系的逆变基矢量具有明确的物理意义，即逆变基矢量表示曲线坐标面的梯度，$\nabla x^j = \boldsymbol{g}^j$。令

$$\nabla x^j = \mathrm{grad}x^j = \frac{\partial x^j}{\partial x}\boldsymbol{i} + \frac{\partial x^j}{\partial y}\boldsymbol{j} + \frac{\partial x^j}{\partial z}\boldsymbol{k} = \boldsymbol{b}^j \tag{1-188}$$

又

$$\boldsymbol{g}_i = \frac{\partial \boldsymbol{r}}{\partial x^i},\ \boldsymbol{r} = x\boldsymbol{i} + y\boldsymbol{j} + z\boldsymbol{k} \tag{1-189}$$

从而

$$\boldsymbol{g}_i \cdot \boldsymbol{b}^j = \frac{\partial x_k}{\partial x^i}\boldsymbol{e}_k \cdot \frac{\partial x^j}{\partial x_m}\boldsymbol{e}_m = \frac{\partial x_k}{\partial x^i}\frac{\partial x^j}{\partial x_m}\delta_{km} = \frac{\partial x_k}{\partial x^i} \cdot \frac{\partial x^j}{\partial x_k} = \delta_{ij} = 1 \tag{1-190}$$

即两者满足对偶关系：

$$\boldsymbol{g}_i \cdot \nabla x^j = \delta_i^j \quad (i,\ j = 1,\ 2,\ 3) \tag{1-191}$$

从而

$$\boldsymbol{g}^j = \nabla x^j \quad (j = 1,\ 2,\ 3) \tag{1-192}$$

如果曲线坐标系的 x^1、x^2、x^3 坐标线处处正交，则称为正交曲线坐标系。在正交曲线坐标系中，度量张量满足

$$g_{ij} = 0,\ g^{ij} = 0 \quad (i \neq j;\ i,\ j = 1,\ 2,\ 3) \tag{1-193}$$

即度量张量 g_{ij} 和 g^{ij} 构成的矩阵为对角阵（但不是单位对角阵），$\boldsymbol{g}_i$ 与 $\boldsymbol{g}^i$ 共线。矢径微元可表示为

$$\mathrm{d}\boldsymbol{r} = \mathrm{d}x^j\boldsymbol{g}_j = \mathrm{d}x_i\boldsymbol{g}^i \tag{1-194}$$

从而

$$\mathrm{d}s^2 = \mathrm{d}\boldsymbol{r} \cdot \mathrm{d}\boldsymbol{r} = g_{11}(\mathrm{d}x^1)^2 + g_{22}(\mathrm{d}x^2)^2 + g_{33}(\mathrm{d}x^3)^2 \tag{1-195}$$

上式左端是长度的平方，右端每一项也应该是长度平方的量纲。定义拉梅（Lamé）常数 $A_i(i = 1,\ 2,\ 3)$ 为

$$A_1 = \sqrt{g_{11}},\ A_2 = \sqrt{g_{22}},\ A_3 = \sqrt{g_{33}} \tag{1-196}$$

考虑到曲线坐标系的曲线坐标不一定是长度量纲，所以上述定义的 Lamé 常数 A_i 的作用就是保证它与相应的曲线坐标的乘积是长度量纲。譬如球坐标系中 $x^1 = r$ 具有长度量纲，因此 $A_1 = 1$ 是无量纲的。但 $x^2 = \theta$ 和 $x^3 = \varphi$ 都不具有长度量纲，因此 $A_2 = r$ 和 $A_3 = r\sin\theta$，从而保证 $A_2\mathrm{d}x^2 = r\mathrm{d}\theta$ 和 $A_3\mathrm{d}x^3 = r\sin\theta\mathrm{d}\varphi$ 都具有长度量纲。Lamé 常数的意义也可以理解为曲线坐标 x^i 有单位增量时坐标曲线弧长的增量。

下面讨论基矢量的坐标变换。将新坐标的基矢量对老坐标的基矢量分解，有

$$\boldsymbol{g}_{i'} = \beta_{i'}^{j}\boldsymbol{g}_j \quad (i' = 1,\ 2,\ 3) \tag{1-197}$$

$$\boldsymbol{g}^{i'} = \beta_j^{i'}\boldsymbol{g}^j \quad (i' = 1,\ 2,\ 3) \tag{1-198}$$

上两式中，$\beta_{i'}^{j}$ 称为协变变换系数，$\beta_j^{i'}$ 称为逆变变换系数。协变变换系数 $\beta_{i'}^{j}$ 和逆变变换系数 $\beta_j^{i'}$ 并不独立。

$$\delta_{i'}^{j'} = \boldsymbol{g}_{i'} \cdot \boldsymbol{g}^{j'} = \beta_{i'}^{k}\boldsymbol{g}_k \cdot \beta_l^{j'}\boldsymbol{g}^l = \beta_{i'}^{k}\beta_l^{j'}\delta_k^l = \beta_{i'}^{k}\beta_k^{j'} \quad (i',\ j' = 1,\ 2,\ 3) \tag{1-199}$$

上式表明协变变换系数 $\beta_{i'}^{j}$ 和逆变变换系数 $\beta_j^{i'}$ 对应的矩阵是互逆的。那么如何求协变变换系数与逆变变换系数呢？根据协变基矢量的定义知

$$\boldsymbol{g}_{i'} = \frac{\partial \boldsymbol{r}}{\partial x^{i'}} = \frac{\partial \boldsymbol{r}}{\partial x^j}\frac{\partial x^j}{\partial x^{i'}} = \frac{\partial x^j}{\partial x^{i'}}\boldsymbol{g}_j \quad (i' = 1,\ 2,\ 3) \tag{1-200}$$

与式（1-197）相比较，有

$$\beta_{i'}^{j} = \frac{\partial x^j}{\partial x^{i'}} \quad (i',\ j = 1,\ 2,\ 3) \tag{1-201}$$

同理可得

$$\beta_j^{i'} = \frac{\partial x^{i'}}{\partial x^j} \quad (i', j = 1, 2, 3) \tag{1-202}$$

可见，要得到基矢量的坐标变换系数，关键是获得新、老两套坐标系坐标之间的关系。

接下来讨论矢量分量的坐标变换。矢量$\boldsymbol{v}$可以在不同的坐标系中对不同的基矢量分解，在新、老坐标系中对逆变基分解，得到同一矢量的不同协变分量；或者对协变基分解，得到同一矢量的不同逆变分量。这些分量虽然不同，但这些投影分量的矢量和不应随坐标系的不同而变化，即

$$\boldsymbol{v} = v_{i'}\boldsymbol{g}^{i'} = v_j\boldsymbol{g}^j, \ \boldsymbol{v} = v^{i'}\boldsymbol{g}_{i'} = v^j\boldsymbol{g}_j \tag{1-203}$$

不同坐标系中矢量分量之间所满足的关系可由基矢量的变换关系确定，即

$$v_{i'}\boldsymbol{g}^{i'} = v_j\boldsymbol{g}^j = v_j\beta_{i'}^j\boldsymbol{g}^{i'} \tag{1-204}$$

与式（1-203）相比较，有

$$v_{i'} = v_j\beta_{i'}^j \tag{1-205}$$

同理可证

$$v^{i'} = \beta_j^{i'}v^j, \ v_j = \beta_j^{i'}v_{i'}, \ v^j = \beta_{i'}^j v^{i'} \tag{1-206}$$

一般地，称协变基和协变分量满足的坐标变换关系为协变关系，而称逆变基和逆变分量满足的坐标变换关系为逆变关系。进一步，根据基矢量的坐标变换关系，还可以得到度量张量分量的坐标变换关系：

$$g_{i'j'} = \boldsymbol{g}_{i'} \cdot \boldsymbol{g}_{j'} = \beta_{i'}^k\boldsymbol{g}_k \cdot \beta_{j'}^l\boldsymbol{g}_l = \beta_{i'}^k\beta_{j'}^l g_{kl} \tag{1-207}$$

类似地，

$$g^{i'j'} = \beta_k^{i'}\beta_l^{j'}g^{kl} \quad (i', j' = 1, 2, 3) \tag{1-208}$$

$$g_{ij} = \beta_i^{k'}\beta_j^{l'}g_{k'l'} \quad (i, j = 1, 2, 3) \tag{1-209}$$

$$g^{ij} = \beta_{k'}^i\beta_{l'}^j g^{k'l'} \quad (i, j = 1, 2, 3) \tag{1-210}$$

从上述关系式中可以发现，哑指标总是一上一下成对出现；自由指标的上下位置在等式两边各项中始终保持一致。这个规律是在斜角直线坐标系下张量公式遵守的基本规律。所有违背这个规律的张量公式都是错误的。

1.3.2 基矢量的协变导数

在直角坐标系中讨论张量函数的导数时，我们知道矢量对坐标的导数仍然为矢量；在曲线坐标系下，基矢量对坐标的导数还是一个矢量，并且这个矢量既可

以用协变基展开也可以用逆变基展开，即

$$\frac{\partial \boldsymbol{g}_j}{\partial x^i} = \Gamma_{ij}^k \boldsymbol{g}_k = \Gamma_{ij}^l g_{lk} \boldsymbol{g}^k = \Gamma_{ij,k} \boldsymbol{g}^k \tag{1-211}$$

上式中，符号

$$\Gamma_{ij}^l = \frac{\partial \boldsymbol{g}_j}{\partial x^i} \cdot \boldsymbol{g}^l \tag{1-212}$$

表示协变基对坐标求导所得矢量在逆变基上的投影。而符号

$$\Gamma_{ij,l} = \frac{\partial \boldsymbol{g}_j}{\partial x^i} \cdot \boldsymbol{g}_l \tag{1-213}$$

表示协变基对坐标求导所得矢量在协变基上的投影。$\Gamma_{ij,k}$ 称为第一类克里斯托弗尔（Christoffel）符号，Γ_{ij}^k 称为第二类 Christoffel 符号。该两类符号满足指标升降关系，即

$$\Gamma_{ij}^l g_{lk} = \Gamma_{ij,k} \tag{1-214}$$

考虑到

$$\frac{\partial \boldsymbol{g}_j}{\partial x^i} = \frac{\partial^2 \boldsymbol{r}}{\partial x^i \partial x^j} = \frac{\partial^2 \boldsymbol{r}}{\partial x^j \partial x^i} = \frac{\partial \boldsymbol{g}_i}{\partial x^j} \tag{1-215}$$

该两类 Christoffel 符号还满足关于指标 i 和 j 的对称性，即

$$\Gamma_{ij}^k = \Gamma_{ji}^k,\ \Gamma_{ij,k} = \Gamma_{ji,k} \tag{1-216}$$

虽然第二类 Christoffel 符号 Γ_{ij}^k 具有三个指标，但它不是张量的分量，即它与并矢基组合不能构成一个张量。若在某一坐标系中一个张量的分量均为零，则在任意坐标系中张量的分量也应该为零。但 Christoffel 符号 Γ_{ij}^k 与并矢基组合构成的量并不符合这个规则。协变基矢量 $\boldsymbol{g}_i$ 在直角坐标系中是常矢量，因而 $\Gamma_{ij}^k = 0$；但在曲线坐标系中基矢量 $\boldsymbol{g}_i$ 不是常矢量，从而 $\Gamma_{ij}^k \neq 0$。这就说明 Γ_{ij}^k 不是张量的分量。

曲线坐标与笛卡儿坐标之间的函数关系唯一确定了 Christoffel 符号。考虑到

$$\frac{\partial \boldsymbol{g}_j}{\partial x^i} = \Gamma_{ij}^k \boldsymbol{g}_k \tag{1-217}$$

从而

$$\Gamma_{ij}^l = \frac{\partial \boldsymbol{g}_j}{\partial x^i} \cdot \boldsymbol{g}^l \tag{1-218}$$

又

$$\frac{\partial \boldsymbol{g}_j}{\partial x^i} = \frac{\partial}{\partial x^i}\left(\frac{\partial \bar{x}^p}{\partial x^j}\boldsymbol{i}_p\right) = \frac{\partial^2 \bar{x}^p}{\partial x^i \partial x^j}\boldsymbol{i}_p \tag{1-219}$$

上式中，在直角坐标系中有 $\boldsymbol{r} = \bar{x}^p \boldsymbol{i}_p$。又

$$\boldsymbol{g}^l = \frac{\partial x^l}{\partial \bar{x}^p}\boldsymbol{i}^p \tag{1-220}$$

$$g_{kl} = \boldsymbol{g}_k \cdot \boldsymbol{g}_l = \frac{\partial \bar{x}^p}{\partial x^k}\frac{\partial \bar{x}^p}{\partial x^l} \tag{1-221}$$

将式（1-219）和式（1-220）代入式（1-218）得

$$\Gamma_{ij}^l = \frac{\partial^2 \bar{x}^p}{\partial x^i \partial x^j}\frac{\partial x^l}{\partial \bar{x}^p} \tag{1-222}$$

将式（1-221）和式（1-222）代入式（1-214）得

$$\Gamma_{ij,k} = \Gamma_{ij}^l g_{kl} = \frac{\partial^2 \bar{x}^p}{\partial x^i \partial x^j}\frac{\partial x^l}{\partial \bar{x}^p}\frac{\partial \bar{x}^p}{\partial x^k}\frac{\partial \bar{x}^p}{\partial x^l} = \frac{\partial^2 \bar{x}^p}{\partial x^i \partial x^j}\frac{\partial \bar{x}^p}{\partial x^k} \tag{1-223}$$

结合式（1-221）与式（1-223）可得

$$\frac{\partial g_{ij}}{\partial x^k} = \frac{\partial^2 \bar{x}^p}{\partial x^i \partial x^k}\frac{\partial \bar{x}^p}{\partial x^j} + \frac{\partial \bar{x}^p}{\partial x^i}\frac{\partial^2 \bar{x}^p}{\partial x^j \partial x^k} = \Gamma_{ik,j} + \Gamma_{jk,i} \tag{1-224}$$

类似地，可以推得

$$\frac{\partial g_{jk}}{\partial x^i} = \Gamma_{ij,k} + \Gamma_{ik,j} \tag{1-225}$$

$$\frac{\partial g_{ik}}{\partial x^j} = \Gamma_{ji,k} + \Gamma_{jk,i} \tag{1-226}$$

由式（1-224）~式（1-226），可得

$$\Gamma_{ij,k} = \frac{1}{2}\left(\frac{\partial g_{ik}}{\partial x^j} + \frac{\partial g_{jk}}{\partial x^i} - \frac{\partial g_{ij}}{\partial x^k}\right) \tag{1-227}$$

这里给出上式的另外一种证明，如下：

$$\frac{\partial g_{js}}{\partial x^i} = \frac{\partial(\boldsymbol{g}_j \cdot \boldsymbol{g}_s)}{\partial x^i} = \frac{\partial \boldsymbol{g}_j}{\partial x^i} \cdot \boldsymbol{g}_s + \boldsymbol{g}_j \cdot \frac{\partial \boldsymbol{g}_s}{\partial x^i} \tag{1-228}$$

利用式（1-213），上式可转化为

$$\frac{\partial g_{js}}{\partial x^i} - \boldsymbol{g}_j \cdot \frac{\partial \boldsymbol{g}_s}{\partial x^i} = \Gamma_{ij,s} \tag{1-229}$$

类似地，可以推得

$$\frac{\partial g_{is}}{\partial x^j} - \boldsymbol{g}_i \cdot \frac{\partial \boldsymbol{g}_s}{\partial x^j} = \Gamma_{ij,s} \tag{1-230}$$

将式（1-229）与式（1-230）相加得

$$\Gamma_{ij,s} = \frac{1}{2}\left[\frac{\partial g_{is}}{\partial x^j} + \frac{\partial g_{js}}{\partial x^i} - \left(\boldsymbol{g}_i \cdot \frac{\partial \boldsymbol{g}_s}{\partial x^j} + \boldsymbol{g}_j \cdot \frac{\partial \boldsymbol{g}_s}{\partial x^i}\right)\right] \tag{1-231}$$

利用式（1-215）得

$$\boldsymbol{g}_i \cdot \frac{\partial \boldsymbol{g}_s}{\partial x^j} + \boldsymbol{g}_j \cdot \frac{\partial \boldsymbol{g}_s}{\partial x^i} = \boldsymbol{g}_i \cdot \frac{\partial \boldsymbol{g}_j}{\partial x^s} + \boldsymbol{g}_j \cdot \frac{\partial \boldsymbol{g}_i}{\partial x^s} = \frac{\partial g_{ij}}{\partial x^s} \tag{1-232}$$

从而

$$\Gamma_{ij,s} = \frac{1}{2}\left(\frac{\partial g_{is}}{\partial x^j} + \frac{\partial g_{js}}{\partial x^i} - \frac{\partial g_{ij}}{\partial x^s}\right) \tag{1-233}$$

利用 Christoffel 符号，我们接下来讨论基容的导数。已知协变基基容就是基矢量的混合积，即

$$\sqrt{g} = [\boldsymbol{g}_1 \quad \boldsymbol{g}_2 \quad \boldsymbol{g}_3] = (\boldsymbol{g}_1 \times \boldsymbol{g}_2) \cdot \boldsymbol{g}_3 \tag{1-234}$$

从而

$$\begin{aligned}
\frac{\partial \sqrt{g}}{\partial x^i} &= \left(\frac{\partial \boldsymbol{g}_1}{\partial x^i} \times \boldsymbol{g}_2\right) \cdot \boldsymbol{g}_3 + \left(\boldsymbol{g}_1 \times \frac{\partial \boldsymbol{g}_2}{\partial x^i}\right) \cdot \boldsymbol{g}_3 + (\boldsymbol{g}_1 \times \boldsymbol{g}_2) \cdot \frac{\partial \boldsymbol{g}_3}{\partial x^i} \\
&= (\Gamma_{1i}^k \boldsymbol{g}_k \times \boldsymbol{g}_2) \cdot \boldsymbol{g}_3 + (\boldsymbol{g}_1 \times \Gamma_{2i}^k \boldsymbol{g}_k) \cdot \boldsymbol{g}_3 + (\boldsymbol{g}_1 \times \boldsymbol{g}_2) \cdot \Gamma_{3i}^k \boldsymbol{g}_k \\
&= (\Gamma_{1i}^1 \boldsymbol{g}_1 \times \boldsymbol{g}_2) \cdot \boldsymbol{g}_3 + (\boldsymbol{g}_1 \times \Gamma_{2i}^2 \boldsymbol{g}_2) \cdot \boldsymbol{g}_3 + (\boldsymbol{g}_1 \times \boldsymbol{g}_2) \cdot \Gamma_{3i}^3 \boldsymbol{g}_3 \\
&= (\Gamma_{1i}^1 + \Gamma_{2i}^2 + \Gamma_{3i}^3)[(\boldsymbol{g}_1 \times \boldsymbol{g}_2) \cdot \boldsymbol{g}_3] \\
&= \Gamma_{ji}^j [(\boldsymbol{g}_1 \times \boldsymbol{g}_2) \cdot \boldsymbol{g}_3] = \Gamma_{ji}^j \sqrt{g}
\end{aligned} \tag{1-235}$$

上式还可以写成

$$\Gamma_{ji}^j = \Gamma_{ij}^j = \frac{1}{\sqrt{g}} \frac{\partial \sqrt{g}}{\partial x^i} = \frac{\partial(\ln\sqrt{g})}{\partial x^i} = \frac{1}{2} \times \frac{\partial(\ln g)}{\partial x^i} \tag{1-236}$$

式（1-211）给出了协变基矢量对坐标的导数，现在我们来讨论逆变基矢量对坐标的导数。考虑到

$$\frac{\partial}{\partial x^j}(\boldsymbol{g}_i \cdot \boldsymbol{g}^k) = \frac{\partial \boldsymbol{g}_i}{\partial x^j} \cdot \boldsymbol{g}^k + \boldsymbol{g}_i \cdot \frac{\partial \boldsymbol{g}^k}{\partial x^j}$$

$$\frac{\partial}{\partial x^j}(\boldsymbol{g}_i \cdot \boldsymbol{g}^k) = \frac{\partial}{\partial x^j}(\delta_i^k) = 0$$

从而

$$\boldsymbol{g}_i \cdot \frac{\partial \boldsymbol{g}^k}{\partial x^j} = -\frac{\partial \boldsymbol{g}_i}{\partial x^j} \cdot \boldsymbol{g}^k = -\Gamma_{ij}^k$$

$$\frac{\partial \boldsymbol{g}^k}{\partial x^j} = -\Gamma_{ij}^k \boldsymbol{g}^i$$

上式表明，逆变基对坐标的导数也可以借助 Christoffel 符号来表示。

1.3.3 张量分量的协变导数

这一节我们来讨论张量分量对坐标的协变导数。首先来看矢量 $\boldsymbol{F}$ 对坐标求导：

$$\frac{\partial \boldsymbol{F}}{\partial x^j} = \frac{\partial F^i}{\partial x^j}\boldsymbol{g}_i + F^i \frac{\partial \boldsymbol{g}_i}{\partial x^j} = \frac{\partial F^i}{\partial x^j}\boldsymbol{g}_i + F^i \Gamma_{ij}^k \boldsymbol{g}_k = \left(\frac{\partial F^i}{\partial x^j} + F^m \Gamma_{jm}^i\right)\boldsymbol{g}_i = F_{;j}^i \boldsymbol{g}_i \quad (1\text{-}237)$$

式中，

$$F_{;j}^i = \frac{\partial F^i}{\partial x^j} + F^m \Gamma_{jm}^i \quad (1\text{-}238)$$

表示逆变分量 F^i 对坐标 x^j 的协变导数。矢量 $\boldsymbol{F}$ 对坐标求导也可以写成

$$\frac{\partial \boldsymbol{F}}{\partial x^j} = \frac{\partial F_i}{\partial x^j}\boldsymbol{g}^i + F_i \frac{\partial \boldsymbol{g}^i}{\partial x^j} = \frac{\partial F_i}{\partial x^j}\boldsymbol{g}^i - F_i \Gamma_{jk}^i \boldsymbol{g}^k = \left(\frac{\partial F_i}{\partial x^j} - F_m \Gamma_{ji}^m\right)\boldsymbol{g}^i = F_{i;j}\boldsymbol{g}^i \quad (1\text{-}239)$$

式中，

$$F_{i;j} = \frac{\partial F_i}{\partial x^j} - F_m \Gamma_{ji}^m \quad (1\text{-}240)$$

表示协变分量 F_i 对坐标 x^j 的协变导数。从上述推导过程可以发现以下规律：

（1）协变导数满足指标升降关系，

$$\frac{\partial \boldsymbol{F}}{\partial x^j} = F_{;j}^i \boldsymbol{g}_i = F_{;j}^i g_{ik} \boldsymbol{g}^k = F_{;j}^k g_{ki} \boldsymbol{g}^i \quad (1\text{-}241)$$

与式（1-239）相比较得

$$F_{i;j} = g_{ik} F_{;j}^k \quad (1\text{-}242)$$

（2）在协变导数运算中，度量张量可以没有变化地移入或移出，

$$F_{i;j} = (g_{ik} F^k)_{;j} \quad (1\text{-}243)$$

从而结合式(1-242)得

$$(g_{ik} F^k)_{;j} = F_{i;j} = g_{ik} F_{;j}^k \quad (1\text{-}244)$$

（3）矢量分量的协变导数或逆变导数是二阶张量，

$$\boldsymbol{F}\nabla=\frac{\partial \boldsymbol{F}}{\partial x^j}\boldsymbol{g}^j=F^i_{;j}\boldsymbol{g}_i\otimes\boldsymbol{g}^j=F_{i;j}\boldsymbol{g}^i\otimes\boldsymbol{g}^j \tag{1-245}$$

$$\nabla\boldsymbol{F}=\boldsymbol{g}^j\frac{\partial \boldsymbol{F}}{\partial x^j}=F^i_{;j}\boldsymbol{g}^j\otimes\boldsymbol{g}_i=F_{i;j}\boldsymbol{g}^j\otimes\boldsymbol{g}^i \tag{1-246}$$

例 1-4 证明任意曲线坐标系下矢径 $\boldsymbol{r}$ 的梯度就是度量张量 $\boldsymbol{G}$。

证明：

方法Ⅰ：在任意曲线坐标系下，设矢径 $\boldsymbol{r}$ 及其分量 r^i 都是 x^j 坐标的函数，

$$\boldsymbol{r}(x^j)=r^i(x^j)\boldsymbol{g}_i(x^j) \tag{1-247}$$

根据基矢量及协变导数的定义，

$$\boldsymbol{g}_j=\frac{\partial \boldsymbol{r}}{\partial x^j}=r^i_{;j}\boldsymbol{g}_i \tag{1-248}$$

又

$$\boldsymbol{g}_j=\delta^i_j\boldsymbol{g}_i \tag{1-249}$$

结合式（1-248）与式（1-249）得

$$r^i_{;j}=\delta^i_j \tag{1-250}$$

$$\boldsymbol{r}\nabla=\frac{\partial \boldsymbol{r}}{\partial x^j}\boldsymbol{g}^j=r^i_{;j}\boldsymbol{g}_i\otimes\boldsymbol{g}^j=\delta^i_j\boldsymbol{g}_i\otimes\boldsymbol{g}^j=\boldsymbol{g}_i\otimes\boldsymbol{g}^i=\boldsymbol{G} \tag{1-251}$$

证毕。

方法Ⅱ：

$$\mathrm{d}\boldsymbol{r}=\mathrm{d}\boldsymbol{r}\cdot\nabla\boldsymbol{r}=\boldsymbol{r}\nabla\cdot\mathrm{d}\boldsymbol{r} \tag{1-252}$$

又

$$\mathrm{d}\boldsymbol{r}=\boldsymbol{G}\cdot\mathrm{d}\boldsymbol{r} \tag{1-253}$$

从而

$$\nabla\boldsymbol{r}=\boldsymbol{r}\nabla=\boldsymbol{G} \tag{1-254}$$

上述关于矢量对坐标求导的讨论可以进一步推广到任意张量，这里我们以三阶张量为例，设三阶张量 $\boldsymbol{T}$ 在任意曲线坐标系中的并矢表达式为

$$\boldsymbol{T}=T^{ij\cdot}_{\cdot\cdot k}\boldsymbol{g}_i\otimes\boldsymbol{g}_j\otimes\boldsymbol{g}^k=T^{\cdot jk}_{i\cdot\cdot}\boldsymbol{g}^i\otimes\boldsymbol{g}_j\otimes\boldsymbol{g}_k=\cdots \tag{1-255}$$

该张量对坐标分量求导，

$$\begin{aligned}\frac{\partial \boldsymbol{T}}{\partial x^l}&=\frac{\partial}{\partial x^l}(T^{ij}_{\cdot\cdot k}\boldsymbol{g}_i\otimes\boldsymbol{g}_j\otimes\boldsymbol{g}^k)\\&=\frac{\partial T^{ij}_{\cdot\cdot k}}{\partial x^l}\boldsymbol{g}_i\otimes\boldsymbol{g}_j\otimes\boldsymbol{g}^k+T^{ij}_{\cdot\cdot k}\Gamma^m_{il}\boldsymbol{g}_m\otimes\boldsymbol{g}_j\otimes\boldsymbol{g}^k+\end{aligned}$$

$$T^{ij}_{\cdot\cdot k}\boldsymbol{g}_i\Gamma^m_{jl}\otimes\boldsymbol{g}_m\otimes\boldsymbol{g}^k-T^{ij}_{\cdot\cdot k}\boldsymbol{g}_i\otimes\boldsymbol{g}_j\Gamma^k_{ml}\otimes\boldsymbol{g}^m$$
$$=\left(\frac{\partial T^{ij}_{\cdot\cdot k}}{\partial x^l}+T^{mj}_{\cdot\cdot k}\Gamma^i_{ml}+T^{im}_{\cdot\cdot k}\Gamma^j_{ml}-T^{ij}_{\cdot\cdot m}\Gamma^m_{kl}\right)\boldsymbol{g}_i\otimes\boldsymbol{g}_j\otimes\boldsymbol{g}^k \tag{1-256}$$

令

$$T^{ij}_{\cdot\cdot k;l}=\frac{\partial T^{ij}_{\cdot\cdot k}}{\partial x^l}+T^{mj}_{\cdot\cdot k}\Gamma^i_{ml}+T^{im}_{\cdot\cdot k}\Gamma^j_{ml}-T^{ij}_{\cdot\cdot m}\Gamma^m_{kl} \tag{1-257}$$

则式（1-256）化简为

$$\frac{\partial \boldsymbol{T}}{\partial x^l}=T^{ij\cdot}_{\cdot\cdot k;l}\boldsymbol{g}_i\otimes\boldsymbol{g}_j\otimes\boldsymbol{g}^k=T^{\cdot jk}_{i\cdot\cdot;l}\boldsymbol{g}^i\otimes\boldsymbol{g}_j\otimes\boldsymbol{g}_k=\cdots \tag{1-258}$$

进一步，张量的梯度可以表示为

$$\boldsymbol{T}\nabla=\frac{\partial \boldsymbol{T}}{\partial x^l}\boldsymbol{g}^l=T^{ij}_{\cdot\cdot k;l}\boldsymbol{g}_i\otimes\boldsymbol{g}_j\otimes\boldsymbol{g}^k\otimes\boldsymbol{g}^l=T^{\cdot jk}_{i\cdot\cdot;l}\boldsymbol{g}^i\otimes\boldsymbol{g}_j\otimes\boldsymbol{g}_k\otimes\boldsymbol{g}^l=\cdots \tag{1-259}$$

对于二阶张量 $\boldsymbol{S}$，

$$\boldsymbol{S}\cdot\nabla=\frac{\partial \boldsymbol{S}}{\partial x^l}\cdot\boldsymbol{g}^l=S^{ij}_{;l}\boldsymbol{g}_i\otimes\boldsymbol{g}_j\cdot\boldsymbol{g}^l=S^{ij}_{;j}\boldsymbol{g}_i \tag{1-260}$$

$$\nabla\cdot\boldsymbol{S}=\boldsymbol{g}^l\cdot\frac{\partial \boldsymbol{S}}{\partial x^l}=\nabla_l S^{ij}\boldsymbol{g}^l\cdot\boldsymbol{g}_i\otimes\boldsymbol{g}_j=\nabla_i S^{ij}\boldsymbol{g}_j \tag{1-261}$$

式中，

$$\nabla_l S^{ij}=S^{ij}_{;l} \tag{1-262}$$

是协变导数的另外一种表示方式。对于矢量场函数 $\boldsymbol{F}$，有

$$\mathrm{div}\boldsymbol{F}=\boldsymbol{F}\cdot\nabla=\frac{\partial \boldsymbol{F}}{\partial x^j}\cdot\boldsymbol{g}^j=F^i_{;j}\boldsymbol{g}_i\cdot\boldsymbol{g}^j=F^i_{;i} \tag{1-263}$$

$$\mathrm{curl}\boldsymbol{F}=\nabla\times\boldsymbol{F}=\boldsymbol{g}^i\times\frac{\partial \boldsymbol{F}}{\partial x^i}=\boldsymbol{g}^i\times(\nabla_i F_j\boldsymbol{g}^j)=\nabla_i F_j\boldsymbol{g}^i\times\boldsymbol{g}^j=\boldsymbol{\varepsilon}^{ijk}\nabla_i F_j\boldsymbol{g}_k$$
$$=\frac{1}{\sqrt{g}}\begin{vmatrix}\boldsymbol{g}_1 & \boldsymbol{g}_2 & \boldsymbol{g}_3\\ \nabla_1 & \nabla_2 & \nabla_3\\ F_1 & F_2 & F_3\end{vmatrix} \tag{1-264}$$

上式的分量可以进一步简化如下：

$$\varepsilon^{ijk}\nabla_i F_j=\varepsilon^{ijk}(\partial_i F_j-F_m\Gamma^m_{ij})=\varepsilon^{ijk}\partial_i F_j-F_m\varepsilon^{ijk}\Gamma^m_{ij} \tag{1-265}$$

考虑到 Γ^m_{ij} 关于指标 ij 的对称性，以及曲线坐标系下置换符号 $\boldsymbol{\varepsilon}^{ijk}$ 关于指标 ij 的反对称性，有

$$F_m \varepsilon^{ijk} \Gamma_{ij}^m = 0 \tag{1-266}$$

从而

$$\mathrm{curl}\boldsymbol{F} = \varepsilon^{ijk} \partial_i F_j \boldsymbol{g}_k = \frac{1}{\sqrt{g}} \begin{vmatrix} \boldsymbol{g}_1 & \boldsymbol{g}_2 & \boldsymbol{g}_3 \\ \partial_1 & \partial_2 & \partial_3 \\ F_1 & F_2 & F_3 \end{vmatrix} \tag{1-267}$$

即协变导数与普通导数是一样的。换句话说，在曲线坐标系下求矢量场的旋度时，可以忽略协变导数与普通导数的区别。

习　　题

1-1　已知 $\boldsymbol{N}$ 为二阶对称张量，$\boldsymbol{A}$ 为二阶反对称张量，求证 $\boldsymbol{N}:\boldsymbol{A} = 0$。

1-2　已知 $\boldsymbol{A}$ 和 $\boldsymbol{B}$ 为任意二阶张量，求证：

(1) $\boldsymbol{A}:\boldsymbol{B} = \boldsymbol{B}:\boldsymbol{A} = \boldsymbol{A}^{\mathrm{T}}:\boldsymbol{B}^{\mathrm{T}} = \boldsymbol{B}^{\mathrm{T}}:\boldsymbol{A}^{\mathrm{T}}$。

(2) $\boldsymbol{A}:\boldsymbol{B} = \mathrm{tr}(\boldsymbol{A}^{\mathrm{T}} \cdot \boldsymbol{B}) = \mathrm{tr}(\boldsymbol{A} \cdot \boldsymbol{B}^{\mathrm{T}})$。

1-3　已知二阶张量 $\boldsymbol{A}$ 和 $\boldsymbol{B}$ 对任意矢量 $\boldsymbol{a}$ 和 $\boldsymbol{b}$ 均成立 $\boldsymbol{a} \cdot \boldsymbol{A} \cdot \boldsymbol{b} = \boldsymbol{a} \cdot \boldsymbol{B} \cdot \boldsymbol{b}$，求证 $\boldsymbol{A} = \boldsymbol{B}$。

1-4　已知 $\boldsymbol{a}$、$\boldsymbol{b}$、$\boldsymbol{c}$ 为任意矢量，求证：

(1) $(\boldsymbol{a} \times \boldsymbol{b}) \times \boldsymbol{c} = (\boldsymbol{a} \cdot \boldsymbol{c})\boldsymbol{b} - (\boldsymbol{b} \cdot \boldsymbol{c})\boldsymbol{a}$。

(2) $\boldsymbol{a} \times (\boldsymbol{b} \times \boldsymbol{c}) = (\boldsymbol{a} \cdot \boldsymbol{c})\boldsymbol{b} - (\boldsymbol{a} \cdot \boldsymbol{b})\boldsymbol{c}$。

1-5　已知 $\boldsymbol{a}$、$\boldsymbol{b}$、$\boldsymbol{c}$、$\boldsymbol{d}$ 为任意矢量，求证：

(1) $(\boldsymbol{a} \times \boldsymbol{b}) \times (\boldsymbol{c} \times \boldsymbol{d}) = \boldsymbol{b}(\boldsymbol{a} \cdot \boldsymbol{c} \times \boldsymbol{d}) - \boldsymbol{a}(\boldsymbol{b} \cdot \boldsymbol{c} \times \boldsymbol{d})$。

(2) $(\boldsymbol{a} \times \boldsymbol{b}) \times (\boldsymbol{c} \times \boldsymbol{d}) = \boldsymbol{c}(\boldsymbol{a} \cdot \boldsymbol{b} \times \boldsymbol{d}) - \boldsymbol{d}(\boldsymbol{a} \cdot \boldsymbol{b} \times \boldsymbol{c})$。

(3) $(\boldsymbol{a} \times \boldsymbol{b}) \cdot (\boldsymbol{c} \times \boldsymbol{d}) = (\boldsymbol{a} \cdot \boldsymbol{c})(\boldsymbol{b} \cdot \boldsymbol{d}) - (\boldsymbol{a} \cdot \boldsymbol{d})(\boldsymbol{b} \cdot \boldsymbol{c})$。

1-6　已知 $\boldsymbol{A}$ 为二阶反对称张量，$\boldsymbol{a}$ 为矢量，且满足 $\boldsymbol{a} = -\frac{1}{2}\boldsymbol{\epsilon}:\boldsymbol{A}$（这里 $\boldsymbol{\epsilon}$ 表示曲线坐标系下的置换张量），求证：

(1) $\boldsymbol{A} = -\boldsymbol{\epsilon} \cdot \boldsymbol{a} = -\boldsymbol{a} \cdot \boldsymbol{\epsilon}$。

(2) 对任意矢量 $\boldsymbol{b}$，必满足 $\boldsymbol{A} \cdot \boldsymbol{b} = \boldsymbol{a} \times \boldsymbol{b}$。

(3) 若 $\boldsymbol{b}$ 与 $\boldsymbol{a}$ 平行，则 $\boldsymbol{A} \cdot \boldsymbol{b} = \boldsymbol{0}$。

1-7　求证：

(1) $g_2^* = (g_1)^2 - 2g_2$。

(2) $g_3^* = (g_1)^3 - 3g_1 g_2 + 3g_3$。

(3) $g_2 = \frac{1}{2}[(g_1^*)^2 - g_2^*]$。

(4) $g_3 = \frac{1}{6}(g_1^*)^3 - \frac{1}{2}g_1^* g_2^* + \frac{1}{3}g_3^*$。

1-8 已知 u 和 v 均为标量，求证 $\nabla(uv) = (\nabla u)v + u(\nabla v)$。

1-9 已知 u 为标量、$\boldsymbol{a}$ 为矢量，求证：

(1) $\nabla\cdot(u\boldsymbol{a}) = (\nabla u)\cdot\boldsymbol{a} + u(\nabla\cdot\boldsymbol{a})$。

(2) $\nabla\times(u\boldsymbol{a}) = (\nabla u)\times\boldsymbol{a} + u(\nabla\times\boldsymbol{a})$。

1-10 已知 $\boldsymbol{A}$ 和 $\boldsymbol{B}$ 均为二阶张量，求证：

$$\nabla(\boldsymbol{A}\cdot\boldsymbol{B}) = \boldsymbol{B}\times(\nabla\times\boldsymbol{A}) + \boldsymbol{A}\times(\nabla\times\boldsymbol{B}) + (\boldsymbol{B}\cdot\nabla)\boldsymbol{A} + (\boldsymbol{A}\cdot\nabla)\boldsymbol{B}$$

1-11 已知 $\boldsymbol{A}$ 和 $\boldsymbol{B}$ 均为二阶张量，求证：

(1) $\nabla\cdot(\boldsymbol{A}\times\boldsymbol{B}) = (\nabla\times\boldsymbol{A})\cdot\boldsymbol{B} - \boldsymbol{A}\cdot(\nabla\times\boldsymbol{B})$。

(2) $\nabla\times(\boldsymbol{A}\times\boldsymbol{B}) = (\boldsymbol{B}\cdot\nabla)\boldsymbol{A} - (\nabla\cdot\boldsymbol{A})\boldsymbol{B} - (\boldsymbol{A}\cdot\nabla)\boldsymbol{B} + (\boldsymbol{B}\cdot\nabla)\boldsymbol{A}$。

1-12 已知 u 为标量、$\boldsymbol{a}$ 为矢量，求证：

(1) $\nabla^2 u = \nabla\cdot\nabla u$ 。

(2) $\nabla^2\boldsymbol{a} = \nabla(\nabla\cdot\boldsymbol{a}) - \nabla\times\nabla\times\boldsymbol{a}$。

1-13 求证：二阶张量 $\boldsymbol{N}$ 的特征方程可以用其不变量 $g_i^{(N)}$（$i=1, 2, 3$）表示为

$$\Delta(\lambda) = \lambda^3 - g_1^{(N)}\lambda^2 + g_2^{(N)}\lambda - g_3^{(N)}$$

2 变形与应变度量

2.1 初始构型与当前构型

物体受力之后体积及形状将发生改变，我们称之为变形体。变形体是与刚体相对应的概念。刚体是不会发生变形的物体。实际物体在力的作用下都会发生变形，只是变形的大小不同而已。刚体是对实际物体的一种抽象。当研究的问题是与运动相关的速度或加速度，而不涉及变形时，引入“刚体”的概念是必要的。但“连续介质力学”的研究对象是变形体，这是不同于“理论力学”的根本之处。要度量变形体的变形，引入“构型”的概念是有益的。所谓“初始构型”是指物体变形之前所占空间的体积及形状，“当前构型”则是指物体变形之后所占空间的体积及形状。图 2-1 表示某物体在变形前的初始构型和变形后的当前构型。衡量物体的变形我们还需要一个参考构型。参考构型可以是初始构型，可以是当前构型，也可以是初始构型与当前构型中间的某个“中间构型”。譬如，当研究含初应力的变形问题时，就需要考虑三个构型，即不考虑初应力作用下的“初始构型”，它是物体在不受任何力作用下的自然状态，考虑初应力作用下的变形而形成的“中间构型”，以及考虑在外载荷作用下进一步发生变形而形成的“当前构型”，变形度量的参考构型可以是这三个构型中的任意一个。

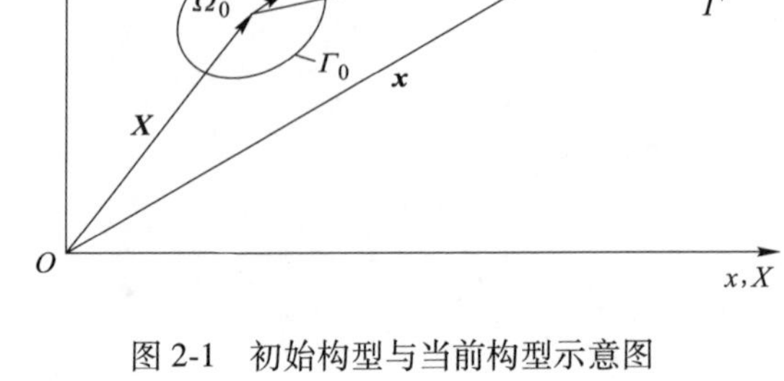

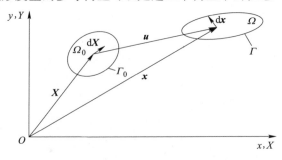

图 2-1　初始构型与当前构型示意图

2.2 变形的物质描述与空间描述

为了描述物体的变形，还需要坐标系。这里坐标系可以有两种：一种可以随物体的变形而变形，我们称之为随体坐标系；另一种不随物体的变形而变形，我们称之为空间坐标系。随体坐标系可以理解为坐标系的网格线与变形的物体固连在一起，物体变形过程中，坐标系的网格线也在不断变化。采用这种坐标系的好处是观测点的坐标在变形过程中始终保持不变，便于考察某物质点的运动。换句话说，某物质点可以用它在随体坐标系中的坐标来标记。空间坐标系的网格线可以理解为与实际物理空间相固连，而与变形体没有关联。物体变形过程中，空间坐标系的网格线保持不变。因此，变形体中某物质点在空间坐标系中的坐标在不同时刻是不同的。当我们度量变形体的变形时，关注点不是变形体中某个特定物质点，而是变形在空间的分布时，就需要空间坐标系。通常，研究流体的运动问题时，关注点就不是某个特定流体质点，而是流场的空间分布。随体坐标系也称为物质坐标系，或者拉格朗日（Lagrange）坐标系。空间坐标系也称为欧拉（Euler）坐标系。在连续介质力学中，这两种坐标系都会用到。在物体变形之前我们会同时建立随体坐标系和空间坐标系，此时两种坐标系是重合的。在物体开始变形之后，随体坐标系会随着物体的变形而变形，而空间坐标系保持不变，两种坐标系就不再重合而发生分离。物体中某特定物质点在随体坐标系中的坐标始终不变，而在空间坐标系中的坐标随变形的发展而不断变化，如图 2-2～图 2-4 所示。图 2-2 表示一维杆轴向变形时的随体坐标系和空间坐标系。图 2-3 表示悬臂梁在端部集中载荷作用下发生弯曲变形时的随体坐标系和空间坐标系。图 2-4 表示二维平板在剪切力作用下发生剪切变形时的随体坐标系和空间坐标系。运动的物质点用随体坐标可以表示为（$\boldsymbol{X}$，t），而用空间坐标表示为（$\boldsymbol{x}$，t）。物体中某个特定物质点在空间的运动轨迹可以表示为 $\boldsymbol{x}=\boldsymbol{f}(\boldsymbol{X}, t)$。而 $\boldsymbol{X}=\boldsymbol{f}^{-1}(\boldsymbol{x}, t)$ 则表示 t 时刻出现在空间位置 $\boldsymbol{x}$ 的那个特定物质点。考虑到在变形开始前，随体坐标系与空间坐标系是重合的，可以表示为

$$\boldsymbol{x}(t=0)=\boldsymbol{f}(\boldsymbol{X}, 0)=\boldsymbol{X} \tag{2-1}$$

2.3 位移、速度、加速度

设 $\boldsymbol{e}_i(i=1, 2, 3)$ 为空间坐标系的单位基矢量。考虑到在 $t=0$ 时刻，随体坐

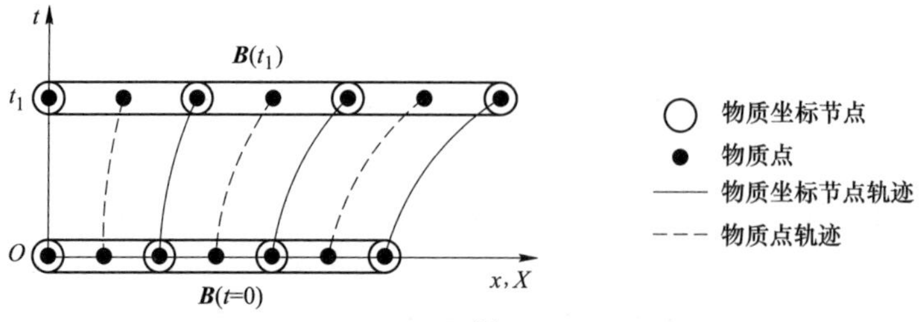

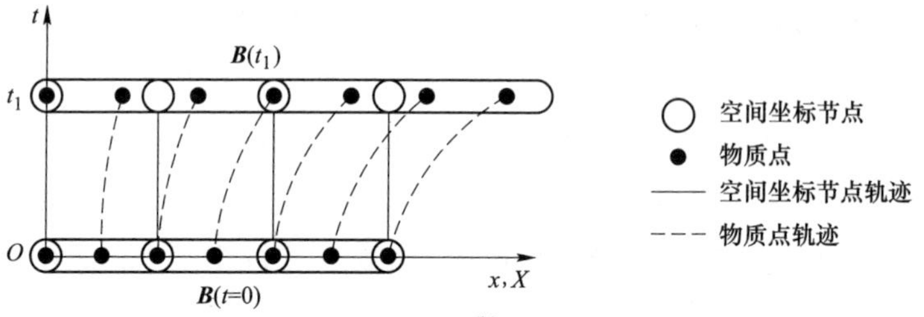

图 2-2　一维杆轴向变形时的随体坐标系和空间坐标系

（a）拉格朗日描述；（b）欧拉描述

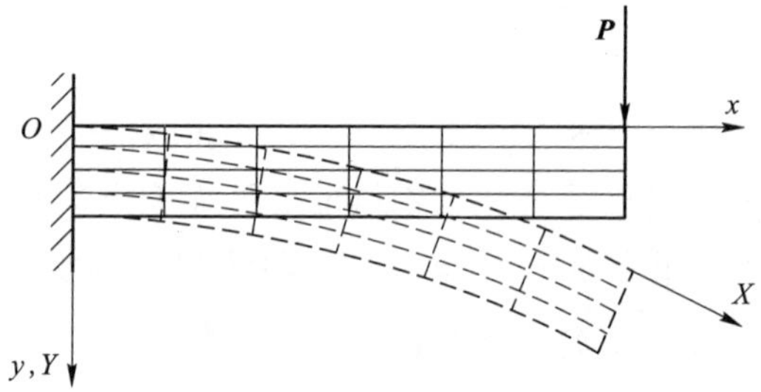

图 2-3　悬臂梁在端部集中载荷作用下发生弯曲变形时的随体坐标系和空间坐标系

标系与空间坐标系是重合的，物体中某特定物质点的随体坐标、空间坐标以及位移可以表示为

$$\boldsymbol{X} = X_i \boldsymbol{e}_i,\ \boldsymbol{x} = x_i \boldsymbol{e}_i,\ \boldsymbol{u} = u_i \boldsymbol{e}_i \tag{2-2}$$

其中位移

$$\boldsymbol{u}(\boldsymbol{X},\ t) = \boldsymbol{f}(\boldsymbol{X},\ t) - \boldsymbol{f}(\boldsymbol{X},\ t=0) = \boldsymbol{x}(\boldsymbol{X},\ t) - \boldsymbol{X} \tag{2-3}$$

根据位移表达式，可以进一步求速度和加速度：

$$\boldsymbol{v}(\boldsymbol{X},\ t) = \frac{\partial \boldsymbol{u}(\boldsymbol{X},\ t)}{\partial t} = \frac{\partial \boldsymbol{f}(\boldsymbol{X},\ t)}{\partial t} = \dot{\boldsymbol{x}}(\boldsymbol{X},\ t) = \dot{\boldsymbol{u}} \tag{2-4}$$

$$\boldsymbol{a}(\boldsymbol{X},\ t) = \frac{\partial \boldsymbol{v}(\boldsymbol{X},\ t)}{\partial t} = \frac{\partial^2 \boldsymbol{u}(\boldsymbol{X},\ t)}{\partial t^2} = \dot{\boldsymbol{v}}(\boldsymbol{X},\ t) = \ddot{\boldsymbol{u}} \tag{2-5}$$

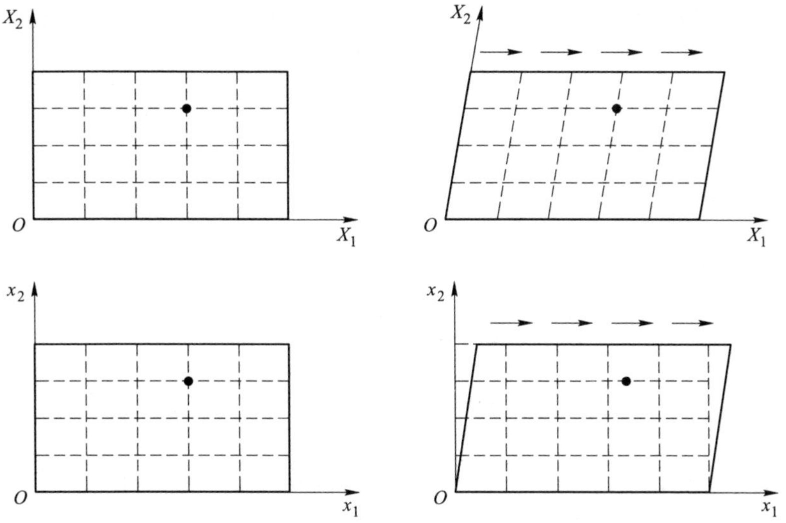

图 2-4 二维平板在剪切力作用下发生剪切变形时的随体坐标系和空间坐标系

（a）变形前；（b）变形后

这里是在随体坐标系或者物质坐标系下对时间求导数，我们一般称之为物质导数。下面讨论在空间坐标系下对时间求导数问题。

$$v_i(\boldsymbol{x},\ t) = v_i(\boldsymbol{x}(\boldsymbol{X},\ t),\ t) \tag{2-6}$$

$$\frac{\mathrm{D}}{\mathrm{D}t}v_i(\boldsymbol{x},\ t) = \frac{\partial v_i(\boldsymbol{x},\ t)}{\partial t} + \frac{\partial v_i(\boldsymbol{x},\ t)}{\partial x_j}\frac{\partial x_j(\boldsymbol{x},\ t)}{\partial t} = \frac{\partial v_i(\boldsymbol{x},\ t)}{\partial t} + \frac{\partial v_i(\boldsymbol{x},\ t)}{\partial x_j}v_j \tag{2-7}$$

上式右端由两部分组成，第一项 $\frac{\partial v_i(\boldsymbol{x},\ t)}{\partial t}$ 称为局部导数，第二项 $\frac{\partial v_i(\boldsymbol{x},\ t)}{\partial x_j}v_j$ 称为对流导数。局部导数是由于速度场的不定常性引起的；而对流导数是由于速度场的不均匀性引起的。为了更好地理解对流导数的产生机理，我们参考图 2-5 考察某质点 A 的一维运动。

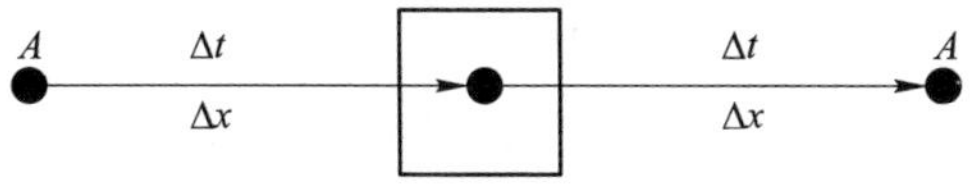

图 2-5 从一维质点运动看对流导数产生机理

质点 A 在 t 时刻处于空间位置 x，速度记为 $v(x,\ t)$；在 $t-\Delta t$ 时刻处于空间位置 $x-\Delta x$，速度记为 $v(x-\Delta x,\ t-\Delta t)$；在 $t+\Delta t$ 时刻处于空间位置 $x+\Delta x$，速度记为 $v(x+\Delta x,\ t+\Delta t)$。将速度在 $(x,\ t)$ 附近作泰勒级数展开：

$$v^+(x+\Delta x,\ t+\Delta t)=v(x,\ t)+v_x^+(x,\ t+\Delta t)\Delta x+v_t^+(x+\Delta x,\ t)\Delta t$$

$$v^-(x-\Delta x,\ t-\Delta t)=v(x,\ t)-v_x^-(x,\ t-\Delta t)\Delta x-v_t^-(x-\Delta x,\ t)\Delta t$$

则物质导数

$$\begin{aligned}\frac{\mathrm{D}v(x,\ t)}{\mathrm{D}t}&=\lim_{\Delta t\to 0}\frac{1}{2\Delta t}\left[v^+(x+\Delta x,\ t+\Delta t)-v^-(x-\Delta x,\ t-\Delta t)\right]\\&=\lim_{\Delta t\to 0}\left[v_x^+(x,\ t+\Delta t)+v_x^-(x,\ t-\Delta t)\right]\frac{\Delta x}{2\Delta t}+\\&\quad\lim_{\Delta t\to 0}\frac{1}{2}\left[v_t^+(x+\Delta x,\ t)+v_t^-(x-\Delta x,\ t)\right]\\&=\frac{\partial v(x,\ t)}{\partial x}v+\frac{\partial v}{\partial t}\end{aligned}\tag{2-8}$$

考虑到 $v_t^+(x+\Delta x,\ t)$ 和 $v_t^-(x-\Delta x,\ t)$ 表示的是同一物质点 A 在 x 附近的加速度，它们的平均值就可以近似认为是在 x 处的加速度。而在 $t-\Delta t$ 时刻与 $t+\Delta t$ 时刻，A 点并不在空间 x 处，此时处于空间位置 x 的是其他物质点。而 $\frac{1}{2}\left[v_x^+(x,\ t+\Delta t)+v_x^-(x,\ t-\Delta t)\right]$ 表示空间位置 x 在 t 时刻的平均速度梯度。这是这一项称为对流导数的原因。

如果用张量整体形式表示，式（2-7）可写成

$$\frac{\mathrm{D}}{\mathrm{D}t}\boldsymbol{v}(\boldsymbol{x},\ t)=\frac{\partial\boldsymbol{v}(\boldsymbol{x},\ t)}{\partial t}+(\boldsymbol{v}\nabla)\cdot\boldsymbol{v}=\frac{\partial\boldsymbol{v}(\boldsymbol{x},\ t)}{\partial t}+\boldsymbol{v}\cdot(\nabla\boldsymbol{v})\tag{2-9}$$

一般地，标量函数的物质导数为

$$\frac{\mathrm{D}}{\mathrm{D}t}f(\boldsymbol{x},\ t)=\frac{\partial f(\boldsymbol{x},\ t)}{\partial t}+(\nabla f)\cdot\boldsymbol{v}=\frac{\partial f(\boldsymbol{x},\ t)}{\partial t}+\boldsymbol{v}\cdot(\nabla f)\tag{2-10}$$

张量函数的物质导数为

$$\frac{\mathrm{D}}{\mathrm{D}t}\boldsymbol{T}(\boldsymbol{x},\ t)=\frac{\partial\boldsymbol{T}(\boldsymbol{x},\ t)}{\partial t}+(\boldsymbol{T}\nabla)\cdot\boldsymbol{v}\neq\frac{\partial\boldsymbol{T}(\boldsymbol{x},\ t)}{\partial t}+\boldsymbol{v}\cdot(\nabla\boldsymbol{T})\tag{2-11}$$

因为对于三阶以上张量，

$$(\boldsymbol{T}\nabla)^{\mathrm{T}}\neq\nabla\boldsymbol{T}\tag{2-12}$$

总之，位移、速度和加速度可在两种坐标系下进行表示。而在空间坐标系下表示时，物质导数由两部分组成，除了局部导数，还存在对流导数。

2.4　变形梯度及其极分解

由位移的表达式（2-3）可得

$$\mathrm{d}\boldsymbol{x} = \frac{\mathrm{d}\boldsymbol{x}}{\mathrm{d}\boldsymbol{X}} \cdot \mathrm{d}\boldsymbol{X} = \frac{\mathrm{d}(\boldsymbol{X} + \boldsymbol{u})}{\mathrm{d}\boldsymbol{X}} \cdot \mathrm{d}\boldsymbol{X} = (\boldsymbol{I} + \boldsymbol{u}\nabla_0) \cdot \mathrm{d}\boldsymbol{X} = (\boldsymbol{I} + \boldsymbol{D}) \cdot \mathrm{d}\boldsymbol{X} = \boldsymbol{F} \cdot \mathrm{d}\boldsymbol{X} \tag{2-13}$$

式中，$\frac{\mathrm{d}\boldsymbol{u}}{\mathrm{d}\boldsymbol{X}} = \boldsymbol{u} \otimes \nabla_0$。一般地，称 $\boldsymbol{D} = \boldsymbol{u} \otimes \nabla_0$ 为位移梯度，而称 $\boldsymbol{F} = \frac{\mathrm{d}\boldsymbol{x}}{\mathrm{d}\boldsymbol{X}}$ 为变形梯度。二者都是二阶非对称张量，且都包含变形信息。考虑到 d$\boldsymbol{x}$ 表示变形后的有向线元，而 d$\boldsymbol{X}$ 表示变形前的有向线元，变形梯度建立了二者之间的直接关系，因此在变形分析中具有重要地位。

$$\boldsymbol{F} = \frac{\mathrm{d}\boldsymbol{x}}{\mathrm{d}\boldsymbol{X}} = \frac{\partial \boldsymbol{x}}{\partial X_i} \otimes \boldsymbol{e}_i = \frac{\partial x_j}{\partial X_i}\boldsymbol{e}_j \otimes \boldsymbol{e}_i = \begin{bmatrix} \frac{\partial x}{\partial X} & \frac{\partial x}{\partial Y} & \frac{\partial x}{\partial Z} \\ \frac{\partial y}{\partial X} & \frac{\partial y}{\partial Y} & \frac{\partial y}{\partial Z} \\ \frac{\partial z}{\partial X} & \frac{\partial z}{\partial Y} & \frac{\partial z}{\partial Z} \end{bmatrix} \boldsymbol{e}_j \otimes \boldsymbol{e}_i = \boldsymbol{x} \otimes \nabla_0 = \boldsymbol{x}\nabla_0 \tag{2-14}$$

这里 $\boldsymbol{x}\otimes\nabla_0$表示为 $\boldsymbol{x}\nabla_0$，在不影响理解的情况下，张量积符号$\otimes$有时会省略。另外，符号

$$\nabla_0 = \frac{\partial}{\partial X_i}\boldsymbol{e}_i \tag{2-15}$$

表示初始构型上的梯度算子。在当前构型上的梯度算子写为

$$\nabla = \frac{\partial}{\partial x_i}\boldsymbol{e}_i \tag{2-16}$$

位移梯度

$$\boldsymbol{D} = \boldsymbol{u} \otimes \nabla_0 = \left[\frac{\partial u_i}{\partial X_j}\right] \boldsymbol{e}_i \otimes \boldsymbol{e}_j = \begin{bmatrix} \frac{\partial u}{\partial X} & \frac{\partial u}{\partial Y} & \frac{\partial u}{\partial Z} \\ \frac{\partial v}{\partial X} & \frac{\partial v}{\partial Y} & \frac{\partial v}{\partial Z} \\ \frac{\partial w}{\partial X} & \frac{\partial w}{\partial Y} & \frac{\partial w}{\partial Z} \end{bmatrix} \boldsymbol{e}_i \otimes \boldsymbol{e}_j \tag{2-17}$$

一般地，变形物体在变形过程中会同时承受刚体转动。图 2-6 是端部承受集中力作用的悬臂梁。考察梁上线元 ab 变形之后成为 $a'b'$。线元 ab 不仅发生伸长，同时方向也发生了改变，表明线元还发生刚体转动。那么是否可以将刚体转动和伸长变形分离呢？答案是肯定的，这一分离过程就对应变形梯度的极分解。

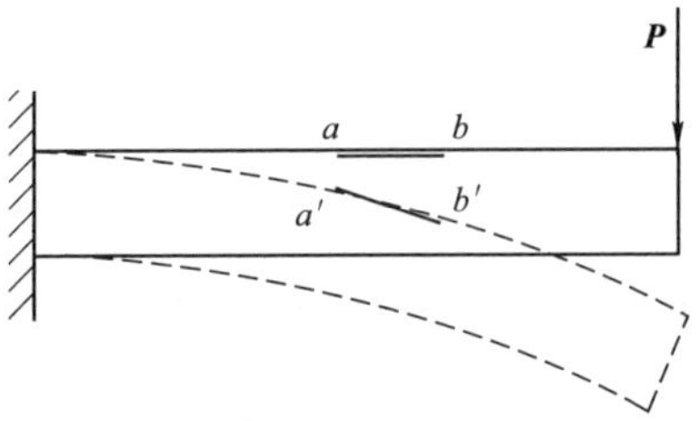

图 2-6　悬臂梁上线元在变形过程中的伸长与刚体转动示意图

参考图 2-7，线元ab 的变形过程可以看成先经历伸长变形变成线元 $a'b'$，这一阶段的变形过程可表示为 $\mathrm{d}\boldsymbol{x}' = \boldsymbol{U} \cdot \mathrm{d}\boldsymbol{X}$； 再经历刚体转动变成线元 $a''b''$，这一变形过程可以表示为 $\mathrm{d}\boldsymbol{x} = \boldsymbol{R} \cdot \mathrm{d}\boldsymbol{x}'$， 其中 $\boldsymbol{R}$ 为正常正交张量。根据二阶张量的映射性质，正常正交张量对有向线元的映射是刚体转动。也可以认为先经历刚体转动，再经历伸长变形，即 $\mathrm{d}\boldsymbol{x}' = \boldsymbol{R} \cdot \mathrm{d}\boldsymbol{X}$，$\mathrm{d}\boldsymbol{x} = \boldsymbol{V} \cdot \mathrm{d}\boldsymbol{x}'$。

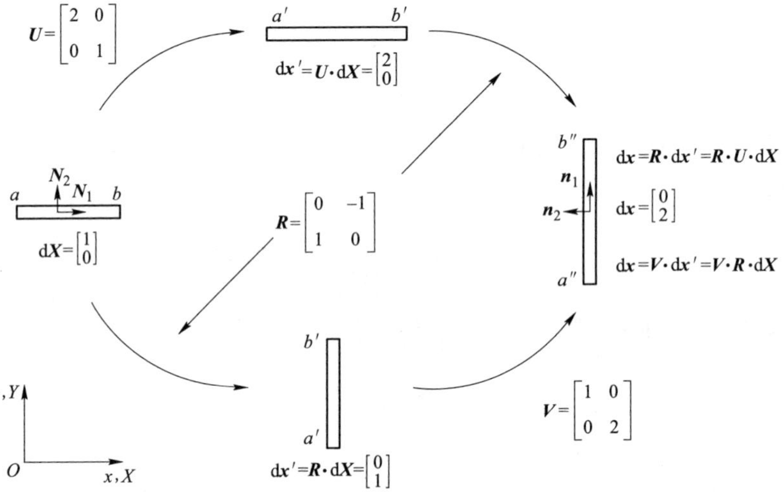

图 2-7　变形梯度极分解示意图

两种变形过程可表示如下：

（1）先伸长变形再刚体转动。

$$\mathrm{d}\boldsymbol{x} = \boldsymbol{R} \cdot \mathrm{d}\boldsymbol{x}' = \boldsymbol{R} \cdot \boldsymbol{U} \cdot \mathrm{d}\boldsymbol{X} = \boldsymbol{F} \cdot \mathrm{d}\boldsymbol{X} \tag{2-18}$$

从而

$$\boldsymbol{F} = \boldsymbol{R} \cdot \boldsymbol{U} \tag{2-19}$$

即

$$\boldsymbol{F} = \frac{\mathrm{d}\boldsymbol{x}}{\mathrm{d}\boldsymbol{X}} = \frac{\mathrm{d}\boldsymbol{x}}{\mathrm{d}\boldsymbol{x}'} \cdot \frac{\mathrm{d}\boldsymbol{x}'}{\mathrm{d}\boldsymbol{X}} = \boldsymbol{R} \cdot \boldsymbol{U} \tag{2-20}$$

（2）先刚体转动再伸长变形。

$$d\boldsymbol{x} = \boldsymbol{V} \cdot d\boldsymbol{x}' = \boldsymbol{V} \cdot \boldsymbol{R} \cdot d\boldsymbol{X} = \boldsymbol{F} \cdot d\boldsymbol{X} \tag{2-21}$$

从而

$$\boldsymbol{F} = \boldsymbol{V} \cdot \boldsymbol{R} \tag{2-22}$$

即

$$\boldsymbol{F} = \frac{d\boldsymbol{x}}{d\boldsymbol{X}} = \frac{d\boldsymbol{x}}{d\boldsymbol{x}'} \cdot \frac{d\boldsymbol{x}'}{d\boldsymbol{X}} = \boldsymbol{V} \cdot \boldsymbol{R} \tag{2-23}$$

其中，$\boldsymbol{U}$ 和 $\boldsymbol{V}$ 都表示伸长变形（在三维情况下还包括剪切变形），为加以区分，分别称为右伸长张量和左伸长张量。我们把一个二阶张量分解成两个二阶张量乘积的形式称为乘法分解。而把一个二阶张量分解为两个二阶张量之和的形式称为加法分解，譬如 $\boldsymbol{F}=\boldsymbol{I}+\boldsymbol{D}$。在乘法分解中，如果有一个二阶张量对应刚体转动，则称这种乘法分解为极分解。这里“极”表示“转动”的意思。它与“极坐标系”中的“极”，以及“太极”中的“极”字具有相同的意思。

现在我们来进一步讨论转动张量 $\boldsymbol{R}$ 以及左伸长张量 $\boldsymbol{V}$ 和右伸长张量 $\boldsymbol{U}$ 对线元的作用效果。参考图 2-8，我们首先来考察在转动张量 $\boldsymbol{R}$ 的映射下线元的长度和方向是否改变。

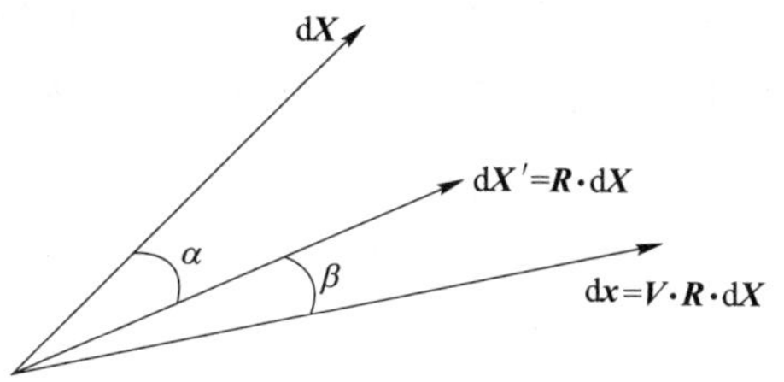

图 2-8　转动张量 $\boldsymbol{R}$ 以及左伸长张量 $\boldsymbol{V}$ 对线元的作用效果

$$d\boldsymbol{x} = \boldsymbol{F} \cdot d\boldsymbol{X} = \boldsymbol{R} \cdot \boldsymbol{U} \cdot d\boldsymbol{X} = \boldsymbol{V} \cdot \boldsymbol{R} \cdot d\boldsymbol{X} \tag{2-24}$$

$$(dl)^2 = (\boldsymbol{R} \cdot d\boldsymbol{X}) \cdot (\boldsymbol{R} \cdot d\boldsymbol{X}) = d\boldsymbol{X} \cdot (\boldsymbol{R}^{\mathrm{T}} \cdot \boldsymbol{R}) \cdot d\boldsymbol{X} = d\boldsymbol{X} \cdot d\boldsymbol{X} = (dL)^2 \tag{2-25}$$

$$\cos\alpha = \frac{d\boldsymbol{X} \cdot (\boldsymbol{R} \cdot d\boldsymbol{X})}{|d\boldsymbol{X}||\boldsymbol{R} \cdot d\boldsymbol{X}|} = \frac{d\boldsymbol{X} \cdot \boldsymbol{R} \cdot d\boldsymbol{X}}{|d\boldsymbol{X}||d\boldsymbol{X}|} \neq 1 \tag{2-26}$$

上式表明线元在 $\boldsymbol{R}$ 的作用下，长度不发生改变，但方向发生改变。这表明 $\boldsymbol{R}$ 的映射使线元发生刚体转动。下面分析 $\boldsymbol{R}$ 是否会使两个线元 $d\boldsymbol{P}_1$ 和 $d\boldsymbol{P}_2$ 之间的夹角发生变化，参考图 2-9，设两线元之间的夹角在 $\boldsymbol{R}$ 作用前后分别为 γ 和 γ'，

$$\cos\gamma' = \frac{(\boldsymbol{R}\cdot \mathrm{d}\boldsymbol{P}_1)\cdot(\boldsymbol{R}\cdot \mathrm{d}\boldsymbol{P}_2)}{|\boldsymbol{R}\cdot \mathrm{d}\boldsymbol{P}_1||\boldsymbol{R}\cdot \mathrm{d}\boldsymbol{P}_2|} = \frac{\mathrm{d}\boldsymbol{P}_1\cdot(\boldsymbol{R}^{\mathrm{T}}\cdot\boldsymbol{R})\cdot \mathrm{d}\boldsymbol{P}_2}{|\mathrm{d}\boldsymbol{P}_1||\mathrm{d}\boldsymbol{P}_2|} = \frac{\mathrm{d}\boldsymbol{P}_1\cdot \mathrm{d}\boldsymbol{P}_2}{|\mathrm{d}\boldsymbol{P}_1||\mathrm{d}\boldsymbol{P}_2|} = \cos\gamma \tag{2-27}$$

可见两个有向线元之间的夹角在 $\boldsymbol{R}$ 作用前后并不发生改变，再次表明 $\boldsymbol{R}$ 的映射作用是刚体转动。张量 $\boldsymbol{R}$ 的这种映射也被称为“保内积”性质，即

$$\mathrm{d}\boldsymbol{P}_1'\cdot \mathrm{d}\boldsymbol{P}_2' = (\boldsymbol{R}\cdot \mathrm{d}\boldsymbol{P}_1)\cdot(\boldsymbol{R}\cdot \mathrm{d}\boldsymbol{P}_2) = \mathrm{d}\boldsymbol{P}_1\cdot(\boldsymbol{R}^{\mathrm{T}}\cdot\boldsymbol{R})\cdot \mathrm{d}\boldsymbol{P}_2 = \mathrm{d}\boldsymbol{P}_1\cdot \mathrm{d}\boldsymbol{P}_2 \tag{2-28}$$

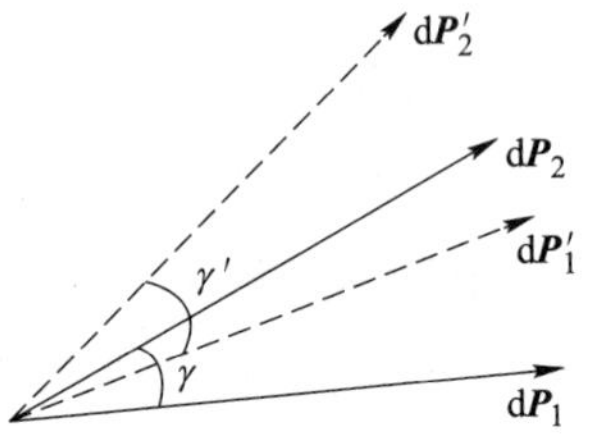

图 2-9 转动张量 $\boldsymbol{R}$ 对两个线元夹角的作用效果

由于 $\boldsymbol{R}$ 的映射作用是刚体转动，因此张量 $\boldsymbol{R}$ 必是正交张量。由张量分析知识知道，正交张量分为两种：一种行列式为 1；另一种行列式为-1。行列式为 1 的正交张量表示刚体转动映射；行列式为-1 的正交张量表示刚体转动映射加镜面反射，一般称为反常正交张量。这里的 $\boldsymbol{R}$ 属于行列式为 1 的正交张量，一般称为正常正交张量。

我们接下来讨论左伸长张量 $\boldsymbol{V}$ 对线元的映射作用，参考图 2-8，

$$\cos\beta = \frac{\mathrm{d}\boldsymbol{x}\cdot \mathrm{d}\boldsymbol{X}'}{|\mathrm{d}\boldsymbol{x}||\mathrm{d}\boldsymbol{X}'|} = \frac{\boldsymbol{V}\cdot \mathrm{d}\boldsymbol{X}'\cdot \mathrm{d}\boldsymbol{X}'}{|\mathrm{d}\boldsymbol{x}||\mathrm{d}\boldsymbol{X}'|} \neq 1 \tag{2-29}$$

即 $\beta\neq 0$。也就是说左伸长张量 $\boldsymbol{V}$ 的映射作用不仅改变线元的长度，也改变线元的方向。这一性质对右伸长张量 $\boldsymbol{U}$ 也是适用的。我们知道剪切变形会引起线元的方向改变，实际上，右伸长张量 $\boldsymbol{U}$ 或者左伸长张量 $\boldsymbol{V}$ 所包含的变形信息不仅有伸长变形信息也有剪切变形信息。这就解释了为什么右伸长张量 $\boldsymbol{U}$ 或者左伸长张量 $\boldsymbol{V}$ 会改变线元的方向。

现在考虑左伸长张量 $\boldsymbol{V}$ 对夹角为 γ 的两个线元 $\mathrm{d}\boldsymbol{P}_1$ 和 $\mathrm{d}\boldsymbol{P}_2$ 的映射作用效果，参考图 2-10。设两线元之间的夹角在变形前后分别为 γ 和 γ'，

$$\cos\gamma' = \frac{(\boldsymbol{V}\cdot \mathrm{d}\boldsymbol{P}_1)\cdot(\boldsymbol{V}\cdot \mathrm{d}\boldsymbol{P}_2)}{|\boldsymbol{V}\cdot \mathrm{d}\boldsymbol{P}_1||\boldsymbol{V}\cdot \mathrm{d}\boldsymbol{P}_2|} = \frac{\mathrm{d}\boldsymbol{P}_1\cdot(\boldsymbol{V}^{\mathrm{T}}\cdot\boldsymbol{V})\cdot \mathrm{d}\boldsymbol{P}_2}{|\mathrm{d}\boldsymbol{P}_1'||\mathrm{d}\boldsymbol{P}_2'|} \neq \frac{\mathrm{d}\boldsymbol{P}_1\cdot \mathrm{d}\boldsymbol{P}_2}{|\mathrm{d}\boldsymbol{P}_1||\mathrm{d}\boldsymbol{P}_2|} = \cos\gamma \tag{2-30}$$

从而

$$\gamma' - \gamma \neq 0 \tag{2-31}$$

上式表明左伸长张量 $\boldsymbol{V}$ 使两线元夹角在变形前后发生改变，此即剪切变形。同理，右伸长张量 $\boldsymbol{U}$ 也包含剪切变形。此外，注意到

$$\boldsymbol{F}^{\mathrm{T}} \cdot \boldsymbol{F} = (\boldsymbol{R} \cdot \boldsymbol{U})^{\mathrm{T}} \cdot (\boldsymbol{R} \cdot \boldsymbol{U}) = \boldsymbol{U}^{\mathrm{T}} \cdot \boldsymbol{U} = \boldsymbol{U} \cdot \boldsymbol{U} = \boldsymbol{U}^2$$

$$\boldsymbol{F} \cdot \boldsymbol{F}^{\mathrm{T}} = (\boldsymbol{V} \cdot \boldsymbol{R}) \cdot (\boldsymbol{V} \cdot \boldsymbol{R})^{\mathrm{T}} = \boldsymbol{V} \cdot \boldsymbol{V}^{\mathrm{T}} = \boldsymbol{V} \cdot \boldsymbol{V} = \boldsymbol{V}^2$$

即 $\boldsymbol{U}^2$ 和 $\boldsymbol{V}^2$ 都是对称张量，所以右伸长张量 $\boldsymbol{U}$ 和左伸长张量 $\boldsymbol{V}$ 也都是对称张量。对于任意非零线元 $\mathrm{d}\boldsymbol{X}$，其变形后的长度总是正值，即

$$\mathrm{d}\boldsymbol{x} \cdot \mathrm{d}\boldsymbol{x} = \mathrm{d}\boldsymbol{X} \cdot \boldsymbol{U}^2 \cdot \mathrm{d}\boldsymbol{X} > 0 \tag{2-32}$$

从而 $\boldsymbol{U}^2$ 是正定张量，$\boldsymbol{U}$ 也就是正定张量。类似道理，对于任意非零线元 $\mathrm{d}\boldsymbol{x}$，其变形前的长度总是正值，即

$$\mathrm{d}\boldsymbol{X} \cdot \mathrm{d}\boldsymbol{X} = \mathrm{d}\boldsymbol{x} \cdot \boldsymbol{V}^{-2} \cdot \mathrm{d}\boldsymbol{x} > 0 \tag{2-33}$$

从而 $\boldsymbol{V}$ 也就是正定张量。

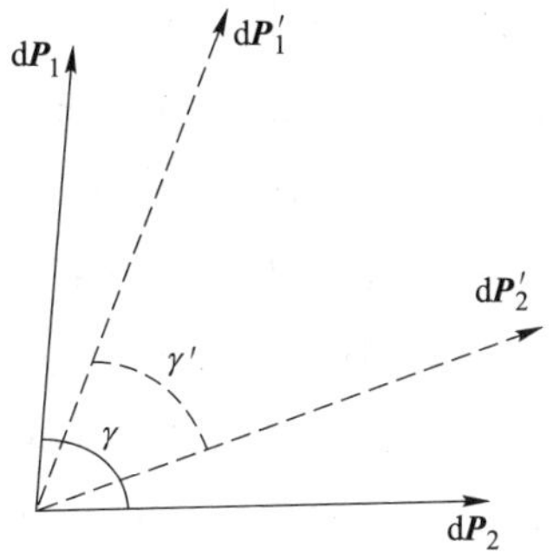

图 2-10　左伸长张量 $\boldsymbol{V}$ 对两个线元夹角的作用效果

2.5 应 变 度 量

下面我们用变形梯度来分析一下线元在变形前后的长度变化。参考图 2-8，设线元变形前后的长度分别为 $\mathrm{d}L$ 和 $\mathrm{d}l$，则

$$\begin{aligned}(\mathrm{d}l)^2 &= \mathrm{d}\boldsymbol{x} \cdot \mathrm{d}\boldsymbol{x} = (\boldsymbol{F} \cdot \mathrm{d}\boldsymbol{X}) \cdot (\boldsymbol{F} \cdot \mathrm{d}\boldsymbol{X}) \\ &= (\mathrm{d}\boldsymbol{X} \cdot \boldsymbol{F}^{\mathrm{T}}) \cdot (\boldsymbol{F} \cdot \mathrm{d}\boldsymbol{X}) = \mathrm{d}\boldsymbol{X} \cdot \boldsymbol{F}^{\mathrm{T}} \cdot \boldsymbol{F} \cdot \mathrm{d}\boldsymbol{X}\end{aligned} \tag{2-34}$$

$$(\mathrm{d}L)^2 = \mathrm{d}\boldsymbol{X} \cdot \mathrm{d}\boldsymbol{X} = \mathrm{d}\boldsymbol{X} \cdot \boldsymbol{I} \cdot \mathrm{d}\boldsymbol{X} \tag{2-35}$$

$$(\mathrm{d}l)^2-(\mathrm{d}L)^2=\mathrm{d}\boldsymbol{X}\cdot\boldsymbol{F}^{\mathrm{T}}\cdot\boldsymbol{F}\cdot\mathrm{d}\boldsymbol{X}-\mathrm{d}\boldsymbol{X}\cdot\boldsymbol{I}\cdot\mathrm{d}\boldsymbol{X}$$
$$=\mathrm{d}\boldsymbol{X}\cdot(\boldsymbol{F}^{\mathrm{T}}\cdot\boldsymbol{F}-\boldsymbol{I})\cdot\mathrm{d}\boldsymbol{X}=2\mathrm{d}\boldsymbol{X}\cdot\boldsymbol{E}\cdot\mathrm{d}\boldsymbol{X} \tag{2-36}$$

由此可见，二阶张量 $\boldsymbol{E}$ 就包含了线元的全部变形信息并且可以给出线元变形前后的长度信息，可以作为应变的一种度量，一般称为格林-拉格朗日（Green-Lagrange）应变张量，或者简称格林（Green）应变张量。

$$\boldsymbol{E}=\frac{1}{2}(\boldsymbol{F}^{\mathrm{T}}\cdot\boldsymbol{F}-\boldsymbol{I})=\frac{1}{2}(\boldsymbol{D}+\boldsymbol{D}^{\mathrm{T}})+\frac{1}{2}\boldsymbol{D}^{\mathrm{T}}\cdot\boldsymbol{D}$$
$$=\frac{1}{2}(\boldsymbol{u}\nabla_0+\nabla_0\boldsymbol{u})+\frac{1}{2}(\nabla_0\boldsymbol{u})\cdot(\boldsymbol{u}\nabla_0) \tag{2-37}$$

上式等号右边第一项表示位移梯度的对称部分，是应变的线性部分；第二项表示位移梯度的乘积，是应变的非线性部分。在小应变情况下，位移梯度是小量，其乘积就是高阶小量，可以略去。此时，Green 应变张量的定义就退化为小变形情况下的应变定义。

在欧拉描述下，

$$\mathrm{d}\boldsymbol{X}=\boldsymbol{F}^{-1}\cdot\mathrm{d}\boldsymbol{x}=\mathrm{d}\boldsymbol{x}\cdot\boldsymbol{F}^{-\mathrm{T}} \tag{2-38}$$

$$(\mathrm{d}l)^2-(\mathrm{d}L)^2=\mathrm{d}\boldsymbol{x}\cdot\mathrm{d}\boldsymbol{x}-\mathrm{d}\boldsymbol{X}\cdot\mathrm{d}\boldsymbol{X}$$
$$=\mathrm{d}\boldsymbol{x}\cdot\mathrm{d}\boldsymbol{x}-\mathrm{d}\boldsymbol{x}\cdot\boldsymbol{F}^{-\mathrm{T}}\cdot\boldsymbol{F}^{-1}\cdot\mathrm{d}\boldsymbol{x}$$
$$=\mathrm{d}\boldsymbol{x}\cdot(\boldsymbol{I}-\boldsymbol{F}^{-\mathrm{T}}\cdot\boldsymbol{F}^{-1})\cdot\mathrm{d}\boldsymbol{x}$$
$$=2\mathrm{d}\boldsymbol{x}\cdot\boldsymbol{A}\cdot\mathrm{d}\boldsymbol{x} \tag{2-39}$$

可见二阶张量 $\boldsymbol{A}$ 也包含了线元的全部变形信息并且可以给出线元变形前后的长度信息，因此也可以作为应变的一种度量，一般称为阿尔曼西（Almansi）应变张量，即

$$\boldsymbol{A}=\frac{1}{2}(\boldsymbol{I}-\boldsymbol{F}^{-\mathrm{T}}\cdot\boldsymbol{F}^{-1}) \tag{2-40}$$

考虑到

$$\boldsymbol{F}^{-1}=\frac{\mathrm{d}\boldsymbol{X}}{\mathrm{d}\boldsymbol{x}}=\frac{\mathrm{d}(\boldsymbol{x}-\boldsymbol{u})}{\mathrm{d}\boldsymbol{x}}=\boldsymbol{I}-\frac{\mathrm{d}\boldsymbol{u}}{\mathrm{d}\boldsymbol{x}} \tag{2-41}$$

将式（2-41）代入式（2-40）得

$$\boldsymbol{A}=\frac{1}{2}\left[\frac{\partial\boldsymbol{u}}{\partial\boldsymbol{x}}+\left(\frac{\partial\boldsymbol{u}}{\partial\boldsymbol{x}}\right)^{\mathrm{T}}\right]-\frac{1}{2}\left(\frac{\partial\boldsymbol{u}}{\partial\boldsymbol{x}}\right)^{\mathrm{T}}\cdot\frac{\partial\boldsymbol{u}}{\partial\boldsymbol{x}} \tag{2-42}$$

进一步，引入 $\nabla=\dfrac{\partial}{\partial x_i}\boldsymbol{e}_i$ 表示当前构型上的梯度算子，则 $\boldsymbol{A}$ 可用位移梯度表示为

$$\boldsymbol{A}=\frac{1}{2}(\boldsymbol{u}\nabla+\nabla\boldsymbol{u})-\frac{1}{2}(\nabla\boldsymbol{u})\cdot(\boldsymbol{u}\nabla) \tag{2-43}$$

Green 应变张量和 Almansi 应变张量这两种应变张量的区别主要在于位移梯度 $\nabla_0\boldsymbol{u}$ 和 $\nabla\boldsymbol{u}$，前者是以初始构型为参考构型求得的位移梯度，后者是以当前构型为参考构型求得的位移梯度。因此，Green 应变张量是以初始构型为参考构型得到的应变度量，而 Almansi 应变张量是以当前构型为参考构型得到的应变度量。

上述 Green 应变张量和 Almansi 应变张量都是用变形梯度 $\boldsymbol{F}$ 给出的。考虑到变形梯度的极分解，变形信息主要体现在右伸长张量 $\boldsymbol{U}$ 和左伸长张量 $\boldsymbol{V}$ 上。因此，Green 应变张量和 Almansi 应变张量也可以直接用右伸长张量 $\boldsymbol{U}$ 和左伸长张量 $\boldsymbol{V}$ 来表示。

定义右柯西-格林（Cauchy-Green）张量

$$\boldsymbol{C}=\boldsymbol{F}^{\mathrm{T}}\cdot\boldsymbol{F}=(\boldsymbol{R}\cdot\boldsymbol{U})^{\mathrm{T}}\cdot(\boldsymbol{R}\cdot\boldsymbol{U})=\boldsymbol{U}^{\mathrm{T}}\cdot\boldsymbol{U}=\boldsymbol{U}\cdot\boldsymbol{U}=\boldsymbol{U}^2 \tag{2-44}$$

定义左 Cauchy-Green 张量

$$\boldsymbol{B}=\boldsymbol{F}\cdot\boldsymbol{F}^{\mathrm{T}}=(\boldsymbol{V}\cdot\boldsymbol{R})\cdot(\boldsymbol{V}\cdot\boldsymbol{R})^{\mathrm{T}}=\boldsymbol{V}\cdot\boldsymbol{V}^{\mathrm{T}}=\boldsymbol{V}\cdot\boldsymbol{V}=\boldsymbol{V}^2 \tag{2-45}$$

则 Green 应变张量可以表示为

$$\boldsymbol{E}=\frac{1}{2}(\boldsymbol{F}^{\mathrm{T}}\cdot\boldsymbol{F}-\boldsymbol{I})=\frac{1}{2}(\boldsymbol{C}-\boldsymbol{I})=\frac{1}{2}(\boldsymbol{U}^2-\boldsymbol{I}) \tag{2-46}$$

Almansi 应变张量可以表示为

$$\boldsymbol{A}=\frac{1}{2}(\boldsymbol{I}-\boldsymbol{F}^{-\mathrm{T}}\cdot\boldsymbol{F}^{-1})=\frac{1}{2}[\boldsymbol{I}-(\boldsymbol{V}\cdot\boldsymbol{V}^{\mathrm{T}})^{-1}]=\frac{1}{2}(\boldsymbol{I}-\boldsymbol{B}^{-1}) \tag{2-47}$$

除了上述两种应变张量定义之外，常用的应变张量定义还有对数应变张量

$$\boldsymbol{E}_{\mathrm{N}}=\ln\boldsymbol{U}=\frac{1}{2}\ln\boldsymbol{C} \tag{2-48}$$

和毕奥（Biot）应变张量

$$\boldsymbol{E}_{\mathrm{B}}=\boldsymbol{U}-\boldsymbol{I} \tag{2-49}$$

2.6 应变张量的谱分解

类似于矩阵存在特征值和特征向量，二阶张量也存在特征值和特征矢量。定义右伸长张量和左伸长张量的特征值和特征方向满足

$$\boldsymbol{U}\cdot\boldsymbol{N}_i=\lambda_i\boldsymbol{N}_i \tag{2-50}$$

$$\boldsymbol{V}\cdot\boldsymbol{n}_i=\lambda_i\boldsymbol{n}_i \tag{2-51}$$

在已知右伸长张量和左伸长张量的特征值和特征方向的情况下，右伸长张量和左伸长张量可以表示为

$$\boldsymbol{U} = \lambda_1 \boldsymbol{N}_1 \otimes \boldsymbol{N}_1 + \lambda_2 \boldsymbol{N}_2 \otimes \boldsymbol{N}_2 + \lambda_3 \boldsymbol{N}_3 \otimes \boldsymbol{N}_3 \tag{2-52}$$

$$\boldsymbol{V} = \lambda_1 \boldsymbol{n}_1 \otimes \boldsymbol{n}_1 + \lambda_2 \boldsymbol{n}_2 \otimes \boldsymbol{n}_2 + \lambda_3 \boldsymbol{n}_3 \otimes \boldsymbol{n}_3 \tag{2-53}$$

现考察沿特征方向的一个线元，即 $\mathrm{d}\boldsymbol{X} = \mathrm{d}X\boldsymbol{N}_i$，则变形后

$$\begin{aligned}\mathrm{d}\boldsymbol{x} \cdot \mathrm{d}\boldsymbol{x} &= (\boldsymbol{U} \cdot \mathrm{d}\boldsymbol{X}) \cdot (\boldsymbol{U} \cdot \mathrm{d}\boldsymbol{X}) = (\mathrm{d}\boldsymbol{X} \cdot \boldsymbol{U}^{\mathrm{T}}) \cdot (\boldsymbol{U} \cdot \mathrm{d}\boldsymbol{X}) \\ &= \mathrm{d}\boldsymbol{X} \cdot \boldsymbol{U}^2 \cdot \mathrm{d}\boldsymbol{X} = \mathrm{d}X\boldsymbol{N}_i \cdot \boldsymbol{U}^2 \cdot \boldsymbol{N}_i \mathrm{d}X\end{aligned} \tag{2-54}$$

由此可得

$$\lambda_i^2 = \frac{|\mathrm{d}x|^2}{|\mathrm{d}X|^2} \tag{2-55}$$

表明特征值实际上是沿特征方向的线元伸长比的平方。同时，沿特征方向的线元在变形过程中方向保持不变。一般我们称这样的方向为张量的主方向。非主方向的线元在右伸长张量和左伸长张量的作用下一般既有伸长变形，同时方向也会改变。

考虑到

$$\boldsymbol{C} = \boldsymbol{U} \cdot \boldsymbol{U} = \lambda_1^2 \boldsymbol{N}_1 \otimes \boldsymbol{N}_1 + \lambda_2^2 \boldsymbol{N}_2 \otimes \boldsymbol{N}_2 + \lambda_3^2 \boldsymbol{N}_3 \otimes \boldsymbol{N}_3 \tag{2-56}$$

$$\boldsymbol{B} = \boldsymbol{V} \cdot \boldsymbol{V} = \lambda_1^2 \boldsymbol{n}_1 \otimes \boldsymbol{n}_1 + \lambda_2^2 \boldsymbol{n}_2 \otimes \boldsymbol{n}_2 + \lambda_3^2 \boldsymbol{n}_3 \otimes \boldsymbol{n}_3 \tag{2-57}$$

Green 应变张量的谱分解可以表示为

$$\begin{aligned}\boldsymbol{E} &= \frac{1}{2}(\boldsymbol{F}^{\mathrm{T}} \cdot \boldsymbol{F} - \boldsymbol{I}) = \frac{1}{2}(\boldsymbol{U}^2 - \boldsymbol{I}) \\ &= \frac{1}{2}(\lambda_1^2 - 1)\boldsymbol{N}_1 \otimes \boldsymbol{N}_1 + \frac{1}{2}(\lambda_2^2 - 1)\boldsymbol{N}_2 \otimes \boldsymbol{N}_2 + \frac{1}{2}(\lambda_3^2 - 1)\boldsymbol{N}_3 \otimes \boldsymbol{N}_3\end{aligned} \tag{2-58}$$

Almansi 应变张量的谱分解可以表示为

$$\begin{aligned}\boldsymbol{A} &= \frac{1}{2}(\boldsymbol{I} - \boldsymbol{B}^{-1}) \\ &= \frac{1}{2}(1 - \lambda_1^{-2})\boldsymbol{n}_1 \otimes \boldsymbol{n}_1 + \frac{1}{2}(1 - \lambda_2^{-2})\boldsymbol{n}_2 \otimes \boldsymbol{n}_2 + \frac{1}{2}(1 - \lambda_3^{-2})\boldsymbol{n}_3 \otimes \boldsymbol{n}_3\end{aligned} \tag{2-59}$$

对数应变张量的谱分解可以表示为

$$\boldsymbol{E}_{\mathrm{N}} = \ln\boldsymbol{U} = \ln\lambda_1 \boldsymbol{N}_1 \otimes \boldsymbol{N}_1 + \ln\lambda_2 \boldsymbol{N}_2 \otimes \boldsymbol{N}_2 + \ln\lambda_3 \boldsymbol{N}_3 \otimes \boldsymbol{N}_3 \tag{2-60}$$

Biot 应变张量的谱分解可以表示为

$$\boldsymbol{E}_{\mathrm{B}}=\boldsymbol{U}-\boldsymbol{I}=(\lambda_1-1)\boldsymbol{N}_1\otimes\boldsymbol{N}_1+(\lambda_2-1)\boldsymbol{N}_2\otimes\boldsymbol{N}_2+(\lambda_3-1)\boldsymbol{N}_3\otimes\boldsymbol{N}_3 \tag{2-61}$$

这里涉及张量的对数运算，张量的对数运算与矩阵的对数运算类似，都是从标量的对数运算扩展而来的。考虑到

$$\mathrm{e}^x=1+x+\frac{1}{2!}x^2+\frac{1}{3!}x^3+\cdots \tag{2-62}$$

$$\ln x=(x-1)-\frac{1}{2}(x-1)^2+\frac{1}{3!}(x-1)^3+\cdots \tag{2-63}$$

扩展到矩阵得到

$$\mathrm{e}^{\boldsymbol{A}}=\boldsymbol{I}+\boldsymbol{A}+\frac{1}{2!}\boldsymbol{A}^2+\frac{1}{3!}\boldsymbol{A}^3+\cdots+\frac{1}{n!}\boldsymbol{A}^n+\cdots \tag{2-64}$$

$$\ln\boldsymbol{A}=(\boldsymbol{A}-\boldsymbol{I})-\frac{1}{2}(\boldsymbol{A}-\boldsymbol{I})^2+\frac{1}{3!}(\boldsymbol{A}-\boldsymbol{I})^3+\cdots \tag{2-65}$$

扩展到张量得到

$$\mathrm{e}^{\boldsymbol{T}}=\boldsymbol{I}+\boldsymbol{T}+\frac{1}{2!}\boldsymbol{T}^2+\frac{1}{3!}\boldsymbol{T}^3+\cdots+\frac{1}{n!}\boldsymbol{T}^n+\cdots \tag{2-66}$$

$$\ln\boldsymbol{T}=(\boldsymbol{T}-\boldsymbol{I})-\frac{1}{2}(\boldsymbol{T}-\boldsymbol{I})^2+\frac{1}{3!}(\boldsymbol{T}-\boldsymbol{I})^3+\cdots \tag{2-67}$$

若 $\boldsymbol{A}=\boldsymbol{W}\cdot\boldsymbol{\Lambda}\cdot\boldsymbol{W}^{-1}$，$\boldsymbol{\Lambda}=\begin{bmatrix}\lambda_1 & 0\\ 0 & \lambda_2\end{bmatrix}$，则

$$\mathrm{e}^{\boldsymbol{A}}=\boldsymbol{W}\cdot\mathrm{e}^{\boldsymbol{\Lambda}}\cdot\boldsymbol{W}^{-1}=\boldsymbol{W}\cdot\begin{bmatrix}\mathrm{e}^{\lambda_1} & 0\\ 0 & \mathrm{e}^{\lambda_2}\end{bmatrix}\cdot\boldsymbol{W}^{-1} \tag{2-68}$$

$$\ln\boldsymbol{A}=\boldsymbol{W}\cdot\ln\boldsymbol{\Lambda}\cdot\boldsymbol{W}^{-1}=\boldsymbol{W}\cdot\begin{bmatrix}\ln\lambda_1 & 0\\ 0 & \ln\lambda_2\end{bmatrix}\cdot\boldsymbol{W}^{-1} \tag{2-69}$$

在一维变形情况下，

$$\boldsymbol{F}=\lambda_1\boldsymbol{n}_1\otimes\boldsymbol{N}_1 \tag{2-70}$$

$$\boldsymbol{C}=\lambda_1^2\boldsymbol{N}_1\otimes\boldsymbol{N}_1 \tag{2-71}$$

$$\boldsymbol{B}=\lambda_1^2\boldsymbol{n}_1\otimes\boldsymbol{n}_1 \tag{2-72}$$

$$\boldsymbol{E}=\frac{1}{2}(\lambda_1^2-1)\boldsymbol{N}_1\otimes\boldsymbol{N}_1 \tag{2-73}$$

$$\mathrm{d}\boldsymbol{X}=\mathrm{d}X\cdot\boldsymbol{N}_1,\ \mathrm{d}\boldsymbol{x}=\mathrm{d}x\cdot\boldsymbol{n}_1$$

从而

$$\mathrm{d}x_1 \cdot \boldsymbol{n}_1 = \mathrm{d}\boldsymbol{x} = \boldsymbol{F} \cdot \mathrm{d}\boldsymbol{X} = \lambda_1 \boldsymbol{n}_1 \otimes \boldsymbol{N}_1 \cdot (\mathrm{d}X_1 \cdot \boldsymbol{N}_1) = \lambda_1 \mathrm{d}X_1 \boldsymbol{n}_1 \tag{2-74}$$

可见 $\lambda_1 = \dfrac{\mathrm{d}x_1}{\mathrm{d}X_1}$ 就是伸长比。此外，其他各种应变度量退化为

$$\boldsymbol{A} = \frac{1}{2}(1 - \lambda_1^{-2})\boldsymbol{n}_1 \otimes \boldsymbol{n}_1 \tag{2-75}$$

$$\boldsymbol{E}_{\mathrm{N}} = \ln\lambda_1 \boldsymbol{N}_1 \otimes \boldsymbol{N}_1 \tag{2-76}$$

$$\boldsymbol{E}_{\mathrm{B}} = (\lambda_1 - 1)\boldsymbol{N}_1 \otimes \boldsymbol{N}_1 \tag{2-77}$$

图 2-11 给出了不同应变度量随伸长比的变化情况。

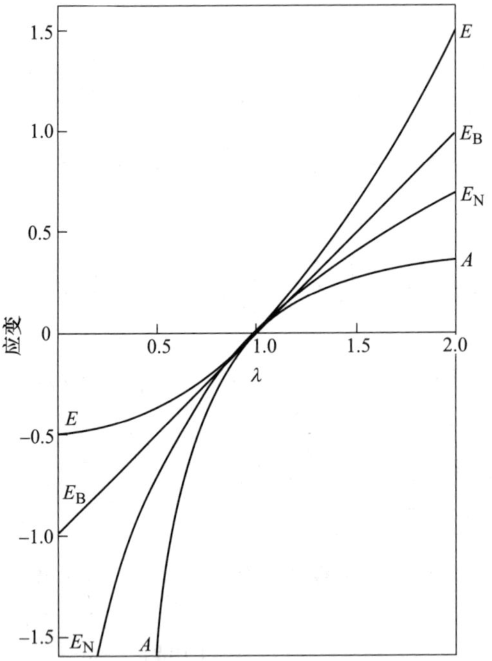

图 2-11　一维情况下各个应变度量随伸长比的变化规律及比较

E—Green 应变张量；E_{B}—Biot 应变张量；E_{N}—对数应变张量；A—Almansi 应变张量

通过比较发现：

(1) 当 $\lambda = 1$ 时，$E = E_{\mathrm{B}} = E_{\mathrm{N}} = A = 0$，4 种应变度量都表明没有变形发生。

(2) 当 $\lambda > 1$ 时，$E > 0$，$E_{\mathrm{B}} > 0$，$E_{\mathrm{N}} > 0$，$A > 0$，4 种应变度量都表明发生伸长变形。

(3) 当 $\lambda < 1$ 时，$E < 0$，$E_{\mathrm{B}} < 0$，$E_{\mathrm{N}} < 0$，$A < 0$，4 种应变度量都表明发生压缩变形。

材料力学的应变定义与连续介质力学的应变定义是不同的。在小应变下，

$$\varepsilon = \frac{\Delta L}{L} = \frac{l - L}{L} = \lambda - 1 = E_{\mathrm{B}}$$

即材料力学的应变定义对应 Biot 应变。在大应变情况下，

$$\varepsilon = \int_L^l \frac{\mathrm{d}l^*}{l^*} = \ln l^* \Big|_L^l = \ln \frac{l}{L} = \ln\lambda = E_{\mathrm{N}}$$

即材料力学的应变定义对应于连续介质力学的对数应变。

值得注意的是，以上各种应变度量无优劣之分，它们只是变形的不同测度。在计算应变能的时候，不同的应变度量应该跟与之相应的应力度量相乘，构成功共轭对（应变-应力）。

如果将上述应变定义进一步扩展，还可以引入希尔（Hill）应变。在 Lagrange 坐标系下，Hill 应变定义为

$$\boldsymbol{E}_{\mathrm{Hill}} = f(\boldsymbol{U}) = \sum_{i=1}^{3} f(\lambda_i)\boldsymbol{N}_i \otimes \boldsymbol{N}_i \tag{2-78}$$

其中 $f(\lambda_i)$ 满足如下条件：

（1）$f(1) = 0$，即当伸长比为 1 时，其值为零。

（2）$\dfrac{\partial f}{\partial \lambda_i} > 0$，即 $f(\lambda_i)$ 是 λ_i 的单调增函数。

（3）$\left.\dfrac{\partial f}{\partial \lambda_i}\right|_{\lambda_i = 1} = f'(1) = 1$，即在小应变时，$\mathrm{d}f = \mathrm{d}\lambda_i = \dfrac{\mathrm{d}l}{L}$，简化为材料力学的应变定义。

在 Euler 坐标系下，Hill 应变定义为

$$\boldsymbol{e}_{\mathrm{Hill}} = f(\boldsymbol{V}) = \sum_{i=1}^{3} f(\lambda_i)\boldsymbol{n}_i \otimes \boldsymbol{n}_i \tag{2-79}$$

两者之间存在如下关系（由于 $\boldsymbol{n}_i = \boldsymbol{R} \cdot \boldsymbol{N}_i$）：

$$\boldsymbol{E}_{\mathrm{Hill}} = \boldsymbol{R}^{\mathrm{T}} \cdot \boldsymbol{e}_{\mathrm{Hill}} \cdot \boldsymbol{R} \tag{2-80}$$

$$\boldsymbol{e}_{\mathrm{Hill}} = \boldsymbol{R} \cdot \boldsymbol{E}_{\mathrm{Hill}} \cdot \boldsymbol{R}^{\mathrm{T}} \tag{2-81}$$

进一步如果取

$$f(\lambda_i) = \begin{cases} \dfrac{1}{2m}(\lambda_i^{2m} - 1) & (m \neq 0) \\ \ln\lambda_i & (m = 0) \end{cases} \tag{2-82}$$

其中 m 为整数（可正可负），则称为塞斯（Seth）应变，它是 Hill 应变的一个子类。

$$\boldsymbol{E}_{\text{Seth}}^{(m)} = \frac{1}{2m}\sum_{i=1}^{3}(\lambda_i^{2m} - 1)\boldsymbol{N}_i \otimes \boldsymbol{N}_i = \frac{1}{2m}(\boldsymbol{U}^{2m} - \boldsymbol{I}) \quad (m \neq 0) \tag{2-83}$$

$$\boldsymbol{E}_{\text{Seth}}^{(0)} = \ln\boldsymbol{U} = \sum_{i=1}^{3}\ln\lambda_i\boldsymbol{N}_i \otimes \boldsymbol{N}_i \quad (m = 0) \tag{2-84}$$

当 m 取不同整数值时，它们就退化为各种应变。

（1）拉格朗日-汉基（Lagrange-Hencky）应变：$m=0$ 时，$\boldsymbol{E}_{\text{Seth}}^{(0)} = \ln\boldsymbol{U} = \frac{1}{2}\ln\boldsymbol{C} = \frac{1}{2}\ln(\boldsymbol{F}^{\text{T}}\cdot\boldsymbol{F})$。

（2）Green 应变：$m=1$ 时，$\boldsymbol{E}_{\text{Seth}}^{(1)} = \frac{1}{2}(\boldsymbol{U}^2 - \boldsymbol{I}) = \frac{1}{2}(\boldsymbol{C} - \boldsymbol{I})$。

（3）拉格朗日-毕奥（Lagrange-Biot）应变：$m=\frac{1}{2}$ 时，$\boldsymbol{E}_{\text{Seth}}^{(\frac{1}{2})} = \boldsymbol{U} - \boldsymbol{I} = \sum_{i=1}^{3}(\lambda_i - 1)\boldsymbol{N}_i \otimes \boldsymbol{N}_i$。

（4）皮奥拉（Piola）应变：$m=-1$ 时，$\boldsymbol{E}_{\text{Seth}}^{(-1)} = \frac{1}{2}(\boldsymbol{I} - \boldsymbol{U}^{-2}) = \frac{1}{2}(\boldsymbol{I} - \boldsymbol{C}^{-1})$。

（5）欧拉-汉基（Euler-Hencky）应变：$m=0$ 时，$\boldsymbol{e}_{\text{Seth}}^{(0)} = \ln\boldsymbol{V} = \frac{1}{2}\ln\boldsymbol{B} = \frac{1}{2}\ln(\boldsymbol{F}\cdot\boldsymbol{F}^{\text{T}})$。

（6）芬格（Finger）应变：$m=1$ 时，$\boldsymbol{e}_{\text{Seth}}^{(1)} = \frac{1}{2}(\boldsymbol{V}^2 - \boldsymbol{I}) = \frac{1}{2}(\boldsymbol{B} - \boldsymbol{I}) = \frac{1}{2}(\boldsymbol{F}\cdot\boldsymbol{F}^{\text{T}} - \boldsymbol{I})$。

（7）欧拉-毕奥（Euler-Biot）应变：$m=-\frac{1}{2}$ 时，$\boldsymbol{e}_{\text{Seth}}^{(-\frac{1}{2})} = \boldsymbol{I} - \boldsymbol{V}^{-1} = \boldsymbol{I} - \boldsymbol{B}^{-\frac{1}{2}} = \boldsymbol{I} - (\boldsymbol{F}^{-\text{T}}\cdot\boldsymbol{F}^{-1})^{\frac{1}{2}}$。

（8）Almansi 应变：$m=-1$ 时，$\boldsymbol{e}_{\text{Seth}}^{(-1)} = \frac{1}{2}(\boldsymbol{I} - \boldsymbol{V}^{-2}) = \frac{1}{2}(\boldsymbol{I} - \boldsymbol{B}^{-1}) = \frac{1}{2}(\boldsymbol{I} - \boldsymbol{F}^{-\text{T}}\cdot\boldsymbol{F}^{-1})$。

需要指出的是，$\ln\lambda_i$ 实际就是 $\frac{1}{2m}(\lambda_i^{2m} - 1)$ 当 $m\to 0$ 时的极限，可以证明如下：

$$\lim_{m\to 0}\frac{1}{2m}(\lambda_i^{2m} - 1) = \lim_{m\to 0}\frac{\mathrm{e}^{2m\ln\lambda_i} - 1}{2m}$$

$$= \lim_{m\to 0}\frac{\dfrac{\partial}{\partial m}(e^{2m\ln\lambda_i}-1)}{\dfrac{\partial(2m)}{\partial m}}$$

$$= \lim_{m\to 0}\frac{(2\ln\boldsymbol{\lambda}_i)e^{2m\ln\lambda_i}}{2} = \ln\boldsymbol{\lambda}_i$$

例 2-1 如图 2-12 所示，橡皮筋初始长度为 L，一端固定，另外一端沿光滑竖直方向运动距离 L，求橡皮筋的变形梯度和四种应变张量。

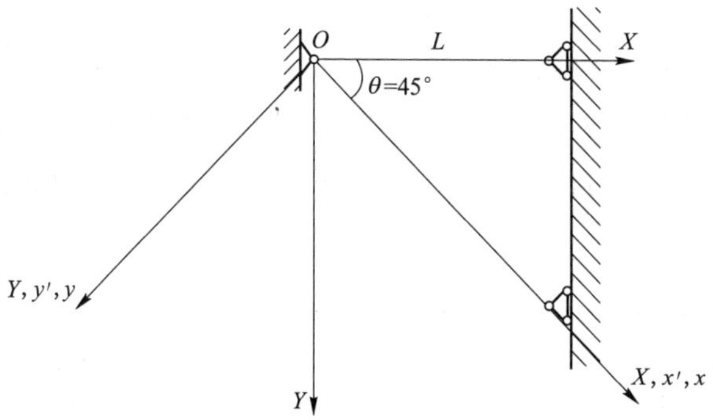

图 2-12 橡皮筋变形示意图

解：首先选定随体坐标系 OXY 和空间坐标系 Oxy，随体坐标系的基矢量为 $\boldsymbol{e}_X$ 和 $\boldsymbol{e}_Y$，空间坐标系的基矢量为 $\boldsymbol{e}_x$ 和 $\boldsymbol{e}_y$。水平位置为初始构型，中间构型和当前构型均在倾斜位置。从初始构型到中间构型为刚体转动，从中间构型到当前构型为纯伸长变形。

$$\boldsymbol{R} = \frac{\sqrt{2}}{2}[\boldsymbol{e}_X\otimes\boldsymbol{e}_{x'} + \boldsymbol{e}_X\otimes\boldsymbol{e}_{y'} - \boldsymbol{e}_Y\otimes\boldsymbol{e}_{x'} + \boldsymbol{e}_Y\otimes\boldsymbol{e}_{y'}]$$

有 $x=\sqrt{2}x'$，或者 $\boldsymbol{x}=\sqrt{2}x'\boldsymbol{e}_x + y'\boldsymbol{e}_y$，则变形梯度

$$\boldsymbol{F}_1 = \boldsymbol{R}$$

$$\boldsymbol{F}_2 = \sqrt{2}\boldsymbol{e}_x\boldsymbol{e}_{x'} + \boldsymbol{e}_y\boldsymbol{e}_{y'}$$

$$\boldsymbol{F} = \boldsymbol{F}_2\cdot\boldsymbol{F}_1$$

伸长比

$$\lambda = \sqrt{\frac{\mathrm{d}\boldsymbol{x}\cdot\mathrm{d}\boldsymbol{x}}{\mathrm{d}\boldsymbol{X}\cdot\mathrm{d}\boldsymbol{X}}} = \sqrt{2}$$

Green 应变张量

$$E = \frac{1}{2}(\lambda^2 - 1)\,e_X \otimes e_X = \frac{1}{2}e_X \otimes e_X$$

Almansi 应变张量

$$A = \frac{1}{2}\left(1 - \frac{1}{\lambda^2}\right) e_x \otimes e_x = \frac{1}{4}e_x \otimes e_x$$

对数应变张量

$$E_N = (\ln\lambda)\,e_X \otimes e_X = (\ln\sqrt{2})\,e_X \otimes e_X$$

Biot 应变张量

$$E_B = (\lambda - 1)\,e_X \otimes e_X = (\sqrt{2} - 1)\,e_X \otimes e_X$$

例 2-2 实心圆柱杆初始长度为 L，半径为 R，如图 2-13 所示。在轴向载荷作用下发生形变，变形后的长度为 l，半径为 r，求实心圆柱杆的变形梯度及应变张量。

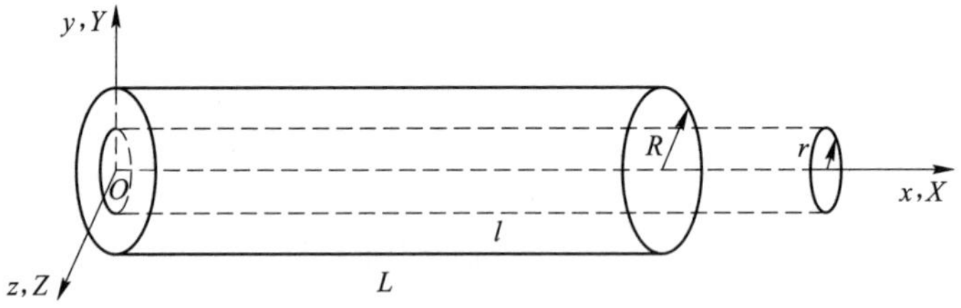

图 2-13 实心圆柱杆的伸长变形

解： 设随体坐标系 $OXYZ$ 和空间坐标系 $Oxyz$，它们的基矢量分别是 e_X、e_Y、e_Z 和 e_x、e_y、e_z。在横截面上任取一点 $A(X, Y, Z)$，变形后 A 点的空间坐标为 (x, y, z)。根据题意，

$$x = \frac{l}{L}X,\ y = \frac{r}{R}Y,\ z = \frac{r}{R}Z$$

即

$$\boldsymbol{x} = \frac{l}{L}Xe_x + \frac{r}{R}Ye_y + \frac{r}{R}Ze_z$$

从而变形梯度

$$F = \frac{d\boldsymbol{x}}{d\boldsymbol{X}} = \frac{\partial \boldsymbol{x}}{\partial X_J} \otimes e_J = \frac{\partial x_i}{\partial X_J}e_i \otimes e_J \quad (i = x, y, z;\ J = X, Y, Z)$$

$$= \frac{l}{L}e_x \otimes e_X + \frac{r}{R}e_y \otimes e_Y + \frac{r}{R}e_z \otimes e_Z$$

$$F^T = \frac{l}{L}e_X \otimes e_x + \frac{r}{R}e_Y \otimes e_y + \frac{r}{R}e_Z \otimes e_z$$

$$\boldsymbol{F}^{-1}=\frac{L}{l}\boldsymbol{e}_X\otimes\boldsymbol{e}_x+\frac{R}{r}\boldsymbol{e}_Y\otimes\boldsymbol{e}_y+\frac{R}{r}\boldsymbol{e}_Z\otimes\boldsymbol{e}_z$$

$$\boldsymbol{F}^{-\mathrm{T}}=\frac{L}{l}\boldsymbol{e}_x\otimes\boldsymbol{e}_X+\frac{R}{r}\boldsymbol{e}_y\otimes\boldsymbol{e}_Y+\frac{R}{r}\boldsymbol{e}_z\otimes\boldsymbol{e}_Z$$

所以

$$\boldsymbol{F}^{\mathrm{T}}\cdot\boldsymbol{F}=\left(\frac{l}{L}\right)^2\boldsymbol{e}_X\otimes\boldsymbol{e}_X+\left(\frac{r}{R}\right)^2\boldsymbol{e}_Y\otimes\boldsymbol{e}_Y+\left(\frac{r}{R}\right)^2\boldsymbol{e}_Z\otimes\boldsymbol{e}_Z$$

$$\boldsymbol{F}^{-\mathrm{T}}\cdot\boldsymbol{F}^{-1}=\left(\frac{L}{l}\right)^2\boldsymbol{e}_x\otimes\boldsymbol{e}_x+\left(\frac{R}{r}\right)^2\boldsymbol{e}_y\otimes\boldsymbol{e}_y+\left(\frac{R}{r}\right)^2\boldsymbol{e}_z\otimes\boldsymbol{e}_z$$

Green 应变张量

$$\boldsymbol{E}=\frac{1}{2}(\boldsymbol{F}^{\mathrm{T}}\cdot\boldsymbol{F}-\boldsymbol{I})=\frac{1}{2}\left[\left(\frac{l}{L}\right)^2-1\right]\boldsymbol{e}_X\otimes\boldsymbol{e}_X+$$

$$\frac{1}{2}\left[\left(\frac{r}{R}\right)^2-1\right]\boldsymbol{e}_Y\otimes\boldsymbol{e}_Y+\frac{1}{2}\left[\left(\frac{r}{R}\right)^2-1\right]\boldsymbol{e}_Z\otimes\boldsymbol{e}_Z$$

Almansi 应变张量

$$\boldsymbol{A}=\frac{1}{2}(\boldsymbol{I}-\boldsymbol{F}^{-\mathrm{T}}\cdot\boldsymbol{F}^{-1})=\frac{1}{2}\left[1-\left(\frac{L}{l}\right)^2\right]\boldsymbol{e}_x\otimes\boldsymbol{e}_x+$$

$$\frac{1}{2}\left[1-\left(\frac{R}{r}\right)^2\right]\boldsymbol{e}_y\otimes\boldsymbol{e}_y+\frac{1}{2}\left[1-\left(\frac{R}{r}\right)^2\right]\boldsymbol{e}_z\otimes\boldsymbol{e}_z$$

例 2-3 一块矩形木板，长为 a，宽为 b，同时发生伸长变形和剪切变形。发生伸长变形后长为 a'，宽为 b'，发生剪切变形的剪切角为 α。如图 2-14 所示，求变形梯度和 Green 应变张量 $\boldsymbol{E}$、Almansi 应变张量 $\boldsymbol{A}$。

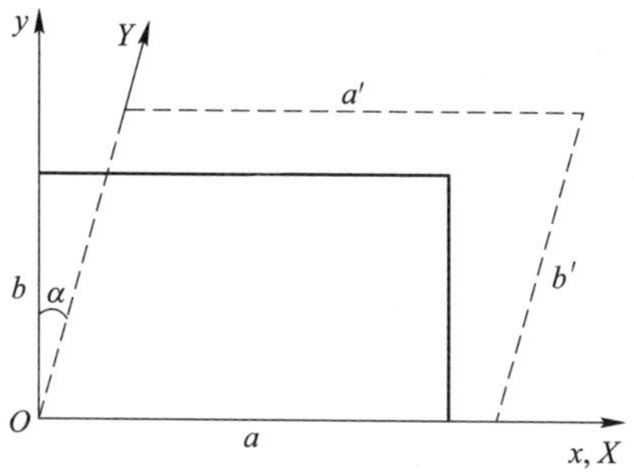

图 2-14 矩形木板变形初始构型与变形结束的当前构型

解： 任取一点 A 随体坐标为（X，Y），空间坐标为（x，y）。伸长变形后 A 点的空间坐标为

$$x = \frac{a'}{a}X,\ y = \frac{b'}{b}Y$$

剪切变形后，

$$x = \frac{a'}{a}X + \tan\alpha \cdot Y,\ y = \frac{b'}{b}Y$$

$$\left[\frac{\partial x_i}{\partial X_J}\right] = \begin{bmatrix} \frac{a'}{a} & \tan\alpha \\ 0 & \frac{b'}{b} \end{bmatrix}$$

变形后 A 点矢径为

$$\boldsymbol{x} = \left(\frac{a'}{a}X + \tan\alpha \cdot Y\right)\boldsymbol{e}_x + \frac{b'}{b}Y\boldsymbol{e}_y$$

变形梯度

$$\boldsymbol{F} = \frac{\mathrm{d}\boldsymbol{x}}{\mathrm{d}\boldsymbol{X}} = \frac{\partial x_i}{\partial X_J}\boldsymbol{e}_i \otimes \boldsymbol{e}_J = \frac{a'}{a}\boldsymbol{e}_x \otimes \boldsymbol{e}_X + \tan\alpha\boldsymbol{e}_x \otimes \boldsymbol{e}_Y + \frac{b'}{b}\boldsymbol{e}_y \otimes \boldsymbol{e}_Y$$

$$(i = x,\ y;\ J = X,\ Y)$$

$$\boldsymbol{F}^{\mathrm{T}} = \frac{a'}{a}\boldsymbol{e}_X \otimes \boldsymbol{e}_x + \tan\alpha\boldsymbol{e}_Y \otimes \boldsymbol{e}_x + \frac{b'}{b}\boldsymbol{e}_Y \otimes \boldsymbol{e}_y$$

$$\boldsymbol{F}^{-1} = \frac{a}{a'}\boldsymbol{e}_X \otimes \boldsymbol{e}_x - \tan\alpha \cdot \frac{ab}{a'b'}\boldsymbol{e}_X \otimes \boldsymbol{e}_y + \frac{b}{b'}\boldsymbol{e}_Y \otimes \boldsymbol{e}_y$$

$$\boldsymbol{F}^{-\mathrm{T}} = \frac{a}{a'}\boldsymbol{e}_x \otimes \boldsymbol{e}_X - \tan\alpha \cdot \frac{ab}{a'b'}\boldsymbol{e}_y \otimes \boldsymbol{e}_X + \frac{b}{b'}\boldsymbol{e}_y \otimes \boldsymbol{e}_Y$$

$$\boldsymbol{F}^{\mathrm{T}} \cdot \boldsymbol{F} = \left(\frac{a'}{a}\right)^2 \boldsymbol{e}_X \otimes \boldsymbol{e}_X + \frac{a'}{a}\tan\alpha\boldsymbol{e}_X \otimes \boldsymbol{e}_Y + \tan\alpha \cdot \frac{a'}{a}\boldsymbol{e}_Y \otimes \boldsymbol{e}_X + \left[\tan^2\alpha + \left(\frac{b'}{b}\right)^2\right]\boldsymbol{e}_Y \otimes \boldsymbol{e}_Y$$

$$\boldsymbol{F}^{-\mathrm{T}} \cdot \boldsymbol{F}^{-1} = \left(\frac{a}{a'}\right)^2 \boldsymbol{e}_x \otimes \boldsymbol{e}_x - \frac{a^2 b}{a'^2 b'}\tan\alpha\boldsymbol{e}_x \otimes \boldsymbol{e}_y - \frac{a^2 b}{a'^2 b'}\tan\alpha\boldsymbol{e}_y \otimes \boldsymbol{e}_x + \left[\frac{a^2 b^2}{a'^2\, b'^2}\tan^2\alpha + \left(\frac{b}{b'}\right)^2\right]\boldsymbol{e}_y \otimes \boldsymbol{e}_y$$

Green 应变张量

$$\boldsymbol{E} = \frac{1}{2}(\boldsymbol{F}^{\mathrm{T}} \cdot \boldsymbol{F} - \boldsymbol{I})$$

$$=\frac{1}{2}\left[\left(\frac{a'}{a}\right)^2-1\right]\boldsymbol{e}_X\otimes\boldsymbol{e}_X+\frac{a'}{2a}\tan\alpha\boldsymbol{e}_X\otimes\boldsymbol{e}_Y+$$

$$\tan\alpha\cdot\frac{a'}{2a}\boldsymbol{e}_Y\otimes\boldsymbol{e}_X+\frac{1}{2}\left[\tan^2\alpha+\left(\frac{b'}{b}\right)^2-1\right]\boldsymbol{e}_Y\otimes\boldsymbol{e}_Y$$

$$=\frac{a'^2-a^2}{2a^2}\boldsymbol{e}_X\otimes\boldsymbol{e}_X+\frac{a'}{2a}\tan\alpha\boldsymbol{e}_X\otimes\boldsymbol{e}_Y+\frac{a'}{2a}\tan\alpha\boldsymbol{e}_Y\otimes\boldsymbol{e}_X+$$

$$\frac{1}{2}\left[\tan^2\alpha+\left(\frac{b'}{b}\right)^2-1\right]\boldsymbol{e}_Y\otimes\boldsymbol{e}_Y$$

Almansi 应变张量

$$\boldsymbol{A}=\frac{1}{2}(\boldsymbol{I}-\boldsymbol{F}^{-\mathrm{T}}\cdot\boldsymbol{F}^{-1})=\frac{a'^2-a^2}{2a'^2}\boldsymbol{e}_x\otimes\boldsymbol{e}_x+\frac{a^2b}{2a'^2b'}\tan\alpha\boldsymbol{e}_x\otimes\boldsymbol{e}_y+$$

$$\frac{a^2b}{2a'^2b'}\tan\alpha\boldsymbol{e}_y\otimes\boldsymbol{e}_x+\frac{1}{2}\left(1-\frac{a^2b^2}{a'^2b'^2}\tan^2\alpha-\frac{b^2}{b'^2}\right)\boldsymbol{e}_y\otimes\boldsymbol{e}_y$$

例 2-4 考虑无限大弹性体中间有一圆形空洞，初始半径为 R_0，在内部压强作用下，变形后的半径为 r_0，如图 2-15 所示。假设材料是不可压缩的，求无限大弹性体的变形梯度。

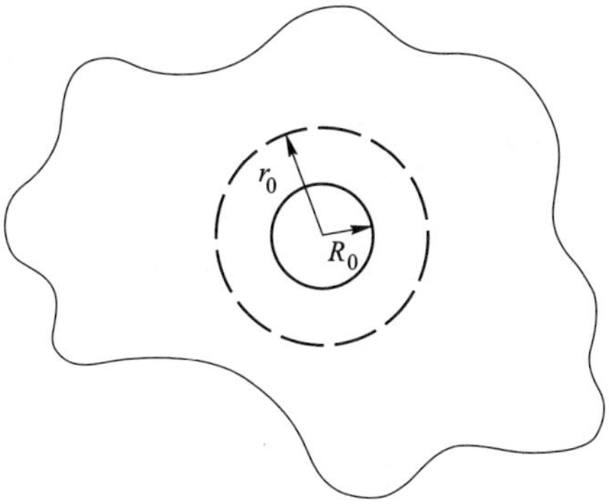

图 2-15 无限大弹性体中间有一圆形扩张空洞

解： 设随体极坐标（R，ϕ）和空间极坐标（r，θ）。变形前内径为 R_0、外径为 R 的圆环面积为

$$S_0=\pi(R^2-R_0^2)$$

变形后的面积为

$$S=\pi(r^2-r_0^2)$$

若变形过程中体积不变（材料为不可压缩的），则有

$$S_0=S$$

即

$$\pi(R^2 - R_0^2) = \pi(r^2 - r_0^2)$$

从而

$$r = \sqrt{R^2 - R_0^2 + r_0^2}$$

考虑到变形是轴对称的，有

$$\theta = \phi$$

所以变形梯度

$$\boldsymbol{F} = \frac{\mathrm{d}\boldsymbol{x}}{\mathrm{d}\boldsymbol{X}} = \frac{\mathrm{d}(x_i\boldsymbol{e}_i)}{\mathrm{d}(X_J\boldsymbol{e}_J)} = \frac{\mathrm{d}r}{\mathrm{d}R}\boldsymbol{e}_r \otimes \boldsymbol{e}_R + \frac{\mathrm{d}\theta}{\mathrm{d}\phi}\boldsymbol{e}_\theta \otimes \boldsymbol{e}_\phi = \frac{R}{\sqrt{R^2 - R_0^2 + r_0^2}}\boldsymbol{e}_r \otimes \boldsymbol{e}_R + \boldsymbol{e}_\theta \otimes \boldsymbol{e}_\phi$$

由上式可见，随着 R 的不同 $\boldsymbol{F}$ 也不同，即变形梯度是不均匀的。在空洞表面 $R = R_0$ 处，

$$\boldsymbol{F}(R = R_0) = \frac{R_0}{r_0}\boldsymbol{e}_r \otimes \boldsymbol{e}_R + \boldsymbol{e}_\theta \otimes \boldsymbol{e}_\phi$$

在无穷远处，即 $R \to \infty$，

$$\boldsymbol{F}(R \to \infty) = \boldsymbol{e}_r \otimes \boldsymbol{e}_R + \boldsymbol{e}_\theta \otimes \boldsymbol{e}_\phi$$

根据变形梯度，可进一步计算

$$\boldsymbol{U}^2 = \boldsymbol{F}^{\mathrm{T}} \cdot \boldsymbol{F} = \frac{R^2}{R^2 - R_0^2 + r_0^2}\boldsymbol{e}_R \otimes \boldsymbol{e}_R + \boldsymbol{e}_\phi \otimes \boldsymbol{e}_\phi$$

$$\boldsymbol{U} = \frac{R}{\sqrt{R^2 - R_0^2 + r_0^2}}\boldsymbol{e}_R \otimes \boldsymbol{e}_R + \boldsymbol{e}_\phi \otimes \boldsymbol{e}_\phi$$

$$\boldsymbol{R} = \boldsymbol{F} \cdot \boldsymbol{U}^{-1} = \boldsymbol{e}_r \otimes \boldsymbol{e}_R + \boldsymbol{e}_\theta \otimes \boldsymbol{e}_\phi$$

考察沿径向线元的变形情况：变形前线元

$$\mathrm{d}\boldsymbol{X} = \mathrm{d}R\boldsymbol{e}_R$$

变形后变成

$$\mathrm{d}\boldsymbol{x}' = \boldsymbol{U} \cdot \mathrm{d}\boldsymbol{x} = \frac{R}{\sqrt{R^2 - R_0^2 + r_0^2}}\boldsymbol{e}_R \otimes \boldsymbol{e}_R \cdot \mathrm{d}R\boldsymbol{e}_R = \frac{R\mathrm{d}R}{\sqrt{R^2 - R_0^2 + r_0^2}}\boldsymbol{e}_R$$

$$\mathrm{d}\boldsymbol{x} = \boldsymbol{R} \cdot \mathrm{d}\boldsymbol{x}' = \frac{R\mathrm{d}R}{\sqrt{R^2 - R_0^2 + r_0^2}}\boldsymbol{e}_r = \frac{R\mathrm{d}R}{\sqrt{R^2 - R_0^2 + r_0^2}}\boldsymbol{e}_R \quad (\boldsymbol{e}_r = \boldsymbol{e}_R)$$

表明该线元在变形过程中，方向没有改变，只发生了伸长变形。

再考察环向线元的变形情况：变形前环向线元

$$\mathrm{d}\boldsymbol{X} = R\mathrm{d}\phi\boldsymbol{e}_\phi$$

变形后为

$$\mathrm{d}\boldsymbol{x} = r\mathrm{d}\theta\boldsymbol{e}_\theta$$

从而

$$\boldsymbol{F} = \frac{\mathrm{d}\boldsymbol{x}}{\mathrm{d}\boldsymbol{X}} = \frac{r\mathrm{d}\theta\boldsymbol{e}_\theta}{R\mathrm{d}\phi} \otimes \boldsymbol{e}_\phi = \frac{r}{R}\boldsymbol{e}_\theta \otimes \boldsymbol{e}_\phi$$

$$\boldsymbol{U}^2 = \boldsymbol{F}^{\mathrm{T}} \cdot \boldsymbol{F} = \left(\frac{r}{R}\right)^2 \boldsymbol{e}_\phi \otimes \boldsymbol{e}_\phi$$

$$\boldsymbol{R} = \boldsymbol{F} \cdot \boldsymbol{U}^{-1} = \boldsymbol{e}_\theta \otimes \boldsymbol{e}_\phi$$

$$\boldsymbol{R} \cdot \mathrm{d}\boldsymbol{X} = \boldsymbol{e}_\theta \otimes \boldsymbol{e}_\phi \cdot R\mathrm{d}\phi\boldsymbol{e}_\phi = R\mathrm{d}\phi\boldsymbol{e}_\theta$$

表明环向线元也没有发生刚体转动，但发生了平移，因为 $\boldsymbol{e}_\theta$ 与 $\boldsymbol{e}_\phi$ 是同向的。

$$\mathrm{d}\boldsymbol{x} = \boldsymbol{R} \cdot \boldsymbol{U} \cdot \mathrm{d}\boldsymbol{X} = \boldsymbol{e}_\theta \otimes \boldsymbol{e}_\phi \cdot \frac{r}{R}\boldsymbol{e}_\phi \otimes \boldsymbol{e}_\phi \cdot R\mathrm{d}\phi\boldsymbol{e}_\phi = r\mathrm{d}\theta\boldsymbol{e}_\theta$$

表明变形前线元的弧长是 $R\mathrm{d}\phi$，变形后的弧长为 $r\mathrm{d}\theta$。

例 2-5 考虑悬臂梁长为 L，横截面高为 h、面积为 A，惯性矩为 I，杨氏模量为 E，如图 2-16 所示，端部受集中力 P 或者力偶 M，求梁的变形梯度。

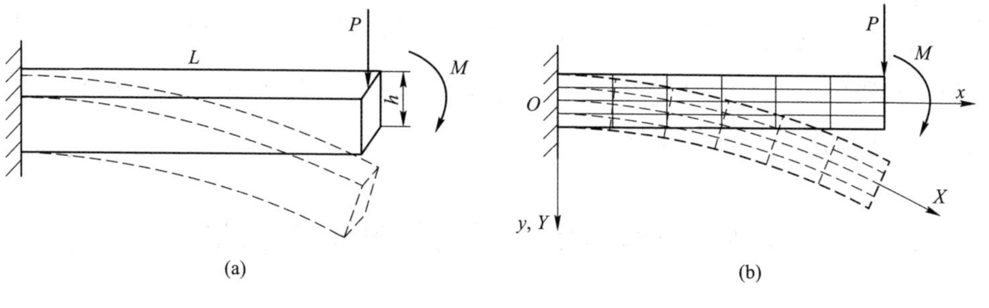

图 2-16 在端部集中力或者力偶作用下的悬臂梁

（a）悬臂梁受力变形；（b）随体坐标系和空间坐标系

解：假设横截面上任意一点 A 在随体坐标系中的坐标为（X，Y），在空间坐标系中的坐标为（x，y）。根据材料力学知识，中性轴的挠曲线方程

$$y''(x) = \frac{M(x)}{EI}$$

利用边界条件进一步可得

$$y(x) = \frac{Px^2}{6EI}(3L - x),\ y'(x) = \frac{Px}{EI}L - \frac{Px^2}{2EI}$$

$$y(x) = \frac{Mx^2}{2EI},\ y'(x) = \frac{Mx}{EI}$$

从而横截面的转角 θ 满足（中面纤维无伸长）

$$\tan\theta = y'(x) = y'(X)$$

根据题意，在集中力 P 作用下，

$$x = X - y'(X)Y$$

$$y = \frac{PX^2}{6EI}(3L - X) + Y\cos\theta,\ \cos\theta \approx 1$$

从而变形梯度

$$\boldsymbol{F} = \frac{\mathrm{d}\boldsymbol{x}}{\mathrm{d}\boldsymbol{X}} = \frac{\mathrm{d}x_i(X,\ Y)}{\mathrm{d}x_I}\boldsymbol{e}_i \otimes \boldsymbol{e}_I = \left[1 - \left(\frac{PL}{EI} - \frac{PX}{EI}\right)Y\right]\boldsymbol{e}_x \otimes \boldsymbol{e}_X + \left(\frac{PL}{EI}X - \frac{PX^2}{2EI}\right)\boldsymbol{e}_x \otimes \boldsymbol{e}_Y + \left(\frac{PL}{EI}X - \frac{PX^2}{2EI}\right)\boldsymbol{e}_y \otimes \boldsymbol{e}_X + \boldsymbol{e}_y \otimes \boldsymbol{e}_Y$$

在力偶 M 作用下，

$$x = X - \frac{M}{EI}XY,\ y = \frac{MX^2}{2EI} + Y$$

从而变形梯度

$$\boldsymbol{F} = \frac{\mathrm{d}\boldsymbol{x}}{\mathrm{d}\boldsymbol{X}} = \frac{\mathrm{d}x_i(X,\ Y)}{\mathrm{d}X_I}\boldsymbol{e}_i \otimes \boldsymbol{e}_I = \left(1 - \frac{MY}{EI}\right)\boldsymbol{e}_x \otimes \boldsymbol{e}_X - \frac{M}{EI}X\boldsymbol{e}_x \otimes \boldsymbol{e}_Y + \frac{MX}{EI}\boldsymbol{e}_y \otimes \boldsymbol{e}_X + \boldsymbol{e}_y \otimes \boldsymbol{e}_Y$$

无论是在集中力 P 作用下，还是在力偶 M 作用下，变形梯度均为坐标（X，Y）的函数，因此均为不均匀变形。

2.7 变形速率张量与旋转速率张量

对于动态问题，不仅关心变形的大小，还关心变形的速率。在初始构型下，Green 应变张量

$$\boldsymbol{E} = \frac{1}{2}(\boldsymbol{F}^{\mathrm{T}} \cdot \boldsymbol{F} - \boldsymbol{I}) = \frac{1}{2}(\boldsymbol{D} + \boldsymbol{D}^{\mathrm{T}}) + \frac{1}{2}\boldsymbol{D}^{\mathrm{T}} \cdot \boldsymbol{D} \quad (\boldsymbol{D} = \boldsymbol{u} \otimes \nabla_0)$$

则 Green 应变速率张量

$$\dot{\boldsymbol{E}} = \frac{1}{2}(\dot{\boldsymbol{F}}^{\mathrm{T}} \cdot \boldsymbol{F} + \boldsymbol{F}^{\mathrm{T}} \cdot \dot{\boldsymbol{F}}) = \frac{1}{2}(\dot{\boldsymbol{D}}^{\mathrm{T}} \cdot \boldsymbol{F} + \boldsymbol{F}^{\mathrm{T}} \cdot \dot{\boldsymbol{D}}) \quad (\boldsymbol{F} = \boldsymbol{I} + \boldsymbol{D}) \tag{2-85}$$

Green 应变速率张量是有限变形的变形速率张量，但考虑到 Δt 是一个小量，$\Delta \boldsymbol{E}$ 也是一个小量，因而变形速率张量可以直接用小应变速率张量表示，即

$$\dot{\boldsymbol{\varepsilon}} = \frac{1}{2} \times \frac{\mathrm{d}}{\mathrm{d}t}(\boldsymbol{D} + \boldsymbol{D}^{\mathrm{T}}) = \frac{1}{2}(\dot{\boldsymbol{D}} + \dot{\boldsymbol{D}}^{\mathrm{T}}) = \frac{1}{2}(\dot{\boldsymbol{u}} \otimes \nabla_0 + \nabla_0 \otimes \dot{\boldsymbol{u}}) \tag{2-86}$$

对于流体力学问题，基本运动场不是位移场，而是速度场$\boldsymbol{v}$。一般情况下，速度场既不是定常的（依赖时间而变化），也不是均匀的（依赖空间位置）。为此，我们定义速度梯度来描述速度场的不均匀性，即

$$\boldsymbol{L}=\frac{\partial \boldsymbol{v}(\boldsymbol{x},\ t)}{\partial \boldsymbol{x}}=\boldsymbol{v}\otimes\nabla \tag{2-87}$$

它与变形梯度存在如下关系：

$$\boldsymbol{L}=\frac{\partial \boldsymbol{v}(\boldsymbol{x},\ t)}{\partial \boldsymbol{x}}=\frac{\mathrm{d}}{\mathrm{d}t}\frac{\partial \boldsymbol{u}(\boldsymbol{x},\ t)}{\partial \boldsymbol{x}}=\frac{\mathrm{d}}{\mathrm{d}t}\frac{\partial(\boldsymbol{x}-\boldsymbol{X})}{\partial \boldsymbol{x}}=\frac{\partial \dot{\boldsymbol{x}}}{\partial \boldsymbol{x}}=\frac{\partial \dot{\boldsymbol{x}}}{\partial \boldsymbol{X}}\cdot\frac{\partial \boldsymbol{X}}{\partial \boldsymbol{x}}=\dot{\boldsymbol{F}}\cdot\boldsymbol{F}^{-1} \tag{2-88}$$

到目前为止，我们已经学习了三个梯度，即变形梯度$\boldsymbol{F}=\boldsymbol{x}\otimes\nabla_0$，位移梯度$\boldsymbol{D}=\boldsymbol{u}\otimes\nabla_0$，以及速度梯度$\boldsymbol{L}=\dot{\boldsymbol{x}}\otimes\nabla$。变形梯度可以作加法分解，即$\boldsymbol{F}=\boldsymbol{I}+\boldsymbol{D}$，那么速度梯度是否也可以作加法分解？如果可以，加法分解的运动学意义又是什么？下面我们来讨论这个问题。我们知道从数学上说，任意矩阵可以分解为一个对称矩阵和一个反对称矩阵之和。由于二阶张量与矩阵的对应特性，二阶张量也可以分解成一个对称二阶张量和一个反对称二阶张量之和，即

$$\boldsymbol{L}=\frac{1}{2}(\boldsymbol{L}+\boldsymbol{L}^{\mathrm{T}})+\frac{1}{2}(\boldsymbol{L}-\boldsymbol{L}^{\mathrm{T}})=\boldsymbol{L}_1-\boldsymbol{L}_2 \tag{2-89}$$

首先我们来分析$\boldsymbol{L}_1$的运动学意义。

$$\boldsymbol{L}_1=\frac{1}{2}(\boldsymbol{L}+\boldsymbol{L}^{\mathrm{T}})=\frac{1}{2}(\boldsymbol{v}\otimes\nabla+\nabla\otimes\boldsymbol{v})=\frac{1}{2}\times\frac{\mathrm{d}}{\mathrm{d}t}(\boldsymbol{u}\otimes\nabla+\nabla\otimes\boldsymbol{u}) \tag{2-90}$$

考虑到 dt 是个小量，$\nabla\approx\nabla_0$，从而

$$\boldsymbol{L}_1=\frac{1}{2}(\boldsymbol{v}\otimes\nabla_0+\nabla_0\otimes\boldsymbol{v})=\frac{1}{2}\times\frac{\mathrm{d}}{\mathrm{d}t}(\boldsymbol{u}\otimes\nabla_0+\nabla_0\otimes\boldsymbol{u})=\dot{\boldsymbol{\varepsilon}} \tag{2-91}$$

上式表明$\boldsymbol{L}_1$实际上就是小应变速率张量$\dot{\boldsymbol{\varepsilon}}$，如果考虑一个单位方向矢量$\boldsymbol{n}$，则$\boldsymbol{n}\cdot\boldsymbol{\varepsilon}\cdot\boldsymbol{n}$表示沿$\boldsymbol{n}$方向的正应变，而$\boldsymbol{n}\cdot\dot{\boldsymbol{\varepsilon}}\cdot\boldsymbol{n}$就表示沿$\boldsymbol{n}$方向的应变速率。

其次我们来分析$\boldsymbol{L}_2$的运动学意义。$\boldsymbol{L}_2$是一个反对称张量，反对称张量$\boldsymbol{A}$对矢量的映射使矢量绕某个空间轴发生转动。这个空间转动轴称为反对称张量的轴矢量，由下式确定：

$$\boldsymbol{\omega}=\frac{1}{2}\boldsymbol{\epsilon}:\boldsymbol{A} \tag{2-92}$$

式中的$\boldsymbol{\epsilon}$是三阶爱丁顿（Eddington）张量。

$$\boldsymbol{A}\cdot\boldsymbol{r}=\boldsymbol{\omega}\times\boldsymbol{r}=\boldsymbol{v} \tag{2-93}$$

转轴矢量 $\boldsymbol{\omega}$ 的模反映旋转的角度 $\boldsymbol{\varphi}$，如图 2-17 所示。考虑到 $\boldsymbol{L}_2$ 是速度梯度，$\boldsymbol{\omega} = \frac{1}{2}\boldsymbol{\epsilon} : \boldsymbol{L}_2$ 的模反映旋转角速度，方向表示转轴方向，

$$\boldsymbol{L}_2 \cdot \boldsymbol{r} = \boldsymbol{\omega} \times \boldsymbol{r} = \boldsymbol{v} \tag{2-94}$$

可见 $\boldsymbol{L}_2$ 实际表示物质变形过程中的旋转速率，用 $\dot{\boldsymbol{\Omega}}$ 表示，称为旋转速率张量。考虑到其包含旋转角速度信息，也可称为旋转角速度张量。它对任意空间矢量的映射为

$$\dot{\boldsymbol{\Omega}} \cdot \boldsymbol{\gamma} = \boldsymbol{\omega} \times \boldsymbol{r} = \boldsymbol{v} \tag{2-95}$$

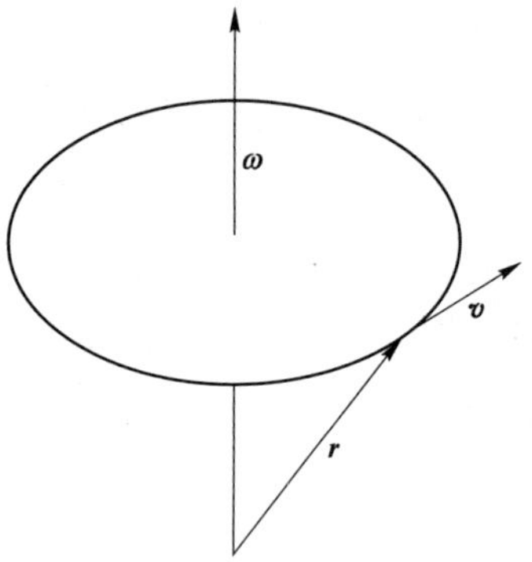

图 2-17　反对称张量的轴矢量及反对称张量对空间任意矢量的映射示意图

在前面讨论变形梯度极分解时，曾提到正交张量 $\boldsymbol{R}$。反对称张量和正交张量对任意矢量的映射都有旋转的意义，那这两个张量的旋转映射有何不同？二阶反对称张量的旋转轴和旋转角完全由轴矢量确定，即 $\boldsymbol{\omega} = \frac{1}{2}\boldsymbol{\epsilon} : \boldsymbol{A}$ 。转动张量 $\boldsymbol{R}$ 存在三个特征值，其中只有一个是实特征值，记为 $\lambda_3 = 1$，此特征值对应的特征矢量 $\boldsymbol{e}_3$ 就是旋转轴。其他两个特征值是一对共轭复根 $\lambda_{1,2} = \mathrm{e}^{\pm i\varphi}$ ，其幅角就是旋转角。转动张量的旋转映射不改变线元的长度，也不改变两线元之间的夹角，故称为刚体旋转映射。反对称张量 $\boldsymbol{A}$ 的旋转映射不仅改变线元的方向，同时也改变线元的长度。将空间任意矢量映射为垂直旋转轴平面内的一个矢量，如图 2-17 所示。而将垂直旋转轴平面内的矢量旋转 90°。若令 $\boldsymbol{\omega} = \varphi \boldsymbol{e}_3$，$\boldsymbol{e}_1$、$\boldsymbol{e}_2$、$\boldsymbol{e}_3$ 构成单位正交基，则对于反对称张量的旋转映射存在如下性质：

$$\boldsymbol{A} \cdot \boldsymbol{e}_1 = \varphi \boldsymbol{e}_2$$

$$\boldsymbol{A} \cdot \boldsymbol{e}_2 = -\varphi \boldsymbol{e}_1$$

$$\boldsymbol{A}\cdot\boldsymbol{e}_3=0$$

$$\boldsymbol{A}\cdot\boldsymbol{u}=\boldsymbol{\omega}\times\boldsymbol{u}$$

反对称张量$\boldsymbol{A}$也存在三个特征值，其中只有一个是实特征值，但这个实特征值为0，其对应的特征矢量$\boldsymbol{e}_3$就是旋转轴，从而

$$\boldsymbol{A}\cdot\boldsymbol{e}_3=\lambda_3\boldsymbol{e}_3=0 \tag{2-96}$$

另外两个特征值是一对共轭复根，即$\lambda_{1,2}=\pm\varphi\mathrm{i}$，其中$\varphi$是映射放大倍数。

应该明确指出，Green 应变速率张量不同于小应变速率张量，即

$$\dot{\boldsymbol{E}}\neq\dot{\boldsymbol{\varepsilon}} \tag{2-97}$$

按定义可推出

$$\begin{aligned}\dot{\boldsymbol{E}}&=\frac{1}{2}(\dot{\boldsymbol{F}}^{\mathrm{T}}\cdot\boldsymbol{F}+\boldsymbol{F}^{\mathrm{T}}\cdot\dot{\boldsymbol{F}})=\frac{1}{2}[(\boldsymbol{L}\cdot\boldsymbol{F})^{\mathrm{T}}\cdot\boldsymbol{F}+\boldsymbol{F}^{\mathrm{T}}\cdot(\boldsymbol{L}\cdot\boldsymbol{F})]\\&=\frac{1}{2}\boldsymbol{F}^{\mathrm{T}}\cdot(\boldsymbol{L}^{\mathrm{T}}+\boldsymbol{L})\cdot\boldsymbol{F}=\boldsymbol{F}^{\mathrm{T}}\cdot\dot{\boldsymbol{\varepsilon}}\cdot\boldsymbol{F}\quad(\dot{\boldsymbol{F}}=\boldsymbol{L}\cdot\boldsymbol{F})\end{aligned} \tag{2-98}$$

同理，Almansi 应变速率张量也不同于小应变速率张量，即

$$\dot{\boldsymbol{A}}\neq\dot{\boldsymbol{\varepsilon}} \tag{2-99}$$

例 2-6 如图 2-18 所示，橡皮筋初始长度为L，一端固定，另外一端沿光滑竖直方向以速度v_0向下运动，求橡皮筋变形过程中的速度梯度、变形速率张量和旋转速率张量。

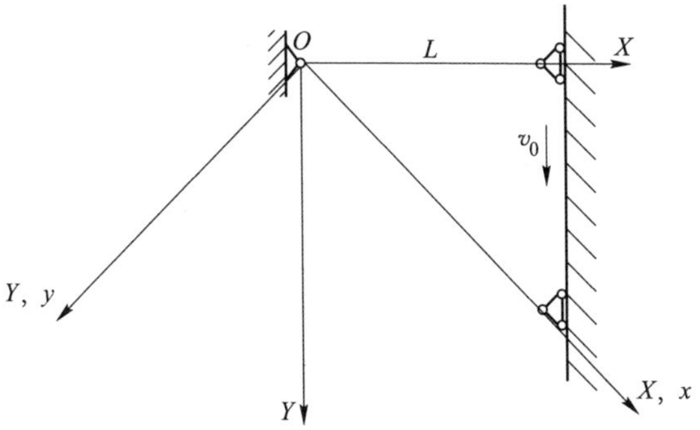

图 2-18 橡皮筋动态变形示意图

解： 经时间t后，橡皮筋的长度变为$\sqrt{L^2+(v_0t)^2}$，则

$$x=\frac{\sqrt{L^2+(v_0t)^2}}{L}X,\quad \boldsymbol{x}=\frac{\sqrt{L^2+(v_0t)^2}}{L}X\boldsymbol{e}_x$$

变形梯度

$$\boldsymbol{F}=\frac{\mathrm{d}\boldsymbol{x}}{\mathrm{d}\boldsymbol{X}}=\frac{\sqrt{L^2+(v_0t)^2}}{L}\boldsymbol{e}_x\otimes\boldsymbol{e}_X$$

进一步可得

$$\dot{\boldsymbol{F}}=\frac{\mathrm{d}}{\mathrm{d}t}\boldsymbol{F}=\frac{v_0^2t}{L\sqrt{L^2+(v_0t)^2}}\boldsymbol{e}_x\otimes\boldsymbol{e}_X,\quad \boldsymbol{F}^{-1}=\frac{L}{\sqrt{L^2+(v_0t)^2}}\boldsymbol{e}_X\otimes\boldsymbol{e}_x$$

从而速度梯度

$$\boldsymbol{L}=\dot{\boldsymbol{F}}\cdot\boldsymbol{F}^{-1}=\frac{v_0^2t}{L^2+(v_0t)^2}\boldsymbol{e}_x\otimes\boldsymbol{e}_x$$

变形速率张量

$$\dot{\boldsymbol{\varepsilon}}=\frac{1}{2}(\boldsymbol{L}+\boldsymbol{L}^{\mathrm{T}})=\frac{v_0^2t}{L^2+(v_0t)^2}\boldsymbol{e}_x\otimes\boldsymbol{e}_x$$

旋转速率张量

$$\dot{\boldsymbol{\Omega}}=\frac{1}{2}(\boldsymbol{L}-\boldsymbol{L}^{\mathrm{T}})=\boldsymbol{0}$$

例 2-7 如图 2-19 所示，实心圆柱杆初始长度为 L_0，半径为 R_0。在轴向拉力 P 和扭矩 M 作用下同时发生匀速伸长和扭转变形。在时刻 T，变形后的长度为 L，半径为 R。右端相对左端的扭转角为 α_0，求实心圆柱杆的速度梯度、变形速率张量和旋转速率张量。

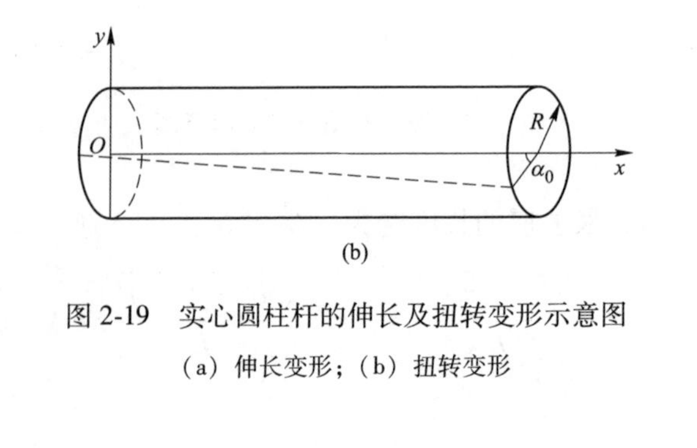

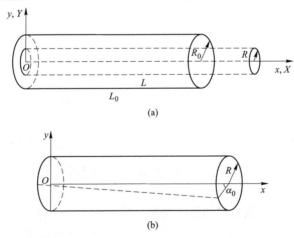

图 2-19 实心圆柱杆的伸长及扭转变形示意图

(a) 伸长变形；(b) 扭转变形

解：将变形分为两部分，一部分变形为拉伸变形，另一部分变形为扭转变形；拉伸变形将物质点集合由初始构型变为中间构型，扭转变形将物质点集合由中间构型过渡为当前构型，则

$$\boldsymbol{F}=\frac{\mathrm{d}\boldsymbol{x}}{\mathrm{d}\boldsymbol{x}'}\cdot\frac{\mathrm{d}\boldsymbol{x}'}{\mathrm{d}\boldsymbol{X}}=\frac{\partial x_i}{\partial x_j'}\boldsymbol{e}_i\otimes\boldsymbol{e}_j'\cdot\frac{\partial x_k'}{\partial X_L}\boldsymbol{e}_k'\otimes\boldsymbol{e}_L=\frac{\partial x_i}{\partial x_j'}\frac{\partial x_j'}{\partial X_L}\boldsymbol{e}_i\otimes\boldsymbol{e}_L$$

$$\boldsymbol{F}^L=\frac{\mathrm{d}\boldsymbol{x}'}{\mathrm{d}\boldsymbol{X}}=\frac{\partial x_k'}{\partial X_L}\boldsymbol{e}_k'\otimes\boldsymbol{e}_L$$

$$\boldsymbol{F}^R=\frac{\mathrm{d}\boldsymbol{x}}{\mathrm{d}\boldsymbol{x}'}=\frac{\partial x_i}{\partial x_j'}\boldsymbol{e}_i\otimes\boldsymbol{e}_j'$$

由题意可知

$$l(t)=L_0+\frac{L-L_0}{T}t,\ r(t)=R_0+\frac{R-R_0}{T}t,\ \alpha(t)=\frac{\alpha_0}{T}t$$

$$x'=\frac{l(t)}{L_0}X,\ y'=\frac{r(t)}{R_0}Y,\ z'=\frac{r(t)}{R_0}Z$$

$$x=x',\ y=z'\sin\frac{\alpha(t)x'}{l(t)}+y'\cos\frac{\alpha(t)x'}{l(t)},\ z=z'\cos\frac{\alpha(t)x'}{l(t)}-y'\sin\frac{\alpha(t)x'}{l(t)}$$

从而

$$\boldsymbol{F}=\boldsymbol{F}^R\cdot\boldsymbol{F}^L$$

其中，

$$F_{11}^R=1,\ F_{12}^R=0,\ F_{13}^R=0$$

$$F_{21}^R=z'\frac{\alpha(t)}{l(t)}\cos\frac{\alpha(t)x'}{l(t)}-y'\frac{\alpha(t)}{l(t)}\sin\frac{\alpha(t)x'}{l(t)},\ F_{22}^R=\cos\frac{\alpha(t)x'}{l(t)},\ F_{23}^R=\sin\frac{\alpha(t)x'}{l(t)}$$

$$F_{31}^R=-z'\frac{\alpha(t)}{l(t)}\sin\frac{\alpha(t)x'}{l(t)}-y'\frac{\alpha(t)}{l(t)}\cos\frac{\alpha(t)x'}{l(t)},\ F_{32}^R=-\sin\frac{\alpha(t)x'}{l(t)},\ F_{33}^R=\cos\frac{\alpha(t)x'}{l(t)}$$

$$F_{11}^L=\frac{l(t)}{L_0},\ F_{22}^L=\frac{r(t)}{R_0},\ F_{33}^L=\frac{r(t)}{R_0}$$

$\boldsymbol{F}^L$ 其他元素都为 0。

计算得到变形梯度 $\boldsymbol{F}$ 的元素如下：

$$F_{11}=\frac{l(t)}{L_0},\ F_{12}=0,\ F_{13}=0$$

因为

$$\frac{x'}{l(t)}=\frac{1}{l(t)}\frac{l(t)}{L_0}X=\frac{X}{L_0}$$

所以

$$F_{21}=\frac{l(t)}{L_0}\left[\frac{r(t)}{R_0}Z\frac{\alpha(t)}{l(t)}\cos\frac{\alpha(t)X}{L_0}-\frac{r(t)}{R_0}Y\frac{\alpha(t)}{l(t)}\sin\frac{\alpha(t)X}{L_0}\right]$$

$$F_{22}=\frac{r(t)}{R_0}\cos\frac{\alpha(t)X}{L_0},\quad F_{23}=\frac{r(t)}{R_0}\sin\frac{\alpha(t)X}{L_0}$$

$$F_{31}=\frac{l(t)}{L_0}\left[-\frac{r(t)}{R_0}Z\frac{\alpha(t)}{l(t)}\sin\frac{\alpha(t)X}{L_0}-\frac{r(t)}{R_0}Y\frac{\alpha(t)}{l(t)}\cos\frac{\alpha(t)X}{L_0}\right]$$

$$F_{32}=-\frac{r(t)}{R_0}\sin\frac{\alpha(t)X}{L_0},\quad F_{33}=\frac{r(t)}{R_0}\cos\frac{\alpha(t)X}{L_0}$$

进一步由上式可以求得 $\dot{\boldsymbol{F}}$：

$$\dot{F}_{11}=\frac{L-L_0}{TL_0},\quad \dot{F}_{12}=0,\quad \dot{F}_{13}=0$$

$$\dot{F}_{21}=\frac{L-L_0}{TL_0}F_{21}^R+\frac{l(t)}{L_0}\dot{F}_{21}^R$$

$$\dot{F}_{22}=\frac{R-R_0}{TR_0}\cos\frac{\alpha(t)X}{L_0}-\frac{r(t)}{R_0}\frac{\alpha_0}{T}\frac{X}{L_0}\sin\frac{\alpha(t)X}{L_0}$$

$$\dot{F}_{23}=\frac{R-R_0}{TR_0}\sin\frac{\alpha(t)X}{L_0}+\frac{r(t)}{R_0}\frac{\alpha_0}{T}\frac{X}{L_0}\cos\frac{\alpha(t)X}{L_0}$$

$$\dot{F}_{31}=\frac{L-L_0}{TL_0}F_{31}^R+\frac{l(t)}{L_0}\dot{F}_{31}^R$$

$$\dot{F}_{32}=-\frac{R-R_0}{TR_0}\sin\frac{\alpha(t)X}{L_0}-\frac{r(t)}{R_0}\frac{\alpha_0}{T}\frac{X}{L_0}\cos\frac{\alpha(t)X}{L_0}$$

$$\dot{F}_{33}=\frac{R-R_0}{TR_0}\cos\frac{\alpha(t)X}{L_0}-\frac{r(t)}{R_0}\frac{\alpha_0}{T}\frac{X}{L_0}\sin\frac{\alpha(t)X}{L_0}$$

由于 $\dot{F}_{21}^R$ 和 $\dot{F}_{31}^R$ 是简单的时间求导，不再赘述，读者可自行运算。对于 $\boldsymbol{F}^{-1}$，可运用线性代数的知识进行求逆，具体过程略。进一步根据 $\boldsymbol{L}=\dot{\boldsymbol{F}}\cdot\boldsymbol{F}^{-1}$，$\dot{\boldsymbol{\varepsilon}}=\frac{1}{2}(\boldsymbol{L}+\boldsymbol{L}^{\mathrm{T}})$，$\dot{\boldsymbol{\Omega}}=\frac{1}{2}(\boldsymbol{L}-\boldsymbol{L}^{\mathrm{T}})$，可以求得实心圆柱杆的速度梯度、变形速率张量和旋转速率张量。

例 2-8 一块矩形木板长为 a_0、宽为 b_0，在匀速变形的同时做刚体转动，角速度为 ω_0。在时刻 T 变形后长为 a、宽为 b、剪切角为 α，如图 2-20 所示，求速度梯度、变形速率张量和旋转速率张量。

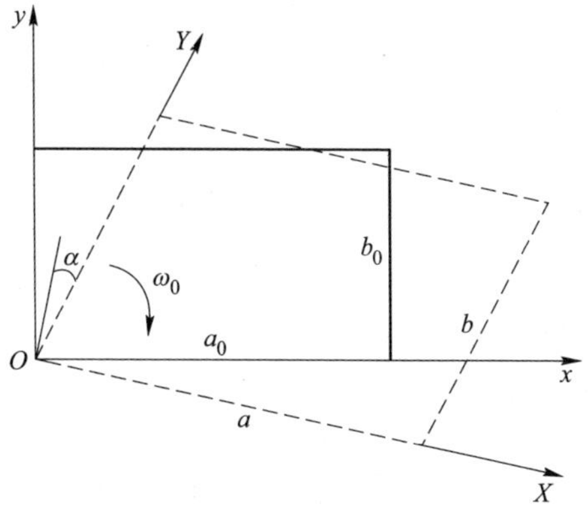

图 2-20　矩形木板变形初始构型与动态变形过程中某瞬间的构型

解：将变形看成两部分之和，第一部分为伸长变形及剪切变形，对应的构型为中间构型；第二部分为刚体转动。变形前对应初始构型，t 时刻的构型为当前构型。$\boldsymbol{e}_J$、$\boldsymbol{e}'_j$ 和 $\boldsymbol{e}_j$ 分别为初始构型、中间构型和当前构型的标准正交基。纯变形对应的变形梯度

$$\boldsymbol{F}_1 = \frac{\mathrm{d}\boldsymbol{x}'}{\mathrm{d}\boldsymbol{X}}$$

刚体转动对应的变形梯度

$$\boldsymbol{F}_2 = \frac{\mathrm{d}\boldsymbol{x}}{\mathrm{d}\boldsymbol{x}'}$$

总变形梯度

$$\boldsymbol{F} = \boldsymbol{F}_1 \cdot \boldsymbol{F}_2 = \frac{\mathrm{d}\boldsymbol{x}}{\mathrm{d}\boldsymbol{X}} = \frac{\partial x_i}{\partial X_J}\boldsymbol{e}_i \otimes \boldsymbol{e}_J$$

$$\boldsymbol{F} = \boldsymbol{F}_1 \cdot \boldsymbol{F}_2 = \frac{\mathrm{d}\boldsymbol{x}}{\mathrm{d}\boldsymbol{x}'} \cdot \frac{\mathrm{d}\boldsymbol{x}'}{\mathrm{d}\boldsymbol{X}} = \frac{\partial x_i}{\partial x'_j}\boldsymbol{e}_i \otimes \boldsymbol{e}'_j \cdot \frac{\partial x'_k}{\partial X_L}\boldsymbol{e}'_k \otimes \boldsymbol{e}_L = \frac{\partial x_i}{\partial x'_j}\frac{\partial x'_j}{\partial X_L}\boldsymbol{e}_i \otimes \boldsymbol{e}_L$$

按照题意可知

$$a'(t) = a_0 + \frac{a - a_0}{T}t,\ b'(t) = b_0 + \frac{b - b_0}{T}t,\ \alpha'(t) = \frac{\alpha}{T}t$$

$$x' = \frac{a'(t)}{a_0}X + \frac{b'(t)}{b_0}Y\tan\alpha'(t),\ y' = \frac{b'(t)}{b_0}Y$$

$$x = \cos(\omega_0 t)x'(t) + \sin(\omega_0 t)y'(t),\ y = -\sin(\omega_0 t)x'(t) + \cos(\omega_0 t)y'(t)$$

$$\boldsymbol{F}=\begin{bmatrix}\cos(\omega_0 t) & \sin(\omega_0 t)\\ -\sin(\omega_0 t) & \cos(\omega_0 t)\end{bmatrix}\cdot\begin{bmatrix}\dfrac{a'(t)}{a_0} & \dfrac{b'(t)}{b_0}\tan\alpha'(t)\\ 0 & \dfrac{b'(t)}{b_0}\end{bmatrix}$$

$$=\begin{bmatrix}\dfrac{a'(t)}{a_0}\cos(\omega_0 t) & \dfrac{b'(t)}{b_0}\tan\alpha'(t)\cos(\omega_0 t)+\dfrac{b'(t)}{b_0}\sin(\omega_0 t)\\ -\dfrac{a'(t)}{a_0}\sin(\omega_0 t) & -\dfrac{b'(t)}{b_0}\tan\alpha'(t)\sin(\omega_0 t)+\dfrac{b'(t)}{b_0}\cos(\omega_0 t)\end{bmatrix}$$

$$\dot{\boldsymbol{F}}=\begin{bmatrix}\dot{F}_{11} & \dot{F}_{12}\\ \dot{F}_{21} & \dot{F}_{22}\end{bmatrix}$$

$$\dot{F}_{11}=\frac{a-a_0}{a_0 T}\cos(\omega_0 t)-\frac{a'(t)}{a_0}\omega_0\sin(\omega_0 t)$$

$$\dot{F}_{12}=\frac{b-b_0}{b_0 T}\tan\alpha'(t)\cos(\omega_0 t)+\frac{b'(t)}{b_0}\sec^2\alpha'(t)\ \frac{\alpha}{T}\cos(\omega_0 t)-$$
$$\frac{b'(t)}{b_0}\tan\alpha'(t)\omega_0\sin(\omega_0 t)+\frac{b-b_0}{b_0 T}\sin(\omega_0 t)+\frac{b'(t)}{b_0}\omega_0\cos(\omega_0 t)$$

$$\dot{F}_{21}=-\frac{a-a_0}{a_0 T}\sin(\omega_0 t)-\frac{a'(t)}{a_0}\omega_0\cos(\omega_0 t)$$

$$\dot{F}_{22}=-\frac{b-b_0}{b_0 T}\tan\alpha'(t)\sin(\omega_0 t)-\frac{b'(t)}{b_0}\sec^2\alpha'(t)\ \frac{\alpha}{T}\sin(\omega_0 t)-$$
$$\frac{b'(t)}{b_0}\tan\alpha'(t)\omega_0\cos(\omega_0 t)+\frac{b-b_0}{b_0 T}\cos(\omega_0 t)-\frac{b'(t)}{b_0}\omega_0\sin(\omega_0 t)$$

$$\det\boldsymbol{F}=F_{11}F_{22}-F_{12}F_{21}=\frac{a'(t)b'(t)}{ab}$$

$$\boldsymbol{F}^{-1}=\frac{1}{\det\boldsymbol{F}}\begin{bmatrix}F_{22} & -F_{21}\\ -F_{12} & F_{11}\end{bmatrix}$$

$$F_{22}=-\frac{b'(t)}{b_0}\tan a'(t)\sin(\omega_0 t)+\frac{b'(t)}{b_0}\cos(\omega_0 t)$$

$$-F_{12}=-\frac{b'(t)}{b_0}\tan a'(t)\cos(\omega_0 t)-\frac{b'(t)}{b_0}\sin(\omega_0 t)$$

$$-F_{21}=\frac{a'(t)}{a_0}\sin(\omega_0 t),\quad F_{11}=\frac{a'(t)}{a_0}\cos(\omega_0 t)$$

进一步由 $\boldsymbol{L}=\dot{\boldsymbol{F}}\cdot\boldsymbol{F}^{-1}$，$\dot{\boldsymbol{\varepsilon}}=\frac{1}{2}(\boldsymbol{L}+\boldsymbol{L}^{\mathrm{T}})$，$\dot{\boldsymbol{\Omega}}=\frac{1}{2}(\boldsymbol{L}-\boldsymbol{L}^{\mathrm{T}})$，可分别求出速度梯度 $\boldsymbol{L}$、变形速率张量 $\dot{\boldsymbol{\varepsilon}}$ 和旋转速率张量 $\dot{\boldsymbol{\Omega}}$。

例 2-9 考虑无限大弹性体中间有一圆形空洞，初始半径为 R_0，在内部压强作用下，内径随时间逐渐增加，即 $r_0=R_0+v_0t$，如图 2-21 所示。假设材料是不可压缩的，求无限大弹性体的速度梯度、变形速率张量和旋转速率张量。

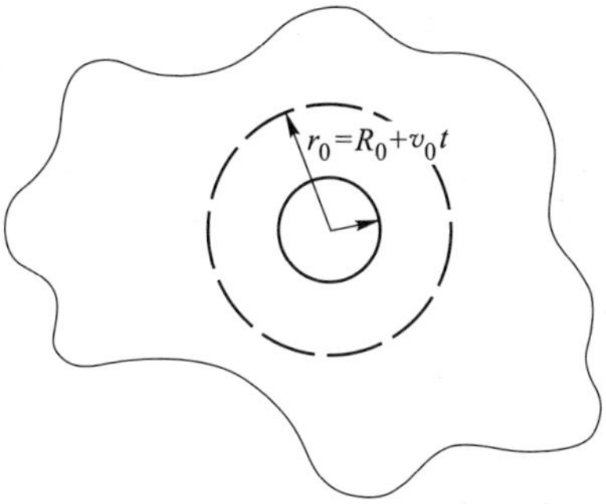

图 2-21 无限大弹性体中间有一随时间匀速扩张的圆形空洞

解：设随体极坐标为 $(R,\ \phi)$ 和空间极坐标为 $(r,\ \theta)$。变形前内径为 R_0、外径为 R 的圆环面积为

$$S_0=\pi(R^2-R_0^2)$$

变形后的面积为

$$S=\pi(r^2-r_0^2)$$

若变形过程中体积不变（材料为不可压缩的），则有

$$S_0=S$$

即

$$\pi(R^2-R_0^2)=\pi(r^2-r_0^2)$$

从而

$$r(t)=\sqrt{R^2-R_0^2+r_0^2(t)}$$

考虑到变形是轴对称的，有

$$\theta=\phi$$

所以变形梯度

$$\boldsymbol{F}=\frac{\mathrm{d}\boldsymbol{x}}{\mathrm{d}\boldsymbol{X}}=\frac{\mathrm{d}(x_i\boldsymbol{e}_i)}{\mathrm{d}(x_J\boldsymbol{e}_J)}=\frac{\mathrm{d}r}{\mathrm{d}R}\boldsymbol{e}_r\otimes\boldsymbol{e}_R+\frac{\mathrm{d}\theta}{\mathrm{d}\phi}\boldsymbol{e}_\theta\otimes\boldsymbol{e}_\phi$$

$$=\frac{R}{\sqrt{R^2-R_0^2+r_0^2(t)}}\boldsymbol{e}_r\otimes\boldsymbol{e}_R+\boldsymbol{e}_\theta\otimes\boldsymbol{e}_\phi$$

因为 $\boldsymbol{L}=\dot{\boldsymbol{F}}\cdot\boldsymbol{F}^{-1}$，且 R、R_0 不关于时间变化，$r_0=R_0+v_0t$，故可求得

$$\dot{\boldsymbol{F}}=-\frac{Rr_0(t)v_0}{[R^2-R_0^2+r_0^2(t)]^{\frac{3}{2}}}\boldsymbol{e}_r\otimes\boldsymbol{e}_R=-\frac{R(R_0+v_0t)v_0}{[R^2-R_0^2+(R_0+v_0t)^2]^{\frac{3}{2}}}\boldsymbol{e}_r\otimes\boldsymbol{e}_R$$

$$\boldsymbol{F}^{-1}=\frac{\sqrt{R^2-R_0^2+r_0^2(t)}}{R}\boldsymbol{e}_R\otimes\boldsymbol{e}_r+\boldsymbol{e}_\phi\otimes\boldsymbol{e}_\theta$$

$$\boldsymbol{L}=\dot{\boldsymbol{F}}\cdot\boldsymbol{F}^{-1}=-\frac{R(R_0+v_0t)v_0}{[R^2-R_0^2+(R_0+v_0t)^2]^{\frac{3}{2}}}\boldsymbol{e}_r\otimes\boldsymbol{e}_R\cdot\frac{\sqrt{R^2-R_0^2+(R_0+v_0t)^2}}{R}\boldsymbol{e}_R\otimes\boldsymbol{e}_r$$

$$=-\frac{(R_0+v_0t)v_0}{R^2-R_0^2+(R_0+v_0t)^2}\boldsymbol{e}_r\otimes\boldsymbol{e}_r$$

$$\dot{\boldsymbol{\varepsilon}}=\frac{1}{2}(\boldsymbol{L}+\boldsymbol{L}^{\mathrm{T}})=\boldsymbol{L},\ \dot{\boldsymbol{\Omega}}=\frac{1}{2}(\boldsymbol{L}-\boldsymbol{L}^{\mathrm{T}})=0$$

例 2-10 考虑悬臂梁长为 L，横截面高为 h、面积为 A，惯性矩为 I，杨氏模量为 E。如图 2-22 所示，端部受随时间变化的力偶 $M=mt$ 作用，求梁的速度梯度、变形速率张量和旋转速率张量。

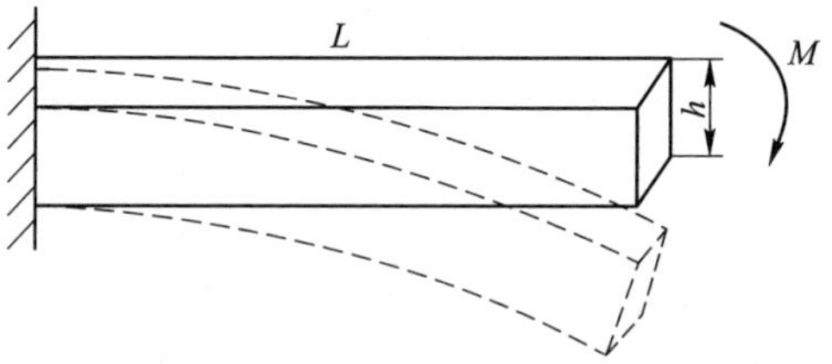

图 2-22 在端部力偶作用下的匀速变形的悬臂梁

解： 假设横截面上任意一点 A 在随体坐标系中的坐标为 (X, Y)，在空间坐标系中的坐标为 (x, y)。根据材料力学知识，中性轴的挠曲线方程为

$$y''(x)=\frac{M(x)}{EI}$$

利用边界条件进一步可得

$$y(x,t)=\frac{M(t)x^2}{2EI},\ y'(x)=\frac{M(t)x}{EI}$$

变形后，随体坐标系的点 $A(X,\ Y)$ 在空间坐标系下的坐标为

$$x = X + \frac{mt}{EI}XY,\ y = \frac{mtX^2}{2EI} - Y$$

从而变形梯度为

$$\boldsymbol{F} = \frac{\mathrm{d}\boldsymbol{x}}{\mathrm{d}\boldsymbol{X}} = \frac{\mathrm{d}x_i(X,\ Y)}{\mathrm{d}X_I}\boldsymbol{e}_i \otimes \boldsymbol{e}_I$$

$$= \frac{EI + mtY}{EI}\boldsymbol{e}_x \otimes \boldsymbol{e}_X + \frac{mtX}{EI}\boldsymbol{e}_x \otimes \boldsymbol{e}_Y + \frac{mtX}{EI}\boldsymbol{e}_y \otimes \boldsymbol{e}_X + (-1)\boldsymbol{e}_y \otimes \boldsymbol{e}_Y$$

$$\dot{\boldsymbol{F}} = \frac{mY}{EI}\boldsymbol{e}_x \otimes \boldsymbol{e}_X + \frac{mX}{EI}\boldsymbol{e}_x \otimes \boldsymbol{e}_Y + \frac{mX}{EI}\boldsymbol{e}_y \otimes \boldsymbol{e}_X$$

$$\boldsymbol{F}^{-1} = -\frac{(EI)^2}{(EI)^2 + mtYEI + (mtX)^2} \times$$

$$\left[(-1)\boldsymbol{e}_X \otimes \boldsymbol{e}_x - \frac{EI}{mtX}\boldsymbol{e}_Y \otimes \boldsymbol{e}_x - \frac{EI}{mtX}\boldsymbol{e}_X \otimes \boldsymbol{e}_y + \frac{EI + mtY}{EI}\boldsymbol{e}_Y \otimes \boldsymbol{e}_y\right]$$

$$\boldsymbol{L} = \dot{\boldsymbol{F}} \cdot \boldsymbol{F}^{-1} = -\frac{(EI)^2}{(EI)^2 + mtYEI + (mtX)^2} \times$$

$$\left[\left(\frac{mX}{mtX} - \frac{mY}{EI}\right)\boldsymbol{e}_x \otimes \boldsymbol{e}_x + \left(\frac{mX}{EI}\frac{EI + mtY}{EI} - \frac{mY}{mtX}\right)\boldsymbol{e}_x \otimes \boldsymbol{e}_y - \frac{mX}{EI}\boldsymbol{e}_y \otimes \boldsymbol{e}_x - \frac{1}{t}\boldsymbol{e}_y \otimes \boldsymbol{e}_y\right]$$

$$\boldsymbol{L}^{\mathrm{T}} = -\frac{(EI)^2}{(EI)^2 + mtYEI + (mtX)^2} \times$$

$$\left[\left(\frac{mX}{mtX} - \frac{mY}{EI}\right)\boldsymbol{e}_x \otimes \boldsymbol{e}_x + \left(\frac{mX}{EI}\frac{EI + mtY}{EI} - \frac{mY}{mtX}\right)\boldsymbol{e}_y \otimes \boldsymbol{e}_x - \frac{mX}{EI}\boldsymbol{e}_x \otimes \boldsymbol{e}_y + \frac{1}{t}\boldsymbol{e}_y \otimes \boldsymbol{e}_y\right]$$

进一步由 $\dot{\boldsymbol{\varepsilon}} = \frac{1}{2}(\boldsymbol{L} + \boldsymbol{L}^{\mathrm{T}})$，$\dot{\boldsymbol{\Omega}} = \frac{1}{2}(\boldsymbol{L} - \boldsymbol{L}^{\mathrm{T}})$，可分别求出变形速率张量 $\dot{\boldsymbol{\varepsilon}}$ 和旋转速率张量 $\dot{\boldsymbol{\Omega}}$。

习　题

2-1　对于不可压缩材料，求证 Green 应变张量满足

$$\mathrm{tr}\boldsymbol{E} = \mathrm{tr}\boldsymbol{E}^2 - (\mathrm{tr}\boldsymbol{E})^2 - \frac{2}{3}[2\mathrm{tr}\boldsymbol{E}^3 - 3\mathrm{tr}\boldsymbol{E} \cdot \mathrm{tr}\boldsymbol{E}^2 + (\mathrm{tr}\boldsymbol{E})^3]$$

2-2　设 $\boldsymbol{v}$ 表示速度场，$\boldsymbol{a}$ 表示加速度场，$\dot{\boldsymbol{\varepsilon}}$ 是变形速率张量，$\dot{\boldsymbol{\Omega}}$ 是旋转速率张量。求证

$$\boldsymbol{a} \cdot \nabla = \frac{\mathrm{D}}{\mathrm{D}t}(\boldsymbol{v} \cdot \nabla) + \dot{\boldsymbol{\varepsilon}} : \dot{\boldsymbol{\varepsilon}} - \dot{\boldsymbol{\Omega}} : \dot{\boldsymbol{\Omega}}$$

2-3　设单位正交矢量 $\boldsymbol{e}_1$、$\boldsymbol{e}_2$、$\boldsymbol{e}_3$ 是时间 t 的函数，试证

$$\boldsymbol{A}(\boldsymbol{e}) = \sum_{\beta=1}^{3} \dot{\boldsymbol{e}}_\beta \otimes \boldsymbol{e}_\beta \quad \left(\dot{\boldsymbol{e}}_\beta = \frac{\mathrm{D}}{\mathrm{D}t}\boldsymbol{e}_\beta \right)$$

是一个反对称张量。

2-4　已知长方形板（长为 a 、宽为 b ）在外力 P 作用下发生纯剪切变形，如图 2-23 所示；剪切角 θ 是时间的依赖函数即 $\theta(t)$ ，试求：

(1) 变形梯度 $\boldsymbol{F}$ 、Green 应变张量 $\boldsymbol{E}$ 、Almansi 应变张量 $\boldsymbol{A}$ 、右伸长张量 $\boldsymbol{U}$ 和左伸长张量 $\boldsymbol{V}$。

(2) 速度梯度、变形速率张量、旋转速率张量。

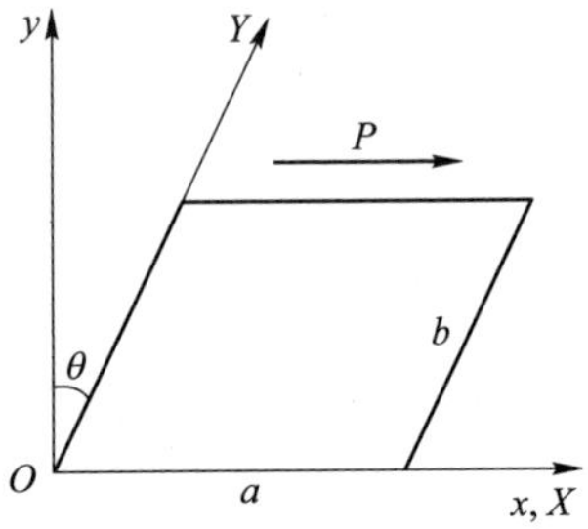

图 2-23　习题 2-4 图

2-5　已知圆截面柱体长为 L ，在扭矩作用下发生扭转变形，如图 2-24 所示。扭转角 $\theta(t)$ 随时间 t 而变化，试求：

(1) 变形梯度 $\boldsymbol{F}$ 、Green 应变张量 $\boldsymbol{E}$ 、Almansi 应变张量 $\boldsymbol{A}$ 、右伸长张量 $\boldsymbol{U}$ 和左伸长张量 $\boldsymbol{V}$。

(2) 速度梯度、变形速率张量、旋转速率张量。

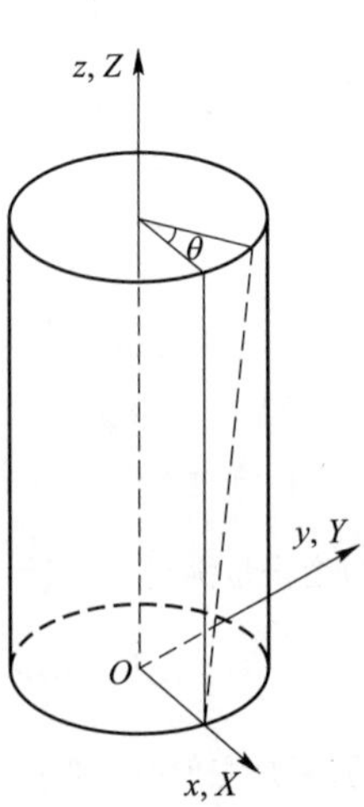

图 2-24　习题 2-5 图

2-6　已知矩形截面梁长为 L，横截面宽为 a、高为 b。梁上作用随时间逐渐增加的分布载荷 $q(t) = q_0 t$，如图 2-25 所示，试求：

（1）变形梯度 $\boldsymbol{F}$、Green 应变张量 $\boldsymbol{E}$、Almansi 应变张量 $\boldsymbol{A}$。

（2）速度梯度、变形速率张量、旋转速率张量。

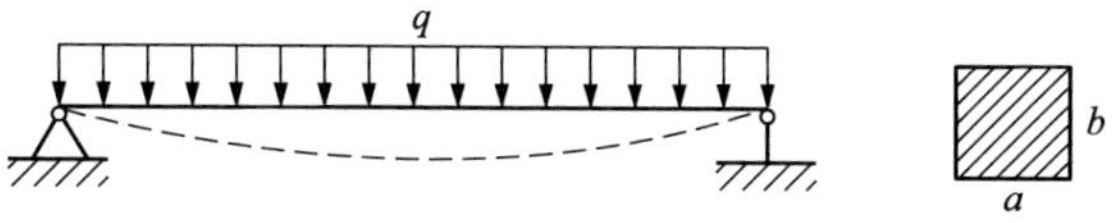

图 2-25　习题 2-6 图

3 应力张量

3.1 体元与面元的变换

在上一章我们讨论应变度量张量的时候，首先讨论了线元在初始构型和当前构型之间的变换规则。这一章我们来讨论应力张量。由于应力是单位面积上的力，它与面元在初始构型和当前构型之间的变换密切相关，所以我们首先来讨论面元的变换。而面元的变换公式需要借助体元的变换来推出，所以我们先对体元的变换进行讨论，再过渡到面元的变换。变形前体元的体积

$$\begin{aligned} \mathrm{d}V_0 &= \mathrm{d}\boldsymbol{X}_1 \cdot (\mathrm{d}\boldsymbol{X}_2 \times \mathrm{d}\boldsymbol{X}_3) = \mathrm{d}X_1\boldsymbol{e}_1 \cdot (\mathrm{d}X_2\boldsymbol{e}_2 \times \mathrm{d}X_3\boldsymbol{e}_3) \\ &= \mathrm{d}X_1\mathrm{d}X_2\mathrm{d}X_3[\boldsymbol{e}_1 \cdot (\boldsymbol{e}_2 \times \boldsymbol{e}_3)] \end{aligned} \tag{3-1}$$

考虑到线元的变换关系

$$\mathrm{d}\boldsymbol{x} = \boldsymbol{F} \cdot \mathrm{d}\boldsymbol{X} \tag{3-2}$$

可求得体元在变形后的体积

$$\begin{aligned} \mathrm{d}V &= \mathrm{d}\boldsymbol{x}_1 \cdot (\mathrm{d}\boldsymbol{x}_2 \times \mathrm{d}\boldsymbol{x}_3) = \mathrm{d}x_1\boldsymbol{e}'_1 \cdot (\mathrm{d}x_2\boldsymbol{e}'_2 \times \mathrm{d}x_3\boldsymbol{e}'_3) \\ &= \mathrm{d}X_1\mathrm{d}X_2\mathrm{d}X_3[\boldsymbol{F} \cdot \boldsymbol{e}_1 \cdot (\boldsymbol{F} \cdot \boldsymbol{e}_2 \times \boldsymbol{F} \cdot \boldsymbol{e}_3)] \end{aligned} \tag{3-3}$$

变形前后微元体积比

$$J = \frac{\mathrm{d}V}{\mathrm{d}V_0} = \frac{\boldsymbol{F} \cdot \boldsymbol{e}_1 \cdot (\boldsymbol{F} \cdot \boldsymbol{e}_2 \times \boldsymbol{F} \cdot \boldsymbol{e}_3)}{\boldsymbol{e}_1 \cdot (\boldsymbol{e}_2 \times \boldsymbol{e}_3)} = \det\boldsymbol{F} \tag{3-4}$$

面元在变形前后的变换可基于体元的变换进一步求得。设变形前面元

$$\mathrm{d}\boldsymbol{A} = \boldsymbol{N}\mathrm{d}A = \mathrm{d}\boldsymbol{X}_1 \times \mathrm{d}\boldsymbol{X}_2 \tag{3-5}$$

变形后面元

$$\mathrm{d}\boldsymbol{a} = \boldsymbol{n}\mathrm{d}a = \mathrm{d}\boldsymbol{x}_1 \times \mathrm{d}\boldsymbol{x}_2 \tag{3-6}$$

为了确立变形前后有向面元（见图 3-1）$\mathrm{d}\boldsymbol{A}$ 与 $\mathrm{d}\boldsymbol{a}$ 之间的变换关系，首先考虑变形前后体元 $\mathrm{d}V_0$ 与 $\mathrm{d}V$ 之间的关系。

$$\mathrm{d}V_0 = (\mathrm{d}\boldsymbol{X}_1 \times \mathrm{d}\boldsymbol{X}_2) \cdot \mathrm{d}\boldsymbol{X}_3 = \mathrm{d}\boldsymbol{A} \cdot \mathrm{d}\boldsymbol{X}_3 \tag{3-7}$$

$$\mathrm{d}V = (\mathrm{d}\boldsymbol{x}_1 \times \mathrm{d}\boldsymbol{x}_2) \cdot \mathrm{d}\boldsymbol{x}_3 = \mathrm{d}\boldsymbol{a} \cdot \mathrm{d}\boldsymbol{x}_3 = \mathrm{d}\boldsymbol{a} \cdot (\boldsymbol{F} \cdot \mathrm{d}\boldsymbol{X}_3) = (\mathrm{d}\boldsymbol{a} \cdot \boldsymbol{F}) \cdot \mathrm{d}\boldsymbol{X}_3 \tag{3-8}$$

考虑到

$$\mathrm{d}V = J\mathrm{d}V_0 \tag{3-9}$$

从而

$$(\mathrm{d}\boldsymbol{a} \cdot \boldsymbol{F}) \cdot \mathrm{d}\boldsymbol{X}_3 = J\mathrm{d}\boldsymbol{A} \cdot \mathrm{d}\boldsymbol{X}_3 \tag{3-10}$$

再考虑到 $\mathrm{d}\boldsymbol{X}_3$ 的任意性，成立

$$\mathrm{d}\boldsymbol{a} \cdot \boldsymbol{F} = J\mathrm{d}\boldsymbol{A} \tag{3-11}$$

从而

$$\mathrm{d}\boldsymbol{a} = J\mathrm{d}\boldsymbol{A} \cdot \boldsymbol{F}^{-1} = J\boldsymbol{F}^{-\mathrm{T}} \cdot \mathrm{d}\boldsymbol{A} \tag{3-12}$$

或者

$$\mathrm{d}\boldsymbol{A} = \frac{1}{J}\mathrm{d}\boldsymbol{a} \cdot \boldsymbol{F} = \frac{1}{J}\boldsymbol{F}^{\mathrm{T}} \cdot \mathrm{d}\boldsymbol{a} \tag{3-13}$$

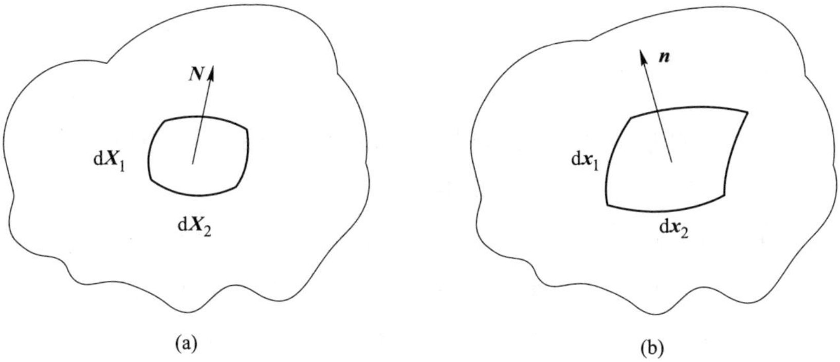

图 3-1　变形前后的有向面元

（其面积及法线方向均发生改变）

（a）变形前的有向面元；（b）变形后的有向面元

变形前后面元之间的关系一般称为南森（Nanson）公式，它对于后面要讨论的变形前后作用在同一块面元上的应力是非常重要的。作用在面元上的面力一般用面力的集度表示，单位为 $\mathrm{N/m^2}$，也称为面力矢量。即使面力的大小不变，由于变形前后面元的大小发生变化，面力的集度或应力也会发生变化，因此 Nanson 公式对于讨论初始构型和当前构型上的面力大小及方向的变换起着至关重要的作用。

3.2 Cauchy 应力张量

考虑当前构型上的任意一个斜截面，单位法线矢量为 $\boldsymbol{n}$，斜截面上的应力矢量为 $\boldsymbol{t}=t_x\boldsymbol{e}_x+t_y\boldsymbol{e}_y+t_z\boldsymbol{e}_z$，定义满足条件

$$\boldsymbol{t}=\boldsymbol{\sigma}\cdot\boldsymbol{n} \tag{3-14}$$

的二阶张量 $\boldsymbol{\sigma}$ 为柯西（Cauchy）应力张量，Cauchy 应力张量对应的矩阵为

$$\boldsymbol{\sigma}=\begin{bmatrix}\sigma_{xx} & \sigma_{xy} & \sigma_{xz}\\ \sigma_{yx} & \sigma_{yy} & \sigma_{yz}\\ \sigma_{zx} & \sigma_{zy} & \sigma_{zz}\end{bmatrix} \tag{3-15}$$

由式（3-14）知

$$\begin{aligned}\boldsymbol{\sigma}&=\boldsymbol{t}\otimes\boldsymbol{n}=(t_x\boldsymbol{e}_x+t_y\boldsymbol{e}_y+t_z\boldsymbol{e}_z)\otimes(n_x\boldsymbol{e}_x+n_y\boldsymbol{e}_y+n_z\boldsymbol{e}_z)\\&=t_xn_x\boldsymbol{e}_x\otimes\boldsymbol{e}_x+t_xn_y\boldsymbol{e}_x\otimes\boldsymbol{e}_y+t_xn_z\boldsymbol{e}_x\otimes\boldsymbol{e}_z+\cdots\end{aligned} \tag{3-16}$$

从而

$$\sigma_{ij}=t_in_j \tag{3-17}$$

为了探究 σ_{ij} 的力学意义，我们考虑直角坐标系的三个坐标面，即 $\boldsymbol{n}=\boldsymbol{e}_x$，$\boldsymbol{n}=\boldsymbol{e}_y$，$\boldsymbol{n}=\boldsymbol{e}_z$，将之分别代入式（3-14）得

$$\boldsymbol{t}_x=\boldsymbol{\sigma}\cdot\boldsymbol{e}_x=(\boldsymbol{t}\otimes\boldsymbol{n})\cdot\boldsymbol{e}_x=t_xn_x\boldsymbol{e}_x+t_yn_x\boldsymbol{e}_y+t_zn_x\boldsymbol{e}_z=\sigma_{ix}\boldsymbol{e}_i \tag{3-18}$$

$$\boldsymbol{t}_y=\boldsymbol{\sigma}\cdot\boldsymbol{e}_y=(\boldsymbol{t}\otimes\boldsymbol{n})\cdot\boldsymbol{e}_y=t_xn_y\boldsymbol{e}_x+t_yn_y\boldsymbol{e}_y+t_zn_y\boldsymbol{e}_z=\sigma_{iy}\boldsymbol{e}_i \tag{3-19}$$

$$\boldsymbol{t}_z=\boldsymbol{\sigma}\cdot\boldsymbol{e}_z=(\boldsymbol{t}\otimes\boldsymbol{n})\cdot\boldsymbol{e}_z=t_xn_z\boldsymbol{e}_x+t_yn_z\boldsymbol{e}_y+t_zn_z\boldsymbol{e}_z=\sigma_{iz}\boldsymbol{e}_i \tag{3-20}$$

由此可见，$\boldsymbol{\sigma}$ 对应矩阵的第一列元素与 $\boldsymbol{t}_x$ 的三个分量相对应。换句话说，$\boldsymbol{\sigma}$ 对应矩阵的三列元素对应于三个坐标面上的面力矢量。一旦 $\boldsymbol{\sigma}$ 已知，就可以通过式（3-14）求得任意斜截面的面力。那么为什么 $\boldsymbol{\sigma}$ 可以包含任意斜截面的面力信息呢？参考图 3-2，一旦 $\boldsymbol{\sigma}$ 已知，根据空间力系平衡条件，就可以确定斜截面上的面力 $\boldsymbol{t}$ 的大小和方向，这就解释了为什么 $\boldsymbol{\sigma}$ 包含任意斜截面的面力信息。在材料力学的课程中，讲过平面应力状态下的斜截面的应力公式，即

$$\sigma_\alpha=\frac{\sigma_{xx}+\sigma_{yy}}{2}+\frac{\sigma_{xx}-\sigma_{yy}}{2}\cos2\alpha-\tau_{xy}\sin2\alpha \tag{3-21}$$

$$\tau_\alpha=\frac{\sigma_{xx}-\sigma_{yy}}{2}\sin2\alpha+\tau_{xy}\cos2\alpha \tag{3-22}$$

上式可以斜截面上法线和切线为参考方向列平衡方程求得，见图 3-3。但在材料

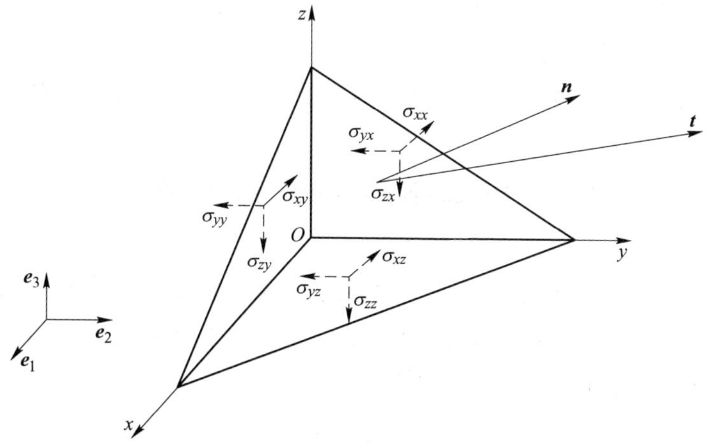

图 3-2　三维应力状态下任意斜截面上的应力与正截面（坐标面）上的应力

力学课程中，并没有讲到三维空间应力状态下任意斜截面上的应力计算公式。式（3-14）可以看成是空间应力状态下任意斜截面上的应力计算公式，它是二维应力状态下斜截面上的应力计算公式的推广，对于二维应力状态也是适用的。

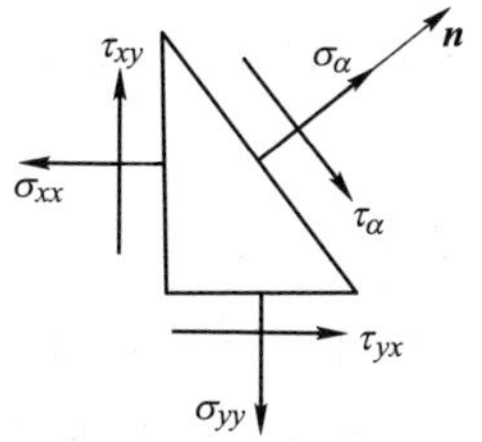

图 3-3　二维应力状态下任意斜截面上的应力与正截面（坐标面）上的应力

二阶应力张量 $\boldsymbol{\sigma}$ 包含了任意斜截面上的面力信息，但它只有 9 个分量。考虑到剪应力互等定理，它其实只有 6 个独立分量。在主轴坐标系下，就退化为 3 个独立分量，即沿主轴方向的 3 个主应力。3 个主应力才是二阶应力张量的本质。从这里我们也可以理解二阶张量与矢量的区别。相比于矢量，二阶张量有 3 个特征值和 3 个特征方向，对应力张量而言，分别对应于 3 个主应力和 3 个主方向。而矢量只有 1 个特征值和 1 个特征方向。要得到一点的应力状态，可以包含这一点切出 1 个微立方体来。这个立方体在坐标面上的正应力和剪应力就构成应力张量 $\boldsymbol{\sigma}$ 的 9 个分量。但立方体的切法有无限多种，因此应力张量 $\boldsymbol{\sigma}$ 的 9 个分量也就有无限多种，但这并不意味着应力状态有所变化。应力状态的本质是 3 个主应力和 3 个主方向，9 个分量只是应力状态在不同坐标系下的表象。判断空间两点 A 和 B 处的应力状态是否相同，不应被表象所迷惑，而应该考察这两点处应力状态的主应力是否相同。

与 Cauchy 应力张量紧密相关的一个应力张量是基尔霍夫（Kirchhoff）应力

张量 $\boldsymbol{\tau}$，在主坐标系下二者之间存在如下关系：

$$\boldsymbol{\tau} = J\boldsymbol{\sigma} = J\sigma_{11}\boldsymbol{e}_1 \otimes \boldsymbol{e}_1 + J\sigma_{22}\boldsymbol{e}_2 \otimes \boldsymbol{e}_2 + J\sigma_{33}\boldsymbol{e}_3 \otimes \boldsymbol{e}_3 \tag{3-23}$$

可见二者之间只是主应力的大小有所不同，主应力的方向还是一样的。

3.3 Piola-Kirchhoff 应力张量

Cauchy 应力张量给出了在当前构型上求任意斜截面上面力的方法。如果是在初始构型上求作用在任意斜截面上的面力，则需要引入皮奥拉-基尔霍夫（Piola-Kirchhoff）应力张量。定义满足

$$\boldsymbol{T} = \boldsymbol{S} \cdot \boldsymbol{N} \tag{3-24}$$

的二阶张量 $\boldsymbol{S}$ 为第二类 Piola-Kirchhoff 应力张量，简称为 PK2 应力张量，其中 $\boldsymbol{T}$ 为作用在初始构型上的面力（应力）。设作用在当前构型上的面力（应力）为 $\boldsymbol{t}$，是与 $\boldsymbol{T}$ 作用在同一块面积上的应力，它们满足关系

$$\boldsymbol{F} \cdot (\boldsymbol{T}\mathrm{d}A) = \boldsymbol{t}\mathrm{d}a \tag{3-25}$$

可以说 $\boldsymbol{t}\mathrm{d}a$ 是 $\boldsymbol{T}\mathrm{d}A$ 在当前构型上的“映射”，而 $\boldsymbol{T}\mathrm{d}A$ 是 $\boldsymbol{t}\mathrm{d}a$ 在初始构型上的“原像”。如图 3-4 所示，它们实际上表达的是作用在同一块面积上的力。如果在变形过程中面力矢量与面元法线矢量的夹角保持不变，则因为面元的变换（包括大小和法向）导致应力的大小和方向也相应发生改变，即 $\boldsymbol{T}$ 和 $\boldsymbol{t}$ 的大小和方向都不相同。如果在变形过程中面力矢量的大小和方向都保持不变（面力矢量与面元法线矢量的夹角在变形过程中会发生改变），则作用在初始构型上的面力集度与作用在当前构型上的面力集度 $\boldsymbol{t}$ 方向相同，只是大小不同，记为 $\boldsymbol{T}'$，即

$$\boldsymbol{T}'\mathrm{d}A = \boldsymbol{t}\mathrm{d}a \tag{3-26}$$

如果与面力集度 $\boldsymbol{T}'$ 对应也存在一个二阶张量 $\boldsymbol{P}$，使得

$$\boldsymbol{T}' = \boldsymbol{P} \cdot \boldsymbol{N} \tag{3-27}$$

则称 $\boldsymbol{P}$ 为第一类 Piola-Kirchhoff 应力张量，简称为 PK1 应力张量。

下面讨论 PK1 应力张量和 PK2 应力张量与 Cauchy 应力张量 $\boldsymbol{\sigma}$ 的关系。由前述各应力张量的定义知

$$\boldsymbol{F} \cdot (\boldsymbol{T}\mathrm{d}A) = \boldsymbol{F} \cdot (\boldsymbol{S} \cdot \boldsymbol{N})\mathrm{d}A = (\boldsymbol{F} \cdot \boldsymbol{S}) \cdot \boldsymbol{N}\mathrm{d}A \tag{3-28}$$

$$\boldsymbol{t}\mathrm{d}a = \boldsymbol{\sigma} \cdot \boldsymbol{n}\mathrm{d}a = \boldsymbol{\sigma} \cdot (\boldsymbol{n}\mathrm{d}a) = \boldsymbol{\sigma} \cdot \mathrm{d}\boldsymbol{a} = J\boldsymbol{\sigma} \cdot \boldsymbol{F}^{-\mathrm{T}} \cdot \boldsymbol{N}\mathrm{d}A \tag{3-29}$$

由 $\boldsymbol{F} \cdot (\boldsymbol{T}\mathrm{d}A) = \boldsymbol{t}\mathrm{d}a$ 以及 $\boldsymbol{N}\mathrm{d}A$ 的任意性可得

$$\boldsymbol{F} \cdot \boldsymbol{S} = J \cdot \boldsymbol{\sigma} \cdot \boldsymbol{F}^{-\mathrm{T}}$$

$$\boldsymbol{S}=J\boldsymbol{F}^{-1}\cdot\boldsymbol{\sigma}\cdot\boldsymbol{F}^{-\mathrm{T}}=\boldsymbol{F}^{-1}\cdot\boldsymbol{\tau}\cdot\boldsymbol{F}^{-\mathrm{T}} \tag{3-30}$$

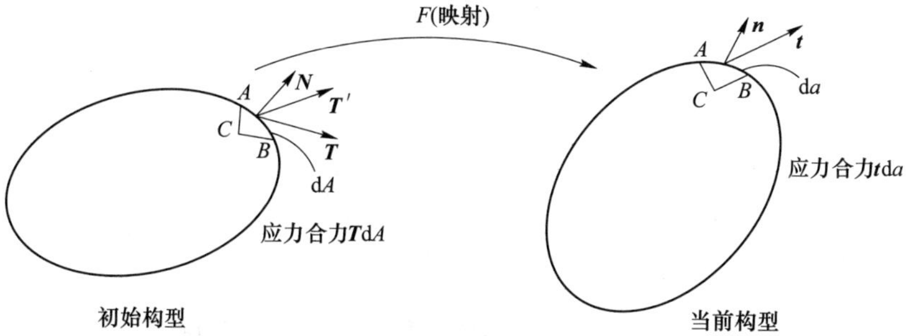

图 3-4 初始构型与当前构型的面元及面力 $\boldsymbol{T}'$、$\boldsymbol{T}$ 和 $\boldsymbol{t}$

现在再来考虑 PK1 应力张量 $\boldsymbol{P}$ 与 PK2 应力张量 $\boldsymbol{S}$ 的关系。按照定义有

$$\boldsymbol{T}'\mathrm{d}A=\boldsymbol{P}\cdot\boldsymbol{N}\mathrm{d}A \tag{3-31}$$

$$\boldsymbol{t}\cdot\mathrm{d}a=\boldsymbol{\sigma}\cdot\boldsymbol{n}\mathrm{d}a=J\boldsymbol{\sigma}\cdot\boldsymbol{F}^{-\mathrm{T}}\cdot\boldsymbol{N}\mathrm{d}A \tag{3-32}$$

考虑到 $\boldsymbol{N}\mathrm{d}A$ 的任意性，可得 PK1 应力张量

$$\boldsymbol{P}=J\boldsymbol{\sigma}\cdot\boldsymbol{F}^{-\mathrm{T}}=\boldsymbol{F}\cdot\boldsymbol{S} \tag{3-33}$$

考虑到 PK2 应力张量 $\boldsymbol{S}$ 是定义在初始构型的二阶应力张量，而变形梯度 $\boldsymbol{F}$ 是横跨初始构型与当前构型的两点应力张量，从而 PK1 应力张量 $\boldsymbol{P}$ 也是两点应力张量。这是两类 PK 应力张量的本质不同之处。由 $\boldsymbol{T}'=\boldsymbol{P}\cdot\boldsymbol{N}$ 得到的面力 $\boldsymbol{T}'$ 是参考当前构型的面力，这也是 $\boldsymbol{T}'$ 与 $\boldsymbol{T}$ 两种面力集度的本质不同之处。

到目前为止，我们总共得到 4 种不同的应力张量，Cauchy 应力张量 $\boldsymbol{\sigma}$ 和 Kirchhoff 应力张量 $\boldsymbol{\tau}$ 都是参考当前构型的应力张量，PK2 应力张量 $\boldsymbol{S}$ 是参考初始构型的二阶应力张量，而 PK1 应力张量 $\boldsymbol{P}$ 是横跨初始构型与当前构型的两点应力张量。4 种应力张量之间的不同主要体现在参考构型上，而联系初始构型与当前构型的是变形梯度，从而该 4 种应力张量之间的变换关系式都与变形梯度 $\boldsymbol{F}$ 有关。4 种应力张量及其相互关系见表 3-1。

表 3-1 4 种应力张量及其相互关系

名称	符号	定义式	相互关系	参考构型
Cauchy 应力张量	$\boldsymbol{\sigma}$	$\boldsymbol{t}=\boldsymbol{\sigma}\cdot\boldsymbol{n}$	$\boldsymbol{\sigma}=\frac{1}{J}\boldsymbol{\tau}=\frac{1}{J}\boldsymbol{F}\cdot\boldsymbol{S}\cdot\boldsymbol{F}^{\mathrm{T}}=\frac{1}{J}\boldsymbol{P}\cdot\boldsymbol{F}^{\mathrm{T}}$	当前构型
Kirchhoff 应力张量	$\boldsymbol{\tau}$	$\boldsymbol{t}=\frac{1}{J}\boldsymbol{\tau}\cdot\boldsymbol{n}$	$\boldsymbol{\tau}=J\boldsymbol{\sigma}=\boldsymbol{F}\cdot\boldsymbol{S}\cdot\boldsymbol{F}^{\mathrm{T}}=\boldsymbol{P}\cdot\boldsymbol{F}^{\mathrm{T}}$	当前构型

续表 3-1

名称	符号	定义式	相互关系	参考构型
PK1 应力张量	$\boldsymbol{P}$	$\boldsymbol{T}' = \boldsymbol{P}\cdot\boldsymbol{N}$	$\boldsymbol{P} = \boldsymbol{F}\cdot\boldsymbol{S} = J\boldsymbol{\sigma}\cdot\boldsymbol{F}^{-\mathrm{T}} = \boldsymbol{\tau}\cdot\boldsymbol{F}^{-\mathrm{T}}$	两点张量
PK2 应力张量	$\boldsymbol{S}$	$\boldsymbol{T} = \boldsymbol{S}\cdot\boldsymbol{N}$	$\boldsymbol{S} = J\boldsymbol{F}^{-1}\cdot\boldsymbol{\sigma}\cdot\boldsymbol{F}^{-\mathrm{T}} = \boldsymbol{F}^{-1}\cdot\boldsymbol{\tau}\cdot\boldsymbol{F}^{-\mathrm{T}} = \boldsymbol{F}^{-1}\cdot\boldsymbol{P}$	初始构型

3.4 功共轭的应力-应变张量对

应变能是指物体弹性变形过程中，储存在物体内部的弹性变形能。应变能在弹性变形恢复时还可以释放出来，在此过程中保持能量守恒。此外，在基于能量原理研究物体的平衡问题时，应变能的计算是至关重要的。在小变形情况下，应变能的计算式为

$$E_V = \int_V \delta\boldsymbol{\varepsilon} : \boldsymbol{\sigma}\mathrm{d}V \tag{3-34}$$

在有限应变情况下，有 4 种应变张量和 4 种应力张量。搞清楚功共轭的应力-应变张量对，对应变能的计算是至关重要的。考虑到虚应变是满足位移约束条件的任意小应变，可用变分符号表示为

$$\begin{aligned}\delta\boldsymbol{\varepsilon}_V &= \frac{1}{2}\left[\frac{\partial\delta\boldsymbol{u}}{\partial\boldsymbol{x}} + \left(\frac{\partial\delta\boldsymbol{u}}{\partial\boldsymbol{x}}\right)^{\mathrm{T}}\right] = \frac{1}{2}\left[\frac{\partial\boldsymbol{v}}{\partial\boldsymbol{x}} + \left(\frac{\partial\boldsymbol{v}}{\partial\boldsymbol{x}}\right)^{\mathrm{T}}\right]\cdot\delta t \\ &= \frac{1}{2}(\nabla\boldsymbol{v} + \boldsymbol{v}\nabla)\cdot\delta t = \frac{1}{2}(\boldsymbol{L} + \boldsymbol{L}^{\mathrm{T}})\cdot\delta t = \dot{\boldsymbol{\varepsilon}}\cdot\delta t\end{aligned} \tag{3-35}$$

应变能

$$E_V = \int_V \delta\boldsymbol{\varepsilon}_V : \boldsymbol{\sigma}\mathrm{d}V = \int_V \delta\boldsymbol{\varepsilon}_V : \frac{1}{J}\boldsymbol{\tau}\mathrm{d}V = \int_{V_0} \delta\boldsymbol{\varepsilon}_V : \boldsymbol{\tau}\mathrm{d}V_0 = \delta t\int_{V_0} \dot{\boldsymbol{\varepsilon}} : \boldsymbol{\tau}\mathrm{d}V_0 \tag{3-36}$$

上式表明与 Cauchy 应力张量和 Kirchhoff 应力张量功共轭的应变张量都是小应变张量（或小应变速率张量），而不是 Almansi 应变张量 $\boldsymbol{A}$ 或者 $\dot{\boldsymbol{A}}$（速率）。这是因为在当前构型产生的虚位移是一个无限小位移，它是小应变速率张量在 δt 时间内产生的。

再来考虑初始构型上的应力张量，即 PK2 应力张量。在推导 PK2 应力张量的功共轭应变张量时，用到下述两个二阶张量双点积的性质：

$$\boldsymbol{A} : \boldsymbol{B} = \mathrm{tr}(\boldsymbol{A}^{\mathrm{T}} \cdot \boldsymbol{B}) = \mathrm{tr}(\boldsymbol{A} \cdot \boldsymbol{B}^{\mathrm{T}}) \tag{3-37}$$

$$\boldsymbol{A} : \boldsymbol{B} = \boldsymbol{B} : \boldsymbol{A} = \mathrm{tr}(\boldsymbol{B}^{\mathrm{T}} \cdot \boldsymbol{A}) = \mathrm{tr}(\boldsymbol{B} \cdot \boldsymbol{A}^{\mathrm{T}}) \tag{3-38}$$

如果 $\boldsymbol{A} = \boldsymbol{A}^{\mathrm{T}}$，$\boldsymbol{B} = -\boldsymbol{B}^{\mathrm{T}}$，则有

$$\boldsymbol{A} : \boldsymbol{B} = 0 \tag{3-39}$$

利用上述关系，我们来推导初始构型上的应变能计算式：

$$\begin{aligned}
E_V &= \int_{V_0} \delta\boldsymbol{\varepsilon}_V : \boldsymbol{\tau} \mathrm{d}V_0 = \int_{V_0} (\boldsymbol{F} \cdot \boldsymbol{S} \cdot \boldsymbol{F}^{\mathrm{T}}) : \delta\boldsymbol{\varepsilon}_V \mathrm{d}V_0 \\
&= \int_{V_0} \mathrm{tr}[(\boldsymbol{F} \cdot \boldsymbol{S} \cdot \boldsymbol{F}^{\mathrm{T}}) \cdot \delta\boldsymbol{\varepsilon}_V^{\mathrm{T}}] \mathrm{d}V_0 \quad (\delta\boldsymbol{\varepsilon}_V = \delta\boldsymbol{\varepsilon}_V^{\mathrm{T}}) \\
&= \int_{V_0} \mathrm{tr}[(\boldsymbol{F} \cdot \boldsymbol{S}) \cdot (\boldsymbol{F}^{\mathrm{T}} \cdot \delta\boldsymbol{\varepsilon}_V)] \mathrm{d}V_0 \\
&= \int_{V_0} \mathrm{tr}[(\boldsymbol{S}^{\mathrm{T}} \cdot \boldsymbol{F}^{\mathrm{T}}) \cdot (\delta\boldsymbol{\varepsilon}_V \cdot \boldsymbol{F})] \mathrm{d}V_0 \\
&= \int_{V_0} \mathrm{tr}[\boldsymbol{S}^{\mathrm{T}} \cdot (\boldsymbol{F}^{\mathrm{T}} \cdot \delta\boldsymbol{\varepsilon}_V \cdot \boldsymbol{F})] \mathrm{d}V_0 \\
&= \int_{V_0} \mathrm{tr}(\boldsymbol{S} \cdot \delta\boldsymbol{E}) \mathrm{d}V_0 \quad (\boldsymbol{S} = \boldsymbol{S}^{\mathrm{T}}) \\
&= \int_{V_0} \delta\boldsymbol{E} : \boldsymbol{S} \mathrm{d}V_0 = \delta t \int_{V_0} \dot{\boldsymbol{E}} : \boldsymbol{S} \mathrm{d}V_0
\end{aligned} \tag{3-40}$$

可见在初始构型上计算应变能，与 PK2 应力张量 $\boldsymbol{S}$ 构成功共轭的应变张量是 Green 应变张量 $\boldsymbol{E}$。再来看与 PK1 应力张量功共轭的应变张量：

$$\begin{aligned}
E_V &= \int_{V_0} \delta\boldsymbol{\varepsilon}_V : \boldsymbol{\tau} \mathrm{d}V_0 = \int_{V_0} \boldsymbol{\tau} : (\delta\boldsymbol{\varepsilon} + \delta\boldsymbol{\Omega}) \mathrm{d}V_0 \qquad (\boldsymbol{\tau} : \boldsymbol{\Omega} = 0) \\
&= \int_{V_0} \boldsymbol{\tau} : \boldsymbol{L} \delta t \mathrm{d}V_0 = \int_{V_0} (\boldsymbol{P} \cdot \boldsymbol{F}^{\mathrm{T}}) : \boldsymbol{L} \delta t \mathrm{d}V_0 \\
&= \int_{V_0} \mathrm{tr}(\boldsymbol{P} \cdot \boldsymbol{F}^{\mathrm{T}} \cdot \boldsymbol{L}^{\mathrm{T}}) \delta t \mathrm{d}V_0 \\
&= \int_{V_0} \mathrm{tr}[\boldsymbol{P} \cdot (\boldsymbol{L} \cdot \boldsymbol{F})^{\mathrm{T}}] \delta t \mathrm{d}V_0 \qquad (\boldsymbol{L} = \dot{\boldsymbol{F}} \cdot \boldsymbol{F}^{-1}) \\
&= \int_{V_0} \mathrm{tr}[\boldsymbol{P} \cdot (\delta\boldsymbol{F} \cdot \boldsymbol{F}^{-1} \cdot \boldsymbol{F})^{\mathrm{T}}] \mathrm{d}V_0 \qquad (\delta\boldsymbol{F} = \dot{\boldsymbol{F}} \delta t) \\
&= \int_{V_0} \mathrm{tr}(\boldsymbol{P} \cdot \delta\boldsymbol{F}^{\mathrm{T}}) \mathrm{d}V_0 = \int_{V_0} \boldsymbol{P} : \delta\boldsymbol{F} \mathrm{d}V_0 \\
&= \int_{V_0} \delta\boldsymbol{F} : \boldsymbol{P} \mathrm{d}V_0 = \delta t \int_{V_0} \dot{\boldsymbol{F}} : \boldsymbol{P} \mathrm{d}V_0
\end{aligned} \tag{3-41}$$

可见与 PK1 应力张量 $\boldsymbol{P}$ 功共轭的是变形梯度 $\boldsymbol{F}$。这是因为 PK1 是两点张量，它与不是两点张量的所有应变张量的双点积都不可能是功共轭的。在变形度量中只

有变形梯度是两点张量，两个两点张量双点积才可能构成功共轭对。下面进一步推导与 Biot 应变张量功共轭的应力张量。已知

$$\boldsymbol{E}_{\mathrm{B}} = \boldsymbol{U} - \boldsymbol{I} \tag{3-42}$$

$$\boldsymbol{E} = \frac{1}{2}(\boldsymbol{U}^2 - \boldsymbol{I}) \tag{3-43}$$

从而

$$\delta\boldsymbol{E}_{\mathrm{B}} = \delta\boldsymbol{U} \tag{3-44}$$

$$\delta\boldsymbol{E} = \boldsymbol{U}\cdot\delta\boldsymbol{U} = \boldsymbol{U}\cdot\delta\boldsymbol{E}_{\mathrm{B}} \tag{3-45}$$

应变能

$$\begin{aligned}
E_V &= \int_{V_0}\delta\boldsymbol{E} : \boldsymbol{S}\mathrm{d}V_0 = \int_{V_0}(\boldsymbol{U}\cdot\delta\boldsymbol{U}) : \boldsymbol{S}\mathrm{d}V_0 \\
&= \int_{V_0}\mathrm{tr}(\boldsymbol{U}\cdot\delta\boldsymbol{U}\cdot\boldsymbol{S})\mathrm{d}V_0 \qquad (\boldsymbol{S} = \boldsymbol{S}^{\mathrm{T}}) \\
&= \int_{V_0}\mathrm{tr}(\delta\boldsymbol{U}\cdot\boldsymbol{S}\cdot\boldsymbol{U})\mathrm{d}V_0 = \int_{V_0}\delta\boldsymbol{U} : (\boldsymbol{S}\cdot\boldsymbol{U})\mathrm{d}V_0 \\
&= \int_{V_0}\delta\boldsymbol{E}_{\mathrm{B}} : (\boldsymbol{U}\cdot\boldsymbol{S})\mathrm{d}V_0 \\
&= \int_{V_0}\delta\boldsymbol{E}_{\mathrm{B}} : \boldsymbol{P}_{\mathrm{B}}\mathrm{d}V_0 \quad (\boldsymbol{P}_{\mathrm{B}} = \boldsymbol{U}\cdot\boldsymbol{S}) \\
&= \delta t\int_{V_0}\dot{\boldsymbol{E}}_{\mathrm{B}} : \boldsymbol{P}_{\mathrm{B}}\mathrm{d}V_0
\end{aligned} \tag{3-46}$$

可见如果引入了一个新的二阶应力张量 $\boldsymbol{P}_{\mathrm{B}} = \boldsymbol{U}\cdot\boldsymbol{S}$，则与 Biot 应变张量功共轭的应力张量就是 $\boldsymbol{P}_{\mathrm{B}}$。为此我们称 $\boldsymbol{P}_{\mathrm{B}}$ 为 Biot 应力张量。考虑到

$$\boldsymbol{E}_{\mathrm{N}} = \ln\boldsymbol{U}, \delta\boldsymbol{E}_{\mathrm{N}} = \boldsymbol{U}^{-1}\cdot\delta\boldsymbol{U} = \boldsymbol{U}^{-1}\cdot\delta\boldsymbol{E}_{\mathrm{B}} \tag{3-47}$$

从而应变能

$$\begin{aligned}
E_V &= \int_{V_0}\delta\boldsymbol{E} : \boldsymbol{S}\mathrm{d}V_0 = \int_{V_0}\delta\boldsymbol{E}_{\mathrm{B}} : \boldsymbol{P}_{\mathrm{B}}\mathrm{d}V_0 = \int_{V_0}(\boldsymbol{U}\cdot\delta\boldsymbol{E}_{\mathrm{N}}) : (\boldsymbol{U}\cdot\boldsymbol{S})\mathrm{d}V_0 \\
&= \int_{V_0}(\delta\boldsymbol{E}_{\mathrm{N}}\cdot\boldsymbol{U}) : (\boldsymbol{U}\cdot\boldsymbol{S})\mathrm{d}V_0 \\
&= \int_{V_0}\mathrm{tr}[(\delta\boldsymbol{E}_{\mathrm{N}}\cdot\boldsymbol{U})\cdot(\boldsymbol{U}\cdot\boldsymbol{S})]\mathrm{d}V_0 \quad (\boldsymbol{U}、\boldsymbol{S}\text{ 均为对称的}) \\
&= \int_{V_0}\mathrm{tr}(\delta\boldsymbol{E}_{\mathrm{N}}\cdot\boldsymbol{U}^2\cdot\boldsymbol{S})\mathrm{d}V_0 \\
&= \int_{V_0}\delta\boldsymbol{E}_{\mathrm{N}} : \boldsymbol{P}_{\mathrm{N}}\mathrm{d}V_0 \quad (\boldsymbol{P}_{\mathrm{N}} = \boldsymbol{U}^2\cdot\boldsymbol{S})
\end{aligned} \tag{3-48}$$

可见如果引入一个新的二阶应力张量 $\boldsymbol{P}_{\mathrm{N}} = \boldsymbol{U}^2\cdot\boldsymbol{S}$，则与对数应变张量 $\boldsymbol{E}_{\mathrm{N}} = \ln\boldsymbol{U}$ 功

共轭的应力张量就是 $\boldsymbol{P}_{\mathrm{N}}$。

综合上述讨论，功共轭的应力-应变张量对可总结如下：

$$\begin{aligned}\int_V \delta\boldsymbol{\varepsilon} : \boldsymbol{\sigma}\mathrm{d}V &= \int_{V_0} \delta\boldsymbol{\varepsilon} : \boldsymbol{\tau}\mathrm{d}V_0 = \int_{V_0} \delta\boldsymbol{E} : \boldsymbol{S}\mathrm{d}V_0 = \int_{V_0} \delta\boldsymbol{F} : \boldsymbol{P}\mathrm{d}V_0 \\ &= \int_{V_0} \delta\boldsymbol{E}_{\mathrm{B}} : \boldsymbol{P}_{\mathrm{B}}\mathrm{d}V_0 = \int_{V_0} \delta\boldsymbol{E}_{\mathrm{N}} : \boldsymbol{P}_{\mathrm{N}}\mathrm{d}V_0 \end{aligned} \tag{3-49}$$

这里存在一个问题，为什么与 Cauchy 应力张量功共轭的应变张量是小应变张量，而与 PK2 应力张量功共轭的应变张量是 Creen 应变张量？参考图 3-5 对这个问题解释如下：在当前构型下产生的虚应变属于小变形，而将这个变形映射到初始构型上就属于有限变形了，所以在当前构型上计算应变能与 Cauchy 应力张量功共轭的是小应变张量 $\boldsymbol{\varepsilon}$，而在初始构型上计算应变能与 PK2 应力张量功共轭的就是 Green 应变张量了。

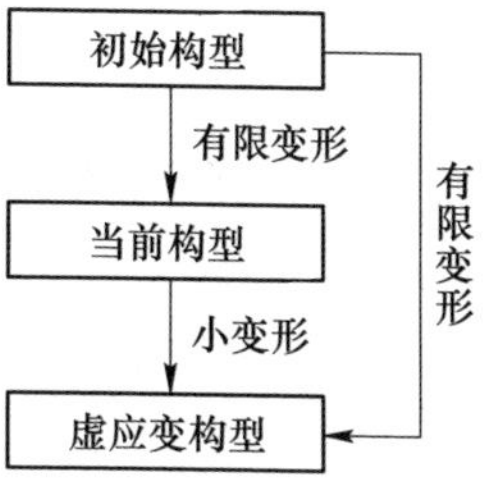

图 3-5 当前构型和初始构型下产生的虚应变

3.5 应力张量与应变张量的客观性

所谓张量的客观性，是指当物质微元体在空间坐标系下发生旋转时，作用在微元体上的矢量（如矢径）和张量（如应力和应变），与物质微元体捆绑在一起做刚体转动，转动前后，它们在特定的空间坐标系（称为全局坐标系）下的表述（或表象），也就是在全部基矢量或并矢基上的投影的集合，是不同的，但它们作用于微元体的本质属性，比如矢量的大小和方向，应力张量的主应力和主方向（这里的方向是指相对于固连于微元体的局部坐标系），并没有改变，这种属性称为张量的客观性（objectivity），也称为张量的坐标变换不变性，或者框架不变性（frame-invariant）。

为了更好地理解张量的客观性，我们首先来研究矢量的坐标变换不变性。如图 3-6 所示，矢量 $\boldsymbol{r}^0$ 旋转 θ 角后变成 $\boldsymbol{r}^n$。坐标系 Ox_1x_2 为全局坐标系。设想有一局部坐标系与矢量 $\boldsymbol{r}^0$ 固连在一起，在矢量旋转过程中，局部坐标系也一起旋转了角度 θ，见图中 $Ox_1'x_2'$。虽然矢量 $\boldsymbol{r}^n$ 在 $Ox_1'x_2'$ 中的表象（投影）与 $\boldsymbol{r}^0$ 在 Ox_1x_2 中的表象（投影）是一样的，但 $\boldsymbol{r}^n$ 在全局坐标系下的表象与 $\boldsymbol{r}^0$ 在全局坐标系下的表象已经完全不同。$\boldsymbol{r}^n$ 在全局坐标系 Ox_1x_2 下的表象，也可以认为是矢量保持不动，坐标系发生旋转，通过坐标变换得到的。

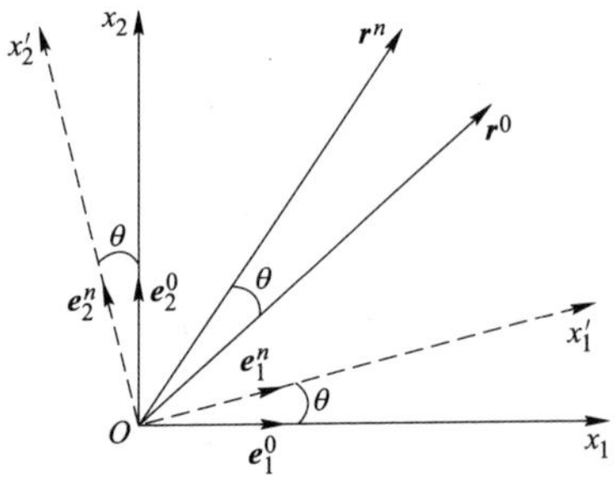

图 3-6 在原坐标系矢量的刚体转动等效于矢量保持不动坐标系发生转动示意图

令

$$\boldsymbol{e}_j = R_{jm}\boldsymbol{e}'_m \tag{3-50}$$

则

$$\boldsymbol{e}'_j = R^{\mathrm{T}}_{jm}\boldsymbol{e}_m = R_{mj}\boldsymbol{e}_m \tag{3-51}$$

又

$$\boldsymbol{r}^0 = r_i^0\boldsymbol{e}_i,\ \boldsymbol{r}^n = r_i^n\boldsymbol{e}_i = r_i'^n\boldsymbol{e}'_i \tag{3-52}$$

且

$$r_i'^n = r_i^0,\ \boldsymbol{r}^n = r_i'^n\boldsymbol{e}'_i = r_i^0\boldsymbol{e}'_i = r_i^0R_{mi}\boldsymbol{e}_m = r_m^n\boldsymbol{e}_m \tag{3-53}$$

所以

$$r_m^n = R_{mi}r_i^0 \tag{3-54}$$

即

$$\boldsymbol{r}^n = \boldsymbol{R}\cdot\boldsymbol{r}^0 \tag{3-55}$$

或者

$$\boldsymbol{r}^0 = \boldsymbol{R}^{\mathrm{T}}\cdot\boldsymbol{r}^n = \boldsymbol{R}^{-1}\cdot\boldsymbol{r}^n \tag{3-56}$$

式（3-55）和式（3-56）表示矢量 $\boldsymbol{r}^0$ 和 $\boldsymbol{r}^n$ 在全局坐标系下矢量分量（表象）之间的坐标变换关系，是矢量客观性的体现。

下面进行张量客观性的讨论。图 3-7 展示了平面二阶张量的刚体转动。转动前的二阶张量记为 $\boldsymbol{\sigma}_0$，转动后的二阶张量记为 $\boldsymbol{\sigma}_n$，全局坐标系 Oxy 保持固定不变，局部坐标系 $Ox_1'x_2'$ 随物质微元体做刚体转动。

令

$$\boldsymbol{e}_j = R_{jm}\boldsymbol{e}'_m \tag{3-57}$$

则

$$\boldsymbol{e}'_j = R^{\mathrm{T}}_{jm}\boldsymbol{e}_m = R_{mj}\boldsymbol{e}_m \tag{3-58}$$

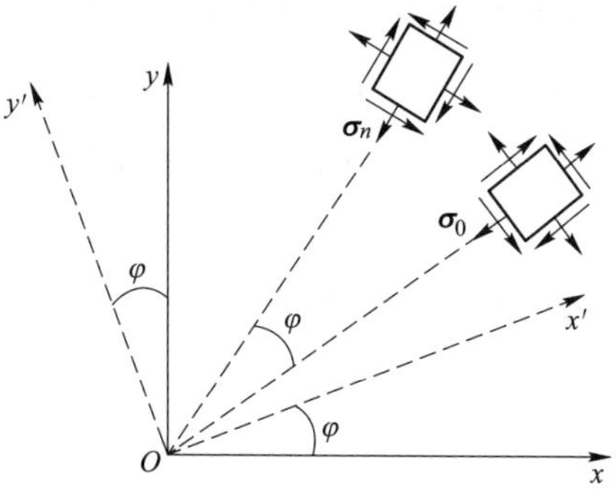

图 3-7　在原坐标系张量的刚体转动等效于张量保持不动坐标系发生转动示意图

又

$$\boldsymbol{H}^n = H_{ij}^n \boldsymbol{e}_i \otimes \boldsymbol{e}_j = H_{ij}'^n \boldsymbol{e}_i' \otimes \boldsymbol{e}_j' \tag{3-59}$$

$$\boldsymbol{H}^0 = H_{ij}^0 \boldsymbol{e}_i \otimes \boldsymbol{e}_j \tag{3-60}$$

$$\boldsymbol{H}^n = H_{ij}'^n \boldsymbol{e}_i' \otimes \boldsymbol{e}_j' = H_{ij}^0 \boldsymbol{e}_i' \otimes \boldsymbol{e}_j' = H_{ij}^0 R_{mi} R_{nj} \boldsymbol{e}_m \otimes \boldsymbol{e}_n = H_{mn}^n \boldsymbol{e}_m \otimes \boldsymbol{e}_n \tag{3-61}$$

所以

$$H_{mn}^n = R_{mi} R_{nj} H_{ij}^0 \tag{3-62}$$

即

$$\boldsymbol{H}^n = \boldsymbol{R} \cdot \boldsymbol{H}^0 \cdot \boldsymbol{R}^{\mathrm{T}},\ \boldsymbol{H}^0 = \boldsymbol{R}^{\mathrm{T}} \cdot \boldsymbol{H}^n \cdot \boldsymbol{R} \tag{3-63}$$

综合上述关于矢量和张量客观性的讨论，可总结如下：

矢量

$$\boldsymbol{r}^n = \boldsymbol{R} \cdot \boldsymbol{r}^0,\ r_m^n = R_{mi} \cdot r_i^0 \tag{3-64}$$

张量

$$\boldsymbol{H}^n = \boldsymbol{R} \cdot \boldsymbol{H}^0 \cdot \boldsymbol{R}^{\mathrm{T}},\ H_{mn}^n = R_{mi} R_{nj} H_{ij}^0 \tag{3-65}$$

上述规律可以推广到更高阶的张量，譬如对于三阶张量，客观性要求满足坐标变换规律 $H_{lmn}^n = R_{li} R_{mj} R_{nk} H_{ijk}^0$。

下面我们来讨论前文介绍过的有关张量的客观性。设 $\hat{\boldsymbol{R}}$ 表示微元体在空间坐标系下的刚体转动。

（1）变形梯度 $\boldsymbol{F}$：

$$\boldsymbol{F}' = \frac{\mathrm{d}\boldsymbol{x}'}{\mathrm{d}\boldsymbol{X}} = \frac{\mathrm{d}(\hat{\boldsymbol{R}} \cdot \boldsymbol{x})}{\mathrm{d}\boldsymbol{X}} = \hat{\boldsymbol{R}} \cdot \frac{\mathrm{d}\boldsymbol{x}}{\mathrm{d}\boldsymbol{X}} = \hat{\boldsymbol{R}} \cdot \boldsymbol{F} \tag{3-66}$$

可见变形梯度 $\boldsymbol{F}$ 不是客观的。

（2）右伸长张量 $\boldsymbol{U}$ 和右 Cauchy-Green 张量 $\boldsymbol{C}$：

$$\boldsymbol{C}' = \boldsymbol{F}'^{\mathrm{T}} \cdot \boldsymbol{F}' = (\hat{\boldsymbol{R}} \cdot \boldsymbol{F})^{\mathrm{T}} \cdot (\hat{\boldsymbol{R}} \cdot \boldsymbol{F}) = \boldsymbol{F}^{\mathrm{T}} \cdot \hat{\boldsymbol{R}}^{\mathrm{T}} \cdot \hat{\boldsymbol{R}} \cdot \boldsymbol{F} = \boldsymbol{F}^{\mathrm{T}} \cdot \boldsymbol{F} = \boldsymbol{C} \tag{3-67}$$

又 $\boldsymbol{C}' = \boldsymbol{U}'^2$，$\boldsymbol{C} = \boldsymbol{U}^2$，故 $\boldsymbol{U}' = \boldsymbol{U}$。可见右伸长张量 $\boldsymbol{U}$ 和右 Cauchy-Green 张量 $\boldsymbol{C}$ 都不是客观的。

（3）刚体转动张量 $\boldsymbol{R}$：由极分解知

$$\boldsymbol{F}' = \boldsymbol{R}' \cdot \boldsymbol{U}' = \boldsymbol{R}' \cdot \boldsymbol{U} \tag{3-68}$$

又

$$\boldsymbol{F}' = \hat{\boldsymbol{R}} \cdot \boldsymbol{F} = \hat{\boldsymbol{R}} \cdot (\boldsymbol{R} \cdot \boldsymbol{U}) = \hat{\boldsymbol{R}} \cdot \boldsymbol{R} \cdot \boldsymbol{U} \tag{3-69}$$

两式比较得

$$\boldsymbol{R}' = \hat{\boldsymbol{R}} \cdot \boldsymbol{R} \tag{3-70}$$

可见刚体转动张量 $\boldsymbol{R}$ 也不是客观的。

（4）左伸长张量 $\boldsymbol{V}$ 与左 Cauchy-Green 张量 $\boldsymbol{B}$：按定义

$$\begin{aligned}\boldsymbol{B}' &= \boldsymbol{F}' \cdot \boldsymbol{F}'^{\mathrm{T}} = (\hat{\boldsymbol{R}} \cdot \boldsymbol{F}) \cdot (\hat{\boldsymbol{R}} \cdot \boldsymbol{F})^{\mathrm{T}} = (\hat{\boldsymbol{R}} \cdot \boldsymbol{F}) \cdot (\boldsymbol{F}^{\mathrm{T}} \cdot \hat{\boldsymbol{R}}^{\mathrm{T}}) \\ &= \hat{\boldsymbol{R}} \cdot (\boldsymbol{F} \cdot \boldsymbol{F}^{\mathrm{T}}) \cdot \hat{\boldsymbol{R}}^{\mathrm{T}} = \hat{\boldsymbol{R}} \cdot \boldsymbol{B} \cdot \hat{\boldsymbol{R}}^{\mathrm{T}}\end{aligned} \tag{3-71}$$

可见左 Cauchy-Green 张量 $\boldsymbol{B}$ 是客观的。又

$$\boldsymbol{F}' = \hat{\boldsymbol{R}} \cdot \boldsymbol{F} = \hat{\boldsymbol{R}} \cdot \boldsymbol{V} \cdot \boldsymbol{R} \tag{3-72}$$

$$\boldsymbol{F}' = \boldsymbol{V}' \cdot \boldsymbol{R}' = \boldsymbol{V}' \cdot \hat{\boldsymbol{R}} \cdot \boldsymbol{R} \tag{3-73}$$

比较上述两式，可得

$$\boldsymbol{V}' \cdot \hat{\boldsymbol{R}} \cdot \boldsymbol{R} = \hat{\boldsymbol{R}} \cdot \boldsymbol{V} \cdot \boldsymbol{R} \tag{3-74}$$

由于 $\boldsymbol{R}$ 的任意性，必有

$$\boldsymbol{V}' \cdot \hat{\boldsymbol{R}} = \hat{\boldsymbol{R}} \cdot \boldsymbol{V} \tag{3-75}$$

$$\boldsymbol{V}' = \hat{\boldsymbol{R}} \cdot \boldsymbol{V} \cdot \hat{\boldsymbol{R}}^{\mathrm{T}} \tag{3-76}$$

可见左伸长张量 $\boldsymbol{V}$ 是客观的。

（5）Cauchy 应力张量 $\boldsymbol{\sigma}$：

$$\boldsymbol{\sigma}^n = \sigma_{ij}'^n \boldsymbol{e}_i' \otimes \boldsymbol{e}_j' = \sigma_{ij}^0 \boldsymbol{e}_i \otimes \boldsymbol{e}_j \quad (\sigma_{ij}'^n = \sigma_{ij}^0) \tag{3-77}$$

另外，

$$\begin{aligned}\boldsymbol{\sigma}^n &= \sigma_{ij}^n \boldsymbol{e}_i \otimes \boldsymbol{e}_j = \sigma_{ij}'^n \boldsymbol{e}_i' \otimes \boldsymbol{e}_j' = \sigma_{ij}'^n (R_{im}^{\mathrm{T}} \boldsymbol{e}_m) \otimes (R_{jn}^{\mathrm{T}} \boldsymbol{e}_n) \\ &= R_{mi} R_{nj} \sigma_{ij}'^n \boldsymbol{e}_m \otimes \boldsymbol{e}_n = R_{im} R_{jn} \sigma_{mn}'^n \boldsymbol{e}_i \otimes \boldsymbol{e}_j\end{aligned} \tag{3-78}$$

故

$$\sigma_{ij}^{n} = R_{im}R_{jn}\sigma_{mn}^{\prime n} \tag{3-79}$$

可见 Cauchy 应力张量 $\boldsymbol{\sigma}$ 是客观的。

（6）Kirchhoff 应力张量 $\boldsymbol{\tau}$：

$$\boldsymbol{\tau}' = J'\boldsymbol{\sigma}' = J'\boldsymbol{R}\cdot\boldsymbol{\sigma}\cdot\boldsymbol{R}^{\mathrm{T}} = \boldsymbol{R}\cdot J'\boldsymbol{\sigma}\cdot\boldsymbol{R}^{\mathrm{T}} \tag{3-80}$$

$$J' = \det\boldsymbol{F}' = \det(\boldsymbol{R}\cdot\boldsymbol{F}) = \det\boldsymbol{R}\det\boldsymbol{F} = \det\boldsymbol{F} = J \tag{3-81}$$

其中隐含了刚体转动张量 $\boldsymbol{R}$ 是正常的正交张量，故 $\det\boldsymbol{R} = 1$。事实上 J 是标量，标量总是客观的。从而

$$\boldsymbol{\tau}' = \boldsymbol{R}\cdot J'\boldsymbol{\sigma}\cdot\boldsymbol{R}^{\mathrm{T}} = \boldsymbol{R}\cdot J\boldsymbol{\sigma}\cdot\boldsymbol{R}^{\mathrm{T}} = \boldsymbol{R}\cdot\boldsymbol{\tau}\cdot\boldsymbol{R}^{\mathrm{T}} \tag{3-82}$$

可见 Kirchhoff 应力张量是客观的。

（7）PK2 应力张量 $\boldsymbol{S}$ 和 PK1 应力张量 $\boldsymbol{P}$：

$$\begin{aligned}\boldsymbol{S}' &= J'(\boldsymbol{F}')^{-1}\cdot\boldsymbol{\sigma}'\cdot(\boldsymbol{F}')^{-\mathrm{T}} = J(\boldsymbol{R}\cdot\boldsymbol{F})^{-1}\cdot(\boldsymbol{R}\cdot\boldsymbol{\sigma}\cdot\boldsymbol{R}^{\mathrm{T}})(\boldsymbol{R}\cdot\boldsymbol{F})^{-\mathrm{T}}\\ &= J(\boldsymbol{F}^{-1}\cdot\boldsymbol{R}^{\mathrm{T}})\cdot(\boldsymbol{R}\cdot\boldsymbol{\sigma}\cdot\boldsymbol{R}^{\mathrm{T}})\cdot(\boldsymbol{R}^{-\mathrm{T}}\cdot\boldsymbol{F}^{-\mathrm{T}})\\ &= J\boldsymbol{F}^{-1}\cdot(\boldsymbol{R}^{\mathrm{T}}\cdot\boldsymbol{R})\cdot\boldsymbol{\sigma}\cdot(\boldsymbol{R}^{\mathrm{T}}\cdot\boldsymbol{R}^{-\mathrm{T}})\cdot\boldsymbol{F}^{-\mathrm{T}}\\ &= J\boldsymbol{F}^{-1}\cdot\boldsymbol{\sigma}\cdot\boldsymbol{F}^{-\mathrm{T}} = \boldsymbol{S}\end{aligned} \tag{3-83}$$

$$\boldsymbol{P}' = \boldsymbol{F}'\cdot\boldsymbol{S}' = \boldsymbol{R}\cdot\boldsymbol{F}\cdot\boldsymbol{S} = \boldsymbol{R}\cdot(\boldsymbol{F}\cdot\boldsymbol{S}) = \boldsymbol{R}\cdot\boldsymbol{P} \tag{3-84}$$

可见 PK1 应力张量 $\boldsymbol{P}$ 和 PK2 应力张量 $\boldsymbol{S}$ 都不是客观的。

总结以上关于各种应变张量和应力张量的客观性讨论，可得到如下规律：

（1）参考初始构型的应变张量都是非客观的，而参考当前构型的应变张量如 $\boldsymbol{B}$、$\boldsymbol{V}$ 都是客观的。

（2）参考初始构型的应力张量如 PK2 应力张量 $\boldsymbol{S}$ 不是客观的，而参考当前构型的应力张量 $\boldsymbol{\sigma}$ 和 $\boldsymbol{\tau}$ 都是客观的。

（3）两点张量如变形梯度 $\boldsymbol{F}$ 和 PK1 应力张量 $\boldsymbol{P}$ 都不是客观的。

关于张量的客观性讨论有一点需要澄清。张量的定义本身就包含了对客观性的要求，这里又将张量分成客观的和非客观的两类，是不是自相矛盾呢？其实在张量的定义中，关于坐标变换不变性的要求是对空间坐标系而言的，不适用于随体坐标系。微元体做刚体转动时，局部坐标系随微元体旋转，局部坐标系相对于全局空间坐标系进行了刚体转动。随体坐标系随着微元体刚体转动而旋转。微元体刚体转动前后，随体坐标系并没有改变，换句话说，其对应的坐标变换矩阵是单位矩阵。因此，定义在随体坐标系中的矢量和张量都是不随微元体刚体转动而变化的，譬如 PK2 应力张量 $\boldsymbol{S}$ 、右伸长张量 $\boldsymbol{U}$ 和右 Cauchy-Green 张量 $\boldsymbol{C}$。这就解释了为什么按照空间坐标系中张量客观性的标准来衡量参考初始构型的张量都

是非客观的，而参考当前构型的张量都是客观的。两点张量由于横跨初始构型与当前构型，所以也不是客观的。实际上关于空间坐标系中张量客观性的标准并不适合定义在初始构型或随体坐标系中的张量。

3.6 应力速率张量

对于动力学问题，在随时间变化的外载荷作用下，任意一点的应变是随时间不断变化的，相应地，应力状态也是随时间不断变化的。本节我们来讨论应力张量的时间变化率，即应力速率张量。

3.6.1 Cauchy 应力张量的 Jaumann 速率张量

考虑在 Δt 时间间隔内的应变和应力增量。由于 Δt 很小，在 Δt 时间间隔内的应变增量也是小量，故可用小应变速率张量表示为

$$\Delta\boldsymbol{\varepsilon} \approx \dot{\boldsymbol{\varepsilon}}\Delta t = \frac{1}{2}(\boldsymbol{L} + \boldsymbol{L}^{\mathrm{T}})\Delta t \quad (\Delta t = t_{n+1} - t_n) \tag{3-85}$$

而对应的应力增量是否可以用应力速率张量表示为

$$\Delta\boldsymbol{\sigma} = \dot{\boldsymbol{\sigma}}\Delta t = \boldsymbol{D} : \dot{\boldsymbol{\varepsilon}}\Delta t \tag{3-86}$$

如果可以，则有

$$\boldsymbol{\sigma}_{n+1} = \boldsymbol{\sigma}_n + \Delta\boldsymbol{\sigma} = \boldsymbol{\sigma}_n + \dot{\boldsymbol{\sigma}}\Delta t = \boldsymbol{\sigma}_n + \boldsymbol{D} : \dot{\boldsymbol{\varepsilon}}\Delta t \tag{3-87}$$

设想在物体内部某点处微元体在该时间间隔内并没有发生伸长变形，即 $\boldsymbol{U} = \boldsymbol{V} = \boldsymbol{I}$，或 $\dot{\boldsymbol{\varepsilon}} = 0$，仅有刚体转动，即 $\boldsymbol{R} \neq 0$，则式（3-87）简化为

$$\boldsymbol{\sigma}_{n+1} = \boldsymbol{\sigma}_n \tag{3-88}$$

当 $\boldsymbol{R} \neq 0$ 时，空间局部坐标系相对于全局坐标系发生了旋转，应力张量在全局坐标系下的表象已经发生了变化，根据坐标变换规则，

$$\boldsymbol{\sigma}_{n+1} = \boldsymbol{R} \cdot \boldsymbol{\sigma}_n \cdot \boldsymbol{R}^{\mathrm{T}} \tag{3-89}$$

因此，式（3-87）是存在问题的。考虑到式（3-89），式（3-87）应该修正为

$$\boldsymbol{\sigma}_{n+1} = \boldsymbol{R} \cdot \boldsymbol{\sigma}_n \cdot \boldsymbol{R}^{\mathrm{T}} + \dot{\boldsymbol{\sigma}} \cdot \Delta t = \boldsymbol{R} \cdot \boldsymbol{\sigma}_n \cdot \boldsymbol{R}^{\mathrm{T}} + \boldsymbol{D} : \dot{\boldsymbol{\varepsilon}} \cdot \Delta t \tag{3-90}$$

上式表明，应力增量来源于两部分：一部分是由于伸长变形而产生应变，由对应的应变增量引起的；另一部分是由于刚体转动，局部坐标系产生变化，而引起应力张量在全局坐标系下的表象发生变化。

当 $\dot{\boldsymbol{\varepsilon}} = 0$ 时，

$$\delta \boldsymbol{x}_{n+1} = \delta \boldsymbol{x}_n + \delta \boldsymbol{u} = \delta \boldsymbol{x}_n + \frac{\partial \boldsymbol{u}}{\partial t} \cdot \mathrm{d}t = \delta \boldsymbol{x}_n + \boldsymbol{v}\delta t$$
$$= (\boldsymbol{I} + \mathrm{d}t \cdot \boldsymbol{v}\nabla) \cdot \delta \boldsymbol{x}_n = (\boldsymbol{I} + \boldsymbol{L}\mathrm{d}t) \cdot \delta \boldsymbol{x}_n$$
$$= [\boldsymbol{I} + (\dot{\boldsymbol{\varepsilon}} + \dot{\boldsymbol{\Omega}})\mathrm{d}t] \cdot \delta \boldsymbol{x}_n = (\boldsymbol{I} + \dot{\boldsymbol{\Omega}}\mathrm{d}t) \cdot \delta \boldsymbol{x}_n \tag{3-91}$$

考虑到 $\boldsymbol{F} = \boldsymbol{R} \cdot \boldsymbol{U}$，

$$\delta \boldsymbol{x}_{n+1} = \boldsymbol{F} \cdot \delta \boldsymbol{x}_n = \boldsymbol{R} \cdot \boldsymbol{U} \cdot \delta \boldsymbol{x}_n = \boldsymbol{R} \cdot \delta \boldsymbol{x}_n \tag{3-92}$$

比较式（3-91）和式（3-92）知，当 $\dot{\boldsymbol{\varepsilon}} = 0$ 时，

$$\boldsymbol{R} = \boldsymbol{I} + \dot{\boldsymbol{\Omega}}\mathrm{d}t \tag{3-93}$$

由于 $\dot{\boldsymbol{\Omega}}$ 是反对称张量，$\dot{\boldsymbol{\Omega}}\Delta t$ 也是反对称张量。因此，刚体转动张量 $\boldsymbol{R}$ 的映射与反对称张量 $\boldsymbol{A}$ 的映射二者之间的关系为

$$\boldsymbol{R} = \boldsymbol{I} + \boldsymbol{A} \tag{3-94}$$

虽然转动张量 $\boldsymbol{R}$ 的映射和反对称张量 $\boldsymbol{A}$ 的映射都有旋转的效果，但是上式清楚地表明了转动张量 $\boldsymbol{R}$ 的映射与反对称张量 $\boldsymbol{A}$ 的映射存在本质的不同之处。为了更清晰地展示二者的不同之处，我们可以将该两种映射在图 3-8 中同时绘出，可以清晰地看到

$$\boldsymbol{R} \cdot \mathrm{d}\boldsymbol{x} = \mathrm{d}\boldsymbol{x} + \boldsymbol{A} \cdot \mathrm{d}\boldsymbol{x} \tag{3-95}$$

即旋转映射 $\boldsymbol{R} \cdot \mathrm{d}\boldsymbol{x}$ 与反对称映射 $\boldsymbol{A} \cdot \mathrm{d}\boldsymbol{x}$ 是不同的有向线元，二者与原线元 $\mathrm{d}\boldsymbol{x}$ 一起构成封闭三角形，且三者之间存在关系 $|\mathrm{d}\boldsymbol{x} + \boldsymbol{A} \cdot \mathrm{d}\boldsymbol{x}| = |\boldsymbol{R} \cdot \mathrm{d}\boldsymbol{x}| = |\mathrm{d}\boldsymbol{x}|$。

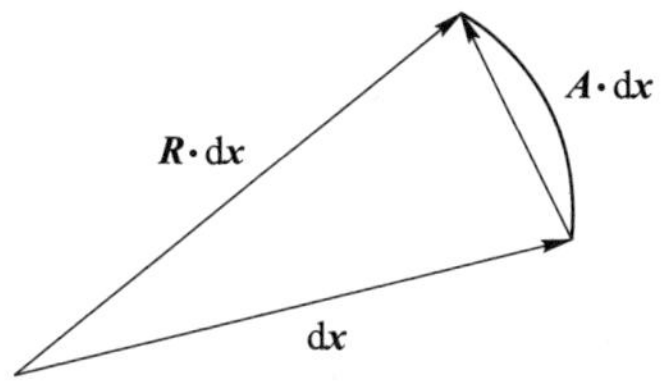

图 3-8　转动张量 $\boldsymbol{R}$ 与反对称张量 $\boldsymbol{A}$ 对线元映射的区别示意图

接下来我们继续探讨应力张量的增量计算问题。将式（3-93）代入式（3-90）可得

$$\boldsymbol{\sigma}_{n+1} = (\boldsymbol{I} + \dot{\boldsymbol{\Omega}}\mathrm{d}t) \cdot \boldsymbol{\sigma}_n \cdot (\boldsymbol{I} + \dot{\boldsymbol{\Omega}}\mathrm{d}t)^{\mathrm{T}} + \boldsymbol{D}_{\mathrm{JC}} : \dot{\boldsymbol{\varepsilon}}\Delta t$$
$$= \boldsymbol{\sigma}_n + (\dot{\boldsymbol{\Omega}} \cdot \boldsymbol{\sigma}_n + \boldsymbol{\sigma}_n \cdot \dot{\boldsymbol{\Omega}}^{\mathrm{T}})\mathrm{d}t + \boldsymbol{D}_{\mathrm{JC}} : \dot{\boldsymbol{\varepsilon}}\Delta t + \dot{\boldsymbol{\Omega}} \cdot \boldsymbol{\sigma}_n \cdot \dot{\boldsymbol{\Omega}}^{\mathrm{T}} (\mathrm{d}t)^2$$
$$\approx \boldsymbol{\sigma}_n + (\dot{\boldsymbol{\Omega}} \cdot \boldsymbol{\sigma}_n + \boldsymbol{\sigma}_n \cdot \dot{\boldsymbol{\Omega}}^{\mathrm{T}})\mathrm{d}t + \boldsymbol{D}_{\mathrm{JC}} : \dot{\boldsymbol{\varepsilon}}\Delta t$$

$$= \boldsymbol{\sigma}_n + \dot{\boldsymbol{\sigma}}\mathrm{d}t \tag{3-96}$$

式中，

$$\begin{aligned}\dot{\boldsymbol{\sigma}} &= \dot{\boldsymbol{\Omega}} \cdot \boldsymbol{\sigma}_n + \boldsymbol{\sigma}_n \cdot \dot{\boldsymbol{\Omega}}^{\mathrm{T}} + \boldsymbol{D}_{\mathrm{JC}} : \dot{\boldsymbol{\varepsilon}} \\ &= \dot{\boldsymbol{\Omega}} \cdot \boldsymbol{\sigma}_n + \boldsymbol{\sigma}_n \cdot \dot{\boldsymbol{\Omega}}^{\mathrm{T}} + \dot{\boldsymbol{\sigma}}_{\mathrm{J}}\end{aligned} \tag{3-97}$$

定义 Cauchy 应力张量的尧曼（Jaumann）速率张量

$$\dot{\boldsymbol{\sigma}}_{\mathrm{J}} = \boldsymbol{D}_{\mathrm{JC}} : \dot{\boldsymbol{\varepsilon}} \tag{3-98}$$

从而

$$\dot{\boldsymbol{\sigma}}_{\mathrm{J}} = \dot{\boldsymbol{\sigma}} - \dot{\boldsymbol{\Omega}} \cdot \boldsymbol{\sigma}_n - \boldsymbol{\sigma}_n \cdot \dot{\boldsymbol{\Omega}}^{\mathrm{T}} = \dot{\boldsymbol{\sigma}} - \dot{\boldsymbol{\sigma}}_{\boldsymbol{\Omega}}$$

式中，

$$\dot{\boldsymbol{\sigma}} = \lim_{\Delta t \to 0} \frac{\boldsymbol{\sigma}_{n+1} - \boldsymbol{\sigma}_n}{\Delta t} = \dot{\boldsymbol{\sigma}}_n$$

是总的应力速率张量。$\dot{\boldsymbol{\sigma}}_{\boldsymbol{\Omega}}$ 是由于刚体转动诱导的应力速率张量修正。而 Jaumann 速率张量 $\dot{\boldsymbol{\sigma}}_{\mathrm{J}}$ 是真正由于伸长及剪切变形引起的应力张量增量。这就相当于对总应力速率张量作了一个加法分解。这里有个问题需要说明：为什么要引入 Jaumann 速率张量？为此，我们先来讨论一下 $\dot{\boldsymbol{\sigma}}_{\mathrm{J}}$ 的客观性，再来回答这个问题。设刚体转动后 Jaumann 速率张量为

$$\dot{\boldsymbol{\sigma}}'_{\mathrm{J}} = \dot{\boldsymbol{\sigma}}' - \dot{\boldsymbol{\Omega}}' \cdot \boldsymbol{\sigma}'_n + \boldsymbol{\sigma}'_n \cdot \dot{\boldsymbol{\Omega}}' \tag{3-99}$$

由于

$$\begin{aligned}\dot{\boldsymbol{\sigma}}' &= \frac{\partial \boldsymbol{\sigma}'}{\partial t} = \frac{\partial \boldsymbol{\sigma}'_n}{\partial t} = \frac{\partial}{\partial t}(\boldsymbol{R} \cdot \boldsymbol{\sigma}_n \cdot \boldsymbol{R}^{\mathrm{T}}) \\ &= \boldsymbol{R} \cdot \dot{\boldsymbol{\sigma}}_n \cdot \boldsymbol{R}^{\mathrm{T}} + \dot{\boldsymbol{R}} \cdot \boldsymbol{\sigma}_n \cdot \boldsymbol{R}^{\mathrm{T}} + \boldsymbol{R} \cdot \boldsymbol{\sigma}_n \cdot \dot{\boldsymbol{R}}^{\mathrm{T}}\end{aligned} \tag{3-100}$$

从而

$$\begin{aligned}\dot{\boldsymbol{\sigma}}'_{\mathrm{J}} = {} & \boldsymbol{R} \cdot \dot{\boldsymbol{\sigma}}_n \cdot \boldsymbol{R}^{\mathrm{T}} + \dot{\boldsymbol{R}} \cdot \boldsymbol{\sigma}_n \cdot \boldsymbol{R}^{\mathrm{T}} + \boldsymbol{R} \cdot \boldsymbol{\sigma}_n \cdot \dot{\boldsymbol{R}}^{\mathrm{T}} - \\ & \dot{\boldsymbol{\Omega}}' \cdot (\boldsymbol{R} \cdot \boldsymbol{\sigma}_n \cdot \boldsymbol{R}^{\mathrm{T}}) + (\boldsymbol{R} \cdot \boldsymbol{\sigma}_n \cdot \boldsymbol{R}^{\mathrm{T}}) \cdot \dot{\boldsymbol{\Omega}}'\end{aligned} \tag{3-101}$$

速度梯度

$$\begin{aligned}\boldsymbol{L}' &= \dot{\boldsymbol{F}}' \cdot (\boldsymbol{F}^{-1})' = \frac{\partial}{\partial t}(\boldsymbol{R} \cdot \boldsymbol{F}) \cdot (\boldsymbol{R} \cdot \boldsymbol{F})^{-1} \\ &= (\boldsymbol{R} \cdot \dot{\boldsymbol{F}} + \dot{\boldsymbol{R}} \cdot \boldsymbol{F}) \cdot (\boldsymbol{F}^{-1} \cdot \boldsymbol{R}^{-1}) \\ &= \boldsymbol{R} \cdot \dot{\boldsymbol{F}} \cdot \boldsymbol{F}^{-1} \cdot \boldsymbol{R}^{\mathrm{T}} + \dot{\boldsymbol{R}} \cdot \boldsymbol{R}^{-1}\end{aligned}$$

$$= \boldsymbol{R} \cdot \boldsymbol{L} \cdot \boldsymbol{R}^{\mathrm{T}} + \dot{\boldsymbol{R}} \cdot \boldsymbol{R}^{\mathrm{T}} \tag{3-102}$$

式（3-102）表明速度梯度不是客观的。

再来看旋转速率张量，

$$\begin{aligned}\dot{\boldsymbol{\Omega}}' &= \frac{1}{2}(\boldsymbol{L}' - \boldsymbol{L}'^{\mathrm{T}}) = \frac{1}{2}(\boldsymbol{R} \cdot \boldsymbol{L} \cdot \boldsymbol{R}^{\mathrm{T}} + \dot{\boldsymbol{R}} \cdot \boldsymbol{R}^{\mathrm{T}} - \boldsymbol{R} \cdot \boldsymbol{L}^{\mathrm{T}} \cdot \boldsymbol{R}^{\mathrm{T}} - \boldsymbol{R} \cdot \dot{\boldsymbol{R}}^{\mathrm{T}}) \\ &= \frac{1}{2}\boldsymbol{R} \cdot (\boldsymbol{L} - \boldsymbol{L}^{\mathrm{T}}) \cdot \boldsymbol{R}^{\mathrm{T}} + \frac{1}{2}(\dot{\boldsymbol{R}} \cdot \boldsymbol{R}^{\mathrm{T}} - \boldsymbol{R} \cdot \dot{\boldsymbol{R}}^{\mathrm{T}}) \\ &= \boldsymbol{R} \cdot \dot{\boldsymbol{\Omega}} \cdot \boldsymbol{R}^{\mathrm{T}} + \frac{1}{2}(\dot{\boldsymbol{R}} \cdot \boldsymbol{R}^{\mathrm{T}} - \boldsymbol{R} \cdot \dot{\boldsymbol{R}}^{\mathrm{T}})\end{aligned} \tag{3-103}$$

又

$$\dot{\boldsymbol{I}} = \frac{\partial}{\partial t}(\boldsymbol{R} \cdot \boldsymbol{R}^{\mathrm{T}}) = \dot{\boldsymbol{R}} \cdot \boldsymbol{R}^{\mathrm{T}} + \boldsymbol{R} \cdot \dot{\boldsymbol{R}}^{\mathrm{T}} = 0 \tag{3-104}$$

故

$$\dot{\boldsymbol{R}}^{\mathrm{T}} = - \boldsymbol{R}^{\mathrm{T}} \cdot \dot{\boldsymbol{R}} \cdot \boldsymbol{R}^{\mathrm{T}} \tag{3-105}$$

利用式（3-105），知

$$\dot{\boldsymbol{\Omega}}' = \boldsymbol{R} \cdot \dot{\boldsymbol{\Omega}} \cdot \boldsymbol{R}^{\mathrm{T}} + \dot{\boldsymbol{R}} \cdot \boldsymbol{R}^{\mathrm{T}} \tag{3-106}$$

式（3-106）表明旋转速率张量也不是客观的。

将式（3-106）代入式（3-101）中得

$$\begin{aligned}\dot{\boldsymbol{\sigma}}_{\mathrm{J}}' = {} & \boldsymbol{R} \cdot \dot{\boldsymbol{\sigma}}_n \cdot \boldsymbol{R}^{\mathrm{T}} + \dot{\boldsymbol{R}} \cdot \boldsymbol{\sigma}_n \cdot \boldsymbol{R}^{\mathrm{T}} + \boldsymbol{R} \cdot \boldsymbol{\sigma}_n \cdot \dot{\boldsymbol{R}}^{\mathrm{T}} - \\ & (\boldsymbol{R} \cdot \dot{\boldsymbol{\Omega}} \cdot \boldsymbol{R}^{\mathrm{T}} + \dot{\boldsymbol{R}} \cdot \boldsymbol{R}^{\mathrm{T}}) \cdot (\boldsymbol{R} \cdot \boldsymbol{\sigma}_n \cdot \boldsymbol{R}^{\mathrm{T}}) + \\ & (\boldsymbol{R} \cdot \boldsymbol{\sigma}_n \cdot \boldsymbol{R}^{\mathrm{T}}) \cdot (\boldsymbol{R} \cdot \dot{\boldsymbol{\Omega}} \cdot \boldsymbol{R}^{\mathrm{T}} + \dot{\boldsymbol{R}} \cdot \boldsymbol{R}^{\mathrm{T}}) \\ = {} & \boldsymbol{R} \cdot (\dot{\boldsymbol{\sigma}} - \dot{\boldsymbol{\Omega}} \cdot \boldsymbol{\sigma}_n + \boldsymbol{\sigma}_n \cdot \dot{\boldsymbol{\Omega}}) \cdot \boldsymbol{R}^{\mathrm{T}} + \boldsymbol{R} \cdot \boldsymbol{\sigma}_n \cdot (\dot{\boldsymbol{R}}^{\mathrm{T}} + \boldsymbol{R}^{\mathrm{T}} \cdot \dot{\boldsymbol{R}} \cdot \boldsymbol{R}^{\mathrm{T}}) \\ = {} & \boldsymbol{R} \cdot (\dot{\boldsymbol{\sigma}} - \dot{\boldsymbol{\Omega}} \cdot \boldsymbol{\sigma}_n + \boldsymbol{\sigma}_n \cdot \dot{\boldsymbol{\Omega}}) \cdot \boldsymbol{R}^{\mathrm{T}} \\ = {} & \boldsymbol{R} \cdot \dot{\boldsymbol{\sigma}}_{\mathrm{J}} \cdot \boldsymbol{R}^{\mathrm{T}}\end{aligned} \tag{3-107}$$

式(3-107)表明 Jaumann 速率张量 $\dot{\boldsymbol{\sigma}}_{\mathrm{J}}$ 是客观的。在构造增量应力应变本构关系时，我们要求增量应力张量和增量应变张量都是客观的，因为本构关系反映材料变形与所受应力之间的关系，所以本构关系应该是客观的，不受刚体转动的影响。但总应力速率张量 $\dot{\boldsymbol{\sigma}}$ 不是客观的，$\dot{\boldsymbol{\sigma}}_{\boldsymbol{\Omega}}$ 也不是客观的。而选择 Jaumann 速率张量就是因为它是客观的。Jaumann 速率张量正是我们需要的满足客观性要求的应力速率张量。

3.6.2 Kirchhoff 应力张量的 Truesdell 速率张量

$$\boldsymbol{\tau}=J\boldsymbol{\sigma}=\boldsymbol{F}\cdot\boldsymbol{S}\cdot\boldsymbol{F}^{\mathrm{T}}$$

$$\begin{aligned}\dot{\boldsymbol{\tau}}&=\boldsymbol{F}\cdot\dot{\boldsymbol{S}}\cdot\boldsymbol{F}^{\mathrm{T}}+\dot{\boldsymbol{F}}\cdot\boldsymbol{S}\cdot\boldsymbol{F}^{\mathrm{T}}+\boldsymbol{F}\cdot\boldsymbol{S}\cdot\dot{\boldsymbol{F}}^{\mathrm{T}}\\&=\boldsymbol{F}\cdot\dot{\boldsymbol{S}}\cdot\boldsymbol{F}^{\mathrm{T}}+\dot{\boldsymbol{F}}\cdot(\boldsymbol{F}^{-1}\cdot\boldsymbol{\tau})+\boldsymbol{\tau}\cdot\boldsymbol{F}^{-\mathrm{T}}\cdot\dot{\boldsymbol{F}}^{\mathrm{T}}\\&=\boldsymbol{F}\cdot\dot{\boldsymbol{S}}\cdot\boldsymbol{F}^{\mathrm{T}}+\dot{\boldsymbol{F}}\cdot\boldsymbol{F}^{-1}\cdot\boldsymbol{\tau}+\boldsymbol{\tau}\cdot(\boldsymbol{F}^{-\mathrm{T}}\cdot\dot{\boldsymbol{F}}^{\mathrm{T}})\\&=\boldsymbol{F}\cdot\dot{\boldsymbol{S}}\cdot\boldsymbol{F}^{\mathrm{T}}+\boldsymbol{L}\cdot\boldsymbol{\tau}+\boldsymbol{\tau}\cdot\boldsymbol{L}^{\mathrm{T}}\end{aligned}\tag{3-108}$$

定义 Kirchhoff 应力张量的特鲁斯德尔（Truesdell）速率张量

$$\dot{\boldsymbol{\tau}}_{\mathrm{T}}=\boldsymbol{F}\cdot\dot{\boldsymbol{S}}\cdot\boldsymbol{F}^{\mathrm{T}}\tag{3-109}$$

则

$$\dot{\boldsymbol{\tau}}=\dot{\boldsymbol{\tau}}_{\mathrm{T}}+\boldsymbol{L}\cdot\boldsymbol{\tau}+\boldsymbol{\tau}\cdot\boldsymbol{L}^{\mathrm{T}}$$

$$\dot{\boldsymbol{\tau}}_{\mathrm{T}}=\dot{\boldsymbol{\tau}}-\boldsymbol{L}\cdot\boldsymbol{\tau}-\boldsymbol{\tau}\cdot\boldsymbol{L}^{\mathrm{T}}=\dot{\boldsymbol{\tau}}-\dot{\boldsymbol{\tau}}_{L}\tag{3-110}$$

式中，

$$\dot{\boldsymbol{\tau}}_{L}=\boldsymbol{L}\cdot\boldsymbol{\tau}+\boldsymbol{\tau}\cdot\boldsymbol{L}^{\mathrm{T}}\tag{3-111}$$

是由于变形速度梯度而产生的应力增量，可以证明这一部分应力增量不是客观的。$\dot{\boldsymbol{\tau}}_{\mathrm{T}}$ 是真正由变形引起的应力增量，它是客观的。这也是定义 Kirchhoff 应力增量 Truesdell 速率张量的根本原因。只有满足客观性要求的应力增量和应变增量才能用于构造本构方程。设

$$\dot{\boldsymbol{\tau}}_{\mathrm{T}}=\boldsymbol{D}_{\mathrm{TK}}:\dot{\boldsymbol{\varepsilon}},\ \dot{\boldsymbol{S}}=\boldsymbol{D}_{\mathrm{PK2}}:\dot{\boldsymbol{E}}\tag{3-112}$$

下面讨论切线弹性模量张量 $\boldsymbol{D}_{\mathrm{TK}}$ 和 $\boldsymbol{D}_{\mathrm{PK2}}$ 之间的关系。考虑到

$$\dot{\boldsymbol{E}}=\boldsymbol{F}^{\mathrm{T}}\cdot\dot{\boldsymbol{\varepsilon}}\cdot\boldsymbol{F}$$

从而

$$\begin{aligned}\dot{\tau}^{\mathrm{T}}_{mn}&=F_{mi}\dot{S}_{ij}F_{nj}=F_{mi}D^{\mathrm{PK2}}_{ijkl}\dot{E}_{kl}\cdot F_{nj}\\&=F_{mi}D^{\mathrm{PK2}}_{ijkl}(F_{sk}\cdot\dot{\varepsilon}_{st}\cdot F_{tl})\cdot F_{nj}\\&=F_{mi}F_{nj}F_{sk}F_{tl}D^{\mathrm{PK2}}_{ijkl}\cdot\dot{\varepsilon}_{st}\\&=D^{\mathrm{TK}}_{mnst}\cdot\dot{\varepsilon}_{st}\end{aligned}\tag{3-113}$$

式中，

$$D^{\mathrm{TK}}_{mnst}=F_{mi}F_{nj}F_{sk}F_{tl}D^{\mathrm{PK2}}_{ijkl}\tag{3-114}$$

上式表明，只要在初始构型上测得弹性模量 D_{ijkl}^{PK2}，就可以由式（3-114）求得 Kirchhoff 应力张量的切线模量 D_{mnst}^{TK}。

3.6.3 Cauchy 应力张量的 Truesdell 速率张量

首先我们来证明下列关系式：

$$\mathrm{tr}\dot{\boldsymbol{\varepsilon}}=\frac{\dot{\lambda}_1}{\lambda_1}+\frac{\dot{\lambda}_2}{\lambda_2}+\frac{\dot{\lambda}_3}{\lambda_3} \tag{3-115}$$

考虑到

$$\dot{\boldsymbol{E}}=\boldsymbol{F}^{\mathrm{T}}\cdot\dot{\boldsymbol{\varepsilon}}\cdot\boldsymbol{F}$$

$$\dot{\boldsymbol{E}}'=\boldsymbol{R}\cdot\dot{\boldsymbol{E}}\cdot\boldsymbol{R}^{\mathrm{T}}=\dot{\boldsymbol{E}}$$

从而

$$\begin{aligned}\dot{\boldsymbol{\varepsilon}}&=\boldsymbol{F}^{-\mathrm{T}}\cdot\dot{\boldsymbol{E}}\cdot\boldsymbol{F}^{-1}=(\boldsymbol{R}\cdot\boldsymbol{U})^{-\mathrm{T}}\cdot\dot{\boldsymbol{E}}\cdot(\boldsymbol{R}\cdot\boldsymbol{U})^{-1}=\boldsymbol{R}^{-\mathrm{T}}\cdot\boldsymbol{U}^{-\mathrm{T}}\cdot\dot{\boldsymbol{E}}\cdot\boldsymbol{U}^{-1}\cdot\boldsymbol{R}^{-1}\\&=\boldsymbol{U}^{-\mathrm{T}}\cdot\boldsymbol{R}^{-\mathrm{T}}\cdot\dot{\boldsymbol{E}}\cdot\boldsymbol{R}^{\mathrm{T}}\cdot\boldsymbol{U}^{-1}=\boldsymbol{U}^{-\mathrm{T}}\cdot\boldsymbol{R}\cdot\dot{\boldsymbol{E}}\cdot\boldsymbol{R}^{\mathrm{T}}\cdot\boldsymbol{U}^{-1}=\boldsymbol{U}^{-\mathrm{T}}\cdot\dot{\boldsymbol{E}}\cdot\boldsymbol{U}^{-1}\end{aligned} \tag{3-116}$$

利用张量的谱分解，$\boldsymbol{U}=\lambda_I\boldsymbol{e}_I\otimes\boldsymbol{e}_I$，$\boldsymbol{U}^{-1}=\frac{1}{\lambda_I}\boldsymbol{e}_I\otimes\boldsymbol{e}_I=\boldsymbol{U}^{-\mathrm{T}}$，$\boldsymbol{E}=\frac{1}{2}(\lambda_I^2-1)\boldsymbol{e}_I\otimes\boldsymbol{e}_I$，$\dot{\boldsymbol{E}}=\lambda_I\dot{\lambda}_I\boldsymbol{e}_I\otimes\boldsymbol{e}_I$，可进一步得到

$$\begin{aligned}\dot{\boldsymbol{\varepsilon}}&=\boldsymbol{U}^{-\mathrm{T}}\cdot\dot{\boldsymbol{E}}\cdot\boldsymbol{U}^{-1}=\left(\frac{1}{\lambda_K}\boldsymbol{e}_K\otimes\boldsymbol{e}_K\right)\cdot(\lambda_I\dot{\lambda}_I\boldsymbol{e}_I\otimes\boldsymbol{e}_I)\cdot\left(\frac{1}{\lambda_J}\boldsymbol{e}_J\otimes\boldsymbol{e}_J\right)\\&=\frac{\lambda_I\dot{\lambda}_I}{\lambda_K\lambda_J}\delta_{KI}\delta_{IJ}\boldsymbol{e}_K\otimes\boldsymbol{e}_J=\frac{\dot{\lambda}_I}{\lambda_I}\boldsymbol{e}_K\otimes\boldsymbol{e}_J\end{aligned} \tag{3-117}$$

上式展开就是式（3-115）。

考虑到

$$J=\det\boldsymbol{F}=\det(\boldsymbol{R}\cdot\boldsymbol{U})=\det\boldsymbol{R}\cdot\det\boldsymbol{U}=\det\boldsymbol{U}=\lambda_1\lambda_2\lambda_3 \tag{3-118}$$

$$\dot{J}=\frac{\partial}{\partial t}(\lambda_1\lambda_2\lambda_3)=\dot{\lambda}_1\lambda_2\lambda_3+\lambda_1\dot{\lambda}_2\lambda_3+\lambda_1\lambda_2\dot{\lambda}_3=J\cdot\left(\frac{\dot{\lambda}_1}{\lambda_1}+\frac{\dot{\lambda}_2}{\lambda_2}+\frac{\dot{\lambda}_3}{\lambda_3}\right)=J\mathrm{tr}\dot{\boldsymbol{\varepsilon}} \tag{3-119}$$

从而

$$\dot{\boldsymbol{\tau}}=J\dot{\boldsymbol{\sigma}}+\dot{J}\boldsymbol{\sigma}=J\dot{\boldsymbol{\sigma}}+J\mathrm{tr}(\dot{\boldsymbol{\varepsilon}})\boldsymbol{\sigma} \tag{3-120}$$

从式（3-110）知

$$\dot{\boldsymbol{\tau}} = \dot{\boldsymbol{\tau}}_{\mathrm{T}} + \dot{\boldsymbol{\tau}}_{L} = \boldsymbol{D}_{\mathrm{TK}} : \dot{\boldsymbol{\varepsilon}} + \boldsymbol{L}\cdot\boldsymbol{\tau} + \boldsymbol{\tau}\cdot\boldsymbol{L}^{\mathrm{T}} \tag{3-121}$$

结合式（3-120）与式（3-121）知

$$J\dot{\boldsymbol{\sigma}} = \boldsymbol{D}_{\mathrm{TK}} : \dot{\boldsymbol{\varepsilon}} + \boldsymbol{L}\cdot\boldsymbol{\tau} + \boldsymbol{\tau}\cdot\boldsymbol{L}^{\mathrm{T}} - J\mathrm{tr}(\dot{\boldsymbol{\varepsilon}})\boldsymbol{\sigma}$$

$$\begin{aligned}\dot{\boldsymbol{\sigma}} &= \frac{1}{J}\boldsymbol{D}_{\mathrm{TK}} : \dot{\boldsymbol{\varepsilon}} + \boldsymbol{L}\cdot\boldsymbol{\sigma} + \boldsymbol{\sigma}\cdot\boldsymbol{L}^{\mathrm{T}} - \mathrm{tr}(\dot{\boldsymbol{\varepsilon}})\boldsymbol{\sigma} \\ &= \boldsymbol{D}_{\mathrm{TC}} : \dot{\boldsymbol{\varepsilon}} + \boldsymbol{L}\cdot\boldsymbol{\sigma} + \boldsymbol{\sigma}\cdot\boldsymbol{L}^{\mathrm{T}} - \mathrm{tr}(\dot{\boldsymbol{\varepsilon}})\boldsymbol{\sigma}\end{aligned} \tag{3-122}$$

式中，$D_{\mathrm{TC}}\left(D_{\mathrm{TC}} = \frac{1}{J}\boldsymbol{D}_{\mathrm{TK}}\right)$ 为 Cauchy 应力张量的 Truesdell 速率张量的切线弹性模量张量，它与 Kirchhoff 应力张量的 Truesdell 速率张量的切线弹性模量张量只差一个常数 $\frac{1}{J}$，这是因为两个应力张量本身就只差一个常数（$\boldsymbol{\tau} = J\boldsymbol{\sigma}$）。

3.6.4 Kirchhoff 应力张量的 Jaumann 速率张量

Kirchhoff 应力张量的 Jaumann 速率张量为

$$\dot{\boldsymbol{\tau}}_{\mathrm{J}} = \dot{\boldsymbol{\tau}} - \dot{\boldsymbol{\Omega}}\cdot\boldsymbol{\tau} - \boldsymbol{\tau}\cdot\dot{\boldsymbol{\Omega}}^{\mathrm{T}} \tag{3-123}$$

对比 Kirchhoff 应力张量的 Truesdell 速率张量

$$\dot{\boldsymbol{\tau}}_{\mathrm{T}} = \dot{\boldsymbol{\tau}} - \boldsymbol{L}\cdot\boldsymbol{\tau} - \boldsymbol{\tau}\cdot\boldsymbol{L}^{\mathrm{T}} \tag{3-124}$$

可知

$$\dot{\boldsymbol{\tau}}_{\mathrm{T}} = \dot{\boldsymbol{\tau}}_{\mathrm{J}} + (\dot{\boldsymbol{\Omega}} - \boldsymbol{L})\cdot\boldsymbol{\tau} + \boldsymbol{\tau}\cdot(\dot{\boldsymbol{\Omega}}^{\mathrm{T}} - \boldsymbol{L}^{\mathrm{T}}) = \dot{\boldsymbol{\tau}}_{\mathrm{J}} - \dot{\boldsymbol{\varepsilon}}\cdot\boldsymbol{\tau} - \boldsymbol{\tau}\cdot\dot{\boldsymbol{\varepsilon}} \tag{3-125}$$

或者

$$\dot{\boldsymbol{\tau}}_{\mathrm{J}} = \dot{\boldsymbol{\tau}}_{\mathrm{T}} + \dot{\boldsymbol{\varepsilon}}\cdot\boldsymbol{\tau} + \boldsymbol{\tau}\cdot\dot{\boldsymbol{\varepsilon}} \tag{3-126}$$

可以证明，Kirchhoff 应力张量的 Jaumann 速率张量也是客观的。基于 Kirchhoff 应力张量的 Jaumann 速率张量的本构方程为

$$\dot{\boldsymbol{\tau}}_{\mathrm{J}} = \boldsymbol{D}_{\mathrm{JK}} : \dot{\boldsymbol{\varepsilon}} \tag{3-127}$$

接下来我们讨论切线弹性模量 $\boldsymbol{D}_{\mathrm{JK}}$ 与 $\boldsymbol{D}_{\mathrm{TK}}$ 之间的关系。为了得到二者之间的关系，首先来认识一下几个特殊的四阶张量。

四阶单位张量：

$$\boldsymbol{I}_4 = \delta_{ik}\delta_{jl}\boldsymbol{e}_i\otimes\boldsymbol{e}_j\otimes\boldsymbol{e}_k\otimes\boldsymbol{e}_l \tag{3-128}$$

它满足

$$\boldsymbol{I}_4 : \boldsymbol{A} = \boldsymbol{A}$$

式中，$\boldsymbol{A}$ 为任意二阶张量。

转置四阶单位张量：

$$\bar{\boldsymbol{I}}_4 = \delta_{il}\delta_{jk}\boldsymbol{e}_i \otimes \boldsymbol{e}_j \otimes \boldsymbol{e}_k \otimes \boldsymbol{e}_l = \delta_{ik}\delta_{jl}\boldsymbol{e}_i \otimes \boldsymbol{e}_j \otimes \boldsymbol{e}_l \otimes \boldsymbol{e}_k \tag{3-129}$$

它满足

$$\bar{\boldsymbol{I}}_4 : \boldsymbol{A} = \boldsymbol{A}^{\mathrm{T}}$$

球四阶单位张量：

$$\bar{\bar{\boldsymbol{I}}}_4 = \delta_{ij}\delta_{kl}\boldsymbol{e}_i \otimes \boldsymbol{e}_j \otimes \boldsymbol{e}_k \otimes \boldsymbol{e}_l \tag{3-130}$$

它满足

$$\bar{\bar{\boldsymbol{I}}}_4 : \boldsymbol{A} = \mathrm{tr}(\boldsymbol{A})\boldsymbol{I}_2$$

式中，$\boldsymbol{I}_2$ 为二阶单位张量。对任意矢量 $\boldsymbol{a}$ ，它满足 $\boldsymbol{I}_2 \cdot \boldsymbol{a} = \boldsymbol{a}$。

对称四阶单位张量：

$$\boldsymbol{I}_4^{\mathrm{sym}} = \frac{1}{2}(\boldsymbol{I}_4 + \bar{\boldsymbol{I}}_4) = \frac{1}{2}(\delta_{ik}\delta_{jl} + \delta_{il}\delta_{jk})\boldsymbol{e}_i \otimes \boldsymbol{e}_j \otimes \boldsymbol{e}_k \otimes \boldsymbol{e}_l \tag{3-131}$$

它满足

$$\boldsymbol{I}_4^{\mathrm{sym}} : \boldsymbol{A} = \frac{1}{2}(\boldsymbol{A} + \boldsymbol{A}^{\mathrm{T}})$$

反对称四阶单位张量：

$$\boldsymbol{I}_4^{\mathrm{skew}} = \frac{1}{2}(\boldsymbol{I}_4 - \bar{\boldsymbol{I}}_4) = \frac{1}{2}(\delta_{ik}\delta_{jl} - \delta_{il}\delta_{jk})\boldsymbol{e}_i \otimes \boldsymbol{e}_j \otimes \boldsymbol{e}_k \otimes \boldsymbol{e}_l \tag{3-132}$$

它满足

$$\boldsymbol{I}_4^{\mathrm{skew}} : \boldsymbol{A} = \frac{1}{2}(\boldsymbol{A} - \boldsymbol{A}^{\mathrm{T}})$$

体积四阶单位张量：

$$\boldsymbol{I}_4^{\mathrm{vol}} = \frac{1}{3}\bar{\bar{\boldsymbol{I}}}_4 = \frac{1}{3}\delta_{ij}\delta_{kl}\boldsymbol{e}_i \otimes \boldsymbol{e}_j \otimes \boldsymbol{e}_k \otimes \boldsymbol{e}_l \tag{3-133}$$

它满足

$$\boldsymbol{I}_4^{\mathrm{vol}} : \boldsymbol{A} = \frac{1}{3}\mathrm{tr}(\boldsymbol{A})\boldsymbol{I}$$

偏斜四阶单位张量：

$$\boldsymbol{I}_4^{\mathrm{dev}} = \boldsymbol{I}_4 - \boldsymbol{I}_4^{\mathrm{vol}} = \left(\delta_{ik}\delta_{jl} - \frac{1}{3}\delta_{ij}\delta_{kl}\right)\boldsymbol{e}_i \otimes \boldsymbol{e}_j \otimes \boldsymbol{e}_k \otimes \boldsymbol{e}_l \tag{3-134}$$

它满足

$$\boldsymbol{I}_4^{\text{dev}} : \boldsymbol{A} = \boldsymbol{A} - \frac{1}{3}\text{tr}(\boldsymbol{A})\boldsymbol{I}$$

从式（3-125）可知

$$\boldsymbol{D}_{\text{TK}} : \dot{\boldsymbol{\varepsilon}} = \boldsymbol{D}_{\text{JK}} : \dot{\boldsymbol{\varepsilon}} - \dot{\boldsymbol{\varepsilon}} \cdot \boldsymbol{\tau} - \boldsymbol{\tau} \cdot \dot{\boldsymbol{\varepsilon}} \tag{3-135}$$

考虑到

$$\begin{aligned}\boldsymbol{\tau} \cdot \dot{\boldsymbol{\varepsilon}} &= \frac{1}{2}\boldsymbol{\tau} \cdot (\dot{\boldsymbol{\varepsilon}} + \dot{\boldsymbol{\varepsilon}}^{\text{T}}) = \frac{1}{2}\boldsymbol{\tau} \cdot (\boldsymbol{I}_4 + \bar{\boldsymbol{I}}_4) : \dot{\boldsymbol{\varepsilon}} \\ &= \frac{1}{2}\boldsymbol{\tau} \cdot (\delta_{ik}\delta_{jl} + \delta_{il}\delta_{jk})\boldsymbol{e}_i \otimes \boldsymbol{e}_j \otimes \boldsymbol{e}_k \otimes \boldsymbol{e}_l : \dot{\boldsymbol{\varepsilon}} \\ &= \frac{1}{2}\tau_{mn}(\delta_{ik}\delta_{jl} + \delta_{il}\delta_{jk})\delta_{ni}\boldsymbol{e}_m \otimes \boldsymbol{e}_j \otimes \boldsymbol{e}_k \otimes \boldsymbol{e}_l : \dot{\boldsymbol{\varepsilon}} \\ &= \frac{1}{2}\tau_{mn}(\delta_{nk}\delta_{jl} + \delta_{nl}\delta_{jk})\boldsymbol{e}_m \otimes \boldsymbol{e}_j \otimes \boldsymbol{e}_k \otimes \boldsymbol{e}_l : \dot{\boldsymbol{\varepsilon}} \\ &= \frac{1}{2}(\tau_{mk}\delta_{jl} + \tau_{ml}\delta_{jk})\boldsymbol{e}_m \otimes \boldsymbol{e}_j \otimes \boldsymbol{e}_k \otimes \boldsymbol{e}_l : \dot{\boldsymbol{\varepsilon}} \\ &= \frac{1}{2}(\tau_{ik}\delta_{jl} + \tau_{il}\delta_{jk})\boldsymbol{e}_i \otimes \boldsymbol{e}_j \otimes \boldsymbol{e}_k \otimes \boldsymbol{e}_l : \dot{\boldsymbol{\varepsilon}}\end{aligned} \tag{3-136}$$

$$\begin{aligned}\dot{\boldsymbol{\varepsilon}} \cdot \boldsymbol{\tau} &= (\boldsymbol{\tau} \cdot \dot{\boldsymbol{\varepsilon}})^{\text{T}} = \frac{1}{2}(\tau_{ik}\delta_{jl} + \tau_{il}\delta_{jk})(\boldsymbol{e}_k \otimes \boldsymbol{e}_l : \dot{\boldsymbol{\varepsilon}})\boldsymbol{e}_j \otimes \boldsymbol{e}_i \\ &= \frac{1}{2}(\tau_{jk}\delta_{il} + \tau_{jl}\delta_{ik})\boldsymbol{e}_i \otimes \boldsymbol{e}_j \otimes \boldsymbol{e}_k \otimes \boldsymbol{e}_l : \dot{\boldsymbol{\varepsilon}}\end{aligned} \tag{3-137}$$

将式（3-136）和式（3-137）代入式（3-135）得

$$\boldsymbol{D}_{\text{TK}} = \boldsymbol{D}_{\text{JK}} - \frac{1}{2}(\tau_{ik}\delta_{jl} + \tau_{il}\delta_{jk} + \tau_{jk}\delta_{il} + \tau_{jl}\delta_{ik})\boldsymbol{e}_i \otimes \boldsymbol{e}_j \otimes \boldsymbol{e}_k \otimes \boldsymbol{e}_l \tag{3-138}$$

令

$$D_{ijkl} = \frac{1}{2}(\tau_{ik}\delta_{jl} + \tau_{il}\delta_{jk} + \tau_{jk}\delta_{il} + \tau_{jl}\delta_{ik})$$

可知四阶张量 D_{ijkl} 满足下述对称性：（1）$D_{ijkl} = D_{jikl}$（关于 ij 指标对称）；（2）$D_{ijkl} = D_{ijlk}$（关于 kl 指标对称）；（3）$D_{klij} = D_{ijkl}$（关于 ij 和 kl 指标对称）。一般称这样的对称性为沃伊特（Voigt）对称性或主对称性。

最后，我们来推导 Cauchy 应力张量的 Jaumann 速率张量的切线弹性模量张量 $\boldsymbol{D}_{\text{JC}}$ 与 Kirchhoff 应力张量的 Jaumann 速率张量的切线弹性模量张量 $\boldsymbol{D}_{\text{JK}}$ 之间的

关系。一方面，

$$\dot{\boldsymbol{\tau}}=\dot{\boldsymbol{\Omega}}\cdot\boldsymbol{\tau}+\boldsymbol{\tau}\cdot\dot{\boldsymbol{\Omega}}^{\mathrm{T}}+\dot{\boldsymbol{\tau}}_{\mathrm{J}}=\dot{\boldsymbol{\Omega}}\cdot\boldsymbol{\tau}+\boldsymbol{\tau}\cdot\dot{\boldsymbol{\Omega}}^{\mathrm{T}}+\boldsymbol{D}_{\mathrm{JK}}:\dot{\boldsymbol{\varepsilon}} \tag{3-139}$$

另一方面，

$$\begin{aligned}\dot{\boldsymbol{\tau}}&=J\dot{\boldsymbol{\sigma}}+\dot{J}\boldsymbol{\sigma}=J\dot{\boldsymbol{\sigma}}+J\mathrm{tr}(\dot{\boldsymbol{\varepsilon}})\boldsymbol{\sigma}=J(\dot{\boldsymbol{\Omega}}\cdot\boldsymbol{\sigma}+\boldsymbol{\sigma}\cdot\dot{\boldsymbol{\Omega}}^{\mathrm{T}}+\dot{\boldsymbol{\sigma}}_{J})+J\mathrm{tr}(\dot{\boldsymbol{\varepsilon}})\boldsymbol{\sigma}\\&=J(\dot{\boldsymbol{\Omega}}\cdot\boldsymbol{\sigma}+\boldsymbol{\sigma}\cdot\dot{\boldsymbol{\Omega}}^{\mathrm{T}}+\boldsymbol{D}_{\mathrm{JC}}:\dot{\boldsymbol{\varepsilon}})+J\mathrm{tr}(\dot{\boldsymbol{\varepsilon}})\boldsymbol{\sigma}\end{aligned} \tag{3-140}$$

比较上述两式知

$$\begin{aligned}\boldsymbol{D}_{\mathrm{JK}}:\dot{\boldsymbol{\varepsilon}}&=J\boldsymbol{D}_{\mathrm{JC}}:\dot{\boldsymbol{\varepsilon}}+J\mathrm{tr}(\dot{\boldsymbol{\varepsilon}})\boldsymbol{\sigma}=J\boldsymbol{D}_{\mathrm{JC}}:\dot{\boldsymbol{\varepsilon}}+J\boldsymbol{\sigma}\otimes\boldsymbol{I}_2:\dot{\boldsymbol{\varepsilon}}\\&=J(\boldsymbol{D}_{\mathrm{JC}}+\boldsymbol{\sigma}\otimes\boldsymbol{I}_2):\dot{\boldsymbol{\varepsilon}}\quad(\boldsymbol{I}_2=\delta_{ij}\boldsymbol{e}_i\otimes\boldsymbol{e}_j)\end{aligned}$$

从而

$$\boldsymbol{D}_{\mathrm{JK}}=J(\boldsymbol{D}_{\mathrm{JC}}+\boldsymbol{\sigma}\otimes\boldsymbol{I}_2) \tag{3-141}$$

分量形式为

$$D_{ijkl}^{\mathrm{JK}}=J(D_{ijkl}^{\mathrm{JC}}+\sigma_{ij}\delta_{kl}) \tag{3-142}$$

注意该模量是不具有 Voigt 对称性的，即 $D_{ijkl}^{\mathrm{JK}}\neq D_{klij}^{\mathrm{JK}}$。

综合上述关于应力速率张量的讨论，可总结如下：

（1）PK2 应力速率张量与 Green 应变速率张量之间的本构关系为

$$\dot{\boldsymbol{S}}=\boldsymbol{D}_{\mathrm{PK2}}:\dot{\boldsymbol{E}} \tag{3-143}$$

（2）Kirchhoff 应力张量的 Truesdell 速率张量与小应变速率张量之间的本构关系为

$$\dot{\boldsymbol{\tau}}_{\mathrm{T}}=\boldsymbol{D}_{\mathrm{TK}}:\dot{\boldsymbol{\varepsilon}} \tag{3-144}$$

$$D_{mnst}^{\mathrm{TK}}=F_{mi}F_{nj}F_{sk}F_{tl}D_{ijkl}^{\mathrm{PK2}} \tag{3-145}$$

$$\dot{\boldsymbol{\tau}}=\dot{\boldsymbol{\tau}}_{\mathrm{T}}+\boldsymbol{L}\cdot\boldsymbol{\tau}+\boldsymbol{\tau}\cdot\boldsymbol{L}^{\mathrm{T}} \tag{3-146}$$

（3）Cauchy 应力张量的 Truesdell 速率张量与小应变速率张量之间的本构关系为

$$\dot{\boldsymbol{\sigma}}_{\mathrm{T}}=\boldsymbol{D}_{\mathrm{TC}}:\dot{\boldsymbol{\varepsilon}} \tag{3-147}$$

$$\boldsymbol{D}_{\mathrm{TC}}=\frac{1}{J}\boldsymbol{D}_{\mathrm{TK}} \tag{3-148}$$

$$\dot{\boldsymbol{\sigma}}=\dot{\boldsymbol{\sigma}}_{\mathrm{T}}+\boldsymbol{L}\cdot\boldsymbol{\sigma}+\boldsymbol{\sigma}\cdot\boldsymbol{L}^{\mathrm{T}}-\mathrm{tr}(\dot{\boldsymbol{\varepsilon}})\boldsymbol{\sigma} \tag{3-149}$$

（4）Kirchhoff 应力张量的 Jaumann 速率张量与小应变速率张量之间的本构关系为

$$\dot{\boldsymbol{\tau}}_{\mathrm{J}} = \boldsymbol{D}_{\mathrm{JK}} : \dot{\boldsymbol{\varepsilon}} \tag{3-150}$$

$$D_{ijkl}^{\mathrm{JK}} = D_{ijkl}^{\mathrm{TK}} + \frac{1}{2}(\tau_{il}\delta_{jk} + \tau_{jl}\delta_{ik} + \tau_{ik}\delta_{jl} + \tau_{jk}\delta_{il}) \tag{3-151}$$

$$\dot{\boldsymbol{\tau}} = \dot{\boldsymbol{\tau}}_{\mathrm{J}} + \dot{\boldsymbol{\Omega}} \cdot \boldsymbol{\tau} + \boldsymbol{\tau} \cdot \dot{\boldsymbol{\Omega}}^{\mathrm{T}} \tag{3-152}$$

（5）Cauchy 应力张量的 Jaumann 速率张量与小应变速率张量之间的本构关系为

$$\dot{\boldsymbol{\sigma}}_{\mathrm{J}} = \boldsymbol{D}_{\mathrm{JC}} : \dot{\boldsymbol{\varepsilon}} \tag{3-153}$$

$$\boldsymbol{D}_{\mathrm{JC}} = \frac{1}{J}\boldsymbol{D}_{\mathrm{JK}} - \boldsymbol{\sigma} \otimes \boldsymbol{I}_2 \tag{3-154}$$

$$\dot{\boldsymbol{\sigma}} = \dot{\boldsymbol{\sigma}}_{\mathrm{J}} + \dot{\boldsymbol{\Omega}} \cdot \boldsymbol{\sigma} + \boldsymbol{\sigma} \cdot \dot{\boldsymbol{\Omega}}^{\mathrm{T}} \tag{3-155}$$

根据以上应力速率张量的本构关系，可以构造如下应力张量迭代公式：

（1）基于 Cauchy 应力张量的迭代：

$$\boldsymbol{\sigma}_{n+1} = \boldsymbol{\sigma}_n + \dot{\boldsymbol{\sigma}}\mathrm{d}t \tag{3-156}$$

$$\dot{\boldsymbol{\sigma}} = \dot{\boldsymbol{\sigma}}_{\mathrm{J}} + \dot{\boldsymbol{\Omega}} \cdot \boldsymbol{\sigma}_n + \boldsymbol{\sigma}_n \cdot \dot{\boldsymbol{\Omega}}^{\mathrm{T}} \tag{3-157}$$

$$\boldsymbol{\sigma}_{\mathrm{J}} = \boldsymbol{D}_{\mathrm{JC}} : \dot{\boldsymbol{\varepsilon}} \tag{3-158}$$

$$\dot{\boldsymbol{\sigma}} = \dot{\boldsymbol{\sigma}}_{\mathrm{T}} + \boldsymbol{L} \cdot \boldsymbol{\sigma}_n + \boldsymbol{\sigma}_n \cdot \boldsymbol{L}^{\mathrm{T}} - \mathrm{tr}(\dot{\boldsymbol{\varepsilon}})\boldsymbol{\sigma}_n \tag{3-159}$$

$$\dot{\boldsymbol{\sigma}}_{\mathrm{T}} = \boldsymbol{D}_{\mathrm{TC}} : \dot{\boldsymbol{\varepsilon}} \tag{3-160}$$

（2）基于 Kirchhoff 应力张量的迭代：

$$\boldsymbol{\tau}_{n+1} = \boldsymbol{\tau}_n + \dot{\boldsymbol{\tau}}\mathrm{d}t \tag{3-161}$$

$$\dot{\boldsymbol{\tau}} = \dot{\boldsymbol{\tau}}_{\mathrm{J}} + \dot{\boldsymbol{\Omega}} \cdot \boldsymbol{\tau}_n + \boldsymbol{\tau}_n \cdot \dot{\boldsymbol{\Omega}}^{\mathrm{T}} \tag{3-162}$$

$$\dot{\boldsymbol{\tau}}_{\mathrm{J}} = \boldsymbol{D}_{\mathrm{JK}} : \dot{\boldsymbol{\varepsilon}} \tag{3-163}$$

$$\dot{\boldsymbol{\tau}} = \dot{\boldsymbol{\tau}}_{\mathrm{T}} + \boldsymbol{L} \cdot \boldsymbol{\tau}_n + \boldsymbol{\tau}_n \cdot \boldsymbol{L}^{\mathrm{T}} \tag{3-164}$$

$$\dot{\boldsymbol{\tau}}_{\mathrm{T}} = \boldsymbol{D}_{\mathrm{TK}} : \dot{\boldsymbol{\varepsilon}} \tag{3-165}$$

（3）基于 PK2 应力张量的迭代：

$$\boldsymbol{S}_{n+1} = \boldsymbol{S}_n + \dot{\boldsymbol{S}}\mathrm{d}t \tag{3-166}$$

$$\dot{\boldsymbol{S}} = \boldsymbol{D}_{\mathrm{PK2}} : \dot{\boldsymbol{E}} \tag{3-167}$$

3.7 构型变换的前推映射与后拉映射

在前面我们讨论过任意线元、面元以及体元在初始构型和当前构型之间的变

换，即

$$\mathrm{d}\boldsymbol{x} = \boldsymbol{F} \cdot \mathrm{d}\boldsymbol{X} \tag{3-168}$$

$$\mathrm{d}\boldsymbol{a} = J\mathrm{d}\boldsymbol{A} \cdot \boldsymbol{F}^{-1} = J\boldsymbol{F}^{-\mathrm{T}} \cdot \mathrm{d}\boldsymbol{A} \tag{3-169}$$

$$\mathrm{d}V = J\mathrm{d}V_0 \tag{3-170}$$

其中有向线元和面元都是矢量，体元是标量。本节我们来讨论应变和应力等二阶张量在初始构型和当前构型之间的变换。由于应变和应力都是二阶张量，相较于线元和面元矢量的变换，应变和应力二阶张量在初始构型和当前构型之间的变换将更为复杂。我们称由初始构型到当前构型的映射为前推（push forward）映射，而称由当前构型到初始构型的映射为后拉（pull back）映射。为了方便记忆，引入记号 $\phi^{+}(*)$ 表示前推映射，$\phi^{-}(*)$ 表示后拉映射。式（3-168）和式（3-169）可以改写为

$$\mathrm{d}\boldsymbol{x} = \phi^{+}(\mathrm{d}\boldsymbol{X}),\ \mathrm{d}\boldsymbol{X} = \phi^{-}(\mathrm{d}\boldsymbol{x}) \tag{3-171}$$

$$\mathrm{d}\boldsymbol{a} = \phi^{+}(\mathrm{d}\boldsymbol{A}),\ \mathrm{d}\boldsymbol{A} = \phi^{-}(\mathrm{d}\boldsymbol{a}) \tag{3-172}$$

由于变形梯度 $\boldsymbol{F} = F_{ij}\boldsymbol{e}_x \otimes \boldsymbol{e}_X$ 是联系初始构型和当前构型的变形张量，应变和应力在初始构型和当前构型之间的变换必然由变形梯度来实现。在第 2 章已经讨论过应变张量在变换过程中遵循如下变换规则：

$$\boldsymbol{A} = \boldsymbol{F}^{-\mathrm{T}} \cdot \boldsymbol{E} \cdot \boldsymbol{F}^{-1} \tag{3-173}$$

$$\boldsymbol{E} = \boldsymbol{F}^{\mathrm{T}} \cdot \boldsymbol{A} \cdot \boldsymbol{F} \tag{3-174}$$

应变速率张量也遵循类似的规律：

$$\dot{\boldsymbol{\varepsilon}} = \boldsymbol{F}^{-\mathrm{T}} \cdot \dot{\boldsymbol{E}} \cdot \boldsymbol{F}^{-1} \tag{3-175}$$

$$\dot{\boldsymbol{E}} = \boldsymbol{F}^{\mathrm{T}} \cdot \dot{\boldsymbol{\varepsilon}} \cdot \boldsymbol{F} \tag{3-176}$$

引入记号 $\phi^{\varepsilon+}(*)$ 表示应变张量的前推映射，$\phi^{\varepsilon-}(*)$ 表示应变张量的后拉映射。则上述变换可以简写为

$$\boldsymbol{A} = \phi^{\varepsilon+}(\boldsymbol{E}),\ \boldsymbol{E} = \phi^{\varepsilon-}(\boldsymbol{A}) \tag{3-177}$$

$$\dot{\boldsymbol{\varepsilon}} = \phi^{\varepsilon+}(\dot{\boldsymbol{E}}),\ \dot{\boldsymbol{E}} = \phi^{\varepsilon-}(\dot{\boldsymbol{\varepsilon}}) \tag{3-178}$$

其中，

$$\phi^{\varepsilon+}(*) = \boldsymbol{F}^{-\mathrm{T}} \cdot * \cdot \boldsymbol{F}^{-1} \tag{3-179}$$

$$\phi^{\varepsilon-}(*) = \boldsymbol{F}^{\mathrm{T}} \cdot * \cdot \boldsymbol{F} \tag{3-180}$$

考虑到

$$\boldsymbol{E} = \frac{1}{2}(\boldsymbol{C} - \boldsymbol{I}) = \frac{1}{2}(\boldsymbol{U}^2 - \boldsymbol{I}) \tag{3-181}$$

$$A=\frac{1}{2}(I-B^{-1})=\frac{1}{2}(I-V^2) \tag{3-182}$$

可得

$$\phi^{\varepsilon+}(C)=F^{-T}\cdot C\cdot F^{-1}=F^{-T}\cdot(F^{T}\cdot F)\cdot F^{-1}=I \tag{3-183}$$

$$\phi^{\varepsilon-}(B^{-1})=F^{T}\cdot B^{-1}\cdot F=F^{T}\cdot(F\cdot F^{T})^{-1}\cdot F=I \tag{3-184}$$

现在我们来讨论应力张量的构型变换。在前面讨论过的应力张量在初始构型和当前构型之间的变换遵循如下规律：

$$\tau=F\cdot S\cdot F^{T}\ \text{或}\ S=F^{-1}\cdot\tau\cdot F^{-T} \tag{3-185}$$

引入记号 $\phi^{\sigma+}(*)$ 表示应力张量的前推映射，$\phi^{\sigma-}(*)$ 表示应力张量的后拉映射。其中，

$$\phi^{\sigma+}(*)=F\cdot*\cdot F^{T},\ \phi^{\sigma-}(*)=F^{-1}\cdot*\cdot F^{-T} \tag{3-186}$$

则式（3-185）所示变换可以简写为

$$\phi^{\sigma+}(S)=F\cdot S\cdot F^{T}=\tau,\ \phi^{\sigma-}(\tau)=F^{-1}\cdot\tau\cdot F^{-T}=S \tag{3-187}$$

$$\phi^{\sigma+}(\dot{S})=F\cdot\dot{S}\cdot F^{T}=\dot{\tau}_{T},\ \phi^{\sigma-}(\dot{\tau}_{T})=F^{-1}\cdot\dot{\tau}_{T}\cdot F^{-T}=\dot{S} \tag{3-188}$$

这里需要特别指出的是应变张量与应力张量的映射规则是不一样的。考虑到应变张量的本质是三个主方向的伸长比，应变张量的构型变换主要是对分子上的长度（变形后的长度）进行变换；应力张量的本质是三个主应力，主应力的单位是 N/m^2。应力张量的构型变换本质上是对分母上的面积进行变换。从而，应变张量和应力张量的构型变换遵循不同的变换规则。

线元和面元是矢量，应变和应力是张量，它们在构型变换时各自遵循不同的变换规则。应变能由应变张量和应力张量的双点积得到，它是一个标量。在构型变换时，应变能作怎样的变换呢？

$$\begin{aligned}\sigma:\varepsilon&=\phi^{\varepsilon+}(E):\phi^{\sigma+}(S)=(F^{-T}\cdot E\cdot F^{-1}):(F\cdot S\cdot F^{T})\\&=\mathrm{tr}[(F^{-T}\cdot E\cdot F^{-1})\cdot(F\cdot S\cdot F^{T})]=\mathrm{tr}[F^{-T}\cdot E\cdot(F^{-1}\cdot F)\cdot S\cdot F^{T}]\\&=\mathrm{tr}(F^{-T}\cdot E\cdot S\cdot F^{T})=\mathrm{tr}[(F^{-T}\cdot E)\cdot(S\cdot F^{T})]\\&=\mathrm{tr}[(E\cdot F^{-1})\cdot(F\cdot S)]=\mathrm{tr}[E\cdot(F^{-1}\cdot F)\cdot S]\\&=\mathrm{tr}(E\cdot S)=E:S\end{aligned} \tag{3-189}$$

另外，

$$\begin{aligned}E:S&=\phi^{\varepsilon-}(\varepsilon):\phi^{\sigma-}(\sigma)=(F^{T}\cdot\varepsilon\cdot F):(F^{-1}\cdot\sigma\cdot F^{-T})\\&=\mathrm{tr}[(F^{T}\cdot\varepsilon\cdot F)\cdot(F^{-1}\cdot\sigma\cdot F^{-T})]=\mathrm{tr}[(F^{T}\cdot\varepsilon)\cdot(\sigma\cdot F^{-T})]\\&=\mathrm{tr}[(\varepsilon\cdot F)\cdot(F^{-1}\cdot\sigma)]=\mathrm{tr}[\varepsilon\cdot(F\cdot F^{-1})\cdot\sigma]\end{aligned}$$

$$=\boldsymbol{\varepsilon}:\boldsymbol{\sigma} \tag{3-190}$$

由此可见，应变能在构型变换时保持不变，即

$$\boldsymbol{E}:\boldsymbol{S}=\boldsymbol{\sigma}:\boldsymbol{\varepsilon} \tag{3-191}$$

称这一性质为应力应变度量功共轭的守恒。

在讨论应力速率张量时，我们知道定义在当前构型的 Kirchhoff 应力张量的 Truesdell 速率张量与定义在初始构型的 PK2 应力速率张量存在如下关系：

$$\dot{\boldsymbol{\tau}}_{\mathrm{T}}=\boldsymbol{F}\cdot\dot{\boldsymbol{S}}\cdot\boldsymbol{F}^{\mathrm{T}} \tag{3-192}$$

这一关系式的物理意义：（1）把参考当前构型的应力张量或应变张量后拉到初始构型；（2）在初始构型计算张量的时间导数；（3）把参考初始构型的应力张量或者应变张量时间导数前推到当前构型。

我们把这样定义的应力张量或应变张量的时间导数称为 Lie 导数。由于当前构型为随时间变化的构型，在计算参考当前构型的应变张量和应力张量的物质导数时，需要同时考虑伴随构型变换的体积变化。如果变换到初始构型，就无需考虑体积变化，也就无需考虑时间导数中的对流导数部分，从而可以简化应变张量和应力张量物质导数的计算。这是引入 Lie 导数的原因。定义 Lie 导数微分算子

$$\mathcal{L}_v(\ *\ )=\phi^{+}\left(\frac{\mathrm{D}}{\mathrm{D}t}\phi^{-}(\ *\ )\right)\quad（初始构型\leftrightarrow当前构型） \tag{3-193}$$

$$\mathcal{L}_v^{e}(\ *\ )=\phi^{e+}\left(\frac{\mathrm{D}}{\mathrm{D}t}\phi^{e-}(\ *\ )\right)\quad（中间构型\leftrightarrow当前构型） \tag{3-194}$$

前面讨论过的 Kirchhoff 应力张量的 Truesdell 速率张量 $\dot{\boldsymbol{\tau}}_{\mathrm{T}}$ 的本质就是 Kirchhoff 应力张量 $\boldsymbol{\tau}$ 的 Lie 导数，即

$$\begin{aligned}\mathcal{L}_v\boldsymbol{\tau}&=\phi^{\sigma+}\left(\frac{\mathrm{D}}{\mathrm{D}t}\phi^{\sigma-}(\boldsymbol{\tau})\right)=\phi^{\sigma+}\left(\frac{\mathrm{D}}{\mathrm{D}t}(\boldsymbol{F}^{-1}\cdot\boldsymbol{\tau}\cdot\boldsymbol{F}^{-\mathrm{T}})\right)=\phi^{\sigma+}\left(\frac{\mathrm{D}}{\mathrm{D}t}\boldsymbol{S}\right)\\&=\phi^{\sigma+}(\dot{\boldsymbol{S}})=\boldsymbol{F}\cdot\dot{\boldsymbol{S}}\cdot\boldsymbol{F}^{\mathrm{T}}=\dot{\boldsymbol{\tau}}_{\mathrm{T}}\end{aligned} \tag{3-195}$$

习　题

3-1　圆截面直杆的初始长度为 L、半径为 R，在外力 $P=P_0t$ 作用下匀速变形。经过时间 T，长度为 l、半径为 r，试求：

（1）速度梯度、变形速率张量、旋转速率张量。

（2）Cauchy 应力张量 $\boldsymbol{\sigma}$、PK1 应力张量 $\boldsymbol{P}$ 和 PK2 应力张量 $\boldsymbol{S}$。

（3）Cauchy 应力张量的 Jaumann 速率张量和 Truesdell 速率张量。

3-2 圆截面直杆的初始长度为 L 、半径为 R ，在外力 $P = P_0 t$ 作用下匀速变形。经过时间 T ，长度为 l 、半径为 r 。如果圆截面直杆在变形过程中同时以角速度 ω_0 转动，试求：

（1）速度梯度、变形速率张量、旋转速率张量。

（2）Cauchy 应力张量 $\boldsymbol{\sigma}$ 、PK1 应力张量 $\boldsymbol{P}$ 和 PK2 应力张量 $\boldsymbol{S}$。

（3）Cauchy 应力张量的 Jaumann 速率张量和 Truesdell 速率张量。

3-3 已知圆截面柱体长为 L ，在扭矩作用下发生扭转变形，扭转角 $\theta(t)$ 随时间 t 变化，如图 3-9 所示，试求：

（1）速度梯度、变形速率张量、旋转速率张量。

（2）Cauchy 应力张量 $\boldsymbol{\sigma}$ 、PK1 应力张量 $\boldsymbol{P}$ 和 PK2 应力张量 $\boldsymbol{S}$。

（3）Cauchy 应力张量的 Jaumann 速率张量和 Truesdell 速率张量。

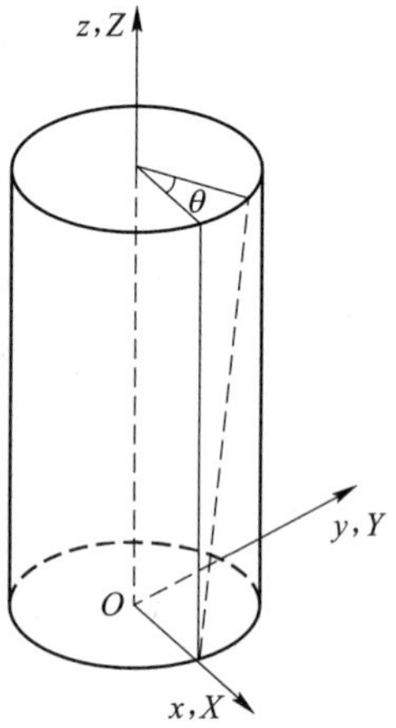

图 3-9　习题 3-3 图

3-4 已知圆截面柱体长为 L ，在扭矩作用下发生扭转变形，扭转角 $\theta(t)$ 随时间 t 变化。如果圆截面柱体在发生扭转变形的同时，还以角速度 ω_0 发生转动，试求：

（1）速度梯度、变形速率张量、旋转速率张量。

（2）Cauchy 应力张量 $\boldsymbol{\sigma}$ 、PK1 应力张量 $\boldsymbol{P}$ 和 PK2 应力张量 $\boldsymbol{S}$ 。

（3）Cauchy 应力张量的 Jaumann 速率张量和 Truesdell 速率张量。

3-5 应变张量的前推映射和后拉映射与应力张量的前推映射和后拉映射是不相同的，试解释其原因。

3-6 Lie 导数的物理意义是什么？为什么要引入 Lie 导数？

4 守 恒 定 律

4.1 Green 变换公式

考虑一个光滑封闭曲面，用 d$\boldsymbol{a}$ 表示封闭曲面上的有向微元，全局坐标系的 Oxy 坐标面的单位法向矢量用 $\boldsymbol{e}_z$ 表示，如图 4-1（a）所示，则该光滑封闭曲面的阳面和阴面在全局坐标系的 Oxy 坐标面上的投影之和为零，即

$$\oint_a \boldsymbol{e}_z \cdot \mathrm{d}\boldsymbol{a} = \boldsymbol{e}_z \cdot \oint_a \mathrm{d}\boldsymbol{a} = 0 \tag{4-1}$$

从而

$$\oint_a \mathrm{d}\boldsymbol{a} = 0 \tag{4-2}$$

即有向面元沿光滑封闭曲面的面积分为零。图 4-1（b）是圆球在坐标面上的投影，有助于更好地理解这个结论。

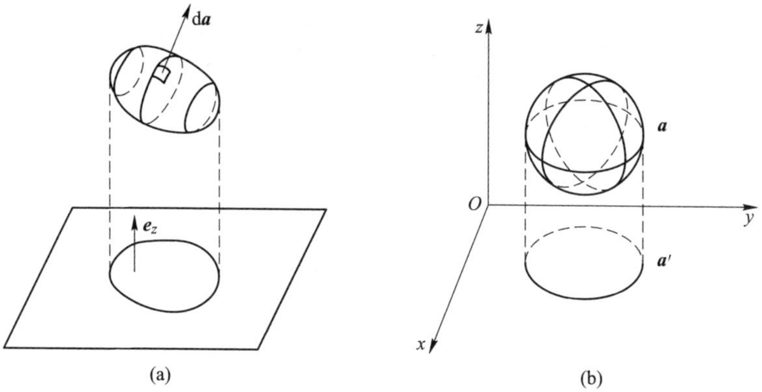

图 4-1　光滑封闭曲面在坐标平面上的投影

（a）任意封闭曲面的投影；（b）圆球面的投影

对任意非光滑封闭曲面，式（4-2）仍然成立。考虑如图 4-2 所示的曲面微元体，微元体表面表示为 d$\boldsymbol{a}$ 。微元体的三个棱边为 $\boldsymbol{g}_i \mathrm{d}x^i (i = 1, 2, 3)$ 。用 d$\boldsymbol{a}_{(左)}$ 和 d$\boldsymbol{a}_{(右)}$ 表示左右两个侧面，有

$$\mathrm{d}\boldsymbol{a}_{(左)} = -\boldsymbol{g}_2 \mathrm{d}x^2 \times \boldsymbol{g}_3 \mathrm{d}x^3 = -\sqrt{g}\,\boldsymbol{g}^1 \mathrm{d}x^2 \mathrm{d}x^3$$

$$\mathrm{d}\boldsymbol{a}_{(\text{右})} = \left[\sqrt{g}\boldsymbol{g}^1 + \frac{\partial}{\partial x^1}(\sqrt{g}\boldsymbol{g}^1)\mathrm{d}x^1\right]\mathrm{d}x^2\mathrm{d}x^3$$

则同理，可以得到 $\mathrm{d}\boldsymbol{a}_{(\text{上})}$、$\mathrm{d}\boldsymbol{a}_{(\text{下})}$、$\mathrm{d}\boldsymbol{a}_{(\text{前})}$、$\mathrm{d}\boldsymbol{a}_{(\text{后})}$ 的表达式。它们实际上就是局部曲面坐标系的基面，即基矢量构成的有向曲面。不失一般性，基面矢量（大小反映面积，方向是基面单位法向）表示为

$$\mathrm{d}\boldsymbol{a}_{ij} = \boldsymbol{g}_i\mathrm{d}x^i \times \boldsymbol{g}_j\mathrm{d}x^j = \varepsilon_{ijk}\boldsymbol{g}^k\mathrm{d}x^i\mathrm{d}x^j = \sqrt{g}e_{ijk}\boldsymbol{g}^k\mathrm{d}x^i\mathrm{d}x^j \tag{4-3}$$

将 6 个侧面的有向面元求和得到

$$\sum_{\Delta a}\mathrm{d}\boldsymbol{a}_{ij} = \left[\frac{\partial}{\partial x^1}(\sqrt{g}\boldsymbol{g}^1) + \frac{\partial}{\partial x^2}(\sqrt{g}\boldsymbol{g}^2) + \frac{\partial}{\partial x^3}(\sqrt{g}\boldsymbol{g}^3)\right]\mathrm{d}x^1\mathrm{d}x^2\mathrm{d}x^3$$

$$= \frac{\partial}{\partial x^l}(\sqrt{g}\boldsymbol{g}^l)\mathrm{d}x^1\mathrm{d}x^2\mathrm{d}x^3 \tag{4-4}$$

考虑到

$$\frac{\partial}{\partial x^l}(\sqrt{g}\boldsymbol{g}^l) = \frac{\partial\sqrt{g}}{\partial x^l}\boldsymbol{g}^l + \sqrt{g}\frac{\partial\boldsymbol{g}^l}{\partial x^l} = \frac{\partial\sqrt{g}}{\partial x^l}\boldsymbol{g}^l - \sqrt{g}\,\Gamma^l_{lk}\boldsymbol{g}^k = \frac{\partial\sqrt{g}}{\partial x^l}\boldsymbol{g}^l - \frac{\partial\sqrt{g}}{\partial x^k}\boldsymbol{g}^k = 0 \tag{4-5}$$

上式推导过程中用到曲线坐标系下的协变导数公式

$$\frac{\partial\boldsymbol{g}^i}{\partial x^j} = -\Gamma^i_{jp}\boldsymbol{g}^p \tag{4-6}$$

$$\Gamma^j_{ji} = \Gamma^j_{ij} = \frac{1}{\sqrt{g}}\frac{\partial\sqrt{g}}{\partial x^i} = \frac{\partial(\ln\sqrt{g})}{\partial x^i} = \frac{\partial(\ln g)}{2\partial x^i} \tag{4-7}$$

从而对于非光滑封闭曲面，依然成立

$$\sum_{\Delta a}\mathrm{d}\boldsymbol{a} = \frac{\partial}{\partial x^l}(\sqrt{g}\boldsymbol{g}^l)\mathrm{d}x^1\mathrm{d}x^2\mathrm{d}x^3 = 0 \tag{4-8}$$

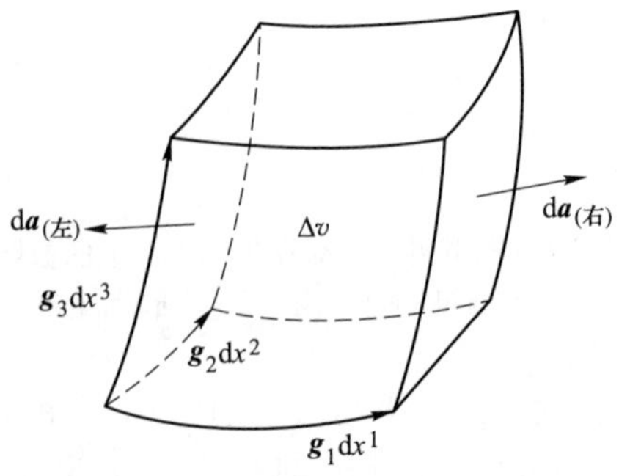

图 4-2　曲面微元体及基面矢量

在直角坐标系下，考虑到基容和基矢量都是常数，不随空间坐标变化而变化，故有

$$\sum_{\Delta a} \mathrm{d}\boldsymbol{a} = \frac{\partial}{\partial x^l}(\sqrt{g}\boldsymbol{e}_l)\,\mathrm{d}x^1\mathrm{d}x^2\mathrm{d}x^3 = \Delta s_l \boldsymbol{e}_l \mathrm{d}v = 0 \tag{4-9}$$

式中，$\sqrt{g}$ 表示基容，$\frac{\partial}{\partial x^l}(\sqrt{g}\boldsymbol{e}_l)$ 表示基容的梯度。从而 Δs_l 表示基面随坐标变化而产生的增量，在曲线坐标系下，Δs_l 不为零；但在直角坐标系下，基面是常数，不随坐标变化而变化，即 $\Delta s_l=0$。

上述讨论表明：对于非光滑封闭曲面，有向面元的面积分也是零。

下面利用有向面元在封闭曲面上的面积分为零，证明 Green 积分变换公式。考虑定义在有限三维空间的一个 n 阶张量场 $\boldsymbol{\varphi}$，有限三维空间的体积为 v，封闭表面的面积为 a，如图 4-3 所示，则有

$$\int_v \mathrm{d}v\,\nabla\boldsymbol{\varphi} = \oint_a \mathrm{d}\boldsymbol{a}\otimes\boldsymbol{\varphi} \tag{4-10}$$

上式给出了任意张量场函数的体积分与封闭表面上的面积分之间的变换关系，一般称为 Green 变换公式。

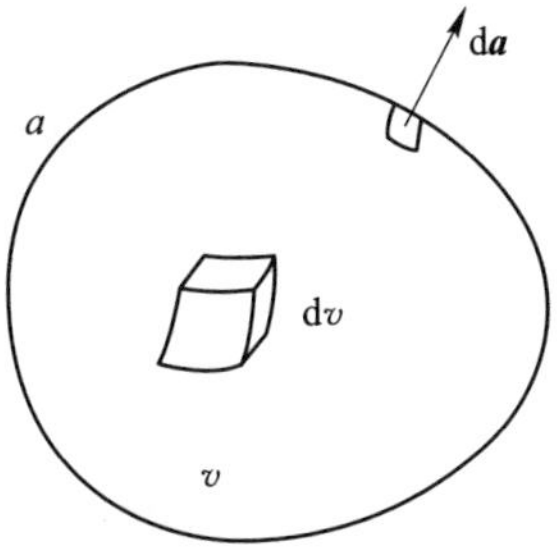

图 4-3　封闭曲面 a 所包围的三维空间域 v

设想被封闭曲面包围的有限体积 v 被分割成无数体积微元，这些体积微元可以分成两类：一类称为完整体积微元，这些体积微元被三对坐标面所包围，其表面面积微元用 d$\boldsymbol{a}$ 表示；另一类称为非完整或残缺体积微元，这些体积微元由若干坐标曲面和边界曲面所包围，如图 4-4 所示。

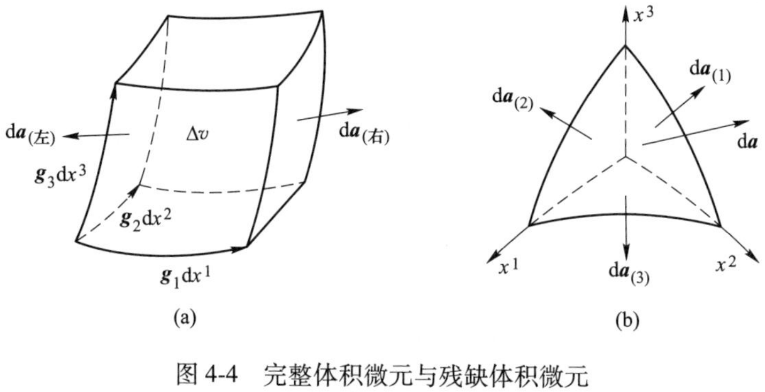

图 4-4　完整体积微元与残缺体积微元

（a）完整体积微元；（b）残缺体积微元

对于完整体积微元，

$$\oint_{\Delta a} \mathrm{d}\boldsymbol{a} \otimes \boldsymbol{\varphi} = \left[\sqrt{g}\boldsymbol{g}^1 \otimes \boldsymbol{\varphi}_{(1)} + \frac{\partial}{\partial x^1}(\sqrt{g}\boldsymbol{g}^1 \otimes \boldsymbol{\varphi})\mathrm{d}x^1 \right] \mathrm{d}x^2\mathrm{d}x^3 - \sqrt{g}\boldsymbol{g}^1 \otimes \boldsymbol{\varphi}_{(1)}\mathrm{d}x^2\mathrm{d}x^3 +$$

$$[\sqrt{g}\boldsymbol{g}^2 \otimes \boldsymbol{\varphi}_{(2)} + \frac{\partial}{\partial x^2}(\sqrt{g}\boldsymbol{g}^2 \otimes \boldsymbol{\varphi})\mathrm{d}x^2]\mathrm{d}x^1\mathrm{d}x^3 - \sqrt{g}\boldsymbol{g}^2 \otimes \boldsymbol{\varphi}_{(2)}\mathrm{d}x^1\mathrm{d}x^3 +$$

$$[\sqrt{g}\boldsymbol{g}^3 \otimes \boldsymbol{\varphi}_{(3)} + \frac{\partial}{\partial x^3}(\sqrt{g}\boldsymbol{g}^3 \otimes \boldsymbol{\varphi})\mathrm{d}x^3]\mathrm{d}x^1\mathrm{d}x^2 - \sqrt{g}\boldsymbol{g}^3 \otimes \boldsymbol{\varphi}_{(3)}\mathrm{d}x^1\mathrm{d}x^2$$

$$= \frac{\partial}{\partial x^l}(\sqrt{g}\boldsymbol{g}^l \otimes \boldsymbol{\varphi})\mathrm{d}x^1\mathrm{d}x^2\mathrm{d}x^3$$

$$= \left[\frac{\partial(\sqrt{g}\boldsymbol{g}^l)}{\partial x^l} \otimes \boldsymbol{\varphi} + \sqrt{g}\boldsymbol{g}^l \otimes \frac{\partial \boldsymbol{\varphi}}{\partial x^l} \right] \mathrm{d}x^1\mathrm{d}x^2\mathrm{d}x^3$$

利用式（4-8），可知上式$\frac{\partial(\sqrt{g}\boldsymbol{g}^l)}{\partial x^l}\otimes\boldsymbol{\varphi}$项为零，从而

$$\oint_{\Delta a} \mathrm{d}\boldsymbol{a} \otimes \boldsymbol{\varphi} = \sqrt{g}\boldsymbol{g}^l \otimes \frac{\partial \boldsymbol{\varphi}}{\partial x^l}\mathrm{d}x^1\mathrm{d}x^2\mathrm{d}x^3 = \int_{\Delta v} \mathrm{d}v \, \nabla\boldsymbol{\varphi} \tag{4-11}$$

将所有微元体的体积分加和得到

$$\sum \int_{\Delta v} \mathrm{d}v \, \nabla\boldsymbol{\varphi} = \sum \oint_{\Delta a} \mathrm{d}\boldsymbol{a} \otimes \boldsymbol{\varphi} \tag{4-12}$$

考虑到在所有完整体积微元的界面上，相邻体积微元的界面外法线方向相反，而面积相等，从而面积分相互抵消，只剩下表面面积分不为零，即

$$\int_v \mathrm{d}v \, \nabla\boldsymbol{\varphi} = \oint_a \mathrm{d}\boldsymbol{a} \otimes \boldsymbol{\varphi} \tag{4-13}$$

这就是 Green 变换公式的由来。

上述 Green 变换公式只涉及张量场的梯度，实际上对于张量场的散度和旋度也存在类似的变换公式，总结如下：

$$\int_v \mathrm{d}v \, \nabla\boldsymbol{\varphi} = \oint_a \mathrm{d}\boldsymbol{a} \otimes \boldsymbol{\varphi} \tag{4-14}$$

$$\int_v \mathrm{d}v\boldsymbol{\varphi}\nabla = \oint_a \boldsymbol{\varphi} \otimes \mathrm{d}\boldsymbol{a} \tag{4-15}$$

$$\int_v \mathrm{d}v \, \nabla \cdot \boldsymbol{\varphi} = \oint_a \mathrm{d}\boldsymbol{a} \cdot \boldsymbol{\varphi} \tag{4-16}$$

$$\int_v \mathrm{d}v\boldsymbol{\varphi} \cdot \nabla = \oint_a \boldsymbol{\varphi} \cdot \mathrm{d}\boldsymbol{a} \tag{4-17}$$

$$\int_v \mathrm{d}v\, \nabla \times \boldsymbol{\varphi} = \oint_a \mathrm{d}\boldsymbol{a} \times \boldsymbol{\varphi} \tag{4-18}$$

$$\int_v \mathrm{d}v \boldsymbol{\varphi} \times \nabla = \oint_a \boldsymbol{\varphi} \times \mathrm{d}\boldsymbol{a} \tag{4-19}$$

由于一般情况下张量场的左右梯度、左右散度和左右旋度是不同的，所以上述 Green 变换公式的右端项的运算次序是不同的，这一点应该格外注意。

若 $\boldsymbol{\varphi}$ 是不随坐标变换的常张量，则 $\nabla\boldsymbol{\varphi} = 0$，从而 Green 变换公式就退化为式（4-2），即

$$\oint_a \mathrm{d}\boldsymbol{a} \otimes \boldsymbol{\varphi} = \int_v \mathrm{d}v\, \nabla\boldsymbol{\varphi} = 0 \tag{4-20}$$

不同于 Green 变换公式，斯托克斯（Stokes）变换公式能够实现张量函数旋度的面积分与围线积分之间的变换。Stokes 变换公式可用张量形式表示如下：

$$\int_a \mathrm{d}\boldsymbol{a} \cdot (\nabla \times \boldsymbol{\varphi}) = \oint_\Gamma \mathrm{d}\boldsymbol{l} \cdot \boldsymbol{\varphi} \tag{4-21}$$

式中，Γ 表示非封闭曲面 a 的围线，$\mathrm{d}\boldsymbol{l}$ 表示沿围线的微元弧长，如图 4-5 所示。

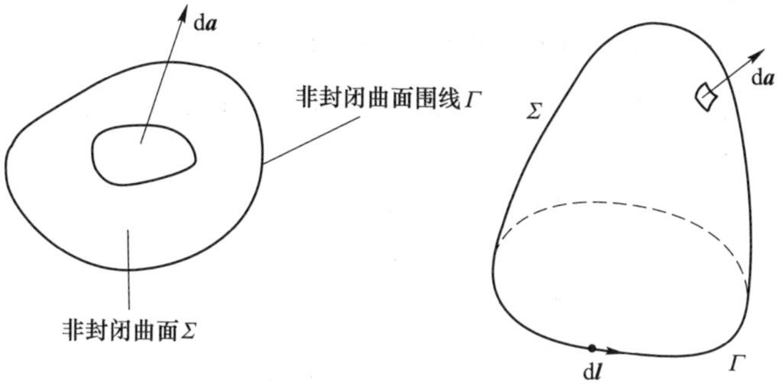

图 4-5 具有围线 Γ 的非封闭曲面 Σ

考虑一个非封闭曲面 Σ，非封闭曲面 Σ 的围线用 Γ 表示，如图 4-5 所示。设想非封闭曲面 Σ 可以分割成许多曲面三角形，即将非封闭曲面看成是由许多曲面三角形拼接而成的。任意取一个曲面三角形，边长分别为 $\mathrm{d}\boldsymbol{s}$、$\mathrm{d}\boldsymbol{t}$ 和 $\mathrm{d}\boldsymbol{t} - \mathrm{d}\boldsymbol{s}$，如图 4-6 所示。张量函数 $\boldsymbol{\varphi}$ 沿围线积分，

$$\begin{aligned}\oint_{\Delta l} \mathrm{d}\boldsymbol{l} \cdot \boldsymbol{\varphi} &= \mathrm{d}\boldsymbol{s} \cdot \boldsymbol{\varphi}_{(1)} + (\mathrm{d}\boldsymbol{t} - \mathrm{d}\boldsymbol{s}) \cdot \boldsymbol{\varphi}_{(2)} - \mathrm{d}\boldsymbol{t} \cdot \boldsymbol{\varphi}_{(3)} \\ &= \mathrm{d}\boldsymbol{s} \cdot \left(\boldsymbol{\varphi} + \frac{1}{2}\mathrm{d}\boldsymbol{s} \cdot \nabla\boldsymbol{\varphi}\right) + (\mathrm{d}\boldsymbol{t} - \mathrm{d}\boldsymbol{s}) \cdot \left[\boldsymbol{\varphi} + \frac{1}{2}(\mathrm{d}\boldsymbol{s} + \mathrm{d}\boldsymbol{t}) \cdot \nabla\boldsymbol{\varphi}\right] - \\ &\quad \mathrm{d}\boldsymbol{t} \cdot \left(\boldsymbol{\varphi} + \frac{1}{2}\mathrm{d}\boldsymbol{t} \cdot \nabla\boldsymbol{\varphi}\right)\end{aligned}$$

$$= \frac{1}{2}\mathrm{d}\boldsymbol{t} \cdot (\mathrm{d}\boldsymbol{s} \cdot \nabla\boldsymbol{\varphi}) - \frac{1}{2}\mathrm{d}\boldsymbol{s} \cdot (\mathrm{d}\boldsymbol{t} \cdot \nabla\boldsymbol{\varphi})$$

$$= \frac{1}{2}(\mathrm{d}\boldsymbol{s} \otimes \mathrm{d}\boldsymbol{t}) : \nabla\boldsymbol{\varphi} - \frac{1}{2}(\mathrm{d}\boldsymbol{t} \otimes \mathrm{d}\boldsymbol{s}) : \nabla\boldsymbol{\varphi}$$

$$= \boldsymbol{\Omega} : \nabla\boldsymbol{\varphi} \tag{4-22}$$

式中，

$$\boldsymbol{\Omega} = \frac{1}{2}(\mathrm{d}\boldsymbol{s} \otimes \mathrm{d}\boldsymbol{t} - \mathrm{d}\boldsymbol{t} \otimes \mathrm{d}\boldsymbol{s})$$

考虑到 $\boldsymbol{\Omega}$ 是反对称张量，从而其轴矢量 $\boldsymbol{\omega}$ 为

$$\boldsymbol{\omega} = -\frac{1}{2}\boldsymbol{\epsilon} : \boldsymbol{\Omega} = -\frac{1}{4}\boldsymbol{\epsilon} : (\mathrm{d}\boldsymbol{s} \otimes \mathrm{d}\boldsymbol{t} - \mathrm{d}\boldsymbol{t} \otimes \mathrm{d}\boldsymbol{s})$$

$$= -\frac{1}{4}(\mathrm{d}\boldsymbol{s} \times \mathrm{d}\boldsymbol{t} - \mathrm{d}\boldsymbol{t} \times \mathrm{d}\boldsymbol{s}) = -\frac{1}{2}(\mathrm{d}\boldsymbol{s} \times \mathrm{d}\boldsymbol{t}) = -\mathrm{d}\boldsymbol{a} \tag{4-23}$$

上式表明曲面三角形的有向面元实际上就是反对称张量 $\boldsymbol{\Omega}$ 的轴矢量，其中 $\boldsymbol{\epsilon}$ 为三阶 Eddington 张量，

$$\boldsymbol{\Omega} = -\boldsymbol{\epsilon} \cdot \boldsymbol{\omega} = \boldsymbol{\epsilon} \cdot \mathrm{d}\boldsymbol{a} = -\boldsymbol{\omega} \cdot \boldsymbol{\epsilon} = \mathrm{d}\boldsymbol{a} \cdot \boldsymbol{\epsilon} \tag{4-24}$$

$$\oint_{\Delta l} \mathrm{d}\boldsymbol{l} \cdot \boldsymbol{\varphi} = \boldsymbol{\Omega} : \nabla\boldsymbol{\varphi} = \mathrm{d}\boldsymbol{a} \cdot \boldsymbol{\epsilon} : \nabla\boldsymbol{\varphi} = \mathrm{d}\boldsymbol{a} \cdot (\nabla \times \boldsymbol{\varphi}) \tag{4-25}$$

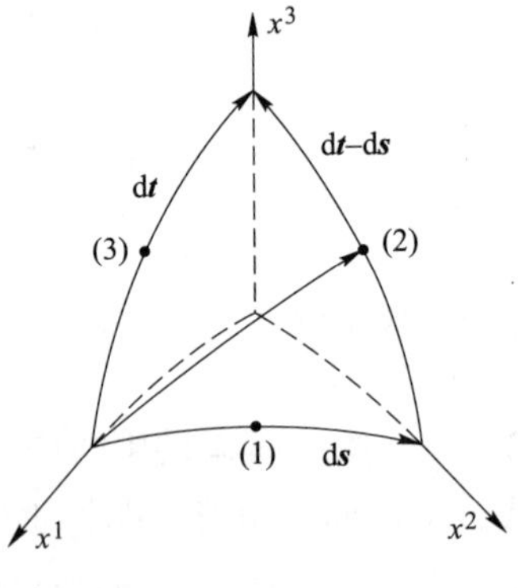

图 4-6 曲面分割为无数三角形曲面单元

将所有曲面三角形的线积分求和，考虑到相邻曲面三角形边界线的有向线元方向相反，只有沿围线 Γ 的线积分保留下来，故有

$$\int_a \mathrm{d}\boldsymbol{a} \cdot (\nabla \times \boldsymbol{\varphi}) = \oint_\Gamma \mathrm{d}\boldsymbol{l} \cdot \boldsymbol{\varphi} \tag{4-26}$$

这就是 Stokes 变换公式的由来。同理可得

$$\int_a (\boldsymbol{\varphi} \times \nabla) \cdot \mathrm{d}\boldsymbol{a} = -\oint_\Gamma \boldsymbol{\varphi} \cdot \mathrm{d}\boldsymbol{l} \tag{4-27}$$

4.2 物质导数的雷诺输运定理

在讨论连续介质力学的守恒定律时，经常会求某个物理量在有限体积内的积分的时间变化率，也就是在空间坐标系下某物理量的体积分的物质导数。这个物质导数符号是否可以直接放入积分号内呢？换句话说，关于空间坐标的体积分与关于时间的微分是否可以交换次序呢？先来看某标量值张量函数的物质导数的定义：

$$\frac{\mathrm{D}}{\mathrm{D}t}\int_{\Omega_t} f(\boldsymbol{x},\ t)\,\mathrm{d}\Omega_t = \lim_{\Delta t\to 0}\frac{1}{\Delta t}\left[\int_{\Omega_{t+\Delta t}} f(\boldsymbol{x}(\boldsymbol{X},\ t+\Delta t),\ t+\Delta t)\,\mathrm{d}\Omega_{t+\Delta t} - \int_{\Omega_t} f(\boldsymbol{x}(\boldsymbol{X},\ t),\ t)\,\mathrm{d}\Omega_t\right] \tag{4-28}$$

$$\mathrm{d}\Omega_t = J(\boldsymbol{X},\ t)\,\mathrm{d}\Omega_0 \tag{4-29}$$

$$\frac{\mathrm{D}}{\mathrm{D}t}\int_{\Omega_t} f(\boldsymbol{x},\ t)\,\mathrm{d}\Omega_t = \lim_{\Delta t\to 0}\frac{1}{\Delta t}\left[\int_{\Omega_0} \bar{f}(\boldsymbol{X},\ t+\Delta t)J(\boldsymbol{X},\ t+\Delta t)\,\mathrm{d}\Omega_0 - \int_{\Omega_0} \bar{f}(\boldsymbol{X},\ t)J(\boldsymbol{X},\ t)\,\mathrm{d}\Omega_0\right] \tag{4-30}$$

从而,某种物理量积分的物质导数的拉格朗日描述为

$$\frac{\mathrm{D}}{\mathrm{D}t}\int_{\Omega_t} f(\boldsymbol{x},\ t)\,\mathrm{d}\Omega_t = \int_{\Omega_0} \frac{\partial}{\partial t}\bar{f}(\boldsymbol{X},\ t)J(\boldsymbol{X},\ t)\,\mathrm{d}\Omega_0 \tag{4-31}$$

也就是将欧拉描述先转换成拉格朗日描述，再对时间求偏导数。譬如速度和加速度，

$$\boldsymbol{v}(\boldsymbol{x},\ t) = \boldsymbol{v}(\boldsymbol{x}(\boldsymbol{X},\ t),\ t) = \boldsymbol{v}(\boldsymbol{\phi}(\boldsymbol{X},\ t),\ t) \tag{4-32}$$

$$\frac{\mathrm{D}v_i(\boldsymbol{x},\ t)}{\mathrm{D}t} = \frac{\partial v_i(\boldsymbol{x},\ t)}{\partial t} + \frac{\partial v_i(\boldsymbol{x},\ t)}{\partial x_j}\frac{\partial \phi_j(\boldsymbol{X},\ t)}{\partial t} = \frac{\partial v_i}{\partial t} + \frac{\partial v_i}{\partial x_j}v_j \tag{4-33}$$

上式右端第一项称为局部导数，第二项称为对流导数。写成整体形式为

$$\frac{\mathrm{D}\boldsymbol{v}(\boldsymbol{x},\ t)}{\mathrm{D}t} = \frac{\partial \boldsymbol{v}(\boldsymbol{x},\ t)}{\partial t} + (\boldsymbol{v}\nabla)\cdot\boldsymbol{v} = \frac{\partial \boldsymbol{v}(\boldsymbol{x},\ t)}{\partial t} + \boldsymbol{v}\cdot(\nabla\boldsymbol{v}) \tag{4-34}$$

不管物理量是用拉格朗日描述还是欧拉描述，其物质导数是唯一的，即存在

$$\boldsymbol{a}(\boldsymbol{X},\ t) = \frac{\partial \boldsymbol{v}(\boldsymbol{X},\ t)}{\partial t} = \frac{\mathrm{D}\boldsymbol{v}(\boldsymbol{x},\ t)}{\mathrm{D}t} \tag{4-35}$$

如果物理量是欧拉描述的标量函数，则其物质导数为

$$\frac{\mathrm{D}f(\boldsymbol{x},t)}{\mathrm{D}t}=\frac{\partial f(\boldsymbol{x},t)}{\partial t}+v_i\frac{\partial f(\boldsymbol{x},t)}{\partial x_i}=\frac{\partial f}{\partial t}+\boldsymbol{v}\cdot(\nabla f) \tag{4-36}$$

在连续介质力学中更多的是张量函数，譬如应力和应变，如果物理量是欧拉描述的张量函数，则其物质导数为

$$\frac{\mathrm{D}\boldsymbol{\sigma}(\boldsymbol{x},t)}{\mathrm{D}t}=\frac{\partial \boldsymbol{\sigma}(\boldsymbol{x},t)}{\partial t}+\boldsymbol{v}\cdot(\nabla\boldsymbol{\sigma}) \tag{4-37}$$

应该注意的是上式右端最后一项

$$\boldsymbol{v}\cdot(\nabla\boldsymbol{\sigma})=(\boldsymbol{\sigma}\nabla)\cdot\boldsymbol{v} \tag{4-38}$$

考虑到

$$\mathrm{d}\Omega_{t+\Delta t}=J(\boldsymbol{X},t+\Delta t)\mathrm{d}\Omega_0$$

$$\mathrm{d}\Omega_t=J(\boldsymbol{X},t)\mathrm{d}\Omega_0$$

$$\dot{J}=J\mathrm{tr}\dot{\boldsymbol{\varepsilon}}=J(\dot{\varepsilon}_{xx}+\dot{\varepsilon}_{yy}+\dot{\varepsilon}_{zz})=J\left(\frac{\partial v_x}{\partial x}+\frac{\partial v_y}{\partial y}+\frac{\partial v_z}{\partial z}\right)=J\frac{\partial v_i}{\partial x_i}=J\mathrm{div}\boldsymbol{v} \tag{4-39}$$

$$\frac{Df(\boldsymbol{x},t)}{\mathrm{D}t}=\frac{\partial f(\boldsymbol{x},t)}{\partial t}+v_i\frac{\partial f(\boldsymbol{x},t)}{\partial x_i}=\frac{\partial f}{\partial t}+\boldsymbol{v}\cdot(\nabla f) \tag{4-40}$$

积分的物质导数可进一步写成下面的形式：

$$\begin{aligned}\frac{\mathrm{D}}{\mathrm{D}t}\int_{\Omega_t}f(\boldsymbol{x},t)\mathrm{d}\Omega_t&=\int_{\Omega_0}\frac{\partial}{\partial t}\bar{f}(\boldsymbol{X},t)J(\boldsymbol{X},t)\mathrm{d}\Omega_0=\int_{\Omega_0}\left[\frac{\partial\bar{f}(\boldsymbol{X},t)}{\partial t}J+\bar{f}\frac{\partial J}{\partial t}\right]\mathrm{d}\Omega_0\\&=\int_{\Omega_0}\left[\frac{\partial\bar{f}(\boldsymbol{X},t)}{\partial t}J+\bar{f}J\frac{\partial v_i}{\partial x_i}\right]\mathrm{d}\Omega_0\\&=\int_{\Omega_t}\left[\frac{\partial f(\boldsymbol{x},t)}{\partial t}+v_i\frac{\partial f(\boldsymbol{x},t)}{\partial x_i}+f\frac{\partial v_i}{\partial x_i}\right]\mathrm{d}\Omega_t\end{aligned} \tag{4-41}$$

上式一般称为雷诺输运定理（Reynolds transportation theorem）。积分号中的三项偏导数，可以将前两项合并成物质导数，也可以将后两项合并成“流型矢量”的散度。因此，雷诺输运定理总共可有三种不同的表达形式。

$$\frac{\mathrm{D}}{\mathrm{D}t}\int_{\Omega_t}f(\boldsymbol{x},t)\mathrm{d}\Omega_t=\int_{\Omega_t}\left[\frac{\mathrm{D}f(\boldsymbol{x},t)}{\mathrm{D}t}+f\frac{\partial v_i}{\partial x_i}\right]\mathrm{d}\Omega_t \tag{4-42}$$

$$\frac{\mathrm{D}}{\mathrm{D}t}\int_{\Omega_t}f(\boldsymbol{x},t)\mathrm{d}\Omega_t=\int_{\Omega_t}\left[\frac{\partial f(\boldsymbol{x},t)}{\partial t}+\mathrm{div}(\boldsymbol{v}f)\right]\mathrm{d}\Omega_t \tag{4-43}$$

式中，

$$\mathrm{div}(\boldsymbol{v}f)=(\nabla\cdot\boldsymbol{v})f+\boldsymbol{v}\cdot\nabla f$$

实际上，式（4-41）的被积函数的第一项表示“源”或“漏”引起的物理量的改变，第二项表示“对流”引起的改变，第三项表示“体积变化”或者“构型变化”引起的改变。关于式（4-42）和式（4-43）可作如下解释：

$\frac{\mathrm{D}f(\boldsymbol{x},\ t)}{\mathrm{D}t}$ 表示拉格朗日描述的物质导数。拉格朗日描述下的系统是一个封闭系统，与环境没有物理量的交换，但“物质构型”随时间发生变化，从而体积也发生变化，所以积分的物质导数要考虑“物质所占空间体积”变化的影响，即$f(\nabla\cdot\boldsymbol{v})$。故雷诺输运定理表示为

$$\frac{\mathrm{D}}{\mathrm{D}t}\int_{\Omega_t} f(\boldsymbol{x},\ t)\,\mathrm{d}\Omega_t = \int_{\Omega_t}\left[\frac{\mathrm{D}f(\boldsymbol{x},\ t)}{\mathrm{D}t} + f(\nabla\cdot\boldsymbol{v})\right]\mathrm{d}\Omega_t \tag{4-44}$$

$\frac{\partial f(\boldsymbol{x},\ t)}{\partial t}$ 表示欧拉描述的局部导数。欧拉描述下的系统是一个体积保持不变的开放系统，系统与环境在边界上存在物理量的交换，因此在求积分的物质导数时，不需要考虑体积的变化，但需要考虑系统与环境的物理量交换引起的变化，即$\nabla\cdot(f\boldsymbol{v})$。故雷诺输运定理表示为

$$\frac{\mathrm{D}}{\mathrm{D}t}\int_{\Omega_t} f(\boldsymbol{x},\ t)\,\mathrm{d}\Omega_t = \int_{\Omega_t}\left[\frac{\partial f(\boldsymbol{x},\ t)}{\partial t} + \nabla\cdot(f\,\boldsymbol{v})\right]\mathrm{d}\Omega_t \tag{4-45}$$

4.3 质量守恒定律

设物质的密度为$\rho(\boldsymbol{x},\ t)$，t时刻构型体积为Ω_t，构型体积内物质总质量为

$$m(t) = \int_{\Omega_t}\rho(\boldsymbol{x},\ t)\,\mathrm{d}\Omega_t \tag{4-46}$$

不考虑化学反应物质的生成，物质的总质量应该是守恒的，即

$$\frac{\mathrm{D}m(t)}{\mathrm{D}t} = \frac{\mathrm{D}}{\mathrm{D}t}\int_{\Omega_t}\rho(\boldsymbol{x},\ t)\,\mathrm{d}\Omega_t = 0 \tag{4-47}$$

$$\frac{\mathrm{D}}{\mathrm{D}t}\int_{\Omega_t}\rho(\boldsymbol{x},\ t)\,\mathrm{d}\Omega_t = \int_{\Omega_t}\left[\frac{\mathrm{D}\rho(\boldsymbol{x},\ t)}{\mathrm{D}t} + \rho\,\mathrm{div}\boldsymbol{v}\right]\mathrm{d}\Omega_t = 0 \tag{4-48}$$

考虑到体积微元的任意性，有

$$\frac{\mathrm{D}\rho}{\mathrm{D}t} + \rho\,\mathrm{div}\boldsymbol{v} = 0,\quad \frac{\mathrm{D}\rho}{\mathrm{D}t} + \rho v_{i,i} = 0$$

上式称为质量守恒定律或连续性方程（continuity equation）。质量守恒定律也可以用另外一种方式得到。考虑构型变换前后物质系统的质量守恒，有

$$\int_{\Omega_0}\rho_0 \mathrm{d}\Omega_0 = \int_{\Omega_t}\rho(\boldsymbol{x}, t)\mathrm{d}\Omega_t \tag{4-49}$$

$$\int_{\Omega_0}(\rho J - \rho_0)\mathrm{d}\Omega_0 = 0 \tag{4-50}$$

从而

$$\rho(\boldsymbol{x}, t)J(\boldsymbol{x}, t) - \rho_0 = 0 \tag{4-51}$$

这里质量密度和体积比都采用了欧拉描述。如果采用拉格朗日描述，则有

$$\int_{\Omega_t}\rho(\boldsymbol{x}, t)\mathrm{d}\Omega_t = \int_{\Omega_0}\bar{\rho}(\boldsymbol{X}, t)\bar{J}(\boldsymbol{X}, t)\mathrm{d}\Omega_0 \tag{4-52}$$

$$\int_{\Omega_0}[\bar{\rho}(\boldsymbol{X}, t)\bar{J}(\boldsymbol{X}, t) - \rho_0]\mathrm{d}\Omega_0 = 0 \tag{4-53}$$

从而

$$\bar{\rho}(\boldsymbol{X}, t)\bar{J}(\boldsymbol{X}, t) - \rho_0 = 0 \tag{4-54}$$

在拉格朗日描述下，基本变量是 $(\boldsymbol{X}, t)$，由 $\bar{\rho}(\boldsymbol{X}, t)\bar{J}(\boldsymbol{X}, t) - \rho_0 = 0$，可得

$$\frac{\bar{\rho}(\boldsymbol{X}, t)}{\rho_0} = \frac{V_0}{V(\boldsymbol{X}, t)} \tag{4-55}$$

$$\bar{\rho}(\boldsymbol{X}, t)V(\boldsymbol{X}, t) = \rho_0 V_0 \tag{4-56}$$

由于拉格朗日描述下的系统是封闭系统，所以与环境没有质量交换；构型形状和体积变化，参考图 4-7，但构型体积所包含的质量是守恒的。

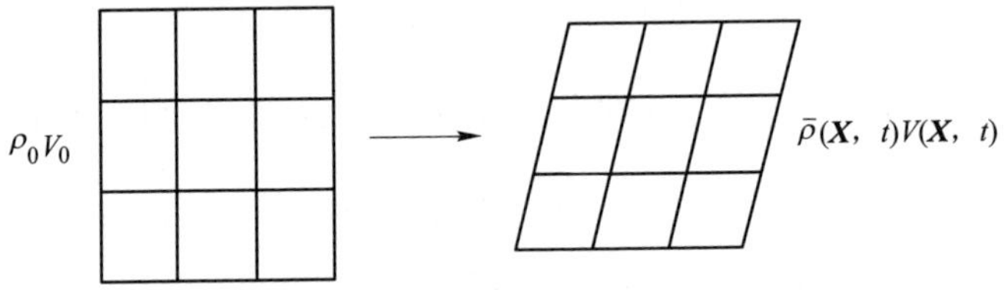

图 4-7　拉格朗日描述下的封闭系统

（仅有构型发生变化）

在欧拉描述下，基本变量是 $(\boldsymbol{x}, t)$，质量守恒所考察的是空间坐标系下的固定空间区域，参考图 4-8，空间区域体积不变但与环境存在物质交换。与环境的物质交换是导致质量密度发生改变的根源，即

$$\frac{\partial\rho(\boldsymbol{x}, t)}{\partial t} + \nabla\cdot(\rho\boldsymbol{v}) = 0 \tag{4-57}$$

定义物质流矢量，即 $\boldsymbol{I} = \rho\boldsymbol{v}$，表示单位时间单位面积上经边界流入（取负值）或

者流出（取正值）系统（空间固定体积）的物质。则质量守恒定律也可以表示为

$$\frac{\partial \rho(\boldsymbol{x},\ t)}{\partial t} + \nabla \cdot \boldsymbol{I} = 0 \tag{4-58}$$

式中，$\nabla \cdot (\rho \boldsymbol{v})$ 表示从封闭表面的净流入或者净流出。当 $\nabla \cdot (\rho \boldsymbol{v}) > 0$ 时，$\frac{\partial \rho}{\partial t} < 0$；当 $\nabla \cdot (\rho \boldsymbol{v}) < 0$ 时，$\frac{\partial \rho}{\partial t} > 0$。

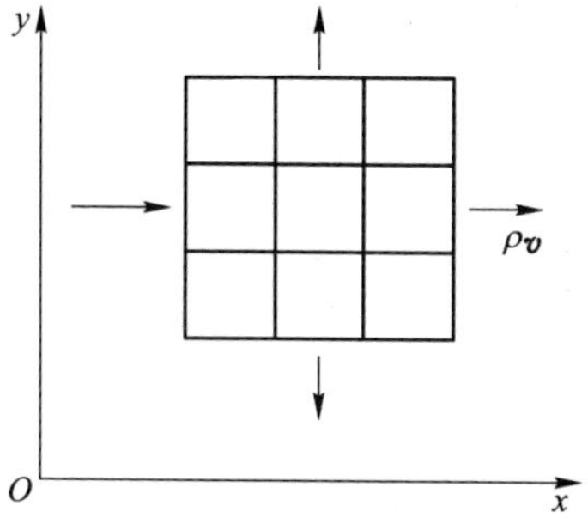

图 4-8 欧拉描述下的开放系统

（空间区域体积不变但与环境存在物质交换）

4.4 动量守恒定律

作用在物体上的体力和面力的合力可以表示为

$$\boldsymbol{f}(t) = \int_{\Omega_t} \rho \boldsymbol{b}(\boldsymbol{x},\ t)\,\mathrm{d}\Omega_t + \int_{\Gamma_t} \boldsymbol{t}(\boldsymbol{x},\ t)\,\mathrm{d}\Gamma_t \tag{4-59}$$

总动量为

$$\boldsymbol{p}(t) = \int_{\Omega_t} \rho(\boldsymbol{x},\ t)\boldsymbol{v}(\boldsymbol{x},\ t)\,\mathrm{d}\Omega_t \tag{4-60}$$

动量守恒定律表示为

$$\frac{\mathrm{D}\boldsymbol{p}(t)}{\mathrm{D}t} = \boldsymbol{f}(t) \tag{4-61}$$

$$\frac{\mathrm{D}}{\mathrm{D}t}\int_{\Omega_t} \rho(\boldsymbol{x},\ t)\boldsymbol{v}(\boldsymbol{x},\ t)\,\mathrm{d}\Omega_t = \int_{\Omega_t} \rho \boldsymbol{b}(\boldsymbol{x},\ t)\,\mathrm{d}\Omega_t + \int_{\Gamma_t} \boldsymbol{t}(\boldsymbol{x},\ t)\,\mathrm{d}\Gamma_t \tag{4-62}$$

对 $\rho \boldsymbol{v}$ 应用雷诺输运定理，有

$$\frac{\mathrm{D}}{\mathrm{D}t}\int_{\Omega_t}\rho(\boldsymbol{x},t)\boldsymbol{v}(\boldsymbol{x},t)\mathrm{d}\Omega_t=\int_{\Omega_t}\left[\frac{\mathrm{D}(\rho\boldsymbol{v})}{\mathrm{D}t}+\rho\boldsymbol{v}\cdot\mathrm{div}\boldsymbol{v}\right]\mathrm{d}\Omega_t$$
$$=\int_{\Omega_t}\left[\rho\frac{\mathrm{D}\boldsymbol{v}}{\mathrm{D}t}+\boldsymbol{v}\cdot\left(\frac{\mathrm{D}\rho}{\mathrm{D}t}+\rho\mathrm{div}\boldsymbol{v}\right)\right]\mathrm{d}\Omega_t \quad (4\text{-}63)$$

利用质量守恒定律

$$\frac{\mathrm{D}\rho}{\mathrm{D}t}+\rho\mathrm{div}\boldsymbol{v}=0,\ \frac{\mathrm{D}\rho}{\mathrm{D}t}+\rho v_{i,i}=0$$

从而动量的时间变化率可以写成

$$\frac{\mathrm{D}}{\mathrm{D}t}\int_{\Omega_t}\rho(\boldsymbol{x},t)\boldsymbol{v}(\boldsymbol{x},t)\mathrm{d}\Omega_t=\int_{\Omega_t}\rho(\boldsymbol{x},t)\frac{\mathrm{D}\boldsymbol{v}(\boldsymbol{x},t)}{\mathrm{D}t}\mathrm{d}\Omega_t \quad (4\text{-}64)$$

上式表明当物质导数从积分号外面移入积分号里面时，$\rho(\boldsymbol{x},t)\mathrm{d}\Omega_t$ 作为整体可以视为常数。这是质量守恒定律的必然结果。记住这个规律对于求物理量积分的时间导数是十分重要的，它将大大简化物质导数的推导过程。

利用 Green 变换公式中的高斯定理，面力可以改写为

$$\int_{\Gamma_t}\boldsymbol{t}(\boldsymbol{x},t)\mathrm{d}\Gamma_t=\int_{\Gamma_t}\boldsymbol{\sigma}(\boldsymbol{x},t)\cdot\boldsymbol{n}(\boldsymbol{x},t)\mathrm{d}\Gamma_t=\int_{\Omega_t}\boldsymbol{\sigma}\cdot\nabla\mathrm{d}\Omega_t \quad (4\text{-}65)$$

将其代入动量守恒定律得

$$\int_{\Omega_t}\left[\rho(\boldsymbol{x},t)\frac{\mathrm{D}\boldsymbol{v}(\boldsymbol{x},t)}{\mathrm{D}t}-\rho(\boldsymbol{x},t)\boldsymbol{b}(\boldsymbol{x},t)-\boldsymbol{\sigma}(\boldsymbol{x},t)\cdot\nabla\right]\mathrm{d}\Omega_t=0 \quad (4\text{-}66)$$

由于积分体积的任意性，从而被积函数为零，即

$$\rho\frac{\mathrm{D}\boldsymbol{v}}{\mathrm{D}t}=\boldsymbol{\sigma}\cdot\nabla+\rho\boldsymbol{b} \quad (4\text{-}67)$$

$$\rho\frac{\mathrm{D}v_i}{\mathrm{D}t}=\frac{\partial\sigma_{ij}}{\partial x_j}+\rho b_i \quad (4\text{-}68)$$

上式就是欧拉描述下的动量守恒定律（momentum conservation theorem）。

在拉格朗日描述下，上述推导过程修正为

$$\bar{\boldsymbol{f}}(t)=\int_{\Omega_0}\rho_0(\boldsymbol{X})\boldsymbol{b}_0(\boldsymbol{X},t)\mathrm{d}\Omega_0+\int_{\Gamma_0}\boldsymbol{t}_0(\boldsymbol{X},t)\mathrm{d}\Gamma_0 \quad (4\text{-}69)$$

$$\bar{\boldsymbol{p}}(t)=\int_{\Omega_0}\rho_0(\boldsymbol{X})\boldsymbol{v}(\boldsymbol{X},t)\mathrm{d}\Omega_0 \quad (4\text{-}70)$$

$$\frac{\mathrm{d}\bar{\boldsymbol{p}}(t)}{\mathrm{d}t}=\bar{\boldsymbol{f}}(t) \quad (4\text{-}71)$$

$$\int_{\Gamma_0}\boldsymbol{t}_0(\boldsymbol{X},t)\mathrm{d}\Gamma_0=\int_{\Gamma_0}\boldsymbol{n}_0\cdot\boldsymbol{P}(\boldsymbol{X},t)\mathrm{d}\Gamma_0=\int_{\Omega_0}\nabla_0\cdot\boldsymbol{P}(\boldsymbol{X},t)\mathrm{d}\Omega_0 \quad (4\text{-}72)$$

$$\int_{\Omega_0}\left[\rho_0(\boldsymbol{X})\ \frac{\partial \boldsymbol{v}(\boldsymbol{X},\ t)}{\partial t} - \rho_0(\boldsymbol{X})\boldsymbol{b}_0(\boldsymbol{X},\ t) - \nabla_0 \cdot \boldsymbol{P}(\boldsymbol{X},\ t)\right] \mathrm{d}\Omega_0 = 0 \tag{4-73}$$

$$\rho_0\ \frac{\partial \boldsymbol{v}}{\partial t} = \nabla_0 \cdot \boldsymbol{P} + \rho_0 \boldsymbol{b}_0 \tag{4-74}$$

上式中各物理量的下标“0”表示与初始构型关联。

这里存在一个问题，为什么用 PK1 应力张量 $\boldsymbol{P}$ 而不是 PK2 应力张量 $\boldsymbol{S}$？考虑到作用在当前构型上的面力在还原到初始构型上时，虽然承载这个力的面元大小和方向都发生变化，但这个力的大小和方向不应该发生变化。而在定义两类 PK 应力张量时，要求满足

$$\boldsymbol{T} = \boldsymbol{S} \cdot \boldsymbol{N},\ \boldsymbol{T}' = \boldsymbol{P} \cdot \boldsymbol{N}$$

显然，初始构型上的 $\boldsymbol{T}'$ 与当前构型上的 $\boldsymbol{t}$ 的方向是一致的，故应该选择 PK1 应力张量 $\boldsymbol{P}$ 。其次，考虑到 PK1 应力张量 $\boldsymbol{P}$ 是非对称的二阶张量，其左散度与右散度是不相等的，所以动量守恒定律中右散度不能写成左散度，即 $\nabla_0 \cdot \boldsymbol{P} \neq \boldsymbol{P} \cdot \nabla_0$。

4.5 动量矩守恒定律

参考图 4-9，以坐标原点为支点，动量矩可以表示为 $\boldsymbol{x} \times \rho(\boldsymbol{x},\ t)\boldsymbol{v}(\boldsymbol{x},\ t)$ ，体力和面力的力矩可分别表示为 $\boldsymbol{x} \times \rho \boldsymbol{b}(\boldsymbol{x},\ t)$ 和 $\boldsymbol{x} \times \boldsymbol{t}(\boldsymbol{x},\ t)$ ，从而动量矩守恒定律可以表示为

$$\frac{\mathrm{D}}{\mathrm{D}t}\int_{\Omega_t} \boldsymbol{x} \times \rho(\boldsymbol{x},\ t)\boldsymbol{v}(\boldsymbol{x},\ t)\mathrm{d}\Omega_t = \int_{\Omega_t} \boldsymbol{x} \times \rho \boldsymbol{b}(\boldsymbol{x},\ t)\mathrm{d}\Omega_t + \int_{\Gamma_t} \boldsymbol{x} \times \boldsymbol{t}(\boldsymbol{x},\ t)\mathrm{d}\Gamma_t \tag{4-75}$$

其中面积分可以利用 Green 变换公式中的高斯定理转换成体积分，即

$$\int_{\Gamma_t} \boldsymbol{x} \times [\boldsymbol{\sigma}(\boldsymbol{x},\ t) \cdot \boldsymbol{n}(\boldsymbol{x},\ t)]_i \mathrm{d}\Gamma_t = \int_{\Gamma_t} e_{ijk} x_j (\sigma_{kl} n_l) \mathrm{d}\Gamma_t = \int_{\Omega_t} \frac{\partial}{\partial x_l}(e_{ijk} x_j \sigma_{kl}) \mathrm{d}\Omega_t \tag{4-76}$$

上述体积分可以进一步化简为

$$\begin{aligned}\int_{\Omega_t} \frac{\partial}{\partial x_l}(e_{ijk} x_j \sigma_{kl}) \mathrm{d}\Omega_t &= \int_{\Omega_t} e_{ijk}\ \frac{\partial x_j}{\partial x_l}\sigma_{kl} \mathrm{d}\Omega_t + \int_{\Omega_t} e_{ijk} x_j\ \frac{\partial \sigma_{kl}}{\partial x_l}\mathrm{d}\Omega_t \\ &= \int_{\Omega_t} e_{ijk}\delta_{jl}\sigma_{kl}\mathrm{d}\Omega_t + \int_{\Omega_t} e_{ijk} x_j\ \frac{\partial \sigma_{kl}}{\partial x_l}\mathrm{d}\Omega_t\end{aligned}$$

$$= \int_{\Omega_t} e_{ijk}\sigma_{kj}\mathrm{d}\Omega_t + \int_{\Omega_t} e_{ijk}x_j\,[\boldsymbol{\sigma}\cdot\nabla]_k\mathrm{d}\Omega_t$$

$$= \int_{\Omega_t} e_{ijk}\sigma^{\mathrm{T}}_{jk}\mathrm{d}\Omega_t + \int_{\Omega_t} e_{ijk}x_j\,[\boldsymbol{\sigma}\cdot\nabla]_k\mathrm{d}\Omega_t$$

$$= \int_{\Omega_t} [\boldsymbol{e} : \boldsymbol{\sigma}^{\mathrm{T}} + \boldsymbol{x}\times(\boldsymbol{\sigma}\cdot\nabla)]_i\mathrm{d}\Omega_t \tag{4-77}$$

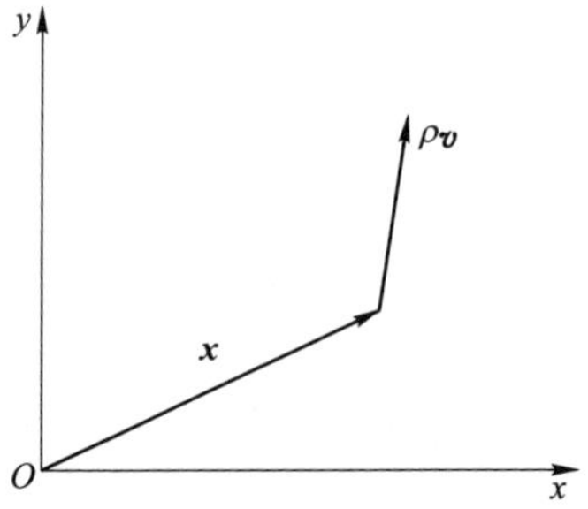

图 4-9　动量及动量矩计算示意图

式（4-75）的左边，即动量矩也可以进一步化简为

$$\frac{\mathrm{D}}{\mathrm{D}t}\int_{\Omega_t} \boldsymbol{x}\times\rho(\boldsymbol{x},t)\boldsymbol{v}(\boldsymbol{x},t)\mathrm{d}\Omega_t$$

$$= \int_{\Omega_t}\frac{\mathrm{D}\boldsymbol{x}}{\mathrm{D}t}\times\rho(\boldsymbol{x},t)\boldsymbol{v}(\boldsymbol{x},t)\mathrm{d}\Omega_t + \int_{\Omega_t}\boldsymbol{x}\times\rho(\boldsymbol{x},t)\frac{\mathrm{D}\boldsymbol{v}(\boldsymbol{x},t)}{\mathrm{D}t}\mathrm{d}\Omega_t$$

$$= \int_{\Omega_t}\boldsymbol{v}(\boldsymbol{x},t)\times\rho(\boldsymbol{x},t)\boldsymbol{v}(\boldsymbol{x},t)\mathrm{d}\Omega_t + \int_{\Omega_t}\boldsymbol{x}\times\rho(\boldsymbol{x},t)\frac{\mathrm{D}\boldsymbol{v}(\boldsymbol{x},t)}{\mathrm{D}t}\mathrm{d}\Omega_t$$

$$= \int_{\Omega_t}\boldsymbol{x}\times\rho(\boldsymbol{x},t)\frac{\mathrm{D}\boldsymbol{v}(\boldsymbol{x},t)}{\mathrm{D}t}\mathrm{d}\Omega_t \tag{4-78}$$

上式在推导过程中利用了质量守恒定律，即将 $\rho(\boldsymbol{x},t)\mathrm{d}\Omega_t$ 作为整体视为常数，如果没有利用这个规律，则推导过程应该为

$$\frac{\mathrm{D}}{\mathrm{D}t}\int_{\Omega_t} \boldsymbol{x}\times\rho(\boldsymbol{x},t)\boldsymbol{v}(\boldsymbol{x},t)\mathrm{d}\Omega_t$$

$$= \int_{\Omega_t}\left\{\frac{\mathrm{D}}{\mathrm{D}t}[\boldsymbol{x}\times\rho(\boldsymbol{x},t)\boldsymbol{v}(\boldsymbol{x},t)] + [\boldsymbol{x}\times\boldsymbol{v}(\boldsymbol{x},t)\rho(\boldsymbol{x},t)\,\nabla\cdot\boldsymbol{v}(\boldsymbol{x},t)]\right\}\mathrm{d}\Omega_t$$

$$= \int_{\Omega_t}\left\{\left[\frac{\mathrm{D}\boldsymbol{x}}{\mathrm{D}t}\times\rho(\boldsymbol{x},t)\boldsymbol{v}(\boldsymbol{x},t) + \boldsymbol{x}\times\frac{\mathrm{D}\rho(\boldsymbol{x},t)}{\mathrm{D}t}\boldsymbol{v}(\boldsymbol{x},t) + \boldsymbol{x}\times\rho(\boldsymbol{x},t)\frac{\mathrm{D}\boldsymbol{v}(\boldsymbol{x},t)}{\mathrm{D}t}\right] + \right.$$

$$\left.[\boldsymbol{x}\times\boldsymbol{v}(\boldsymbol{x},t)\rho(\boldsymbol{x},t)\,\nabla\cdot\boldsymbol{v}(\boldsymbol{x},t)]\right\}\mathrm{d}\Omega_t$$

$$= \int_{\Omega_t} \left\{ \left[\boldsymbol{v} \times \rho(\boldsymbol{x}, t) \boldsymbol{v}(\boldsymbol{x}, t) + \boldsymbol{x} \times \rho(\boldsymbol{x}, t) \frac{\mathrm{D}\boldsymbol{v}(\boldsymbol{x}, t)}{\mathrm{D}t} \right] + \right.$$

$$\left. \boldsymbol{x} \times \left[\frac{\mathrm{D}\rho(\boldsymbol{x}, t)}{\mathrm{D}t} + \rho(\boldsymbol{x}, t) \nabla \cdot \boldsymbol{v}(\boldsymbol{x}, t) \right] \boldsymbol{v}(\boldsymbol{x}, t) \right\} \mathrm{d}\Omega_t$$

$$= \int_{\Omega_t} \boldsymbol{x} \times \rho(\boldsymbol{x}, t) \frac{\mathrm{D}}{\mathrm{D}t} \boldsymbol{v}(\boldsymbol{x}, t) \mathrm{d}\Omega_t \tag{4-79}$$

可见所得结果是一样的,但利用将$\rho(\boldsymbol{x}, t)\mathrm{d}\Omega_t$作为整体视为常数这个规律,将使推导过程大大简化。将式(4-77)和式(4-78)代入式(4-75)得

$$\int_{\Omega_t} \boldsymbol{x} \times \left[\rho(\boldsymbol{x}, t) \frac{\mathrm{D}\boldsymbol{v}(\boldsymbol{x}, t)}{\mathrm{D}t} - \rho(\boldsymbol{x}, t) \boldsymbol{b}(\boldsymbol{x}, t) - \boldsymbol{\sigma}(\boldsymbol{x}, t) \cdot \nabla \right] \mathrm{d}\Omega_t$$

$$= \int_{\Omega_t} \boldsymbol{e} : \boldsymbol{\sigma}(\boldsymbol{x}, t)^{\mathrm{T}} \mathrm{d}\Omega_t \tag{4-80}$$

再利用动量守恒定律得

$$\int_{\Omega_t} \boldsymbol{e} : \boldsymbol{\sigma}(\boldsymbol{x}, t)^{\mathrm{T}} \mathrm{d}\Omega_t = 0 \tag{4-81}$$

从而

$$\boldsymbol{e} : \boldsymbol{\sigma}^{\mathrm{T}} = 0$$

为了更好地理解这个式子的意义，可以写成分量形式

$$e_{ijk} \sigma_{kj} = 0 \quad (i = 1, 2, 3) \tag{4-82}$$

这个方程要求 Cauchy 应力张量是对称的，即

$$\boldsymbol{\sigma} = \boldsymbol{\sigma}^{\mathrm{T}} \tag{4-83}$$

在曲线坐标系下，考虑到

$$\boldsymbol{\epsilon} : \boldsymbol{A} = -\boldsymbol{\epsilon} : \boldsymbol{A}^{\mathrm{T}} \tag{4-84}$$

从而

$$\boldsymbol{\epsilon} : (\boldsymbol{A} + \boldsymbol{A}^{\mathrm{T}}) = 0 \tag{4-85}$$

即 Eddington 张量与对称张量的双点积为零。式（4-82）就是这个定理在直角坐标系下的表达形式。可见，动量矩守恒定律与 Cauchy 应力张量是对称的、是等价的。只要保证 Cauchy 应力张量是对称的，则动量矩守恒定律自动得到满足。这也是经典弹性理论中质点运动的控制方程只有动量守恒定律的原因。但在广义弹性理论中，譬如偶应力弹性理论中，应力张量不再是对称的，此时控制方程就要包含动量矩守恒定律。

4.6 能量守恒定律

对于当前时刻占据空间区域Ω的连续介质系统，其在一个热力学过程中的总

能量的变化等于在此过程中外力所做的功以及外界输入的热量（以边界热流形式或空间热源形式）的代数和。定义

$$E(t)=\int_{\Omega_t} e(\boldsymbol{x},t)\mathrm{d}\Omega_t=\int_{\Omega_t}\rho(\boldsymbol{x},t)\,w^i(\boldsymbol{x},t)\mathrm{d}\Omega_t \tag{4-86}$$

$$K(t)=\int_{\Omega_t} k(\boldsymbol{x},t)\mathrm{d}\Omega_t=\int_{\Omega_t}\frac{1}{2}\rho(\boldsymbol{x},t)\boldsymbol{v}(\boldsymbol{x},t)\cdot\boldsymbol{v}(\boldsymbol{x},t)\mathrm{d}\Omega_t \tag{4-87}$$

式中，$e(\boldsymbol{x},t)$ 为内能密度；$k(\boldsymbol{x},t)$ 为动能密度。则总能量

$$P(t)=E(t)+K(t)=\int_{\Omega_t} e(\boldsymbol{x},t)\mathrm{d}\Omega_t+\int_{\Omega_t} k(\boldsymbol{x},t)\mathrm{d}\Omega_t \tag{4-88}$$

能量的时间变化率

$$\frac{\mathrm{D}P(t)}{\mathrm{D}t}=\frac{\mathrm{D}E(t)}{\mathrm{D}t}+\frac{\mathrm{D}K(t)}{\mathrm{D}t} \tag{4-89}$$

$$=\frac{\mathrm{D}}{\mathrm{D}t}\int_{\Omega_t}\rho(\boldsymbol{x},t)\,w^i(\boldsymbol{x},t)\mathrm{d}\Omega_t+\frac{\mathrm{D}}{\mathrm{D}t}\int_{\Omega_t}\frac{1}{2}\rho(\boldsymbol{x},t)\boldsymbol{v}(\boldsymbol{x},t)\cdot\boldsymbol{v}(\boldsymbol{x},t)\mathrm{d}\Omega_t \tag{4-90}$$

机械功率

$$\dot{W}^{\mathrm{e}}=\int_{\Omega_t}\boldsymbol{v}(\boldsymbol{x},t)\cdot\rho(\boldsymbol{x},t)\boldsymbol{b}(\boldsymbol{x},t)\mathrm{d}\Omega_t+\int_{\Gamma_t}\boldsymbol{v}(\boldsymbol{x},t)\cdot\boldsymbol{t}(\boldsymbol{x},t)\mathrm{d}\Gamma_t \tag{4-91}$$

热功率

$$\dot{W}^{\mathrm{h}}=\int_{\Omega_t}\rho(\boldsymbol{x},t)s(\boldsymbol{x},t)\mathrm{d}\Omega_t-\int_{\Gamma_t}\boldsymbol{n}(\boldsymbol{x},t)\cdot\boldsymbol{q}(\boldsymbol{x},t)\mathrm{d}\Gamma_t \tag{4-92}$$

式中，$s(\boldsymbol{x},t)$ 为热源强度，$\boldsymbol{q}(\boldsymbol{x},t)$ 为热流矢量。

能量守恒定律

$$\frac{\mathrm{D}P(t)}{\mathrm{D}t}=\frac{\mathrm{D}E(t)}{\mathrm{D}t}+\frac{\mathrm{D}K(t)}{\mathrm{D}t}=\dot{W}^{\mathrm{e}}+\dot{W}^{\mathrm{h}} \tag{4-93}$$

$$\frac{\mathrm{D}}{\mathrm{D}t}\int_{\Omega_t}\left(\rho w^i+\frac{1}{2}\rho\boldsymbol{v}\cdot\boldsymbol{v}\right)\mathrm{d}\Omega_t=\int_{\Omega_t}\boldsymbol{v}\cdot\rho\boldsymbol{b}\mathrm{d}\Omega_t+\int_{\Gamma_t}\boldsymbol{v}\cdot\boldsymbol{t}\mathrm{d}\Gamma_t+\int_{\Omega_t}\rho s\mathrm{d}\Omega_t-\int_{\Gamma_t}\boldsymbol{n}\cdot\boldsymbol{q}\mathrm{d}\Gamma_t \tag{4-94}$$

上式等号左边

$$\frac{\mathrm{D}}{\mathrm{D}t}\int_{\Omega_t}\left(\rho w^i+\frac{1}{2}\rho\boldsymbol{v}\cdot\boldsymbol{v}\right)\mathrm{d}\Omega_t=\int_{\Omega_t}\left[\rho\frac{\mathrm{D}w^i}{\mathrm{D}t}+\frac{1}{2}\rho\frac{\mathrm{D}(\boldsymbol{v}\cdot\boldsymbol{v})}{\mathrm{D}t}\right]\mathrm{d}\Omega_t$$

$$=\int_{\Omega_t}\left[\rho\frac{\mathrm{D}w^i}{\mathrm{D}t}+\rho\boldsymbol{v}\cdot\frac{\mathrm{D}\boldsymbol{v}}{\mathrm{D}t}\right]\mathrm{d}\Omega_t \tag{4-95}$$

利用高斯定理，面力功率可以化为体积分形式，即

$$\int_{\Gamma_t} \boldsymbol{v} \cdot \boldsymbol{t} \mathrm{d}\Gamma_t = \int_{\Gamma_t} \boldsymbol{v} \cdot \boldsymbol{\sigma} \cdot \boldsymbol{n} \mathrm{d}\Gamma_t = \int_{\Gamma_t} \sigma_{ij} n_j v_i \mathrm{d}\Gamma_t = \int_{\Omega_t} \frac{\partial(\sigma_{ij} v_i)}{\partial x_j} \mathrm{d}\Omega_t \tag{4-96}$$

利用速度梯度的加法分解，即变形速率张量与旋转速率张量之和，上式可进一步化简为

$$\begin{aligned}
\int_{\Omega_t} \frac{\partial(\sigma_{ij} v_i)}{\partial x_j} \mathrm{d}\Omega_t &= \int_{\Omega_t} \left(\frac{\partial v_i}{\partial x_j} \sigma_{ij} + \frac{\partial \sigma_{ij}}{\partial x_j} v_i \right) \mathrm{d}\Omega_t \\
&= \int_{\Omega_t} \left[(\dot{\varepsilon}_{ij} + \dot{\Omega}_{ij}) \sigma_{ij} + \frac{\partial \sigma_{ij}}{\partial x_j} v_i \right] \mathrm{d}\Omega_t \\
&= \int_{\Omega_t} \left(\dot{\varepsilon}_{ij} \sigma_{ij} + \frac{\partial \sigma_{ij}}{\partial x_j} v_i \right) \mathrm{d}\Omega_t \\
&= \int_{\Omega_t} [\dot{\boldsymbol{\varepsilon}} : \boldsymbol{\sigma} + (\nabla \cdot \boldsymbol{\sigma}) \cdot \boldsymbol{v}] \mathrm{d}\Omega_t
\end{aligned} \tag{4-97}$$

上式推导过程中应用了旋转速率张量的反对称性。上式表明面力做功一部分转化为内能（$\dot{\boldsymbol{\varepsilon}} : \boldsymbol{\sigma}$），另一部分转化为动能，即

$$\int_{\Gamma_t} \boldsymbol{v} \cdot \boldsymbol{t} \mathrm{d}\Gamma_t = \int_{\Omega_t} \frac{\partial(\sigma_{ij} v_i)}{\partial x_j} \mathrm{d}\Omega_t = \int_{\Omega_t} [\dot{\boldsymbol{\varepsilon}} : \boldsymbol{\sigma} + (\nabla \cdot \boldsymbol{\sigma}) \cdot \boldsymbol{v}] \mathrm{d}\Omega_t \tag{4-98}$$

利用高斯定理，表面热流可以化为体积分形式，即

$$\int_{\Gamma_t} \boldsymbol{n} \cdot \boldsymbol{q} \mathrm{d}\Gamma_t = \int_{\Gamma_t} n_i q_i \mathrm{d}\Gamma_t = \int_{\Omega_t} \frac{\partial q_i}{\partial x_i} \mathrm{d}\Omega_t = \int_{\Omega_t} \nabla \cdot \boldsymbol{q} \mathrm{d}\Omega_t \tag{4-99}$$

将式（4-98）、式（4-99）代入式（4-94）得

$$\int_{\Omega_t} \left[\rho \frac{\mathrm{D}w^i}{\mathrm{D}t} - \dot{\boldsymbol{\varepsilon}} : \boldsymbol{\sigma} + \nabla \cdot \boldsymbol{q} - \rho s + \boldsymbol{v} \cdot \left(\rho \frac{\mathrm{D}\boldsymbol{v}}{\mathrm{D}t} - \rho \boldsymbol{b} - \nabla \cdot \boldsymbol{\sigma} \right) \right] \mathrm{d}\Omega_t = 0 \tag{4-100}$$

利用动量守恒定律，上式可进一步化简为

$$\int_{\Omega_t} \left(\rho \frac{\mathrm{D}w^i}{\mathrm{D}t} - \dot{\boldsymbol{\varepsilon}} : \boldsymbol{\sigma} + \nabla \cdot \boldsymbol{q} - \rho s \right) \mathrm{d}\Omega_t = 0 \tag{4-101}$$

或者

$$\rho \frac{\mathrm{D}w^i}{\mathrm{D}t} = \dot{\boldsymbol{\varepsilon}} : \boldsymbol{\sigma} - \nabla \cdot \boldsymbol{q} + \rho s \tag{4-102}$$

上式表明热供 ρs 和热流 $\boldsymbol{q}$ 全部转化为系统的内能。而由动量守恒定律可知，体积力做功全部转化为体系的动能。能量守恒方程退化为内能守恒方程

$$\frac{\mathrm{D}E(t)}{\mathrm{D}t} = \int_{\Omega_t} \dot{\boldsymbol{\varepsilon}} : \boldsymbol{\sigma} \mathrm{d}\Omega_t + \dot{W}^{\mathrm{h}} \tag{4-103}$$

在拉格朗日描述下,

$$\rho_0 \frac{\mathrm{D}w^i}{\mathrm{D}t} = \dot{\boldsymbol{E}} : \boldsymbol{S} - \nabla_0 \cdot \boldsymbol{q} + \rho_0 s \tag{4-104}$$

$$\frac{\mathrm{D}P(t)}{\mathrm{D}t} = \frac{\mathrm{D}E(t)}{\mathrm{D}t} + \frac{\mathrm{D}K(t)}{\mathrm{D}t} = \dot{W}^{\mathrm{e}} + \dot{W}^{\mathrm{h}} \tag{4-105}$$

$$\frac{\mathrm{D}K(t)}{\mathrm{D}t} + \int_{\Omega_0} \dot{\boldsymbol{E}} : \boldsymbol{S}\mathrm{d}\Omega_0 = \dot{W}^{\mathrm{e}} \tag{4-106}$$

其中式（4-104）为内能守恒方程，式（4-106）为动能守恒方程，而式（4-105）为总能量守恒方程。机械功率一部分转化为内能，一部分转化为动能。热功率全部转化为内能。

上述几个守恒定律可以写成一般形式：

$$\frac{\partial L}{\partial t} + \nabla \cdot (L\dot{\boldsymbol{u}} + \boldsymbol{I}) = r \tag{4-107}$$

式中的 $L\dot{\boldsymbol{u}}$ 称为运流，$\boldsymbol{I}$ 称为扩散流。r 表示“源”。运流是由平均宏观运动造成的流，扩散流是由相对于平均运动的微观运动造成的流。扩散流起源于物理量的不均匀分布，它通常与物理量的梯度成正比。譬如，热流与温度梯度成正比。对于质量守恒定律，运流是 $\rho\dot{\boldsymbol{u}}$，称为质量运流；对于动量守恒定律，运流是 $\rho\dot{\boldsymbol{u}} \otimes \dot{\boldsymbol{u}}$，称为动量运流；对于能量守恒定律，运流是 $(k+e)\dot{\boldsymbol{u}} + \boldsymbol{\sigma} \cdot \dot{\boldsymbol{u}}$，称为能量运流。运流与扩散流不一定同时存在。

4.7 热力学第二定律

在热力学中，熵是一个很重要的概念，它与能量的概念具有同等重要的地位。熵定义为物质微观热运动的混乱程度。引入熵的概念是为了反映热力学的运动方向。热力学第一定律表明热力学运动过程中机械能和热能可以转换，但总能量守恒。不同于能量守恒定律，热力学熵增原理反映热力学过程的演化方向。热力学熵增原理表述为：对于一个绝热系统，其熵值只增不减。系统只能朝着熵增加的方向，即系统混乱程度增大的方向演变。热力学第一定律要求变形前后，系统的总能量必须是守恒的，但没有规定系统演化的方向。真实的热力学过程是不可逆的，即具有某种方向性。热力学第二定律要求系统只能朝着熵增加的方向演化，即系统混乱程度增大的方向演变。热力学第二定律指明了系统演化的方向，这是热力学第一定律和第二定律的本质不同之处。类似于热源和热流的概念，可以引入熵源和熵流的概念，即熵源 $\dfrac{s(\boldsymbol{x},\ t)}{T}$ 和熵流 $\dfrac{\boldsymbol{q}(\boldsymbol{x},\ t)}{T}$。熵源和熵流都可以导致系统熵的总量发生变化。由熵源和熵流产生的熵可以称为外熵或者熵供。令 $\eta(\boldsymbol{x},\ t)$ 表示熵密度（单位质量物质所具有的熵），则总的熵为

$$H(t)=\int_{\Omega_t}\rho(\boldsymbol{x},\ t)\eta(\boldsymbol{x},\ t)\mathrm{d}\Omega_t \tag{4-108}$$

熵增原理可以用不等式表示为

$$\frac{\mathrm{D}H(t)}{\mathrm{D}t}\geqslant-\int_{\Gamma_t}\frac{\boldsymbol{q}(\boldsymbol{x},\ t)\cdot\boldsymbol{n}(\boldsymbol{x},\ t)}{T}\mathrm{d}\Gamma_t+\int_{\Omega_t}\frac{\rho(\boldsymbol{x},\ t)s(\boldsymbol{x},\ t)}{T}\mathrm{d}\Omega_t \tag{4-109}$$

$$\Phi(t)=\frac{\mathrm{D}H(t)}{\mathrm{D}t}+\int_{\Gamma_t}\frac{\boldsymbol{q}(\boldsymbol{x},\ t)\cdot\boldsymbol{n}(\boldsymbol{x},\ t)}{T}\mathrm{d}\Gamma_t-\int_{\Omega_t}\frac{\rho(\boldsymbol{x},\ t)s(\boldsymbol{x},\ t)}{T}\mathrm{d}\Omega_t\geqslant 0 \tag{4-110}$$

令 $\phi=\phi(\boldsymbol{x},\ t)$ 表示单位质量的内熵生成率，则系统总的内熵为

$$\Phi(t)=\int_{\Omega_t}\rho(\boldsymbol{x},\ t)\phi(\boldsymbol{x},\ t)\mathrm{d}\Omega_t\geqslant 0 \tag{4-111}$$

内熵生成率体现了系统内部的能量耗散机制。熵增原理等价于说内熵生成率总是大于零。上述表示熵增原理的不等式一般称为克劳休斯-杜亨（Clausius-Duhem）不等式。

引入内熵生成率的概念之后，熵增原理也可以用等式表示为

$$\frac{\mathrm{D}}{\mathrm{D}t}\int_{\Omega_t}\rho\eta\mathrm{d}\Omega_t=-\int_{\Gamma_t}\frac{\boldsymbol{q}\cdot\boldsymbol{n}}{T}\mathrm{d}\Gamma_t+\int_{\Omega_t}\rho\left(\frac{s}{T}+\phi\right)\mathrm{d}\Omega_t \tag{4-112}$$

上式的本质就是总熵增 = 熵供 + 熵产。利用雷诺输运定理以及质量守恒定律，式（4-112）也可以修正为

$$\int_{\Omega_t}\left[\rho\frac{\mathrm{D}\eta}{\mathrm{D}t}+\frac{\boldsymbol{q}}{T}\cdot\nabla-\rho\left(\frac{s}{T}+\phi\right)\right]\mathrm{d}\Omega_t=0 \tag{4-113}$$

从而

$$\rho\frac{\mathrm{D}\eta}{\mathrm{D}t}+\frac{\boldsymbol{q}}{T}\cdot\nabla-\rho\left(\frac{s}{T}+\phi\right)=0 \tag{4-114}$$

考虑到

$$\frac{\boldsymbol{q}}{T}\cdot\nabla=\frac{1}{T}(\nabla\cdot\boldsymbol{q})+\left(\frac{1}{T}\nabla\right)\cdot\boldsymbol{q} \tag{4-115}$$

以及傅里叶（Fourier）热传导定律

$$\boldsymbol{q}=-k\nabla T \tag{4-116}$$

熵增方程还可以写成

$$T\frac{\mathrm{D}\eta}{\mathrm{D}t}=\frac{1}{\rho T}(\nabla T)\cdot\boldsymbol{q}-\frac{1}{\rho}(\nabla\cdot\boldsymbol{q})+s+T\phi \tag{4-117}$$

或者

$$T\rho\phi=T\rho\frac{\mathrm{D}\eta}{\mathrm{D}t}+(\nabla\cdot\boldsymbol{q}-\rho s)+\frac{k}{T}(\nabla T)\cdot(\nabla T)\geqslant 0 \tag{4-118}$$

为了更好地揭示内熵产生的机理，可以把内熵进一步分成两类：一类是材料内禀耗散机制产生的熵，记为 ϕ_{i}； 另一类是热传导过程产生的熵，记为 ϕ_{th}。则有

$$\phi=\phi_{\mathrm{i}}+\phi_{\mathrm{th}} \tag{4-119}$$

$$T\phi_{\mathrm{i}}=T\dot{\eta}-\dot{w}^{i}+\frac{1}{\rho}\boldsymbol{\sigma}:\dot{\boldsymbol{\varepsilon}} \tag{4-120}$$

$$T\phi_{\mathrm{th}}=-\frac{1}{\rho T}(\nabla T)\cdot\boldsymbol{q}=\frac{k}{\rho T}(\nabla T)\cdot(\nabla T)\geqslant 0 \tag{4-121}$$

对于可逆过程

$$T\rho\dot{\eta}=\rho\dot{w}^{i}-\dot{\boldsymbol{\varepsilon}}:\boldsymbol{\sigma} \tag{4-122}$$

一般称为吉布斯（Gibbs）方程。

热力学中亥姆霍兹（Helmholtz）自由能也是一个重要概念，它定义为

$$\psi=w^{i}-T\eta \tag{4-123}$$

上式等号右边第二项是与熵相关的能量，可以称为熵能。对于一个热力学过程，内能不可能完全转变为机械能。Helmholtz 自由能代表的是内能中可以对外做功的那一部分能量。考虑到

$$\dot{\psi}=\dot{w}^{i}-T\dot{\eta}-\dot{T}\eta \tag{4-124}$$

$$\rho\frac{\mathrm{D}w^{i}}{\mathrm{D}t}=\boldsymbol{\sigma}:\dot{\boldsymbol{\varepsilon}}-\nabla\cdot\boldsymbol{q}+\rho s \tag{4-125}$$

能量守恒定律也可以用 Helmholtz 自由能表示为

$$\rho\dot{\psi}=\boldsymbol{\sigma}:\dot{\boldsymbol{\varepsilon}}-\nabla\cdot\boldsymbol{q}+\rho s-\eta\rho\dot{T}-T\rho\dot{\eta} \tag{4-126}$$

而熵演化方程

$$T\phi=T\dot{\eta}-\dot{w}^{i}+\frac{1}{\rho}\boldsymbol{\sigma}:\dot{\boldsymbol{\varepsilon}}-\frac{1}{T\rho}(\nabla T)\cdot\boldsymbol{q} \tag{4-127}$$

也可以用 Helmholtz 自由能表示为

$$\frac{1}{\rho}\boldsymbol{\sigma}:\dot{\boldsymbol{\varepsilon}}-\dot{\psi}-\eta\dot{T}-\frac{1}{T\rho}(\nabla T)\cdot\boldsymbol{q}-T\phi=0 \tag{4-128}$$

而熵不等式（熵增原理）

$$T\phi_{\mathrm{i}}=T\dot{\eta}-\dot{w}^{i}+\frac{1}{\rho}\boldsymbol{\sigma}:\dot{\boldsymbol{\varepsilon}}\geqslant 0 \tag{4-129}$$

也可以用 Helmholtz 自由能表示为

$$T\phi_{\mathrm{i}}=-\dot{\psi}-\eta\dot{T}+\frac{1}{\rho}\boldsymbol{\sigma}:\dot{\boldsymbol{\varepsilon}}\geqslant 0 \tag{4-130}$$

4.8 热力学势函数与最小耗散原理

对于一个不可逆热力学系统，可以用一组状态变量和一组内变量表示热力学系统的当前状态。一旦给定状态变量和内变量，假定对应存在一个关于状态变量的标量值张量函数，称为热力学状态函数。状态函数不止一个，根据需要可以定义不同的状态函数。这些状态函数起着广义势函数的作用，一旦状态函数给定，可以通过状态函数建立状态变量和内变量的功共轭广义力。对应可逆热力学过程的状态函数称为热力学势函数，对应不可逆热力学过程的状态函数称为广义热力学势函数。在连续介质热力学中，通常用应力张量 $\boldsymbol{\sigma}$ 或者应变张量 $\boldsymbol{\varepsilon}$ 、温度 T 或者熵密度 η 作为基本状态变量。根据这两组基本状态变量，结合一组内变量 $A_i(i=1,2,\cdots,N)$ ，可以构成4种状态空间，即 $\{\boldsymbol{\varepsilon},\eta;A_i\}$ 、$\{\boldsymbol{\sigma},\eta;A_i\}$ 、$\{\boldsymbol{\varepsilon},T;A_i\}$ 、$\{\boldsymbol{\sigma},T;A_i\}$ ，与之对应的状态函数定义为：内能密度函数 $e(\boldsymbol{\varepsilon},\eta;A_i)(i=1,2,\cdots,N)$，内焓密度函数 $h(\boldsymbol{\sigma},\eta;A_i)(i=1,2,\cdots,N)$，Helmholtz 自由能密度函数 $\psi(\boldsymbol{\varepsilon},T;A_i)(i=1,2,\cdots,N)$ ，Gibbs 自由能密度函数 $G(\boldsymbol{\sigma},T;A_i)(i=1,2,\cdots,N)$。这些状态函数与状态变量之间的具体关系如下：

$$\dot{e}(\boldsymbol{\varepsilon},\eta;A_i)=\boldsymbol{\sigma}:\dot{\boldsymbol{\varepsilon}}-\nabla\cdot\boldsymbol{q}+\rho s \tag{4-131}$$

$$\dot{h}(\boldsymbol{\sigma},\eta;A_i)=-\dot{e}+\boldsymbol{\sigma}:\dot{\boldsymbol{\varepsilon}}=\nabla\cdot\boldsymbol{q}-\rho s \tag{4-132}$$

$$\psi(\boldsymbol{\varepsilon},T;A_i)=e-\rho T\eta \tag{4-133}$$

$$G(\boldsymbol{\sigma},T;A_i)=h+\rho T\eta \tag{4-134}$$

需要特别指出的是 Helmholtz 自由能密度函数与 Gibbs 自由能密度函数之间满足

$$\psi(\boldsymbol{\varepsilon},T;A_i)+G(\boldsymbol{\sigma},T;A_i)=\boldsymbol{\sigma}:\boldsymbol{\varepsilon} \tag{4-135}$$

在无耗散及等温条件下，Helmholtz 自由能密度函数 ψ 就是应变能密度；而 Gibbs 自由能密度函数 G 就是应变余能密度。

下面以 Helmholtz 自由能密度函数 ψ 为例，分析如何通过热力学势函数确定本构关系。根据 Helmholtz 自由能密度函数 ψ 的定义知

$$\mathrm{d}\psi = \frac{\partial\psi}{\partial\boldsymbol{\varepsilon}} : \mathrm{d}\boldsymbol{\varepsilon} + \frac{\partial\psi}{\partial T}\mathrm{d}T + \frac{\partial\psi}{\partial A_i}\mathrm{d}A_i \tag{4-136}$$

$$\frac{\mathrm{d}\psi}{\mathrm{d}t} = \frac{\partial\psi}{\partial\boldsymbol{\varepsilon}} : \frac{\mathrm{d}\boldsymbol{\varepsilon}}{\mathrm{d}t} + \frac{\partial\psi}{\partial T}\frac{\mathrm{d}T}{\mathrm{d}t} + \frac{\partial\psi}{\partial A_i}\frac{\mathrm{d}A_i}{\mathrm{d}t} \tag{4-137}$$

另外，由式（4-133）知

$$\dot{\psi} = \dot{e} - \rho\dot{T}\eta - \rho T\dot{\eta} \tag{4-138}$$

从而

$$\dot{e} - \rho\dot{T}\eta - \rho T\dot{\eta} = \frac{\partial\psi}{\partial\boldsymbol{\varepsilon}} : \frac{\mathrm{d}\boldsymbol{\varepsilon}}{\mathrm{d}t} + \frac{\partial\psi}{\partial T}\frac{\mathrm{d}T}{\mathrm{d}t} + \frac{\partial\psi}{\partial A_i}\frac{\mathrm{d}A_i}{\mathrm{d}t} \tag{4-139}$$

代入熵不等式

$$\rho T\phi = \boldsymbol{\sigma} : \dot{\boldsymbol{\varepsilon}} - \rho\dot{\psi} - \rho\dot{T}\eta - \frac{1}{T}(\nabla T)\cdot\boldsymbol{q} \geqslant 0 \tag{4-140}$$

得

$$\left(\boldsymbol{\sigma} - \frac{\partial\psi}{\partial\boldsymbol{\varepsilon}}\right) : \dot{\boldsymbol{\varepsilon}} - \left(\eta + \frac{\partial\psi}{\partial T}\right)\dot{T} - \frac{\partial\psi}{\partial A_i}\dot{A}_i - \frac{1}{T}(\nabla T)\cdot\boldsymbol{q} \geqslant 0 \tag{4-141}$$

上式对任意应变率和温度变化率都成立，从而

$$\boldsymbol{\sigma} = \frac{\partial\psi}{\partial\boldsymbol{\varepsilon}} \tag{4-142}$$

$$\rho\eta = -\frac{\partial\psi}{\partial T} \tag{4-143}$$

$$-\frac{\partial\psi}{\partial A_i}\dot{A}_i - \frac{1}{T}(\nabla T)\cdot\boldsymbol{q} \geqslant 0 \tag{4-144}$$

作为热力学势的 Helmholtz 自由能密度函数不能给出内变量与其广义力之间的本构关系。但可以给出一个耗散不等式，指导建立广义力与内变量之间的关系。这个不等式在建立诸如黏性、塑性、损伤等耗散内变量与广义力之间的关系时起着不可或缺的作用。定义内变量的功共轭广义力

$$Y_i = -\frac{\partial\psi}{\partial A_i} \tag{4-145}$$

则 $Y_i\dot{A}_i$ 表示耗散功率。$-\frac{1}{T}(\nabla T)\cdot\boldsymbol{q}$ 表示热传导引起的耗散。二者都应该是大于零的值。如果令 $\boldsymbol{q}=-k\nabla T$，则可以保证热传导引起的耗散是大于零的，这就是傅里叶热传导定律的理论依据。如果令 $Y_i=k\dot{A}_i$，则可以保证与内变量相应的耗散能总是大于零。这可以理解为牛顿黏性定律 $\boldsymbol{\sigma}=\boldsymbol{\eta}\dot{\boldsymbol{\varepsilon}}$ 的理论依据。

热力学系统的非耗散变量可以通过热力学势函数建立与其功共轭的广义力之间的本构关系，但耗散内变量与其功共轭的广义力之间的关系由耗散不等式给出。下面讨论的最小熵增原理是建立内变量演化方程的基本原理。非平衡态热力学最小熵增原理指出：热力学系统的一个非平衡区（平衡态附近的非平衡区），随着时间的推移，总是朝着使总熵产率减小的方向进行，直到达到一个稳定状态。在此稳定状态，总熵产率达到最小。

耗散内变量演化导致的内熵增为

$$\dot{\boldsymbol{\Phi}}_i=Y_i\dot{A}_i\geqslant 0\quad(i=1,2,\cdots,N)\tag{4-146}$$

对于近平衡态热力学不可逆过程，广义力与广义流（内变量的时间变化率）可以近似认为呈线性关系，即卡西米尔（Casimir）原理，因此近平衡态热力学也称为线性不可逆热力学。

$$\dot{A}_i=L_{ij}Y_j\tag{4-147}$$

式中的 L_{ij} 称为唯象系数。当 $i=j$ 时，称为自唯象系数；当 $i\neq j$ 时，称为互唯象系数。这些唯象系数满足：(1) 昂萨格（Onsager）倒易关系 $L_{ij}=L_{ji}$；(2) 唯象系数组成的矩阵 $[L_{ij}]$ 是非负定的；(3) 对于各向同性介质，$L_{ij}=0\ (i\neq j)$。将式（4-147）代入式（4-146）可见内熵增不等式总是可以满足的。

对于一个热力学系统，通常不仅存在边界条件，还会存在各种各样的约束条件。边界条件是外界环境强加给热力学系统的。不同于边界条件，约束条件是热力学系统演化过程中内部广义力之间满足的约束关系。不失一般性，约束条件可表示为

$$f\left(\boldsymbol{\sigma},Y_i,\frac{\Delta T}{T}\right)=0\tag{4-148}$$

此时，最小耗散原理归结为如下约束优化问题：

$$\min\ \dot{\boldsymbol{\Phi}}_i=Y_i\dot{A}_i=Y_iL_{ij}Y_j\tag{4-149}$$

$$\text{s.t.}\ f\left(\boldsymbol{\sigma},Y_i,\frac{\Delta T}{T}\right)=0\tag{4-150}$$

引入 Lagrange 乘子 $\dot{\lambda}$ ，可将上述约束优化问题转化成无约束优化问题：

$$\min \dot{\Phi}_i = Y_i\dot{A}_i + \dot{\lambda} f\left(\boldsymbol{\sigma}, Y_i, \frac{\Delta T}{T}\right) \tag{4-151}$$

函数取得极值的条件为

$$\frac{\partial \dot{\Phi}_i}{\partial Y_i} = 0 \tag{4-152}$$

由此可得

$$\dot{A}_i = \dot{\lambda} \frac{\partial}{\partial Y_i} f\left(\boldsymbol{\sigma}, Y_i, \frac{\Delta T}{T}\right) \tag{4-153}$$

由此可见，如果已知热力学系统的约束条件，即可通过约束条件获得内变量的时间变化率与其功共轭广义力之间的本构关系。但实际上，对于给定的热力学系统，约束条件有时很难建立。对于难以建立约束条件的热力学系统，还需通过其他方法建立内变量的本构方程。由于在热力学系统整个演化进程中，约束条件始终有效，所以约束条件也称为一致性条件。此外，如果引入泛函 Σ 使得 $\dot{\lambda} f = \Sigma$，则式（4-153）可以改写为

$$\dot{A}_i = \frac{\partial}{\partial Y_i} \Sigma\left(\boldsymbol{\sigma}, Y_i, \frac{\Delta T}{T}\right) \tag{4-154}$$

上式表示内变量与其广义力之间的本构关系可以通过泛函 Σ 的偏导数获得。这样对于难以获得广义力之间的约束条件的热力学系统，一旦确定了与 $\dot{\lambda} f$ 等价的泛函 Σ，就可通过这个泛函的极值获得内变量与其广义力之间的本构关系。对于热力学耗散系统，本质上不存在势函数，但习惯上将与 $\dot{\lambda} f$ 等价的泛函 Σ 称为耗散势函数。

4.9 流体力学控制方程及状态方程

4.9.1 控制方程

4.9.1.1 流体的连续性方程（质量守恒方程）

$$\frac{\partial \rho}{\partial t} + \nabla \cdot (\rho \dot{\boldsymbol{u}}) = 0 \tag{4-155}$$

式中，$\dot{\boldsymbol{u}}$ 为流体的速度。

$$\frac{\partial \rho}{\partial t}+\rho(\nabla \cdot \dot{\boldsymbol{u}})+\dot{\boldsymbol{u}} \cdot \nabla \rho=0 \tag{4-156}$$

对于不可压缩流体，$\nabla \cdot \dot{\boldsymbol{u}}=0$，连续性方程退化为

$$\frac{\partial \rho}{\partial t}+\dot{\boldsymbol{u}} \cdot \nabla \rho=0 \tag{4-157}$$

考虑到

$$\frac{\mathrm{D} \rho(\boldsymbol{x}, t)}{\mathrm{D} t}=\frac{\partial \rho(\boldsymbol{x}, t)}{\partial t}+\dot{\boldsymbol{u}} \cdot \nabla \rho \tag{4-158}$$

可进一步简化为

$$\frac{\mathrm{D} \rho(\boldsymbol{x}, t)}{\mathrm{D} t}=0 \tag{4-159}$$

当考虑化学反应时，用 w 表示物质生成率，质量守恒方程应该修正为

$$\frac{\partial \rho}{\partial t}+\nabla \cdot(\rho \dot{\boldsymbol{u}})=\rho w \tag{4-160}$$

4.9.1.2 动量守恒方程

黏性流体中任意一点的应力可以表示为

$$\boldsymbol{\sigma}=-p \boldsymbol{I}+\boldsymbol{\tau} \tag{4-161}$$

式中，p 为静水压力；$\boldsymbol{\tau}$ 为黏性应力张量。从而

$$\nabla \cdot \boldsymbol{\sigma}=\nabla \cdot(-p \boldsymbol{I}+\boldsymbol{\tau})=-[\nabla p \cdot \boldsymbol{I}+p(\nabla \cdot \boldsymbol{I})]+\nabla \cdot \boldsymbol{\tau}=-\nabla p+\nabla \cdot \boldsymbol{\tau} \tag{4-162}$$

动量守恒方程在流体情况下退化为

$$\frac{\partial(\rho \dot{\boldsymbol{u}})}{\partial t}+\nabla \cdot(\rho \dot{\boldsymbol{u}} \otimes \dot{\boldsymbol{u}})=-\nabla p+\nabla \cdot \boldsymbol{\tau}+\rho \boldsymbol{F} \tag{4-163}$$

$$\frac{\partial \rho}{\partial t} \dot{\boldsymbol{u}}+\rho \frac{\partial \dot{\boldsymbol{u}}}{\partial t}+[\nabla \cdot(\rho \dot{\boldsymbol{u}})] \dot{\boldsymbol{u}}+\rho \dot{\boldsymbol{u}} \cdot \nabla \dot{\boldsymbol{u}}=-\nabla p+\nabla \cdot \boldsymbol{\tau}+\rho \boldsymbol{F} \tag{4-164}$$

$$\frac{\partial \rho}{\partial t} \dot{\boldsymbol{u}}+\rho \frac{\partial \dot{\boldsymbol{u}}}{\partial t}+[\nabla \rho \cdot \dot{\boldsymbol{u}}+\rho(\nabla \cdot \dot{\boldsymbol{u}})] \dot{\boldsymbol{u}}+\rho \dot{\boldsymbol{u}} \cdot \nabla \dot{\boldsymbol{u}}=-\nabla p+\nabla \cdot \boldsymbol{\tau}+\rho \boldsymbol{F} \tag{4-165}$$

对于不可压缩流体，

$$\nabla \cdot \dot{\boldsymbol{u}}=0 \tag{4-166}$$

质量守恒定律退化为

$$\frac{\partial \rho}{\partial t}+\dot{\boldsymbol{u}} \cdot \nabla \rho=0 \tag{4-167}$$

从而动量守恒方程进一步退化为

$$\rho \frac{\partial \dot{\boldsymbol{u}}}{\partial t} + \rho \dot{\boldsymbol{u}} \cdot \nabla \dot{\boldsymbol{u}} = - \nabla p + \nabla \cdot \boldsymbol{\tau} + \rho \boldsymbol{F} \tag{4-168}$$

4.9.1.3　能量守恒方程

总能量等于动能与内能之和，即

$$E = \frac{1}{2}\rho \dot{\boldsymbol{u}}^2 + e \tag{4-169}$$

在热弹性耦合情况下，能量的时间变化源于机械功率与热功率，即

$$\frac{\partial E}{\partial t} + \nabla \cdot (E\dot{\boldsymbol{u}} + p\dot{\boldsymbol{u}} - \boldsymbol{\tau} \cdot \dot{\boldsymbol{u}} + \boldsymbol{q}) = \rho s + \rho \boldsymbol{F} \cdot \dot{\boldsymbol{u}} \tag{4-170}$$

式中，$\boldsymbol{m} = p\dot{\boldsymbol{u}} - \boldsymbol{\tau} \cdot \dot{\boldsymbol{u}}$ 为应力运流（注意应力运流具有能量的量纲，它反映在应力作用下运动的流体所蕴含的能量）；$\boldsymbol{q}$ 为热流；ρs 为热源；$\rho \boldsymbol{F} \cdot \dot{\boldsymbol{u}}$ 为体积力产生的机械功率源。将动能和热能分离得

$$\frac{\partial}{\partial t}\left(\frac{1}{2}\rho \dot{\boldsymbol{u}}^2\right) + \frac{\partial e}{\partial t} + \nabla \cdot \left(\frac{1}{2}\rho \dot{\boldsymbol{u}}^2 \dot{\boldsymbol{u}} + e\dot{\boldsymbol{u}}\right) + \nabla \cdot (p\dot{\boldsymbol{u}} - \boldsymbol{\tau} \cdot \dot{\boldsymbol{u}} + \boldsymbol{q}) = \rho s + \rho \boldsymbol{F} \cdot \dot{\boldsymbol{u}} \tag{4-171}$$

考虑到

$$\nabla \cdot (\boldsymbol{\tau} \cdot \dot{\boldsymbol{u}}) = (\nabla \cdot \boldsymbol{\tau}) \cdot \dot{\boldsymbol{u}} + \boldsymbol{\tau} : \nabla \dot{\boldsymbol{u}} \tag{4-172}$$

可得动能和势能各自满足的方程

$$\frac{\partial}{\partial t}\left(\frac{1}{2}\rho \dot{\boldsymbol{u}}^2\right) + \nabla \cdot \left(\frac{1}{2}\rho \dot{\boldsymbol{u}}^2 \dot{\boldsymbol{u}}\right) - \rho \boldsymbol{F} \cdot \dot{\boldsymbol{u}} + \nabla p \cdot \dot{\boldsymbol{u}} + (\nabla \cdot \boldsymbol{\tau}) \cdot \dot{\boldsymbol{u}} = 0 \tag{4-173}$$

$$\frac{\partial e}{\partial t} + \nabla \cdot (e\dot{\boldsymbol{u}}) + p(\nabla \cdot \dot{\boldsymbol{u}}) + \nabla \cdot \boldsymbol{q} - \boldsymbol{\tau} : \nabla \dot{\boldsymbol{u}} = \rho s \tag{4-174}$$

上式等号左边第三项和第五项分别是静水压力和黏性力做功对内能的贡献，等号左边第四项和等号右边 ρs 分别是热流和热源对内能的贡献。

无热源、无热传导时，退化为

$$\frac{\partial e}{\partial t} + \nabla \cdot (e\dot{\boldsymbol{u}}) + p(\nabla \cdot \dot{\boldsymbol{u}}) - \boldsymbol{\tau} : \nabla \dot{\boldsymbol{u}} = 0 \tag{4-175}$$

进一步对于无黏性流体，

$$\frac{\partial e}{\partial t} + \nabla \cdot (e\dot{\boldsymbol{u}}) + p(\nabla \cdot \dot{\boldsymbol{u}}) = 0 \tag{4-176}$$

可见，内能完全来源于流体压力做功。

能量守恒定律可以用三种形式表达，即总能量守恒方程

$$\frac{\partial E}{\partial t}+\nabla\cdot(E\dot{\boldsymbol{u}}+p\dot{\boldsymbol{u}}-\boldsymbol{\tau}\cdot\dot{\boldsymbol{u}}+\boldsymbol{q})=\rho s+\rho\boldsymbol{F}\cdot\dot{\boldsymbol{u}} \tag{4-177}$$

内能守恒方程

$$\frac{\partial e}{\partial t}+\nabla\cdot(e\dot{\boldsymbol{u}})+p(\nabla\cdot\dot{\boldsymbol{u}})+\nabla\cdot\boldsymbol{q}-\boldsymbol{\tau}:\nabla\dot{\boldsymbol{u}}=\rho s \tag{4-178}$$

动能守恒方程

$$\frac{\partial}{\partial t}\left(\frac{1}{2}\rho\dot{\boldsymbol{u}}^2\right)+\nabla\cdot\left(\frac{1}{2}\rho\dot{\boldsymbol{u}}^2\dot{\boldsymbol{u}}\right)=\rho\boldsymbol{F}\cdot\dot{\boldsymbol{u}}-\nabla p\cdot\dot{\boldsymbol{u}}-(\nabla\cdot\boldsymbol{\tau})\cdot\dot{\boldsymbol{u}} \tag{4-179}$$

将质量守恒方程、动量守恒方程和能量守恒方程合并在一起就构成了流体动力学基本方程组，即

$$\frac{\partial\rho}{\partial t}+\nabla\cdot(\rho\dot{\boldsymbol{u}})=0 \tag{4-180}$$

$$\frac{\partial(\rho\dot{\boldsymbol{u}})}{\partial t}+\nabla\cdot(\rho\dot{\boldsymbol{u}}\otimes\dot{\boldsymbol{u}})=-\nabla p+\nabla\cdot\boldsymbol{\tau}+\rho\boldsymbol{F} \tag{4-181}$$

$$\frac{\partial e}{\partial t}+\nabla\cdot(e\dot{\boldsymbol{u}})=-p(\nabla\cdot\dot{\boldsymbol{u}})-\nabla\cdot\boldsymbol{q}+\boldsymbol{\tau}:\nabla\dot{\boldsymbol{u}}+\rho s \tag{4-182}$$

无热源、无热传导、无体积力时，退化为

$$\frac{\partial\rho}{\partial t}+\nabla\cdot(\rho\dot{\boldsymbol{u}})=0 \tag{4-183}$$

$$\frac{\partial(\rho\dot{\boldsymbol{u}})}{\partial t}+\nabla\cdot(\rho\dot{\boldsymbol{u}}\otimes\dot{\boldsymbol{u}})=-\nabla p+\nabla\cdot\boldsymbol{\tau} \tag{4-184}$$

$$\frac{\partial e}{\partial t}+\nabla\cdot(e\dot{\boldsymbol{u}})=-p(\nabla\cdot\dot{\boldsymbol{u}})+\boldsymbol{\tau}:\nabla\dot{\boldsymbol{u}} \tag{4-185}$$

对于无黏性流体，进一步退化为

$$\frac{\partial\rho}{\partial t}+\nabla\cdot(\rho\dot{\boldsymbol{u}})=0 \tag{4-186}$$

$$\frac{\partial(\rho\dot{\boldsymbol{u}})}{\partial t}+\nabla\cdot(\rho\dot{\boldsymbol{u}}\otimes\dot{\boldsymbol{u}})=-\nabla p \tag{4-187}$$

$$\frac{\partial e}{\partial t}+\nabla\cdot(e\dot{\boldsymbol{u}})=-p(\nabla\cdot\dot{\boldsymbol{u}}) \tag{4-188}$$

实际上述方程总数为 5 个，但却总共有 6 个未知函数，即 3 个速度分量、密度

ρ 、静水压力 p 和内能 e 。因此，需补充一个状态方程，才能构成封闭方程组。状态方程一般形式为

$$f(\rho, p, e) = 0 \tag{4-189}$$

高温、高压下，固体变形呈现流体特征。二阶应力张量可以表示为

$$\boldsymbol{\sigma} = p\boldsymbol{I} + \boldsymbol{\tau}_1 + \boldsymbol{\tau}_2 = p\boldsymbol{I} + \boldsymbol{\tau} \tag{4-190}$$

式中，$\boldsymbol{\tau}_1$ 为弹塑性偏应力张量；$\boldsymbol{\tau}_2$ 为牛顿黏性偏应力张量。它们分别满足

$$\boldsymbol{\tau}_1 = 2G\boldsymbol{\varepsilon}_{\text{dev}} \tag{4-191}$$

$$\boldsymbol{\tau}_2 = 2\eta\dot{\boldsymbol{\varepsilon}}_{\text{dev}} \tag{4-192}$$

其中，偏应变张量

$$\boldsymbol{\varepsilon}_{\text{dev}} = \boldsymbol{\varepsilon} - \frac{1}{3}\text{tr}(\boldsymbol{\varepsilon})\boldsymbol{I}$$

4.9.2 状态方程

下面分别来讨论理想气体、流体以及凝聚态物质的状态方程。

4.9.2.1 理想气体的状态方程

理想气体的状态方程有下列多种表述形式：

$$\frac{p}{\rho T} = \frac{1}{M}R \tag{4-193}$$

$$p = \frac{1}{M}\rho RT \tag{4-194}$$

$$pV = nRT = \frac{m}{M}RT \tag{4-195}$$

式中，R 为摩尔气体常量；M 为气体摩尔质量；m 为气体总质量；n 为气体的物质的量。气体可以看成是无数微观粒子的集合体。不同于固体和液体，由于分子间距很大，气体的质量密度非常小。为了便于对气体进行计量，需要引入一些特殊的概念。下面对这些特殊的概念进行简要介绍。

（1）**物质的量**：表示含有一定数目粒子的集合体，符号为 n。物质的量的单位为摩尔（mol）。作为一个物理量，物质的量反映微观粒子的总数，即用 mol 作为单位计量微观粒子的总数。

（2）**摩尔**：科学上把含有阿伏加德罗常数（约 6.02×10^{23}）个粒子的集体作为一个单位，叫摩尔（mol）。1 mol 不同物质中所含的粒子数是相同的，但由于

不同粒子的质量不同，1 mol 不同物质的质量也不同。

（3）**摩尔质量**：1 mol 的物质所具有的质量称为摩尔质量（molar mass），用符号 M 表示。摩尔质量的单位为 g/mol。

（4）**摩尔气体常量**：用于描述理想气体的性质，用符号 R 表示。对任意理想气体，R 是一定值，约为 8.3144 J/(mol · K)。

关于理想气体状态方程的物理意义可以这样理解：理想气体状态方程等号左边的 pV 具有能量的量纲，表示压缩气体包含的能量。摩尔气体常量 R 表示让 1 mol 理想气体温度升高 1 K 所需要的能量。$\dfrac{m}{M}$ 表示质量为 m 的理想气体对应于多少物质的量。理想气体状态方程等号右边也是能量的量纲（焦耳 J），表示质量为 m 的理想气体温度升高至 T 时所需要的能量。这个能量就是由压缩气体提供给理想气体的。根据气体的状态方程，我们还可以作如下讨论：

（1）当温度 T 增加时，pV 的值会增加。

（2）当物质的量 n 增加时，pV 的值也会增加。

（3）pV 的量纲是焦耳（J），即功的单位。它实际上表示一定量的物质在特定温度下所具有的势能。它等于排开该物质所占体积的空气，这个过程压力 p 所做功为 pV。

（4）定义比容 $v=\dfrac{V}{m}=\dfrac{1}{\rho}$。$pv=\dfrac{pV}{m}$ 的物理意义：单位质量的物质在特定温度下所具有的势能。

对于给定质量的气体，理想气体状态方程还有如下表示形式：

$$\frac{p}{\rho}=pv=\frac{1}{M}RT \tag{4-196}$$

$$\frac{pV}{T}=\frac{m}{M}R=C \tag{4-197}$$

$$\frac{p_1V_1}{T_1}=\frac{p_2V_2}{T_2}=C \tag{4-198}$$

上式表明对于给定质量的理想气体，比值 $\dfrac{pV}{T}$ 保持不变。

理想气体的内能只是温度的函数，但不限于线性函数。对于内能只是温度的线性函数的气体，即 $e=c_VT$，称为多方气体。多方气体的状态方程可以表示为

$$p=A\rho^{\gamma} \tag{4-199}$$

式中，$\gamma = \frac{c_V}{c_p}$，c_V 为比定容热容，c_p 为比定压热容；A 为常数。

4.9.2.2 流体的状态方程

对于可压缩流体，引入压缩系数概念：

$$c_f = -\frac{1}{V_f}\frac{\mathrm{d}V_f}{\mathrm{d}p} = \frac{1}{\rho_f}\frac{\mathrm{d}\rho_f}{\mathrm{d}p} \tag{4-200}$$

可见，流体的压缩系数就是单位静水压力作用下流体体积的相对改变量。称 $K_f = \frac{1}{c_f}$ 为流体的体积弹性模量，其含义为使流体产生单位体积应变所需要的静水压力。由压缩系数的定义可以导出

$$\rho = \rho_0 \exp[c_f(p - p_0)] \tag{4-201}$$

在压力变化不大的情况下，将指数函数作泰勒级数展开，仅保留一阶项可得到可压缩流体状态方程的近似表达式

$$\rho = \rho_0[1 + c_f(p - p_0)] \tag{4-202}$$

除了流体的压缩系数外，我们还可以定义流体的热膨胀系数

$$\beta = -\frac{1}{V}\frac{\mathrm{d}V}{\mathrm{d}T} = \frac{1}{\rho}\frac{\mathrm{d}\rho}{\mathrm{d}T} \tag{4-203}$$

其意义为温度升高 1 K，流体产生的体积应变。由热膨胀系数的定义可以得到

$$\rho = \rho_0 \exp[\beta(T - T_0)] \tag{4-204}$$

在温度变化不大的情况下，将指数函数展开仅保留一阶项可得到另一种流体状态方程的近似表达式

$$\rho = \rho_0[1 + \beta(T - T_0)] \tag{4-205}$$

在同时存在较大压力和温度变化的情况下，流体的状态方程可近似表示为

$$\rho(p, T) = \rho_0 \exp[\beta(T - T_0)]\exp[c_f(p - p_0)] \tag{4-206}$$

4.9.2.3 凝聚态物质的状态方程

凝聚态物质包括液体和固体以及介于流体和固体之间的各种流变物质。气体由于分子间距较大，很容易被压缩。不同于气体，凝聚态物质的分子间距很小，因此很难压缩。凝聚态物质的内能分成两部分：一部分与弹性运动相关（低温时占主导）；另一部分与热运动相关（高温时占主导）。凝聚态物质的状态方程极其复杂，一般可用折衷的办法得到一个近似实用的状态方程：

$$p = c_0^2(\rho - \rho_0) + (\gamma - 1)\rho e \tag{4-207}$$

式中，$\gamma = \frac{c_V}{c_p}$，c_V 为比定容热容，c_p 为比定压热容。

低温时，忽略第二项得到

$$p = c_0^2(\rho - \rho_0) = -\rho_0 c_0^2\left(1 - \frac{\rho}{\rho_0}\right) = -K(1 - V_0/V) = -K\Delta V/V = -K\varepsilon_V \tag{4-208}$$

退化为弹性固体或可压缩流体的胡克定律。式中，ε_V（$=\Delta V/V$）为体积应变。

高温时，忽略第一项得到

$$p = (\gamma - 1)\rho e = \rho RT \tag{4-209}$$

退化为理想气体状态方程。

常用的热力学变量有静水压力、比容、熵密度和温度，记为 p、v、η、T，但其中只有两个是独立的。弹性力学有两个变量，即应力和应变，由于本构关系的存在，只有一个是独立的。因此，从这个角度，热力学比弹性力学更复杂。弹性力学只有应变能或者应变余能这两个状态函数，热力学状态函数就要丰富很多。常用的热力学状态函数包括内能 $e(\eta, v)$、焓 $h(\eta, p) = e + pv$、Helmholtz 自由能 $\psi(T, v) = e - T\eta$、热力学势（也称 Gibbs 自由能）$G(T, p) = h - T\eta = e + pv - T\eta$。

一旦确定了热力学状态函数，就能够得到热力学状态方程。如同在弹性理论中，一旦给定应变能势函数，应力与应变之间的本构关系就能够确定。根据变量的不同，这些热力学函数的微分为

$$\mathrm{d}e(\eta, v) = \left.\frac{\partial e}{\partial \eta}\right|_v \mathrm{d}\eta - \left.\frac{\partial e}{\partial v}\right|_\eta \mathrm{d}v = T\mathrm{d}\eta - p\mathrm{d}v \tag{4-210}$$

$$\mathrm{d}h(\eta, p) = \left.\frac{\partial h}{\partial \eta}\right|_p \mathrm{d}\eta + \left.\frac{\partial h}{\partial p}\right|_\eta \mathrm{d}p = T\mathrm{d}\eta + v\mathrm{d}p \tag{4-211}$$

$$\mathrm{d}\psi(T, v) = \left.\frac{\partial \psi}{\partial T}\right|_v \mathrm{d}T + \left.\frac{\partial \psi}{\partial v}\right|_T \mathrm{d}v = -\eta\mathrm{d}T - p\mathrm{d}v \tag{4-212}$$

$$\mathrm{d}G(T, p) = \left.\frac{\partial G}{\partial T}\right|_p \mathrm{d}T + \left.\frac{\partial G}{\partial p}\right|_T \mathrm{d}p = -\eta\mathrm{d}T + v\mathrm{d}p \tag{4-213}$$

从上述微分关系可见 p 与 v 是功共轭的（这也是引入比容 $v = 1/\rho$ 的原因）、T 与 η 是功共轭的，一旦知道热力学状态函数，它们之间的关系也就能够确定。

需要补充说明的是在流体力学中焓的概念及由来。焓没有什么特殊意义，只是在有关热工计算过程中，经常会出现 $e + pv$ 这个组合，为了简化公式和计算，

就人为地把这个组合定义成焓，用 h 表示。但是出现 $e + pv$ 这个组合并不是偶然的，当单位质量工质（热力学工作介质）流入热力学系统内后，储存在其内部的热力学能 e 随之进入系统，同时还把获得的流动势能 pV 带入了系统，系统因为单位工质获得的总能量就是 $e + pv$，即焓。在热力学中，工质总是在不断流动，随着工质流动而转移的能量不等于热力学能 e 而等于焓 h。因此，焓这个概念也就被广泛应用。此外，在固体热力学和在流体热力学中关于焓的定义相差一个符号，这只是不同学科的习惯用法，没有本质的区别。

习　题

4-1　利用质量守恒定律，证明

$$\frac{\mathrm{D}}{\mathrm{D}t}\int_V \rho\dot{\boldsymbol{u}}\mathrm{d}V = \int_V \rho\frac{\mathrm{D}\dot{\boldsymbol{u}}}{\mathrm{D}t}\mathrm{d}V$$

4-2　对于做刚体运动的物体，其上任意一点的空间位置以及速度为

$$\boldsymbol{x}(t) = \boldsymbol{Q}(t)\cdot(\boldsymbol{X}-\boldsymbol{X}_0) + \boldsymbol{x}_0(t)$$

$$\dot{\boldsymbol{x}}(t) = \boldsymbol{W}(t)\cdot(\boldsymbol{X}-\boldsymbol{X}_0) + \dot{\boldsymbol{x}}_0(t)$$

其中 $\boldsymbol{Q}(t)$ 是正交张量。定义 $\boldsymbol{r} = \boldsymbol{x} - \boldsymbol{O}_m$ 和 $\boldsymbol{v} = \dot{\boldsymbol{r}}$ 分别为相对于物体质心的矢径和速度，定义 $\boldsymbol{a} = \int \boldsymbol{r}\times\rho\boldsymbol{v}\mathrm{d}V$ 为相对于质心的角动量，试证：

(1) $\boldsymbol{W}(t) = \dot{\boldsymbol{Q}}(t)\cdot\boldsymbol{Q}^{\mathrm{T}}(t)$ 是反对称张量。

(2) $\boldsymbol{v} = \boldsymbol{\omega}\times\boldsymbol{r}$，其中 $\boldsymbol{\omega}$ 是 $\boldsymbol{W}$ 的轴矢量。

(3) $\boldsymbol{a} = \boldsymbol{J}\cdot\boldsymbol{\omega}$，其中 $\boldsymbol{J} = \int_V[\rho(\boldsymbol{r}\cdot\boldsymbol{r})\boldsymbol{I} - \boldsymbol{r}\otimes\boldsymbol{r}]\mathrm{d}V$ 是相对质心的惯性张量。

4-3　试证在静力平衡条件下：

(1) 当前构型中的 Cauchy 应力张量的平均值可表示为

$$\frac{1}{V}\int_V \boldsymbol{\sigma}\mathrm{d}V = \frac{1}{2V}\left[\int_{\partial V}(\boldsymbol{x}\otimes\boldsymbol{\sigma}\cdot\boldsymbol{N} + \boldsymbol{N}\cdot\boldsymbol{\sigma}\otimes\boldsymbol{x})\mathrm{d}s + \int_V \rho(\boldsymbol{x}\otimes\boldsymbol{f} + \boldsymbol{f}\otimes\boldsymbol{x})\mathrm{d}V\right]$$

(2) $$\frac{\mathrm{D}^2}{\mathrm{D}t^2}\int_V \rho\boldsymbol{x}\otimes\boldsymbol{x}\mathrm{d}V = 2\int_V \rho\boldsymbol{v}\otimes\boldsymbol{v}\mathrm{d}V - 2\int_V \boldsymbol{\sigma}\mathrm{d}V + \int_{\partial V}(\boldsymbol{x}\otimes\boldsymbol{\sigma}\cdot\boldsymbol{N} + \boldsymbol{N}\cdot\boldsymbol{\sigma}\otimes\boldsymbol{x})\mathrm{d}s + \int_V \rho(\boldsymbol{x}\otimes\boldsymbol{f} + \boldsymbol{f}\otimes\boldsymbol{x})\mathrm{d}V$$

(3) 初始构型中的 PK1 应力张量的平均值可表示为

$$\frac{1}{v_0}\int_{v_0}\boldsymbol{P}\mathrm{d}v_0 = \frac{1}{v_0}\int_{\partial v_0}\boldsymbol{X}\otimes\boldsymbol{P}\cdot\boldsymbol{N}\mathrm{d}s_0 + \frac{1}{v_0}\int_{v_0}\rho_0\boldsymbol{X}\otimes\boldsymbol{f}\mathrm{d}v_0$$

4-4　设 $\boldsymbol{U}$ 和 $\boldsymbol{R}$ 是变形梯度 $\boldsymbol{F}$ 极分解的右伸长张量和正交张量，试证：$\boldsymbol{U}\cdot\boldsymbol{S}\cdot\boldsymbol{V}$ 的主方向 $\boldsymbol{L}_\alpha$ 与

Cauchy 应力张量的主方向 $\boldsymbol{l}_\alpha$ 之间相差一个刚体转动，即

$$\boldsymbol{l}_\alpha = \boldsymbol{R} \cdot \boldsymbol{L}_\alpha$$

4-5　理想气体的状态方程可表示为 $pV = nRT$，内能表示为 $e = c_V(T - T_0)$，其中 c_V 为比定容热容。如果将比定压热容记为 c_p，试证：

(1) $c_p - c_V = nR$。

(2) 在绝热过程中，成立 $pe^{-r} =$ 常数，其中 $r = \dfrac{c_p}{c_V}$。

(3) 在绝热过程中，若压力与密度的关系满足 $p(\rho) = \alpha\rho^r$，试给出内能 e 与密度的关系。

5 弹塑性理论

5.1 本构方程的属性

本构方程一般不是由物理机理的分析得到，而是通过大量物理实验的观测和分析以及理性推理得到的，因此物质的本构理论绝大多数属于唯象理论（phenomenologic theory）。所谓唯象理论是基于实验现象的概括和提炼而形成的理论，不是通过物理机理分析而建立的理论。唯象理论对物理现象有描述与预言功能，但没有解释功能。譬如中医可以说就是一种典型的唯象理论，它已经被几千年的生活实践所证实，但是却无法从物理、化学、生理及病理学等现代科学角度进行解释。唯象理论必须经得起实验的检验，否则就不是科学的。譬如“易经”也是一种唯象理论，但经常与事实不符，就被称为伪科学。杨振宁把物理学研究分为实验物理、理论物理和唯象理论三个路径。唯象理论是基于实验现象而提炼的理论，但是无法用已有的科学理论体系作出解释，所以钱学森说唯象理论就是知其然不知其所以然。由于科学研究在一定历史时期的局限性，特别是物质变形与破坏机制的复杂性，现阶段存在许多唯象理论，譬如关于弹性变形与载荷关系的胡克定律，热流与温度梯度的 Fourier 热传导定律，材料力学中关于材料破坏的四个强度理论等。物质的本构理论虽然是从大量实验中总结提炼出来的，但在建立物质本构方程时，依然需要遵循一些基本的物理规律和原理。这些关于本构方程的基本物理原理可以总结如下：

（1）坐标不变性原理（principle of coordinate invariance）。本构方程是材料变形的客观规律反映，与所采用的坐标系无关。对于两个不同的坐标系，本构方程中所有物理量都要进行坐标变换。但坐标变换前后由本构方程反映的客观规律保持不变。当本构方程采用张量记法时，由于张量满足坐标不变性，本构方程也就自然满足坐标不变性。譬如，在两个不同的欧拉坐标系下，$x_i \rightarrow x'_i = R_{ij}x_j$，$\boldsymbol{\sigma} \rightarrow \boldsymbol{\sigma}' = \boldsymbol{R}\cdot\boldsymbol{\sigma}\cdot\boldsymbol{R}^{\mathrm{T}}$，$\boldsymbol{\varepsilon} \rightarrow \boldsymbol{\varepsilon}' = \boldsymbol{R}\cdot\boldsymbol{\varepsilon}\cdot\boldsymbol{R}$，$\boldsymbol{C} \rightarrow \boldsymbol{C}'$，$\boldsymbol{\sigma} = \boldsymbol{C} : \boldsymbol{\varepsilon} \rightarrow \boldsymbol{\sigma}' = \boldsymbol{C}' : \boldsymbol{\varepsilon}'$。

（2）客观性原理（principle of material frame-indifference）。本构方程是材料变形的客观规律反映，在不同的构型下其表现形式不同，但本质是不变的。也就是说在初始构型和在当前构型，本构方程反映的客观规律应该是一致的。

$$\boldsymbol{\sigma} \rightarrow \boldsymbol{S} = J\boldsymbol{F}^{-1} \cdot \boldsymbol{\sigma} \cdot \boldsymbol{F}^{-\mathrm{T}} \tag{5-1}$$

$$\boldsymbol{A} \rightarrow \boldsymbol{E} = \boldsymbol{F}^{\mathrm{T}} \cdot \boldsymbol{A} \cdot \boldsymbol{F} \tag{5-2}$$

$$\boldsymbol{C} \rightarrow \boldsymbol{D} \tag{5-3}$$

$$\boldsymbol{\sigma} = \boldsymbol{C} : \boldsymbol{A} \rightarrow \boldsymbol{S} = \boldsymbol{D} : \boldsymbol{E}$$

（3）相容性原理（principle of consistency）。物质的各种守恒定律是经过实践检验的，本构方程应该与这些守恒定律相一致，并且还要满足热力学第二定律所要求的限制条件。

（4）因果原理（causality principle）。物质系统在 t 时刻的状态完全由 t 时刻之前的历史所决定，与 t 时刻之后的变化无关。譬如，在 t 时刻的黏弹性变形只与 t 时刻之前的加载历史有关而与 t 时刻之后的加载历史无关。

（5）局部作用原理（principle of local action）。某物质点的应力只取决于该点的应变，而与该点附近其他点的应变无关。应该指出局部作用原理在宏观尺度下是正确的，但在微观尺度下并不成立。满足局部作用原理的弹性本构关系可以表示为

$$\boldsymbol{\sigma}(\boldsymbol{x}) = \boldsymbol{C} : \boldsymbol{\varepsilon}(\boldsymbol{x}) \tag{5-4}$$

但非局部弹性下的弹性本构关系表示为

$$\boldsymbol{\sigma}(\boldsymbol{x}) = \int_V w(|\boldsymbol{x} - \boldsymbol{x}'|)\boldsymbol{C} : \boldsymbol{\varepsilon}(\boldsymbol{x}')\mathrm{d}\boldsymbol{x}' \tag{5-5}$$

5.2 超弹性本构模型与亚弹性本构模型

5.2.1 超弹性本构模型

存在一个以应变张量为自变量的张量函数，即应变能函数，使得应力可以表示为应变能张量函数对应变张量的导数。在初始构型下，

$$\boldsymbol{S} = \frac{\partial W(\boldsymbol{E})}{\partial \boldsymbol{E}} \tag{5-6}$$

在当前构型下，

$$\boldsymbol{\sigma} = \frac{\partial W(\boldsymbol{\varepsilon})}{\partial \boldsymbol{\varepsilon}} \tag{5-7}$$

式中，$W(\boldsymbol{E})$ 为单位体积应变能函数，或称应变能密度，一般可以表示为

$$W(\boldsymbol{E}) = \frac{1}{2}\boldsymbol{E} : \boldsymbol{D}_{\mathrm{PK2}} : \boldsymbol{E} \geqslant 0 \tag{5-8}$$

$$S_{ij} = D_{ijkl}^{\mathrm{PK2}} E_{kl} \quad 或 \quad \boldsymbol{S} = \boldsymbol{D}_{\mathrm{PK2}} : \boldsymbol{E} \tag{5-9}$$

$$D_{ijkl}^{\mathrm{PK2}} = \frac{\partial^2 W}{\partial E_{ij} \partial E_{kl}} \quad 或 \quad \boldsymbol{D}_{\mathrm{PK2}} = \frac{\partial^2 W}{\partial \boldsymbol{E} \partial \boldsymbol{E}} \tag{5-10}$$

上述得到的是线弹性本构模型。如果将应变能函数改写为

$$W(\boldsymbol{E}) = \frac{1}{2}\boldsymbol{E} : \boldsymbol{D}_{\mathrm{PK2}} : \boldsymbol{E} + \frac{1}{2}[\boldsymbol{E} : \tilde{\boldsymbol{D}} : (\boldsymbol{E} \cdot \boldsymbol{E})] \tag{5-11}$$

则

$$\boldsymbol{S} = \boldsymbol{D}_{\mathrm{PK2}} : \boldsymbol{E} + \tilde{\boldsymbol{D}} : \boldsymbol{E}^2 \tag{5-12}$$

可以得到非线性弹性本构模型。

超弹性本构模型的特点是应力速率张量和应变速率张量都不出现在本构方程中。超弹性本构模型描述的弹性材料不具有历史依赖性，即 t 时刻的应变只依赖于 t 时刻的应力，而与 t 时刻之前的应力历史无关。绝大多数金属材料和橡胶材料在常温下都呈现超弹性力学行为。

5.2.2 亚（次、低）弹性本构模型

不同于超弹性材料，亚弹性材料的本构方程中还包含应力速率张量或者应变速率张量，或者两者同时出现在本构方程中，譬如

$$\boldsymbol{\sigma} = \tau_2 \boldsymbol{C} : \dot{\boldsymbol{\varepsilon}} \tag{5-13}$$

$$\boldsymbol{\sigma} = \boldsymbol{C} : \boldsymbol{\varepsilon} + \tau_2 \boldsymbol{C} : \dot{\boldsymbol{\varepsilon}} \tag{5-14}$$

$$\boldsymbol{\sigma} + \tau_1 \dot{\boldsymbol{\sigma}} = \boldsymbol{C} : \boldsymbol{\varepsilon} + \tau_2 \boldsymbol{C} : \dot{\boldsymbol{\varepsilon}} \tag{5-15}$$

这一类本构方程也称为速率型本构方程。由于应力速率张量或应变速率张量的出现，应变与应力之间的依赖是历史相关的。譬如，从式（5-13）可得

$$\int_0^t \boldsymbol{\sigma}(t)\,\mathrm{d}t = \tau_2 \boldsymbol{C} : \boldsymbol{\varepsilon} \tag{5-16}$$

上式表明应变依赖于应力的历史。上一节讲到的应力张量的 Jaumann 速率张量和 Truesdell 速率张量与应变速率张量的本构关系就属于速率型本构关系。

$$\dot{\boldsymbol{\sigma}}_{\mathrm{J}} = \boldsymbol{D}_{\mathrm{JC}}(\boldsymbol{\sigma}) : \dot{\boldsymbol{\varepsilon}} \tag{5-17}$$

$$\dot{\boldsymbol{\sigma}}_{\mathrm{T}} = \boldsymbol{D}_{\mathrm{TC}}(\boldsymbol{\sigma}) : \dot{\boldsymbol{\varepsilon}} \tag{5-18}$$

$$\dot{\boldsymbol{\tau}}_{\mathrm{J}} = \boldsymbol{D}_{\mathrm{JK}}(\boldsymbol{\tau}) : \dot{\boldsymbol{\varepsilon}} \tag{5-19}$$

$$\dot{\boldsymbol{\tau}}_{\mathrm{T}} = \boldsymbol{D}_{\mathrm{TK}}(\boldsymbol{\tau}) : \dot{\boldsymbol{\varepsilon}} \tag{5-20}$$

各向同性下的更具一般性的速率型本构关系可以表示为

$$\dot{\sigma}_{ij} = \beta_1\dot{\varepsilon}_{kk}\delta_{ij} + \beta_2\dot{\varepsilon}_{ij} + \beta_3\dot{\varepsilon}_{kk}\sigma_{ij} + \beta_4\sigma_{mn}\dot{\varepsilon}_{mn}\delta_{ij} + \beta_5(\sigma_{ik}\dot{\varepsilon}_{kj} + \dot{\varepsilon}_{ik}\sigma_{kj}) \tag{5-21}$$

常温下的高分子材料、生物材料、黏弹土壤以及高温下的大多数金属材料都呈现亚弹性行为。根据材料的本构关系可以将材料进行分类。一般地，将 t 时刻的应力状态仅依赖于 t 时刻的应变状态，而与变形历史无关的材料称为 Cauchy 弹性材料。如果进一步，存在关于应变张量为自变量的张量函数，即应变能函数，使得 t 时刻的应变能仅依赖于 t 时刻的应变状态，而与变形历史无关，则称这样的材料为超弹性材料，超弹性材料也称为 Green 弹性材料。如果材料的应变不仅依赖当前应力状态还依赖于应力加载历史，则一般将这类具有历史依赖行为的材料称为亚（次、低）弹性材料。这类材料的应力速率张量与应变速率张量呈线性关系构成材料的线性本构方程。上述材料定义的内涵是不同的，它们之间的关系可以表述为：超弹性材料一定是 Cauchy 弹性材料，Cauchy 弹性材料不一定是超弹性材料；Cauchy 弹性材料一定是亚弹性材料，亚弹性材料不一定是 Cauchy 弹性材料。图 5-1 反映了上述三类材料之间的包容关系。

超弹性材料 ⊂ Cauchy弹性材料 ⊂ 亚弹性材料

图 5-1　三类材料的包容关系

如果材料的力学行为只依赖于物质点自身的变形历史，而与其他点的变形历史无关，就称该材料为简单物质。如果材料的力学行为不仅依赖于物质点自身的变形历史，还与邻域内其他点的变形历史有关，就称该材料为非简单物质。简单物质具有历史依赖性，但不具有空间非局部性；非简单物质不仅在时间上具有历史依赖性，在空间上还具有非局部性。简单物质的本构方程可以表示为

$$\boldsymbol{\sigma}(X_0, t) = \boldsymbol{\Gamma}(\boldsymbol{F}(X_0, t), X_0, t_0) \quad (0 < t < t_0) \tag{5-22}$$

非简单物质的本构方程可以表示为

$$\boldsymbol{\sigma}(X_0, t) = \boldsymbol{\Gamma}(\boldsymbol{F}(X, t), \boldsymbol{F}_X(X, t), X_0, t_0) \quad (|X - X_0| < \delta;\ 0 < t < t_0) \tag{5-23}$$

5.3　变形度量的弹塑性分解

5.3.1　和式分解

总应变可以分解成弹性应变和塑性应变之和。相应地，总应变速率可以分解成弹性应变速率和塑性应变速率之和，如图 5-2 所示。

$$\boldsymbol{E} = \boldsymbol{E}_{\mathrm{e}} + \boldsymbol{E}_{\mathrm{p}} \tag{5-24}$$

$$\dot{\boldsymbol{\varepsilon}} = \dot{\boldsymbol{\varepsilon}}_{\mathrm{e}} + \dot{\boldsymbol{\varepsilon}}_{\mathrm{p}} \tag{5-25}$$

在初始构型上的本构关系可以写成

$$\boldsymbol{S} = \boldsymbol{D}_{\mathrm{K2}} : \boldsymbol{E}_{\mathrm{e}} \tag{5-26}$$

在当前构型上的速率型本构方程为

$$\dot{\boldsymbol{\sigma}}_{\mathrm{J}} = \boldsymbol{D}_{\mathrm{JC}}(\boldsymbol{\sigma}) : \dot{\boldsymbol{\varepsilon}}_{\mathrm{e}} = \boldsymbol{D}_{\mathrm{JC}}(\boldsymbol{\sigma}) : (\dot{\boldsymbol{\varepsilon}} - \dot{\boldsymbol{\varepsilon}}_{\mathrm{p}}) \tag{5-27}$$

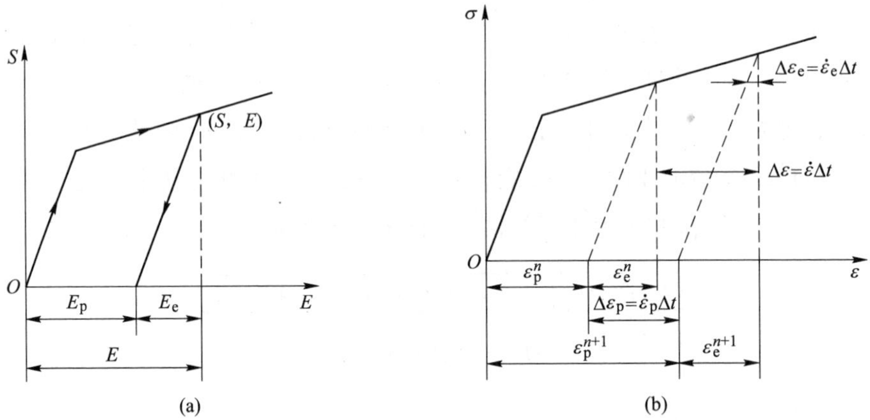

图 5-2　应变张量的加法分解示意图

（a）总应变的加法分解；（b）当前构型上应变增量的加法分解

5.3.2　乘式分解

变形梯度可以分解成弹性变形梯度和塑性变形梯度的乘积，即

$$\boldsymbol{F} = \boldsymbol{F}_{\mathrm{e}} \cdot \boldsymbol{F}_{\mathrm{p}} \tag{5-28}$$

由于弹性变形的本构关系与塑性变形的本构关系不同，为了方便分析，作如下分解和假设：

（1）初始构型 Ω_0 内过任一物质点的任一线元 d$\boldsymbol{X}$ 首先经历了一个运动到达了在中间构型中的 d$\hat{\boldsymbol{x}}$ 的位置，最终到达了在当前构型中的 d$\boldsymbol{x}$ 的位置，如图 5-3 所示。

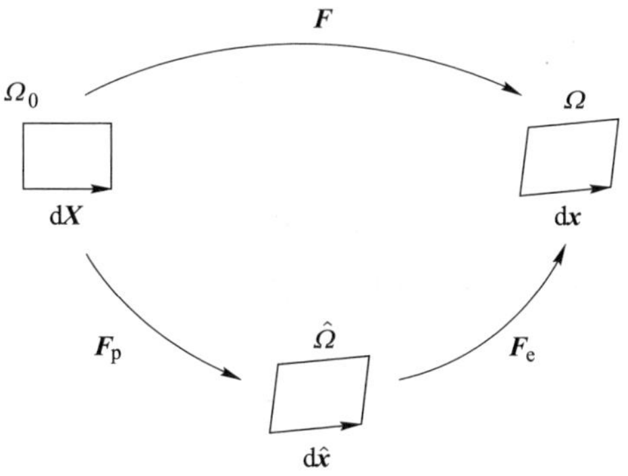

图 5-3 线元的弹塑性变形乘法分解示意图

（2）任一线元从初始构型到当前构型的运动过程可以分解为两部分：纯变形部分和刚体转动部分。

（3）纯变形部分分解为弹性变形部分和塑性变形部分。塑性变形假设发生在初始构型到中间构型的过程中。

（4）刚体转动可以认为发生在初始构型到中间构型的过程中，也可以认为发生在中间构型到当前构型的过程中。

基于上述分解和假设，线元的变形过程可以表述为

$$\mathrm{d}\boldsymbol{x} = \boldsymbol{F}\cdot\mathrm{d}\boldsymbol{X} = \frac{\partial \boldsymbol{x}}{\partial \boldsymbol{X}}\cdot\mathrm{d}\boldsymbol{X} = \frac{\partial \boldsymbol{x}}{\partial \hat{\boldsymbol{x}}}\cdot\frac{\partial \hat{\boldsymbol{x}}}{\partial \boldsymbol{X}}\cdot\mathrm{d}\boldsymbol{X} = \boldsymbol{F}_{\mathrm{e}}\cdot\boldsymbol{F}_{\mathrm{p}}\cdot\mathrm{d}\boldsymbol{X} \tag{5-29}$$

式中，

$$\boldsymbol{F}_{\mathrm{e}} = \frac{\partial \boldsymbol{x}}{\partial \hat{\boldsymbol{x}}},\ \boldsymbol{F}_{\mathrm{p}} = \frac{\partial \hat{\boldsymbol{x}}}{\partial \boldsymbol{X}}$$

分别表示从初始构型到中间构型和从中间构型到当前构型的变形梯度。

5.4 亚弹性-塑性本构模型

5.4.1 塑性屈服面与塑性应变

塑性屈服条件一般可以表述为

$$f(\boldsymbol{\sigma}, \boldsymbol{\alpha}) = 0 \tag{5-30}$$

式中，$\boldsymbol{\sigma}$ 为 Cauchy 应力张量；$\boldsymbol{\alpha} = [\alpha_1 \quad \alpha_2 \quad \cdots \quad \alpha_n]^{\mathrm{T}}$ 为包含了一组内变量的向量。

塑性流动法则为

$$\dot{\boldsymbol{\varepsilon}}_{\mathrm{p}} = \dot{\lambda} \boldsymbol{a}(\boldsymbol{\sigma}, \boldsymbol{\alpha}) \tag{5-31}$$

或

$$\dot{\varepsilon}_{ij}^{\mathrm{p}} = \dot{\lambda} a_{ij}(\boldsymbol{\sigma}, \boldsymbol{\alpha}) \tag{5-32}$$

式中，$\boldsymbol{a}(\boldsymbol{\sigma}, \boldsymbol{\alpha})$ 为塑性流动方向，通常定义为

$$\boldsymbol{a} = \frac{\partial \psi}{\partial \boldsymbol{\sigma}} \tag{5-33}$$

当 $\psi = kf$，即采用屈服函数 f 为塑性流动势函数时，塑性流动方向与由 $\dfrac{\partial f}{\partial \boldsymbol{\sigma}}$ 定义的屈服面法线方向成比例，即 $\dfrac{\partial \psi}{\partial \boldsymbol{\sigma}} \propto \dfrac{\partial f}{\partial \boldsymbol{\sigma}}$，则该种塑性流动称为关联塑性流动，否则称为非关联塑性流动。

在卸载过程中有 $\dot{\lambda} = 0$，应力点应落在屈服面之内，即 $f < 0$，从而卸载条件为 $f < 0$。而在塑性加载过程中 $\dot{\lambda} > 0$，应力点保持在演变的屈服面上。从而加载条件为 $f = 0$。不论处在塑性加载还是弹性卸载过程，均应满足 $\dot{\lambda} f = 0$。

如果考虑塑性硬化，加载条件可修正为 $\dot{f} = 0$，表示处于塑性加载过程中的物质点的应力状态始终位于应力空间中随塑性加载演变的屈服面上，即

$$\dot{f} = \boldsymbol{f}_{\sigma} : \dot{\boldsymbol{\sigma}} + \boldsymbol{f}_{\alpha} \cdot \dot{\boldsymbol{\alpha}} = 0 \tag{5-34}$$

式中，

$$\boldsymbol{f}_{\sigma} = \frac{\partial f}{\partial \boldsymbol{\sigma}}, \boldsymbol{f}_{\alpha} = \frac{\partial f}{\partial \boldsymbol{\alpha}}$$

式（5-34）称为塑性加载的一致性条件。

考虑到应力张量存在三个不变量，屈服条件也可以表述为

$$f(\boldsymbol{\sigma}, \boldsymbol{\alpha}) = f(I_1(\boldsymbol{\sigma}), I_2(\boldsymbol{\sigma}), I_3(\boldsymbol{\sigma}), \boldsymbol{\alpha}) = 0 \tag{5-35}$$

$$I_1(\boldsymbol{\sigma}) = \mathrm{tr}\boldsymbol{\sigma} = \sigma_{ii} \tag{5-36}$$

$$I_2(\boldsymbol{\sigma}) = \frac{1}{2}[(\mathrm{tr}\boldsymbol{\sigma})^2 - \mathrm{tr}\boldsymbol{\sigma}^2] = \frac{1}{2}[(\sigma_{ii})^2 - \sigma_{ij}\sigma_{ji}] \tag{5-37}$$

$$I_3(\boldsymbol{\sigma}) = \det\boldsymbol{\sigma} = e_{ijk}\sigma_{i1}\sigma_{j2}\sigma_{k3} \tag{5-38}$$

利用复合函数求导法则，有

$$\boldsymbol{f}_{\boldsymbol{\sigma}} = \frac{\partial f}{\partial \boldsymbol{\sigma}} = \frac{\partial f}{\partial I_1}\frac{\partial I_1}{\partial \boldsymbol{\sigma}} + \frac{\partial f}{\partial I_2}\frac{\partial I_2}{\partial \boldsymbol{\sigma}} + \frac{\partial f}{\partial I_3}\frac{\partial I_3}{\partial \boldsymbol{\sigma}} \tag{5-39}$$

$$\frac{\partial I_1}{\partial \boldsymbol{\sigma}} = \frac{\partial \mathrm{tr}\boldsymbol{\sigma}}{\partial \boldsymbol{\sigma}} = \frac{\partial \sigma_{ii}}{\partial \boldsymbol{\sigma}} = \boldsymbol{I} \tag{5-40}$$

$$\frac{\partial I_2}{\partial \boldsymbol{\sigma}} = I_1\boldsymbol{I} - \boldsymbol{\sigma}^{\mathrm{T}} = I_1\boldsymbol{I} - \boldsymbol{\sigma} \tag{5-41}$$

$$\frac{\partial I_3}{\partial \boldsymbol{\sigma}} = I_3\boldsymbol{\sigma}^{-\mathrm{T}} = \det(\boldsymbol{\sigma})\boldsymbol{\sigma}^{-\mathrm{T}} \tag{5-42}$$

$$\dot{f} = \left(\frac{\partial f}{\partial I_1}\frac{\partial I_1}{\partial \boldsymbol{\sigma}} + \frac{\partial f}{\partial I_2}\frac{\partial I_2}{\partial \boldsymbol{\sigma}} + \frac{\partial f}{\partial I_3}\frac{\partial I_3}{\partial \boldsymbol{\sigma}}\right) : \dot{\boldsymbol{\sigma}} + \boldsymbol{f}_{\boldsymbol{\alpha}} \cdot \dot{\boldsymbol{\alpha}} = 0 \tag{5-43}$$

考虑到

$$\dot{\boldsymbol{\sigma}}_{\mathrm{J}} = \dot{\boldsymbol{\sigma}} - \dot{\boldsymbol{\Omega}} \cdot \boldsymbol{\sigma}_n + \boldsymbol{\sigma}_n \cdot \dot{\boldsymbol{\Omega}} \tag{5-44}$$

以及旋转速率张量的反对称性，利用任意对称张量与反对称张量双点积为零，可知

$$\frac{\partial I_1}{\partial \boldsymbol{\sigma}} : \dot{\boldsymbol{\sigma}} = \frac{\partial I_1}{\partial \boldsymbol{\sigma}} : \dot{\boldsymbol{\sigma}}_{\mathrm{J}} \tag{5-45}$$

$$\frac{\partial I_2}{\partial \boldsymbol{\sigma}} : \dot{\boldsymbol{\sigma}} = \frac{\partial I_2}{\partial \boldsymbol{\sigma}} : \dot{\boldsymbol{\sigma}}_{\mathrm{J}} \tag{5-46}$$

$$\frac{\partial I_3}{\partial \boldsymbol{\sigma}} : \dot{\boldsymbol{\sigma}} = \frac{\partial I_3}{\partial \boldsymbol{\sigma}} : \dot{\boldsymbol{\sigma}}_{\mathrm{J}} \tag{5-47}$$

从而

$$\dot{f} = \left(\frac{\partial f}{\partial I_1}\frac{\partial I_1}{\partial \boldsymbol{\sigma}} + \frac{\partial f}{\partial I_2}\frac{\partial I_2}{\partial \boldsymbol{\sigma}} + \frac{\partial f}{\partial I_3}\frac{\partial I_3}{\partial \boldsymbol{\sigma}}\right) : \dot{\boldsymbol{\sigma}}_{\mathrm{J}} + \boldsymbol{f}_{\boldsymbol{\alpha}} \cdot \dot{\boldsymbol{\alpha}} = 0 \tag{5-48}$$

5.4.2 亚弹性-塑性本构模型的切线弹性模量张量

考虑塑性硬化，并利用式（5-27）和式（5-48），屈服面演化方程可表示为

$$\dot{f} = \boldsymbol{f}_{\boldsymbol{\sigma}} : \boldsymbol{D}_{\mathrm{JC}} : (\dot{\boldsymbol{\varepsilon}} - \dot{\boldsymbol{\varepsilon}}_{\mathrm{p}}) + \boldsymbol{f}_{\boldsymbol{\alpha}} \cdot \dot{\boldsymbol{\alpha}} = 0 \tag{5-49}$$

$$\dot{f} = \boldsymbol{f}_{\boldsymbol{\sigma}} : \mathfrak{D}_{\mathrm{JC}} : (\dot{\boldsymbol{\varepsilon}} - \dot{\lambda}\boldsymbol{a}) + \boldsymbol{f}_{\boldsymbol{\alpha}} \cdot \dot{\boldsymbol{\alpha}} = 0 \tag{5-50}$$

为了简化分析，假设内变量演化遵循类似塑性应变的规律，即

$$\dot{\boldsymbol{\alpha}} = \dot{\lambda}\boldsymbol{h}(\boldsymbol{\sigma}, \boldsymbol{\alpha}) \tag{5-51}$$

由一致性条件，可得塑性乘子

$$\dot{\lambda} = \frac{\boldsymbol{f}_{\boldsymbol{\sigma}} : \mathfrak{D}_{\mathrm{JC}} : \dot{\boldsymbol{\varepsilon}}}{\boldsymbol{f}_{\boldsymbol{\sigma}} : \mathfrak{D}_{\mathrm{JC}} : \boldsymbol{a} - \boldsymbol{f}_{\boldsymbol{\alpha}} \cdot \boldsymbol{h}} \tag{5-52}$$

从而

$$\dot{\boldsymbol{\sigma}}_{\mathrm{J}} = \mathfrak{D}_{\mathrm{JC}} : (\dot{\boldsymbol{\varepsilon}} - \dot{\boldsymbol{\varepsilon}}_{\mathrm{p}}) = \mathfrak{D}_{\mathrm{JC}} : (\dot{\boldsymbol{\varepsilon}} - \dot{\lambda}\boldsymbol{a}) = \mathfrak{D}_{\mathrm{JC}} : \left(\dot{\boldsymbol{\varepsilon}} - \frac{\boldsymbol{f}_{\boldsymbol{\sigma}} : \mathfrak{D}_{\mathrm{JC}} : \dot{\boldsymbol{\varepsilon}}}{\boldsymbol{f}_{\boldsymbol{\sigma}} : \mathfrak{D}_{\mathrm{JC}} : \boldsymbol{a} - \boldsymbol{f}_{\boldsymbol{\alpha}} \cdot \boldsymbol{h}}\boldsymbol{a}\right) \tag{5-53}$$

考虑到

$$\begin{aligned}\mathfrak{D}_{\mathrm{JC}} : \boldsymbol{a}(\boldsymbol{f}_{\boldsymbol{\sigma}} : \mathfrak{D}_{\mathrm{JC}} : \dot{\boldsymbol{\varepsilon}}) &= [(\mathfrak{D}_{\mathrm{JC}})_{ijmn}a_{mn}][(\boldsymbol{f}_{\boldsymbol{\sigma}})_{ab}(\mathfrak{D}_{\mathrm{JC}})_{abkl}]\dot{\varepsilon}_{kl} \\ &= (\mathfrak{D}_{\mathrm{JC}} : \boldsymbol{a}) \otimes (\boldsymbol{f}_{\boldsymbol{\sigma}} : \mathfrak{D}_{\mathrm{JC}}) : \dot{\boldsymbol{\varepsilon}}\end{aligned} \tag{5-54}$$

上式可进一步改写为

$$\dot{\boldsymbol{\sigma}}_{\mathrm{J}} = \mathfrak{D}_{\mathrm{JC,ep}} : \dot{\boldsymbol{\varepsilon}} \tag{5-55}$$

式中，

$$\mathfrak{D}_{\mathrm{JC,ep}} = \mathfrak{D}_{\mathrm{JC}} - \frac{(\mathfrak{D}_{\mathrm{JC}} : \boldsymbol{a}) \otimes (\boldsymbol{f}_{\boldsymbol{\sigma}} : \mathfrak{D}_{\mathrm{JC}})}{\boldsymbol{f}_{\boldsymbol{\sigma}} : \mathfrak{D}_{\mathrm{JC}} : \boldsymbol{a} - \boldsymbol{f}_{\boldsymbol{\alpha}} \cdot \boldsymbol{h}}$$

称为亚弹性-塑性本构模型的切线弹性模量张量。对于关联塑性，有 $\boldsymbol{a} = \boldsymbol{f}_{\boldsymbol{\sigma}}$，则

$$\mathfrak{D}_{\mathrm{JC,ep}} = \mathfrak{D}_{\mathrm{JC}} - \frac{(\mathfrak{D}_{\mathrm{JC}} : \boldsymbol{f}_{\boldsymbol{\sigma}}) \otimes (\boldsymbol{f}_{\boldsymbol{\sigma}} : \mathfrak{D}_{\mathrm{JC}})}{\boldsymbol{f}_{\boldsymbol{\sigma}} : \mathfrak{D}_{\mathrm{JC}} : \boldsymbol{f}_{\boldsymbol{\sigma}} - \boldsymbol{f}_{\boldsymbol{\alpha}} \cdot \boldsymbol{h}} \tag{5-56}$$

有限增量下的弹塑性切线模量张量

$$\begin{aligned}\boldsymbol{\sigma}_{n+1} = \boldsymbol{\sigma}_n + \Delta\boldsymbol{\sigma} = \boldsymbol{\sigma}_n + \dot{\boldsymbol{\sigma}}\Delta t &= \boldsymbol{\sigma}_n + (\dot{\boldsymbol{\Omega}} \cdot \boldsymbol{\sigma}_n + \boldsymbol{\sigma}_n \cdot \dot{\boldsymbol{\Omega}}^{\mathrm{T}} + \dot{\boldsymbol{\sigma}}_{\mathrm{J}})\Delta t \\ &= \boldsymbol{\sigma}_n + (\dot{\boldsymbol{\Omega}} \cdot \boldsymbol{\sigma}_n + \boldsymbol{\sigma}_n \cdot \dot{\boldsymbol{\Omega}}^{\mathrm{T}})\Delta t + \dot{\boldsymbol{\sigma}}_{\mathrm{J}}\Delta t \\ &= \boldsymbol{\sigma}_n + (\dot{\boldsymbol{\Omega}} \cdot \boldsymbol{\sigma}_n + \boldsymbol{\sigma}_n \cdot \dot{\boldsymbol{\Omega}}^{\mathrm{T}})\Delta t + \mathfrak{D}_{\mathrm{JC}} : (\dot{\boldsymbol{\varepsilon}} - \dot{\boldsymbol{\varepsilon}}_{\mathrm{p}})\Delta t \\ &= \boldsymbol{\sigma}_n + (\dot{\boldsymbol{\Omega}} \cdot \boldsymbol{\sigma}_n + \boldsymbol{\sigma}_n \cdot \dot{\boldsymbol{\Omega}}^{\mathrm{T}})\Delta t + \mathfrak{D}_{\mathrm{JC}} : (\Delta\boldsymbol{\varepsilon} - \Delta\boldsymbol{\varepsilon}_{\mathrm{p}})\end{aligned} \tag{5-57}$$

$$\Delta\boldsymbol{\sigma}_{\mathrm{J}} = \dot{\boldsymbol{\sigma}}_{\mathrm{J}}\Delta t = \mathfrak{D}_{\mathrm{JC}} : (\Delta\boldsymbol{\varepsilon} - \Delta\boldsymbol{\varepsilon}_{\mathrm{p}}) \tag{5-58}$$

式中，$\Delta\boldsymbol{\varepsilon} = \dot{\boldsymbol{\varepsilon}}\Delta t$，$\Delta\boldsymbol{\varepsilon}_{\mathrm{p}} = \dot{\boldsymbol{\varepsilon}}_{\mathrm{p}}\Delta t$。

小变形下，$\Delta\boldsymbol{\varepsilon}_{\mathrm{p}} = \dot{\boldsymbol{\varepsilon}}_{\mathrm{p}}\Delta t$，$\dot{\boldsymbol{\varepsilon}}_{\mathrm{p}} = \dot{\lambda}\boldsymbol{a}$，式中，

$$\boldsymbol{a} = \frac{\partial\psi}{\partial\boldsymbol{\sigma}} \text{ 或 } \boldsymbol{a} = \frac{\partial f}{\partial\boldsymbol{\sigma}} \tag{5-59}$$

有限变形下，

$$\Delta\boldsymbol{\varepsilon}_{\mathrm{p}} = \Delta(\lambda\boldsymbol{a}) \tag{5-60}$$

$$\dot{\boldsymbol{\varepsilon}}_{\mathrm{p}} = \frac{\mathrm{d}}{\mathrm{d}t}(\lambda\boldsymbol{a}) = \dot{\lambda}\boldsymbol{a} + \lambda\dot{\boldsymbol{a}} \tag{5-61}$$

从而

$$\dot{\boldsymbol{\sigma}}_{\mathrm{J}} = \mathfrak{D}_{\mathrm{JC}} : (\dot{\boldsymbol{\varepsilon}} - \dot{\lambda}\boldsymbol{a} - \lambda\dot{\boldsymbol{a}}) = \mathfrak{D}_{\mathrm{JC}} : \left(\dot{\boldsymbol{\varepsilon}} - \dot{\lambda}\boldsymbol{a} - \lambda\frac{\partial\boldsymbol{a}}{\partial\boldsymbol{\sigma}} : \dot{\boldsymbol{\sigma}}\right) \tag{5-62}$$

塑性势函数一般表示为

$$\psi = \psi(I_1(\boldsymbol{\sigma}), I_2(\boldsymbol{\sigma}), I_3(\boldsymbol{\sigma})) \tag{5-63}$$

从而塑性流动方向为

$$\boldsymbol{a} = \frac{\partial\psi}{\partial\boldsymbol{\sigma}} = \frac{\partial\psi}{\partial I_1}\frac{\partial I_1}{\partial\boldsymbol{\sigma}} + \frac{\partial\psi}{\partial I_2}\frac{\partial I_2}{\partial\boldsymbol{\sigma}} + \frac{\partial\psi}{\partial I_3}\frac{\partial I_3}{\partial\boldsymbol{\sigma}} = \boldsymbol{a}(I_1(\boldsymbol{\sigma}), I_2(\boldsymbol{\sigma}), I_3(\boldsymbol{\sigma})) \tag{5-64}$$

塑性流动方向是二阶张量，它是关于应力张量的张量函数，塑性流动方向关于应力张量的导数是四阶张量，即

$$\frac{\partial\boldsymbol{a}}{\partial\boldsymbol{\sigma}} = \frac{\partial\boldsymbol{a}}{\partial I_1}\otimes\frac{\partial I_1}{\partial\boldsymbol{\sigma}} + \frac{\partial\boldsymbol{a}}{\partial I_2}\otimes\frac{\partial I_2}{\partial\boldsymbol{\sigma}} + \frac{\partial\boldsymbol{a}}{\partial I_3}\otimes\frac{\partial I_3}{\partial\boldsymbol{\sigma}} \tag{5-65}$$

利用任意对称张量与反对称张量双点积为零，可知

$$\begin{aligned}\frac{\partial\boldsymbol{a}}{\partial\boldsymbol{\sigma}} : \dot{\boldsymbol{\sigma}} &= \left(\frac{\partial\boldsymbol{a}}{\partial I_1}\otimes\frac{\partial I_1}{\partial\boldsymbol{\sigma}} + \frac{\partial\boldsymbol{a}}{\partial I_2}\otimes\frac{\partial I_2}{\partial\boldsymbol{\sigma}} + \frac{\partial\boldsymbol{a}}{\partial I_3}\otimes\frac{\partial I_3}{\partial\boldsymbol{\sigma}}\right) : \dot{\boldsymbol{\sigma}} \\ &= \left(\frac{\partial\boldsymbol{a}}{\partial I_1}\otimes\frac{\partial I_1}{\partial\boldsymbol{\sigma}} + \frac{\partial\boldsymbol{a}}{\partial I_2}\otimes\frac{\partial I_2}{\partial\boldsymbol{\sigma}} + \frac{\partial\boldsymbol{a}}{\partial I_3}\otimes\frac{\partial I_3}{\partial\boldsymbol{\sigma}}\right) : \dot{\boldsymbol{\sigma}}_{\mathrm{J}} = \frac{\partial\boldsymbol{a}}{\partial\boldsymbol{\sigma}} : \dot{\boldsymbol{\sigma}}_{\mathrm{J}}\end{aligned} \tag{5-66}$$

从而

$$\dot{\boldsymbol{\sigma}}_{\mathrm{J}} = \mathfrak{D}_{\mathrm{JC}} : \left(\dot{\boldsymbol{\varepsilon}} - \dot{\lambda}\boldsymbol{a} - \lambda\frac{\partial\boldsymbol{a}}{\partial\boldsymbol{\sigma}} : \dot{\boldsymbol{\sigma}}\right) = \mathfrak{D}_{\mathrm{JC}} : \left(\dot{\boldsymbol{\varepsilon}} - \dot{\lambda}\boldsymbol{a} - \lambda\frac{\partial\boldsymbol{a}}{\partial\boldsymbol{\sigma}} : \dot{\boldsymbol{\sigma}}_{\mathrm{J}}\right) \tag{5-67}$$

上述张量方程的分量形式为

$$\dot{\sigma}_{ij}^{\mathrm{J}} = \mathfrak{D}_{ijkl}^{\mathrm{JC}}\left[\dot{\varepsilon}_{kl} - \dot{\lambda}a_{kl} - \lambda\left(\frac{\partial\boldsymbol{a}}{\partial\boldsymbol{\sigma}}\right)_{klmn}\dot{\sigma}_{mn}^{\mathrm{J}}\right] \tag{5-68}$$

考虑到

$$\dot{\sigma}_{ij}^{\mathrm{J}} = \delta_{im}\dot{\sigma}_{mj}^{\mathrm{J}} = \delta_{im}\delta_{jn}\dot{\sigma}_{mn}^{\mathrm{J}} \tag{5-69}$$

式（5-68）改写为

$$\left[\delta_{im}\delta_{jn} + \lambda\mathfrak{D}_{ijkl}^{\mathrm{JC}}\left(\frac{\partial\boldsymbol{a}}{\partial\boldsymbol{\sigma}}\right)_{klmn}\right]\dot{\sigma}_{mn}^{\mathrm{J}} = \mathfrak{D}_{ijkl}^{\mathrm{JC}}(\dot{\varepsilon}_{kl} - \dot{\lambda}a_{kl}) \tag{5-70}$$

写成整体形式，即

$$\boldsymbol{Q} : \dot{\boldsymbol{\sigma}}_{\mathrm{J}} = \mathfrak{D}_{\mathrm{JC}} : (\dot{\boldsymbol{\varepsilon}} - \dot{\lambda} \boldsymbol{a}) \tag{5-71}$$

张量方程和矩阵方程都是经常使用的表述方式。张量方程较矩阵方程在公式推导过程中具有更为简洁的形式。但在数值计算时，矩阵方程相较于张量方程更便于编程计算。通常为了将张量方程改写为矩阵方程，将二阶张量降阶为矢量，将四阶张量降阶为矩阵。考虑到应力二阶张量的对称性，应力张量可降阶为六维矢量，四阶弹性模量张量可降阶为 6 × 6 矩阵，即

$$\sigma_{ij}(i, j = 1, 2, 3) \rightarrow \sigma_I(I = 1, 2, \cdots, 6) \tag{5-72}$$

$$C_{ijkl}(i, j, k, l = 1, 2, 3) \rightarrow C_{IJ}(I, J = 1, 2, \cdots, 6) \tag{5-73}$$

张量方程式（5-71）化成矩阵形式为

$$\overline{\boldsymbol{Q}} \cdot \dot{\overline{\boldsymbol{\sigma}}}_{\mathrm{J}} = \overline{\mathfrak{D}}_{\mathrm{JC}} \cdot (\dot{\overline{\boldsymbol{\varepsilon}}} - \dot{\lambda} \overline{\boldsymbol{a}}) \tag{5-74}$$

$$\dot{\overline{\boldsymbol{\sigma}}}_{\mathrm{J}} = \overline{\boldsymbol{Q}}^{-1} \cdot \overline{\mathfrak{D}}_{\mathrm{JC}} \cdot (\dot{\overline{\boldsymbol{\varepsilon}}} - \dot{\lambda} \overline{\boldsymbol{a}}) = \overline{\boldsymbol{R}} \cdot (\dot{\overline{\boldsymbol{\varepsilon}}} - \dot{\lambda} \overline{\boldsymbol{a}}) \tag{5-75}$$

式中，

$$\overline{\boldsymbol{R}} = \overline{\boldsymbol{Q}}^{-1} \cdot \overline{\mathfrak{D}}_{\mathrm{JC}} \tag{5-76}$$

由一致性条件

$$\dot{f} = \overline{\boldsymbol{f}}_{\boldsymbol{\sigma}}^{\mathrm{T}} \cdot \dot{\overline{\boldsymbol{\sigma}}}_{\mathrm{J}} + \boldsymbol{f}_{\boldsymbol{\alpha}}^{\mathrm{T}} \cdot \dot{\lambda} \boldsymbol{h} = 0 \tag{5-77}$$

可得塑性乘子

$$\dot{\lambda} = \frac{\overline{\boldsymbol{f}}_{\boldsymbol{\sigma}}^{\mathrm{T}} \cdot \overline{\boldsymbol{R}} \cdot \dot{\overline{\boldsymbol{\varepsilon}}}}{\overline{\boldsymbol{f}}_{\boldsymbol{\sigma}}^{\mathrm{T}} \cdot \overline{\boldsymbol{R}} \cdot \overline{\boldsymbol{a}} - \boldsymbol{f}_{\boldsymbol{\alpha}}^{\mathrm{T}} \cdot \boldsymbol{h}} \tag{5-78}$$

从而

$$\dot{\overline{\boldsymbol{\sigma}}}_{\mathrm{J}} = \overline{\boldsymbol{R}} \cdot \left[\dot{\overline{\boldsymbol{\varepsilon}}} - \frac{\overline{\boldsymbol{a}} \cdot (\overline{\boldsymbol{f}}_{\boldsymbol{\sigma}}^{\mathrm{T}} \cdot \overline{\boldsymbol{R}} \cdot \dot{\overline{\boldsymbol{\varepsilon}}})}{\overline{\boldsymbol{f}}_{\boldsymbol{\sigma}}^{\mathrm{T}} \cdot \overline{\boldsymbol{R}} \cdot \overline{\boldsymbol{a}} - \overline{\boldsymbol{f}}_{\boldsymbol{\alpha}}^{\mathrm{T}} \cdot \overline{\boldsymbol{h}}} \right] = \overline{\mathfrak{D}}_{\mathrm{JC,ep}} \cdot \dot{\overline{\boldsymbol{\varepsilon}}} \tag{5-79}$$

式中，

$$\overline{\mathfrak{D}}_{\mathrm{JC,ep}} = \overline{\boldsymbol{R}} - \frac{(\overline{\boldsymbol{R}} \cdot \overline{\boldsymbol{a}}) \overline{\boldsymbol{f}}_{\boldsymbol{\sigma}}^{\mathrm{T}} \cdot \boldsymbol{R}}{\overline{\boldsymbol{f}}_{\boldsymbol{\sigma}}^{\mathrm{T}} \cdot \overline{\boldsymbol{R}} \cdot \overline{\boldsymbol{a}} - \overline{\boldsymbol{f}}_{\boldsymbol{\alpha}}^{\mathrm{T}} \cdot \overline{\boldsymbol{h}}} \tag{5-80}$$

称为亚弹性-塑性本构模型的切线弹性模量矩阵形式。对于关联塑性，

$$\overline{\mathfrak{D}}_{\mathrm{JC,ep}} = \overline{\boldsymbol{R}} - \frac{(\overline{\boldsymbol{R}} \cdot \overline{\boldsymbol{f}}_{\boldsymbol{\sigma}}) \cdot \overline{\boldsymbol{f}}_{\boldsymbol{\sigma}}^{\mathrm{T}} \cdot \boldsymbol{R}}{\overline{\boldsymbol{f}}_{\boldsymbol{\sigma}}^{\mathrm{T}} \cdot \overline{\boldsymbol{R}} \cdot \overline{\boldsymbol{f}}_{\boldsymbol{\sigma}} - \overline{\boldsymbol{f}}_{\boldsymbol{\alpha}}^{\mathrm{T}} \cdot \overline{\boldsymbol{h}}} \tag{5-81}$$

写成张量形式，即

$$\dot{\boldsymbol{\sigma}}_{\mathrm{J}} = \mathfrak{D}_{\mathrm{JC,ep}} : \dot{\boldsymbol{\varepsilon}} \tag{5-82}$$

式中，

$$\mathfrak{D}_{\mathrm{JC,ep}} = \mathfrak{D}_{\mathrm{JC}} - \frac{(\mathfrak{D}_{\mathrm{JC}} : \boldsymbol{a}) \otimes (\boldsymbol{a} : \mathfrak{D}_{\mathrm{JC}})}{\boldsymbol{f}_{\boldsymbol{\sigma}} : \mathfrak{D}_{\mathrm{JC}} : \boldsymbol{a} - \boldsymbol{f}_{\boldsymbol{\alpha}} \cdot \boldsymbol{h}} \tag{5-83}$$

为亚弹性-塑性本构模型的切线弹性模量张量。

5.5 超弹性-塑性本构模型

引入中间构型后，定义

$$\boldsymbol{S} = \frac{\partial W(\boldsymbol{E})}{\partial \boldsymbol{E}} \tag{5-84}$$

$$\hat{\boldsymbol{S}} = \frac{\partial W(\hat{\boldsymbol{E}}_{\mathrm{e}})}{\partial \hat{\boldsymbol{E}}_{\mathrm{e}}} \tag{5-85}$$

其中，$\boldsymbol{S}$ 定义在初始构型上，$\hat{\boldsymbol{S}}$ 定义在中间构型上。定义在中间构型上的弹性模量可以从下式得到：

$$\dot{\hat{\boldsymbol{S}}} = \frac{\partial^2 W(\hat{\boldsymbol{E}}_{\mathrm{e}})}{\partial \hat{\boldsymbol{E}}_{\mathrm{e}} \partial \hat{\boldsymbol{E}}_{\mathrm{e}}} : \dot{\hat{\boldsymbol{E}}}_{\mathrm{e}} = \mathfrak{D}_{\mathrm{K2}} : \dot{\hat{\boldsymbol{E}}}_{\mathrm{e}} \tag{5-86}$$

用 $\boldsymbol{F}_{\mathrm{e}}$ 表示从中间构型到当前构型的变形梯度，则总变形梯度可表示为

$$\boldsymbol{F} = \boldsymbol{F}_{\mathrm{e}} \cdot \boldsymbol{F}_{\mathrm{p}} \tag{5-87}$$

定义在当前构型上的应力张量和应力速率张量分别为

$$\boldsymbol{\tau} = \boldsymbol{F}_{\mathrm{e}} \cdot \hat{\boldsymbol{S}} \cdot \boldsymbol{F}_{\mathrm{e}}^{\mathrm{T}} \tag{5-88}$$

$$\dot{\boldsymbol{\tau}} = \boldsymbol{F}_{\mathrm{e}} \cdot \dot{\hat{\boldsymbol{S}}} \cdot \boldsymbol{F}_{\mathrm{e}}^{\mathrm{T}} + \dot{\boldsymbol{F}}_{\mathrm{e}} \cdot \hat{\boldsymbol{S}} \cdot \boldsymbol{F}_{\mathrm{e}}^{\mathrm{T}} + \boldsymbol{F}_{\mathrm{e}} \cdot \hat{\boldsymbol{S}} \cdot \dot{\boldsymbol{F}}_{\mathrm{e}}^{\mathrm{T}} \tag{5-89}$$

考虑到

$$\dot{\boldsymbol{\tau}}_{\mathrm{T}} = \boldsymbol{\mathcal{L}}_v^e \boldsymbol{\tau} = \boldsymbol{F}_{\mathrm{e}} \cdot \dot{\hat{\boldsymbol{S}}} \cdot \boldsymbol{F}_{\mathrm{e}}^{\mathrm{T}} \tag{5-90}$$

$$\dot{\boldsymbol{\tau}}_{\mathrm{T}} = \mathfrak{D}_{\mathrm{TK}} : \dot{\boldsymbol{\varepsilon}}_{\mathrm{e}} \tag{5-91}$$

$$\boldsymbol{L}_{\mathrm{e}} = \dot{\boldsymbol{F}}_{\mathrm{e}} \cdot \boldsymbol{F}_{\mathrm{e}}^{-1} \tag{5-92}$$

$$\dot{\boldsymbol{\varepsilon}}_{\mathrm{e}} = \frac{1}{2}(\boldsymbol{L}_{\mathrm{e}} + \boldsymbol{L}_{\mathrm{e}}^{\mathrm{T}}) \tag{5-93}$$

式（5-89）可改写为

$$\dot{\boldsymbol{\tau}} = \dot{\boldsymbol{\tau}}_{\mathrm{T}} + \boldsymbol{L}_{\mathrm{e}} \cdot \boldsymbol{\tau} + \boldsymbol{\tau} \cdot \boldsymbol{L}_{\mathrm{e}}^{\mathrm{T}} = \mathfrak{D}_{\mathrm{TK}} : \dot{\boldsymbol{\varepsilon}}_{\mathrm{e}} + \boldsymbol{L}_{\mathrm{e}} \cdot \boldsymbol{\tau} + \boldsymbol{\tau} \cdot \boldsymbol{L}_{\mathrm{e}}^{\mathrm{T}} \tag{5-94}$$

其中

$$\mathfrak{D}_{abcd}^{\mathrm{TK}} = F_{ai}^{\mathrm{e}} F_{bj}^{\mathrm{e}} F_{ck}^{\mathrm{e}} F_{dl}^{\mathrm{e}} \mathfrak{D}_{ijkl}^{\mathrm{K2}} \tag{5-95}$$

速度梯度

$$\begin{aligned} \boldsymbol{L} = \dot{\boldsymbol{F}} \cdot \boldsymbol{F}^{-1} &= (\dot{\boldsymbol{F}}_{\mathrm{e}} \cdot \boldsymbol{F}_{\mathrm{p}} + \boldsymbol{F}_{\mathrm{e}} \cdot \dot{\boldsymbol{F}}_{\mathrm{p}}) \cdot \boldsymbol{F}_{\mathrm{p}}^{-1} \cdot \boldsymbol{F}_{\mathrm{e}}^{-1} \\ &= \dot{\boldsymbol{F}}_{\mathrm{e}} \cdot \boldsymbol{F}_{\mathrm{e}}^{-1} + \boldsymbol{F}_{\mathrm{e}} \cdot \dot{\boldsymbol{F}}_{\mathrm{p}} \cdot \boldsymbol{F}_{\mathrm{p}}^{-1} \cdot \boldsymbol{F}_{\mathrm{e}}^{-1} = \boldsymbol{L}_{\mathrm{e}} + \boldsymbol{L}_{\mathrm{p}}^{*} \end{aligned} \tag{5-96}$$

式中，

$$\boldsymbol{L}_{\mathrm{p}}^{*} = \boldsymbol{F}_{\mathrm{e}} \cdot \dot{\boldsymbol{F}}_{\mathrm{p}} \cdot \boldsymbol{F}_{\mathrm{p}}^{-1} \cdot \boldsymbol{F}_{\mathrm{e}}^{-1} = \boldsymbol{F}_{\mathrm{e}} \cdot \boldsymbol{L}_{\mathrm{p}}^{0} \cdot \boldsymbol{F}_{\mathrm{e}}^{-1} \tag{5-97}$$

$$\boldsymbol{L}_{\mathrm{p}}^{0} = \dot{\boldsymbol{F}}_{\mathrm{p}} \cdot \boldsymbol{F}_{\mathrm{p}}^{-1} \tag{5-98}$$

考虑到

$$\boldsymbol{F}_{\mathrm{p}} = \frac{\partial \hat{\boldsymbol{x}}}{\partial \boldsymbol{X}},\ \boldsymbol{L}_{\mathrm{p}}^{0} = \frac{\partial \dot{\hat{\boldsymbol{x}}}}{\partial \boldsymbol{X}} \cdot \frac{\partial \boldsymbol{X}}{\partial \hat{\boldsymbol{x}}} = \dot{\boldsymbol{F}}_{\mathrm{p}} \cdot \boldsymbol{F}_{\mathrm{p}}^{-1} \tag{5-99}$$

$$\boldsymbol{F}_{\mathrm{e}} = \frac{\partial \boldsymbol{x}}{\partial \hat{\boldsymbol{x}}},\ \boldsymbol{L}_{\mathrm{e}} = \frac{\partial \dot{\boldsymbol{x}}}{\partial \hat{\boldsymbol{x}}} \cdot \frac{\partial \hat{\boldsymbol{x}}}{\partial \boldsymbol{x}} \tag{5-100}$$

应变速率张量

$$\dot{\boldsymbol{\varepsilon}} = \frac{1}{2}(\boldsymbol{L}_{\mathrm{e}} + \boldsymbol{L}_{\mathrm{e}}^{\mathrm{T}}) + \frac{1}{2}[\boldsymbol{L}_{\mathrm{p}}^{*} + (\boldsymbol{L}_{\mathrm{p}}^{*})^{\mathrm{T}}] = \dot{\boldsymbol{\varepsilon}}_{\mathrm{e}} + \dot{\boldsymbol{\varepsilon}}_{\mathrm{p}}^{*} \tag{5-101}$$

式中，

$$\dot{\boldsymbol{\varepsilon}}_{\mathrm{e}} = \frac{1}{2}(\boldsymbol{L}_{\mathrm{e}} + \boldsymbol{L}_{\mathrm{e}}^{\mathrm{T}}) \tag{5-102}$$

$$\begin{aligned} \dot{\boldsymbol{\varepsilon}}_{\mathrm{p}}^{*} &= \frac{1}{2}[\boldsymbol{L}_{\mathrm{p}}^{*} + (\boldsymbol{L}_{\mathrm{p}}^{*})^{\mathrm{T}}] = \frac{1}{2}[\boldsymbol{F}_{\mathrm{e}} \cdot \boldsymbol{L}_{\mathrm{p}}^{0} \cdot \boldsymbol{F}_{\mathrm{e}}^{-1} + \boldsymbol{F}_{\mathrm{e}}^{-\mathrm{T}} \cdot (\boldsymbol{L}_{\mathrm{p}}^{0})^{\mathrm{T}} \cdot \boldsymbol{F}_{\mathrm{e}}^{\mathrm{T}}] \\ &= \frac{1}{2}(\boldsymbol{F}_{\mathrm{e}} \cdot \dot{\boldsymbol{F}}_{\mathrm{p}} \cdot \boldsymbol{F}_{\mathrm{p}}^{-1} \cdot \boldsymbol{F}_{\mathrm{e}}^{-1} + \boldsymbol{F}_{\mathrm{e}}^{-\mathrm{T}} \cdot \boldsymbol{F}_{\mathrm{p}}^{-\mathrm{T}} \cdot \dot{\boldsymbol{F}}_{\mathrm{p}}^{\mathrm{T}} \cdot \boldsymbol{F}_{\mathrm{e}}^{\mathrm{T}}) \end{aligned} \tag{5-103}$$

另外，参考当前构型的塑性应变也可以通过对参考中间构型的塑性应变进行构型变换得到，即

$$\dot{\boldsymbol{\varepsilon}}_{\mathrm{p}}^{0} = \frac{1}{2}[\boldsymbol{L}_{\mathrm{p}}^{0} + (\boldsymbol{L}_{\mathrm{p}}^{0})^{\mathrm{T}}] \tag{5-104}$$

$$\tilde{\dot{\boldsymbol{\varepsilon}}}_{\mathrm{p}} = \boldsymbol{F}_{\mathrm{e}}^{-\mathrm{T}} \cdot \dot{\boldsymbol{\varepsilon}}_{\mathrm{p}}^{0} \cdot \boldsymbol{F}_{\mathrm{e}}^{-1} = \frac{1}{2}\boldsymbol{F}_{\mathrm{e}}^{-\mathrm{T}} \cdot [\boldsymbol{L}_{\mathrm{p}}^{0} + (\boldsymbol{L}_{\mathrm{p}}^{0})^{\mathrm{T}}] \cdot \boldsymbol{F}_{\mathrm{e}}^{-1} \tag{5-105}$$

$$\tilde{\dot{\boldsymbol{\varepsilon}}}_{\mathrm{p}} = \frac{1}{2}(\boldsymbol{F}_{\mathrm{e}}^{-\mathrm{T}} \cdot \dot{\boldsymbol{F}}_{\mathrm{p}} \cdot \boldsymbol{F}_{\mathrm{p}}^{-1} \cdot \boldsymbol{F}_{\mathrm{e}}^{-1} + \boldsymbol{F}_{\mathrm{e}}^{-\mathrm{T}} \cdot \boldsymbol{F}_{\mathrm{p}}^{-\mathrm{T}} \cdot \dot{\boldsymbol{F}}_{\mathrm{p}}^{\mathrm{T}} \cdot \boldsymbol{F}_{\mathrm{e}}^{-1}) \tag{5-106}$$

对比式（5-103）和式（5-106），由于

$$\boldsymbol{F}_{\mathrm{e}} \neq \boldsymbol{F}_{\mathrm{e}}^{-\mathrm{T}} \tag{5-107}$$

从而

$$\dot{\boldsymbol{\varepsilon}}_{\mathrm{p}}^{*} \neq \tilde{\dot{\boldsymbol{\varepsilon}}}_{\mathrm{p}} \tag{5-108}$$

也就是说式（5-103）给出的 $\dot{\boldsymbol{\varepsilon}}_{\mathrm{p}}^{*}$ 并非参考当前构型的塑性应变。换句话说，式（5-101）表示的加法分解是存疑的。

下面分析应变速率张量的弹塑性加法分解的适用条件。把刚体转动计入中间构型到当前构型过程中时，

$$\boldsymbol{F}_{\mathrm{e}} = \boldsymbol{R}_{\mathrm{e}} \cdot \boldsymbol{U}_{\mathrm{e}} = \boldsymbol{V}_{\mathrm{e}} \cdot \boldsymbol{R}_{\mathrm{e}} = \boldsymbol{R} \cdot \boldsymbol{U}_{\mathrm{e}} = \boldsymbol{V}_{\mathrm{e}} \cdot \boldsymbol{R} \tag{5-109}$$

在小变形情况下，有

$$\boldsymbol{F}_{\mathrm{e}} \approx \boldsymbol{R}, \boldsymbol{F}_{\mathrm{e}} \approx \boldsymbol{F}_{\mathrm{e}}^{-\mathrm{T}} \tag{5-110}$$

从而成立

$$\dot{\boldsymbol{\varepsilon}}_{\mathrm{p}}^{*} \approx \tilde{\dot{\boldsymbol{\varepsilon}}}_{\mathrm{p}} = \dot{\boldsymbol{\varepsilon}}_{\mathrm{p}} \tag{5-111}$$

概括起来，有如下结论：

（1）在小变形情况下，应变速率张量可以近似作加法分解为弹性应变速率张量与塑性应变速率张量之和，即

$$\dot{\boldsymbol{\varepsilon}} = \dot{\boldsymbol{\varepsilon}}_{\mathrm{e}} + \dot{\boldsymbol{\varepsilon}}_{\mathrm{p}}^{*} \approx \dot{\boldsymbol{\varepsilon}}_{\mathrm{e}} + \dot{\boldsymbol{\varepsilon}}_{\mathrm{p}} \tag{5-112}$$

（2）在有限变形情况下，应变速率张量不能分解为弹性应变速率张量与塑性应变速率张量之和，即

$$\dot{\boldsymbol{\varepsilon}} = \dot{\boldsymbol{\varepsilon}}_{\mathrm{e}} + \dot{\boldsymbol{\varepsilon}}_{\mathrm{p}}^{*} \neq \dot{\boldsymbol{\varepsilon}}_{\mathrm{e}} + \dot{\boldsymbol{\varepsilon}}_{\mathrm{p}} \tag{5-113}$$

5.6　最小塑性耗散原理

在塑性变形过程中，塑性流动法则和内变量演化法则扮演着重要的角色。但在前面的论述中，并没有给出塑性流动法则和内变量演化法则的理论依据。事实上，它们均可以通过最小塑性耗散原理得到。下面我们来讨论最小耗散原理以及如何从最小耗散原理导出塑性流动法则和内变量演化法则。

热力学过程的熵增可以分成两部分之和，即材料内禀耗散产生的熵以及热传

导过程产生的熵，

$$\phi = \phi_{\mathrm{i}} + \phi_{\mathrm{th}} \tag{5-114}$$

用 Helmholtz 自由能表示的熵增原理可以表述为

$$T\phi_{\mathrm{i}} = -\dot{\psi} - \dot{T}\eta + \frac{1}{\rho}\boldsymbol{\sigma} : \dot{\boldsymbol{\varepsilon}} \geqslant 0 \tag{5-115}$$

考虑到

$$\dot{\boldsymbol{E}} = \boldsymbol{F}^{\mathrm{T}} \cdot \dot{\boldsymbol{\varepsilon}} \cdot \boldsymbol{F} \tag{5-116}$$

$$\boldsymbol{\sigma} = \frac{1}{J}\boldsymbol{F} \cdot \boldsymbol{S} \cdot \boldsymbol{F}^{\mathrm{T}} \tag{5-117}$$

$$\int_{\Omega} \boldsymbol{\sigma} : \dot{\boldsymbol{\varepsilon}} \mathrm{d}\Omega = \int_{\Omega_0} \boldsymbol{S} : \dot{\boldsymbol{E}} \mathrm{d}\Omega_0 = \int_{\Omega} \frac{1}{J}\boldsymbol{S} : \dot{\boldsymbol{E}} \mathrm{d}\Omega \tag{5-118}$$

即

$$\boldsymbol{\sigma} : \dot{\boldsymbol{\varepsilon}} = \frac{1}{J}\boldsymbol{S} : \dot{\boldsymbol{E}} \tag{5-119}$$

从而在初始构型上的熵增原理为

$$\rho_0 T\phi_{\mathrm{i}} = \boldsymbol{S} : \dot{\boldsymbol{E}} - \rho_0\dot{\psi} - \rho_0\dot{T}\eta \geqslant 0 \tag{5-120}$$

在线弹性和各向同性假设下，假设 Helmholtz 自由能为

$$\psi(\boldsymbol{E}_{\mathrm{e}}, \boldsymbol{\alpha}, T) = \frac{1}{2}\boldsymbol{E}_{\mathrm{e}} : \boldsymbol{D}_{\mathrm{K2}} : \boldsymbol{E}_{\mathrm{e}} + k(\boldsymbol{\alpha}) - T\eta \tag{5-121}$$

$$\rho_0\dot{\psi} = \rho_0 \frac{\partial\psi}{\partial\boldsymbol{E}_{\mathrm{e}}} : \dot{\boldsymbol{E}}_{\mathrm{e}} + \rho_0 \frac{\partial\psi}{\partial\boldsymbol{\alpha}} \cdot \dot{\boldsymbol{\alpha}} + \rho_0 \frac{\partial\psi}{\partial T}\dot{T} \tag{5-122}$$

令

$$\boldsymbol{S} = \rho_0 \frac{\partial\psi}{\partial\boldsymbol{E}_{\mathrm{e}}}, \quad \eta = -\frac{\partial\psi}{\partial T} \tag{5-123}$$

从而

$$\rho_0\dot{\psi} = \boldsymbol{S} : \dot{\boldsymbol{E}}_{\mathrm{e}} + \rho_0 \frac{\partial\psi}{\partial\boldsymbol{\alpha}} \cdot \dot{\boldsymbol{\alpha}} - \rho_0\eta\dot{T} \tag{5-124}$$

代入式（5-120）得

$$\boldsymbol{S} : (\dot{\boldsymbol{E}} - \dot{\boldsymbol{E}}_{\mathrm{e}}) - \rho_0 \frac{\partial\psi}{\partial\boldsymbol{\alpha}} \cdot \dot{\boldsymbol{\alpha}} \geqslant 0 \tag{5-125}$$

在小应变下，应变速率张量可以作加法分解，即

$$\dot{\boldsymbol{E}} = \dot{\boldsymbol{E}}_{\mathrm{e}} + \dot{\boldsymbol{E}}_{\mathrm{p}} \tag{5-126}$$

从而

$$\dot{D}=\boldsymbol{S}:\dot{\boldsymbol{E}}_{\mathrm{p}}-\rho_0\frac{\partial\psi}{\partial\boldsymbol{\alpha}}\cdot\dot{\boldsymbol{\alpha}}\geqslant 0 \tag{5-127}$$

定义

$$\boldsymbol{q}=-\rho_0\frac{\partial\psi}{\partial\boldsymbol{\alpha}} \tag{5-128}$$

得耗散不等式

$$\dot{D}=\boldsymbol{S}:\dot{\boldsymbol{E}}_{\mathrm{p}}+\boldsymbol{q}\cdot\dot{\boldsymbol{\alpha}}\geqslant 0 \tag{5-129}$$

上式的物理意义：塑性变形需要消耗能量，微结构演化也需要消耗能量。由于塑性变形和微结构演化的不可逆，这部分能量就成为耗散能。$\dot{D}$ 表示由于耗散造成的能量消耗率，随着耗散系统的演化逐渐趋于稳定，耗散造成的能量消耗率逐渐减小，达到稳定状态时，$\dot{D}$ 取最小值。这与热力学最小熵增原理是一致的，但耗散系统在演化过程中所耗散的总能量在趋于稳定状态时达到最大值，所以最小耗散原理有时也被称为最大耗散原理。

最小塑性耗散原理可表述为：对于给定的塑性应变 $\dot{\boldsymbol{E}}_{\mathrm{p}}$ 和内变量 $\dot{\boldsymbol{\alpha}}$，即给定的 $(\dot{\boldsymbol{E}}_{\mathrm{p}},\dot{\boldsymbol{\alpha}})$，在满足屈服准则，即满足 $f(\boldsymbol{S}^*,\boldsymbol{q}^*)\leqslant 0$ 的所有可能 $(\boldsymbol{S}^*,\boldsymbol{q}^*)\in\boldsymbol{E}_\sigma$（$\boldsymbol{E}_\sigma$ 是凸弹性域）中，真实的 $(\boldsymbol{S},\boldsymbol{q})\in\boldsymbol{E}_\sigma$ 将使塑性耗散产生率

$$\dot{D}=\dot{D}(\boldsymbol{S},\boldsymbol{q},\dot{\boldsymbol{E}}_{\mathrm{p}},\dot{\boldsymbol{\alpha}}) \tag{5-130}$$

取最小值，即

$$\dot{D}(\boldsymbol{S},\boldsymbol{q},\dot{\boldsymbol{E}}_{\mathrm{p}},\dot{\boldsymbol{\alpha}})=\min_{(\boldsymbol{S}^*,\boldsymbol{q}^*)\in\boldsymbol{E}_\sigma}\{\dot{D}(\boldsymbol{S}^*,\boldsymbol{q}^*,\dot{\boldsymbol{E}}_{\mathrm{p}},\dot{\boldsymbol{\alpha}})\} \tag{5-131}$$

下面讨论如何从最小塑性耗散原理得到塑性流动法则和内变量演化法则。在塑性变形过程中，作为系统约束条件的屈服条件始终成立，则最小耗散原理可以归结为如下最优化问题：

$$\min\ \dot{D}(\boldsymbol{S}^*,\boldsymbol{q}^*,\dot{\boldsymbol{E}}_{\mathrm{p}},\dot{\boldsymbol{\alpha}}) \tag{5-132}$$

$$\text{s. t. }\ f_i(\boldsymbol{S}^*,\boldsymbol{q}^*)\leqslant 0 \tag{5-133}$$

为了将不等式约束化成等式约束，引入松弛变量 $r_i\geqslant 0$，使得

$$f_i(\boldsymbol{S}^*,\boldsymbol{q}^*)+r_i=0 \tag{5-134}$$

从而原不等式约束优化问题可以化成等式约束优化问题，即

$$\min\ \dot{D}(\boldsymbol{S},\boldsymbol{q},\dot{\boldsymbol{E}}_{\mathrm{p}},\dot{\boldsymbol{\alpha}})=\boldsymbol{S}:\dot{\boldsymbol{E}}_{\mathrm{p}}+\boldsymbol{q}\cdot\dot{\boldsymbol{\alpha}} \tag{5-135}$$

$$\text{s. t. } f_i(\boldsymbol{S},\ \boldsymbol{q}) + r_i = 0 \quad (1 \leqslant i \leqslant m) \tag{5-136}$$

$$r_i \geqslant 0 \tag{5-137}$$

进一步，引入拉格朗日函数，可以将有约束优化问题化成无约束优化问题：

$$L(\boldsymbol{S},\ \boldsymbol{q},\ \lambda_i) = \dot{D}(\boldsymbol{S},\ \boldsymbol{q}) + \sum_{i=1}^{m} \lambda_i [f_i(\boldsymbol{S},\ \boldsymbol{q}) + r_i] \tag{5-138}$$

上述泛函取极值的条件，即库恩-塔克尔（Kuhn-Tucker）条件为

$$\frac{\partial L}{\partial \boldsymbol{S}} = \dot{\boldsymbol{E}}_{\mathrm{p}} + \sum_{i=1}^{m} \lambda_i \frac{\partial f_i}{\partial \boldsymbol{S}} = 0 \tag{5-139}$$

$$\frac{\partial L}{\partial \boldsymbol{q}} = \dot{\boldsymbol{\alpha}} + \sum_{i=1}^{m} \lambda_i \frac{\partial f_i}{\partial \boldsymbol{q}} = 0 \tag{5-140}$$

$$\frac{\partial L}{\partial \lambda_i} = f_i(\boldsymbol{S},\ \boldsymbol{q}) + r_i = 0 \quad (1 \leqslant i \leqslant m) \tag{5-141}$$

由此可得

$$\dot{\boldsymbol{E}}_{\mathrm{p}} = -\sum_{i=1}^{m} \lambda_i \frac{\partial f_i}{\partial \boldsymbol{S}} \tag{5-142}$$

$$\dot{\boldsymbol{\alpha}} = -\sum_{i=1}^{m} \lambda_i \frac{\partial f_i}{\partial \boldsymbol{q}} \tag{5-143}$$

$$\lambda_i \geqslant 0,\ f_i \leqslant 0,\ \lambda_i f_i = 0 \tag{5-144}$$

从以上分析可以看出，经典塑性理论的流动法则可由最小塑性耗散率或者最大塑性耗散功原理和屈服条件构造的带不等式约束的优化问题导出，它们实质上是该优化问题的 Kuhn-Tucker 最优化条件。

习　　题

5-1　超弹性与亚弹性的本质区别是什么？黏弹性、黏塑性、热弹性、压电弹性和磁弹性属于超弹性还是亚弹性？

5-2　简单物质与非简单物质的本质区别是什么？

5-3　什么是变形梯度的弹塑性加法分解和乘法分解？给出分解公式并结合图示进行说明。

5-4　设变形梯度的弹塑性部分的乘式分解中，塑性应变速率张量

$$\dot{\boldsymbol{\varepsilon}}_{\mathrm{p}} = \frac{1}{2}\boldsymbol{F}_{\mathrm{e}} \cdot [\boldsymbol{L}_{\mathrm{p}}^{0} + (\boldsymbol{L}_{\mathrm{p}}^{0})^{\mathrm{T}}] \cdot \boldsymbol{F}_{\mathrm{e}}^{-1} \quad (\boldsymbol{L}_{\mathrm{p}}^{0} = \dot{\boldsymbol{F}}_{\mathrm{p}} \cdot \boldsymbol{F}_{\mathrm{p}}^{-1})$$

试说明何种情况下应变速率张量的和式分解能近似于乘式分解的结果。

5-5　张量方程与矩阵方程有何区别和联系？试将弹性本构关系的张量方程以及几何关系的张

量方程转化成矩阵方程。

5-6 塑性变形过程中，塑性耗散能量是逐渐增加的，为什么耗散系统演化过程遵循最小耗散原理?

5-7 屈服条件是塑性变形过程中的约束条件，塑性应变和内变量与屈服条件之间存在怎样的关系？给出推导过程。

6 偶应力弹性理论

6.1 偶应力材料的基本方程

偶应力弹性理论认为材料代表性体积微元的表面不但可以承受面力而且可以承受面力偶，见图 6-1。假设 $\boldsymbol{t}_n$ 和 $\boldsymbol{m}_n$ 是作用在单位法向矢量为 $\boldsymbol{n}$ 表面上的面力和面力偶。$\boldsymbol{f}$ 是单位质量具有的体力，$\boldsymbol{c}$ 是单位质量具有的体力偶。其中，面力 $\boldsymbol{t}_n$ 和体力密度 $\boldsymbol{f}$ 属于极矢量（polar vector）；面力偶 $\boldsymbol{m}_n$ 和体力偶密度 $\boldsymbol{c}$ 属于轴矢量（axis vector）。轴矢量的正方向沿右手螺旋法则的拇指方向。

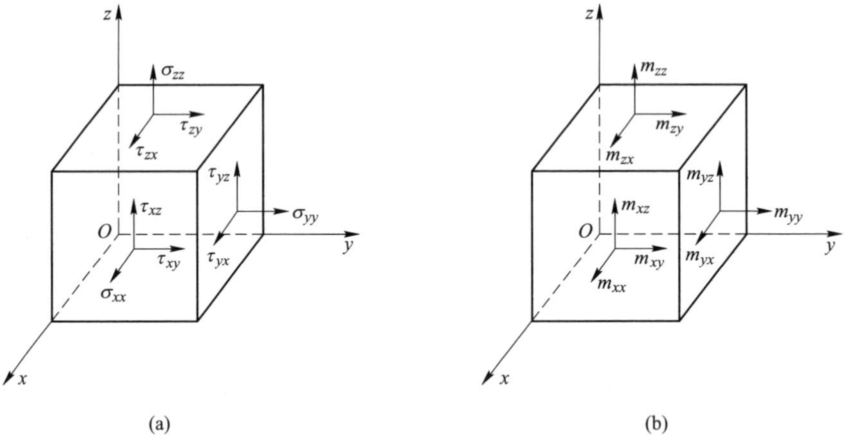

图 6-1　微元体上的面力和面力偶

（a）面力；（b）面力偶

在偶应力弹性材料中，质量守恒、动量守恒、动量矩守恒以及能量守恒等基本定律可以表示为

$$\frac{\mathrm{D}}{\mathrm{D}t}\int_V \rho \mathrm{d}V = 0 \tag{6-1}$$

$$\frac{\mathrm{D}}{\mathrm{D}t}\int_V \rho \boldsymbol{v} \mathrm{d}V = \int_S \boldsymbol{t}_n \mathrm{d}S + \int_V \rho \boldsymbol{f} \mathrm{d}V \tag{6-2}$$

$$\frac{\mathrm{D}}{\mathrm{D}t}\int_V \boldsymbol{r} \times \rho \boldsymbol{v} \mathrm{d}V = \int_S (\boldsymbol{r} \times \boldsymbol{t}_n + \boldsymbol{m}_n) \mathrm{d}S + \int_V (\boldsymbol{r} \times \boldsymbol{f} + \boldsymbol{c}) \rho \mathrm{d}V \tag{6-3}$$

$$\frac{\mathrm{D}}{\mathrm{D}t}\int_V \left(\frac{1}{2}\boldsymbol{v} \cdot \boldsymbol{v} + U\right) \rho \mathrm{d}V = \int_S \left(\boldsymbol{t}_n \cdot \boldsymbol{v} + \frac{1}{2}\boldsymbol{m}_n \cdot \nabla \times \boldsymbol{v}\right) \mathrm{d}S + \int_V \left(\boldsymbol{f} \cdot \boldsymbol{v} + \frac{1}{2}\boldsymbol{c} \cdot \nabla \times \boldsymbol{v}\right) \rho \mathrm{d}V \tag{6-4}$$

式中，t 为时间；ρ 为质量密度；$\boldsymbol{r}$ 为位置矢量；$\boldsymbol{v}$为速度；U 为单位质量的物质具有的内能；∇为空间梯度算子。考虑一个微元体，其各个侧面受到面力和面力偶作用。当这个微元体的体积趋于零时，就得到描述该点受力状态的应力张量 $\boldsymbol{\sigma}$ 和偶应力张量 $\boldsymbol{\tau}$。它们与 $\boldsymbol{t}_n$ 和 $\boldsymbol{m}_n$ 之间存在下列关系：

$$\boldsymbol{t}_n = \boldsymbol{n} \cdot \boldsymbol{\sigma} \neq \boldsymbol{\sigma} \cdot \boldsymbol{n} \tag{6-5}$$

$$\boldsymbol{m}_n = \boldsymbol{n} \cdot \boldsymbol{\tau} \neq \boldsymbol{\tau} \cdot \boldsymbol{n} \tag{6-6}$$

考虑到

$$\int_S \boldsymbol{t}_n \mathrm{d}S = \int_S \boldsymbol{n} \cdot \boldsymbol{\sigma} \mathrm{d}S = \int_V \nabla \cdot \boldsymbol{\sigma} \mathrm{d}V \tag{6-7}$$

由式（6-2）可得

$$\int_V (\nabla \cdot \boldsymbol{\sigma} + \rho \boldsymbol{f} - \rho \dot{\boldsymbol{v}}) \mathrm{d}V = 0 \tag{6-8}$$

上式对于任意体积的微元体都是成立的，从而

$$\nabla \cdot \boldsymbol{\sigma} + \rho \boldsymbol{f} = \rho \dot{\boldsymbol{v}} \tag{6-9}$$

如果令 $\boldsymbol{t}_n = \boldsymbol{\sigma} \cdot \boldsymbol{n}$，则会导出 $\boldsymbol{\sigma} \cdot \nabla + \rho \boldsymbol{f} = \rho \dot{\boldsymbol{v}}$。这就是经典弹性理论中应力满足的运动方程。考虑到

$$\frac{\mathrm{D}}{\mathrm{D}t}\int_V \boldsymbol{r} \times \rho \boldsymbol{v} \mathrm{d}V = \int_V \frac{\mathrm{d}}{\mathrm{d}t}(\boldsymbol{r} \times \boldsymbol{v}) \rho \mathrm{d}V = \int_V (\boldsymbol{v} \times \boldsymbol{v} + \boldsymbol{r} \times \dot{\boldsymbol{v}}) \rho \mathrm{d}V = \int_V (\boldsymbol{r} \times \dot{\boldsymbol{v}}) \rho \mathrm{d}V \tag{6-10}$$

$$\begin{aligned}\int_S \boldsymbol{r} \times \boldsymbol{t}_n \mathrm{d}S &= \int_S \boldsymbol{r} \times (\boldsymbol{n} \cdot \boldsymbol{\sigma}) \mathrm{d}S = -\int_S \boldsymbol{n} \cdot \boldsymbol{\sigma} \times \boldsymbol{r} \mathrm{d}S \\ &= -\int_V \nabla \cdot (\boldsymbol{\sigma} \times \boldsymbol{r}) \mathrm{d}V = \int_V [\boldsymbol{r} \times (\nabla \cdot \boldsymbol{\sigma}) + \boldsymbol{\sigma} \overset{\times}{\cdot} \boldsymbol{I}] \mathrm{d}V\end{aligned} \tag{6-11}$$

$$\int_S \boldsymbol{m}_n \mathrm{d}S = \int_S \boldsymbol{n} \cdot \boldsymbol{\tau} \mathrm{d}S = \int_V \nabla \cdot \boldsymbol{\tau} \mathrm{d}V \tag{6-12}$$

其中 $\boldsymbol{I} = \nabla \boldsymbol{r}$ 是二阶单位张量，由式（6-3）可得

$$\int_V \boldsymbol{r} \times (\nabla \cdot \boldsymbol{\sigma} + \rho \boldsymbol{f} - \rho \dot{\boldsymbol{v}}) \mathrm{d}V + \int_V (\nabla \cdot \boldsymbol{\tau} + \rho \boldsymbol{c} - \boldsymbol{\sigma} \overset{\times}{:} \boldsymbol{I}) \mathrm{d}V = 0 \tag{6-13}$$

考虑到式（6-9），由式（6-13）可得

$$\int_V (\nabla \cdot \boldsymbol{\tau} + \rho \boldsymbol{c} - \boldsymbol{\sigma} \overset{\times}{:} \boldsymbol{I}) \mathrm{d}V = 0 \tag{6-14}$$

上式对于任意体积的微元体都是成立的，从而

$$\nabla \cdot \boldsymbol{\tau} + \rho \boldsymbol{c} - \boldsymbol{\sigma} \overset{\times}{:} \boldsymbol{I} = 0 \tag{6-15}$$

这就是偶应力弹性材料中的动量矩守恒定律微分形式。由于上式右端项为零，故上式实际上表示微元体的转动平衡方程，也就是面力偶、体力偶与面力的合力偶矩为零。令

$$\boldsymbol{\sigma} = \boldsymbol{\sigma}^{\mathrm{s}} + \boldsymbol{\sigma}^{\mathrm{a}} \tag{6-16}$$

式中，$\boldsymbol{\sigma}^{\mathrm{s}}$ 表示应力张量 $\boldsymbol{\sigma}$ 的对称部分；$\boldsymbol{\sigma}^{\mathrm{a}}$ 表示应力张量 $\boldsymbol{\sigma}$ 的反对称部分。则由式（6-15），反对称部分可表示为

$$\boldsymbol{\sigma}^{\mathrm{a}} = -\frac{1}{2}\boldsymbol{I} \times \boldsymbol{\sigma} \overset{\times}{:} \boldsymbol{I} = \frac{1}{2}\boldsymbol{I} \times (\nabla \cdot \boldsymbol{\tau} + \rho \boldsymbol{c}) \tag{6-17}$$

从上式可见，在偶应力弹性理论中，应力张量不是对称的。应力张量的反对称部分是由于偶应力张量和体力偶的存在才产生的。当偶应力张量和体力偶都不存在时，应力张量的反对称部分也就消失了。

利用式（6-16），式（6-9）可改写为

$$\nabla \cdot \boldsymbol{\sigma}^{\mathrm{s}} + \frac{1}{2} \nabla \times (\nabla \cdot \boldsymbol{\tau}) + \rho \boldsymbol{f} + \frac{1}{2} \nabla \times \rho \boldsymbol{c} = \rho \dot{\boldsymbol{v}} \tag{6-18}$$

现在考虑能量守恒方程式（6-4）。由于

$$\frac{\mathrm{D}}{\mathrm{D}t}\int_V \left(\frac{1}{2}\boldsymbol{v} \cdot \boldsymbol{v} + U\right) \rho \mathrm{d}V = \int_V (\boldsymbol{v} \cdot \dot{\boldsymbol{v}} + \dot{U}) \rho \mathrm{d}V \tag{6-19}$$

$$\int_S \boldsymbol{t}_{\boldsymbol{n}} \cdot \boldsymbol{v} \mathrm{d}S = \int_S \boldsymbol{n} \cdot \boldsymbol{\sigma} \cdot \boldsymbol{v} \mathrm{d}S = \int_V \nabla \cdot (\boldsymbol{\sigma} \cdot \boldsymbol{v}) \mathrm{d}V = \int_V (\boldsymbol{\sigma} : \nabla \boldsymbol{v} + \nabla \cdot \boldsymbol{\sigma} \cdot \boldsymbol{v}) \mathrm{d}V \tag{6-20}$$

$$\begin{aligned}\int_S \boldsymbol{m}_{\boldsymbol{n}} \cdot \nabla \times \boldsymbol{v} \mathrm{d}S &= \int_S \boldsymbol{n} \cdot \boldsymbol{\tau} \cdot \nabla \times \boldsymbol{v} \mathrm{d}S = \int_V \nabla \cdot (\boldsymbol{\tau} \cdot \nabla \times \boldsymbol{v}) \mathrm{d}V \\ &= \int_V [\boldsymbol{\tau} : \nabla\nabla \times \boldsymbol{v} + (\nabla \cdot \boldsymbol{\tau}) \cdot (\nabla \times \boldsymbol{v})] \mathrm{d}V\end{aligned} \tag{6-21}$$

能量守恒方程式（6-4）可改写为

$$\int_V \rho \dot{U} \mathrm{d}V = \int_V \left[(\nabla \cdot \boldsymbol{\sigma} + \rho \boldsymbol{f} - \rho \dot{\boldsymbol{v}}) \cdot \boldsymbol{v} + \frac{1}{2}(\nabla \cdot \boldsymbol{\tau} + \rho \boldsymbol{c}) \cdot \nabla \times \boldsymbol{v} + \boldsymbol{\sigma} : \nabla \boldsymbol{v} + \frac{1}{2}\boldsymbol{\tau} : \nabla\nabla \times \boldsymbol{v} \right] \mathrm{d}V$$

$$=\int_V\left[\boldsymbol{\sigma}:\nabla\boldsymbol{v}-\frac{1}{2}(\boldsymbol{\sigma}\overset{\times}{:}\boldsymbol{I})\cdot\nabla\times\boldsymbol{v}+\frac{1}{2}\boldsymbol{\tau}:\nabla\nabla\times\boldsymbol{v}\right]\mathrm{d}V \tag{6-22}$$

利用公式

$$\frac{1}{2}(\boldsymbol{\sigma}\overset{\times}{:}\boldsymbol{I})\cdot\nabla\times\boldsymbol{v}=\boldsymbol{\sigma}^{\mathrm{a}}:\nabla\boldsymbol{v} \tag{6-23}$$

可进一步简化为

$$\int_V\rho\dot{U}\mathrm{d}V=\int_V\left(\boldsymbol{\sigma}^{\mathrm{s}}:\nabla\boldsymbol{v}+\frac{1}{2}\boldsymbol{\tau}:\nabla\nabla\times\boldsymbol{v}\right)\mathrm{d}V \tag{6-24}$$

上式对任意微元体都成立，从而有

$$\rho\dot{U}=\boldsymbol{\sigma}^{\mathrm{s}}:\nabla\boldsymbol{v}+\frac{1}{2}\boldsymbol{\tau}:\nabla\nabla\times\boldsymbol{v} \tag{6-25}$$

上式就是偶应力弹性材料中能量守恒定律的微分形式。注意到上式中仅应力张量的对称部分 $\boldsymbol{\sigma}^{\mathrm{s}}$ 对内能有贡献，其反对称部分对内能是没有贡献的。进一步注意到

$$\boldsymbol{I}:\nabla\nabla\times\boldsymbol{v}=0 \tag{6-26}$$

即$\nabla\nabla\times\boldsymbol{v}$的球量部分为零，因此偶应力张量 $\boldsymbol{\tau}$ 的球量部分 $\bar{\tau}\boldsymbol{I}$ 对内能也没有贡献，即

$$\frac{1}{2}\boldsymbol{\tau}:\nabla\nabla\times\boldsymbol{v}=\frac{1}{2}(\bar{\tau}\boldsymbol{I}+\boldsymbol{\tau}^{\mathrm{d}}):\nabla\nabla\times\boldsymbol{v}=\frac{1}{2}\bar{\tau}\boldsymbol{I}:\nabla\nabla\times\boldsymbol{v}+\frac{1}{2}\boldsymbol{\tau}^{\mathrm{d}}:\nabla\nabla\times\boldsymbol{v}$$

$$=\frac{1}{2}\boldsymbol{\tau}^{\mathrm{d}}:\nabla\nabla\times\boldsymbol{v} \tag{6-27}$$

式中，$\boldsymbol{\tau}^{\mathrm{d}}$为偶应力张量的偏量部分，即

$$\boldsymbol{\tau}^{\mathrm{d}}=\boldsymbol{\tau}-\bar{\tau}\boldsymbol{I}=\boldsymbol{\tau}-\frac{1}{3}(\boldsymbol{\tau}:\boldsymbol{I})\boldsymbol{I} \tag{6-28}$$

这样，式（6-25）可进一步改写为

$$\rho\dot{U}=\boldsymbol{\sigma}^{\mathrm{s}}:\nabla\boldsymbol{v}+\frac{1}{2}\boldsymbol{\tau}^{\mathrm{d}}:\nabla\nabla\times\boldsymbol{v} \tag{6-29}$$

考虑到

$$\nabla\times\nabla\cdot(\boldsymbol{\tau}:\boldsymbol{I})\boldsymbol{I}=0 \tag{6-30}$$

从而有

$$\nabla\times\nabla\cdot\boldsymbol{\tau}=\nabla\times\nabla\cdot(\boldsymbol{\tau}^{\mathrm{d}}+\bar{\tau}\boldsymbol{I})=\nabla\times\nabla\cdot\boldsymbol{\tau}^{\mathrm{d}} \tag{6-31}$$

将式（6-31）代入式（6-18）得到

$$\nabla\cdot\boldsymbol{\sigma}^{\mathrm{s}}+\frac{1}{2}\nabla\times\nabla\cdot\boldsymbol{\tau}^{\mathrm{d}}+\rho\boldsymbol{f}+\frac{1}{2}\nabla\times\rho\boldsymbol{c}=\rho\dot{\boldsymbol{v}} \tag{6-32}$$

从上式注意到仅应力张量的对称部分和偶应力张量的偏量部分出现在运动方程中。

6.2 偶应力材料的本构关系

现在我们转向偶应力材料的本构关系的讨论。定义

$$\boldsymbol{\varepsilon}=\frac{1}{2}(\nabla\boldsymbol{u}+\boldsymbol{u}\nabla) \tag{6-33}$$

$$\boldsymbol{\omega}=\frac{1}{2}\nabla\times\boldsymbol{u} \tag{6-34}$$

$$\boldsymbol{\chi}=\nabla\boldsymbol{\omega} \tag{6-35}$$

其中，$\boldsymbol{\omega}=\dfrac{1}{2}\nabla\times\boldsymbol{u}$ 是反对称张量（$\nabla\boldsymbol{u}-\boldsymbol{u}\nabla$）的轴矢量，$\boldsymbol{\chi}$ 称为曲率张量(curvature tensor)。为了保证位移场的存在，要求下列协调条件必须满足：

$$\nabla\times\boldsymbol{\varepsilon}\times\nabla=0 \tag{6-36}$$

$$\nabla\times\boldsymbol{\chi}=0 \tag{6-37}$$

$$\boldsymbol{\chi}:\boldsymbol{I}=0 \tag{6-38}$$

在小变形假设下，有 $|\nabla\boldsymbol{u}|\ll1$。对于各向异性偶应力材料，应变能可一般地表示为

$$W=\frac{1}{2}\boldsymbol{\chi}:\boldsymbol{a}:\boldsymbol{\chi}+\boldsymbol{\varepsilon}:\boldsymbol{b}:\boldsymbol{\chi}+\frac{1}{2}\boldsymbol{\varepsilon}:\boldsymbol{c}:\boldsymbol{\varepsilon} \tag{6-39}$$

从而

$$\boldsymbol{\sigma}^{\mathrm{s}}=\frac{\partial W}{\partial\boldsymbol{\varepsilon}}=\boldsymbol{c}:\boldsymbol{\varepsilon}+\boldsymbol{b}:\boldsymbol{\chi} \tag{6-40}$$

$$\boldsymbol{\tau}^{\mathrm{d}}=\frac{\partial W}{\partial\boldsymbol{\chi}}=\boldsymbol{\varepsilon}:\boldsymbol{b}+\boldsymbol{\chi}:\boldsymbol{a} \tag{6-41}$$

由于 $\boldsymbol{\varepsilon}$ 是极张量（polar tensor），$\boldsymbol{\chi}$ 是轴张量（axis tensor），对于中心对称并且各向同性材料，$\boldsymbol{b}$ 必须为零，$\boldsymbol{a}$ 和 $\boldsymbol{c}$ 只能是下列三个各向同性四阶张量的组合：

$$\boldsymbol{I}\otimes\boldsymbol{I},\ \boldsymbol{I}\times\boldsymbol{I}\times\boldsymbol{I},\ (\boldsymbol{I}\times\boldsymbol{I})\overset{\times}{\underset{\times}{}}(\boldsymbol{I}\times\boldsymbol{I})$$

这样对于中心对称并且各向同性的偶应力材料，应变能表示为

$$W = \sum_{i=1}^{3} a_i \boldsymbol{\chi} : \boldsymbol{J}_i : \boldsymbol{\chi} + \sum_{i=1}^{3} c_i \boldsymbol{\varepsilon} : \boldsymbol{J}_i : \boldsymbol{\varepsilon} \tag{6-42}$$

式中，a_i 和 c_i 为标量常数。而

$$\boldsymbol{J}_1 = \boldsymbol{I} \otimes \boldsymbol{I},\ \boldsymbol{J}_2 = (\boldsymbol{I} \times \boldsymbol{I}) \overset{\times}{\underset{\times}{}} (\boldsymbol{I} \times \boldsymbol{I}) - \boldsymbol{J}_1 - \boldsymbol{J}_3,\ \boldsymbol{J}_3 = \frac{1}{2}\boldsymbol{I} \times \boldsymbol{I} \times \boldsymbol{I}$$

注意到

$$\boldsymbol{\chi} : \boldsymbol{J}_1 : \boldsymbol{\chi} = \bar{\boldsymbol{\chi}}^2 = 0,\ \boldsymbol{\chi} : \boldsymbol{J}_2 : \boldsymbol{\chi} = \boldsymbol{\chi} : \boldsymbol{\chi}^{\mathrm{s}},\ \boldsymbol{\chi} : \boldsymbol{J}_3 : \boldsymbol{\chi} = \boldsymbol{\chi} : \boldsymbol{\chi}^{\mathrm{a}}$$

$$\boldsymbol{\varepsilon} : \boldsymbol{J}_1 : \boldsymbol{\varepsilon} = \bar{\boldsymbol{\varepsilon}}^2,\ \boldsymbol{\varepsilon} : \boldsymbol{J}_2 : \boldsymbol{\varepsilon} = \boldsymbol{\varepsilon} : \boldsymbol{\varepsilon},\ \boldsymbol{\varepsilon} : \boldsymbol{J}_3 : \boldsymbol{\varepsilon} = 0$$

式中，$\boldsymbol{\chi}^{\mathrm{s}}$ 和 $\boldsymbol{\chi}^{\mathrm{a}}$ 分别为 $\boldsymbol{\chi}$ 的对称和反对称部分，即 $\boldsymbol{\chi} = \boldsymbol{\chi}^{\mathrm{s}} + \boldsymbol{\chi}^{\mathrm{a}}$；$\bar{\boldsymbol{\chi}} (= \boldsymbol{\chi} : \boldsymbol{I})$ 和 $\bar{\boldsymbol{\varepsilon}} (= \boldsymbol{\varepsilon} : \boldsymbol{I})$ 分别为对应张量的迹。式（6-42）可改写为

$$\begin{aligned} W &= a_2 \boldsymbol{\chi} : \boldsymbol{\chi}^{\mathrm{s}} + a_3 \boldsymbol{\chi} : \boldsymbol{\chi}^{\mathrm{a}} + c_1 \bar{\boldsymbol{\varepsilon}}^2 + c_2 \boldsymbol{\varepsilon} : \boldsymbol{\varepsilon} \\ &= \frac{1}{2}(a_2 + a_3)\boldsymbol{\chi} : \boldsymbol{\chi} + \frac{1}{2}(a_2 - a_3)\boldsymbol{\chi} : \boldsymbol{\chi}^{\mathrm{T}} + c_1 \bar{\boldsymbol{\varepsilon}}^2 + c_2 \boldsymbol{\varepsilon} : \boldsymbol{\varepsilon} \end{aligned} \tag{6-43}$$

令 $4\eta = a_2 + a_3$，$4\eta' = a_2 - a_3$，$\lambda = 2c_1$，$\mu = c_2$，则式（6-43）变成

$$W = 2\eta \boldsymbol{\chi} : \boldsymbol{\chi} + 2\eta' \boldsymbol{\chi} : \boldsymbol{\chi}^{\mathrm{T}} + \frac{1}{2}\lambda \bar{\boldsymbol{\varepsilon}}^2 + \mu \boldsymbol{\varepsilon} : \boldsymbol{\varepsilon} \tag{6-44}$$

从而有

$$\boldsymbol{\sigma}^{\mathrm{s}} = \frac{\partial W}{\partial \boldsymbol{\varepsilon}} = \lambda \bar{\boldsymbol{\varepsilon}} \boldsymbol{I} + 2\mu \boldsymbol{\varepsilon} \tag{6-45}$$

$$\boldsymbol{\tau}^{\mathrm{d}} = \frac{\partial W}{\partial \boldsymbol{\chi}} = 4\eta \boldsymbol{\chi} + 4\eta' \boldsymbol{\chi}^{\mathrm{T}} \tag{6-46}$$

其中，η 和 η' 是两个新引入的材料参数，称为弯扭模量（bending-twisting modulus）。为了确保应变能的正定性，这些材料参数必须满足条件：$\mu > 0$，$3\lambda + 2\mu > 0$，$\eta > 0$，$-1 < \eta'/\eta < 1$。

6.3 偶应力材料的边界条件

接下来我们讨论偶应力材料的边界条件。从式（6-4），即能量守恒定律得

$$\int_V \left[\frac{1}{2}\rho \dot{\boldsymbol{u}} \cdot \dot{\boldsymbol{u}} + U\right]_{t_0}^{t} \mathrm{d}V = \int_{t_0}^{t} \mathrm{d}t \int_S (\boldsymbol{n} \cdot \boldsymbol{\sigma} \cdot \dot{\boldsymbol{u}} + \boldsymbol{n} \cdot \boldsymbol{\tau} \cdot \dot{\boldsymbol{\omega}}) \mathrm{d}S + \int_{t_0}^{t} \mathrm{d}t \int_V (\boldsymbol{f} \cdot \dot{\boldsymbol{u}} + \boldsymbol{c} \cdot \dot{\boldsymbol{\omega}}) \rho \mathrm{d}V \tag{6-47}$$

注意到

$$\boldsymbol{n}\cdot\boldsymbol{\tau}\cdot\boldsymbol{\omega}=\boldsymbol{n}\cdot\boldsymbol{\tau}\cdot\boldsymbol{nn}\cdot\boldsymbol{\omega}+\boldsymbol{n}\cdot\boldsymbol{\tau}\cdot(\boldsymbol{I}-\boldsymbol{nn})\cdot\boldsymbol{\omega}$$
$$=\frac{1}{2}\tau_{nn}\boldsymbol{n}\cdot\nabla\times\boldsymbol{u}+\boldsymbol{n}\cdot\boldsymbol{\tau}\cdot(\boldsymbol{I}-\boldsymbol{nn})\cdot\boldsymbol{\omega} \tag{6-48}$$

$$\tau_{nn}\boldsymbol{n}\cdot\nabla\times\boldsymbol{u}=\boldsymbol{n}\cdot\nabla\times(\tau_{nn}\boldsymbol{u})-\boldsymbol{n}\times\nabla\tau_{nn}\cdot\boldsymbol{u} \tag{6-49}$$

以及当 S 是无限大光滑表面时，由斯托克斯定理知

$$\int_S\boldsymbol{n}\cdot\nabla\times(\tau_{nn}\dot{\boldsymbol{u}})\mathrm{d}S=\oint_L\tau_{nn}\dot{\boldsymbol{u}}\cdot\mathrm{d}\boldsymbol{L}=0 \tag{6-50}$$

式中，$\tau_{nn}=\boldsymbol{n}\cdot\boldsymbol{\tau}\cdot\boldsymbol{n}$；$\mathrm{d}\boldsymbol{S}(=\boldsymbol{n}\mathrm{d}S)$ 为有向面元矢量；$\mathrm{d}\boldsymbol{L}$ 为沿曲面 S 的封闭曲线 L 的切线方向的有向线元矢量。则式（6-47）可写为

$$\int_V\left[\frac{1}{2}\rho\dot{\boldsymbol{u}}\cdot\dot{\boldsymbol{u}}+U\right]_{t_0}^{t}\mathrm{d}V=\int_{t_0}^{t}\mathrm{d}t\int_V\left(\boldsymbol{f}\cdot\dot{\boldsymbol{u}}+\frac{1}{2}\boldsymbol{c}\cdot\dot{\boldsymbol{\omega}}\right)\rho\mathrm{d}V+$$
$$\int_{t_0}^{t}\mathrm{d}t\int_S\left[\left(\boldsymbol{n}\cdot\boldsymbol{\sigma}-\frac{1}{2}\boldsymbol{n}\times\nabla\tau_{nn}\right)\cdot\dot{\boldsymbol{u}}+\right.$$
$$\left.\boldsymbol{n}\cdot\boldsymbol{\tau}\cdot(\boldsymbol{I}-\boldsymbol{nn})\cdot\dot{\boldsymbol{\omega}}\right]\mathrm{d}S \tag{6-51}$$

可见轴矢量 $\boldsymbol{\omega}$ 的法向分量并不是独立变量，它与位移矢量存在式（6-49）所示关系。从而，偶应力矢量的法向分量 τ_{nn} 与应力矢量 $\boldsymbol{\sigma}$ 组合形成了与表面位移 $\boldsymbol{u}$ 功共轭的修正面力 $\boldsymbol{p}$ 。考虑到在运动方程和本构方程中只出现应力张量的对称部分 $\boldsymbol{\sigma}^{\mathrm{s}}$ 和偶应力张量的偏量部分 $\boldsymbol{\tau}^{\mathrm{d}}$ ，我们对式（6-51）进行改写。利用式（6-17）可得

$$\boldsymbol{n}\cdot\boldsymbol{\sigma}^{\mathrm{a}}\cdot\dot{\boldsymbol{u}}=\frac{1}{2}\boldsymbol{n}\cdot\boldsymbol{I}\times(\nabla\cdot\boldsymbol{\tau}+\rho\boldsymbol{c})\cdot\dot{\boldsymbol{u}}=\frac{1}{2}\boldsymbol{n}\times(\nabla\cdot\boldsymbol{\tau})\cdot\dot{\boldsymbol{u}}+\frac{1}{2}\rho\boldsymbol{n}\times\boldsymbol{c}\cdot\dot{\boldsymbol{u}} \tag{6-52}$$

注意到

$$\nabla\cdot\boldsymbol{\tau}-\nabla\tau_{nn}=\nabla\cdot\boldsymbol{\tau}^{\mathrm{d}}-\nabla\tau_{nn}^{\mathrm{d}} \tag{6-53}$$

式（6-51）中面积分的第一项，即修正面力在位移分量上所做功，可改写为

$$\int_S\left(\boldsymbol{n}\cdot\boldsymbol{\sigma}-\frac{1}{2}\boldsymbol{n}\times\nabla\tau_{nn}\right)\cdot\dot{\boldsymbol{u}}\mathrm{d}S=\int_S\boldsymbol{p}\cdot\dot{\boldsymbol{u}}\mathrm{d}S+\frac{1}{2}\rho\int_S\boldsymbol{n}\times\boldsymbol{c}\cdot\dot{\boldsymbol{u}}\mathrm{d}S \tag{6-54}$$

式中，

$$\boldsymbol{p}=\boldsymbol{n}\cdot\boldsymbol{\sigma}^{\mathrm{s}}+\frac{1}{2}\boldsymbol{n}\times(\nabla\cdot\boldsymbol{\tau}^{\mathrm{d}}-\nabla\tau_{nn}^{\mathrm{d}}) \tag{6-55}$$

另外，考虑到式（6-51）中体积分

$$\int_V \boldsymbol{c} \cdot \dot{\boldsymbol{\omega}} \mathrm{d}V = \frac{1}{2}\int_V \nabla \times \boldsymbol{c} \cdot \dot{\boldsymbol{u}} \mathrm{d}V - \frac{1}{2}\int_V \nabla \cdot (\boldsymbol{c} \times \dot{\boldsymbol{u}}) \mathrm{d}V$$

$$= \frac{1}{2}\int_V \nabla \times \boldsymbol{c} \cdot \dot{\boldsymbol{u}} \mathrm{d}V - \frac{1}{2}\int_S \boldsymbol{n} \cdot (\boldsymbol{c} \times \dot{\boldsymbol{u}}) \mathrm{d}S \tag{6-56}$$

最终，式（6-51）可以改写为

$$\int_V \left[\frac{1}{2}\rho \dot{\boldsymbol{u}} \cdot \dot{\boldsymbol{u}} + U\right]_{t_0}^{t} \mathrm{d}V = \int_{t_0}^{t} \mathrm{d}t \int_V \left(\boldsymbol{f} + \frac{1}{2} \nabla \times \boldsymbol{c}\right) \cdot \dot{\boldsymbol{u}} \rho \mathrm{d}V +$$

$$\int_{t_0}^{t} \mathrm{d}t \int_S [\boldsymbol{p} \cdot \dot{\boldsymbol{u}} + \boldsymbol{n} \cdot \boldsymbol{\tau} \cdot (\boldsymbol{I} - \boldsymbol{nn}) \cdot \dot{\boldsymbol{\omega}}] \mathrm{d}S \tag{6-57}$$

如果边界面 S 在正交曲线坐标系［坐标(α, β, γ)］中可以表示为 $\gamma = \gamma_0$，即 $\boldsymbol{n} = \boldsymbol{e}_\gamma$，则

$$\boldsymbol{p} \cdot \boldsymbol{u} = p_\alpha u_\alpha + p_\beta u_\beta + p_\gamma u_\gamma \tag{6-58}$$

$$\boldsymbol{n} \cdot \boldsymbol{\tau} \cdot (\boldsymbol{I} - \boldsymbol{nn}) \cdot \boldsymbol{\omega} = \tau_{\gamma\alpha}\omega_\alpha + \tau_{\gamma\beta}\omega_\beta \tag{6-59}$$

式中，

$$p_\alpha = \sigma^{\mathrm{s}}_{\gamma\alpha} - \frac{1}{2}\boldsymbol{e}_\beta \cdot (\nabla \cdot \boldsymbol{\tau}^{\mathrm{d}} - \nabla \tau^{\mathrm{d}}_{\gamma\gamma}) \tag{6-60}$$

$$p_\beta = \sigma^{\mathrm{s}}_{\gamma\beta} + \frac{1}{2}\boldsymbol{e}_\alpha \cdot (\nabla \cdot \boldsymbol{\tau}^{\mathrm{d}} - \nabla \tau^{\mathrm{d}}_{\gamma\gamma}) \tag{6-61}$$

$$p_\gamma = \sigma^{\mathrm{s}}_{\gamma\gamma} \tag{6-62}$$

注意，由于 ω_γ 不是独立变量，因此 ω_γ 以及与之功共轭的 $\tau_{\gamma\gamma}$ 都不出现在边界条件中。

当边界由分片光滑曲面组成时，假设 L 是分片光滑曲面交界形成的封闭曲线，则由斯托克斯定理，式（6-50）应修正为

$$\int_S \boldsymbol{n} \cdot \nabla \times (\tau_{nn}\dot{\boldsymbol{u}}) \mathrm{d}S = \oint_L [\tau_{nn}] \dot{\boldsymbol{u}} \cdot \mathrm{d}L = \oint_L [\tau^{\mathrm{d}}_{nn}] \dot{\boldsymbol{u}} \cdot \mathrm{d}L \tag{6-63}$$

式中，$[\tau_{nn}]$ 表示 τ_{nn} 在曲线 L 两侧的间断值。

在经典的偶应力弹性理论中，只出现应力张量的对称部分 $\boldsymbol{\sigma}^{\mathrm{s}}$ 和偶应力张量的偏量部分 $\boldsymbol{\tau}^{\mathrm{d}}$，也就是说，应力张量的反对称部分 $\boldsymbol{\sigma}^{\mathrm{a}}$ 和偶应力张量的球量部分 $\bar{\tau}\boldsymbol{I}$ 是不确定的。但考虑到

$$\boldsymbol{\sigma}^{\mathrm{a}} = -\frac{1}{2}\boldsymbol{I} \times \boldsymbol{\sigma} \overset{\times}{\cdot} \boldsymbol{I} = \frac{1}{2}\boldsymbol{I} \times (\nabla \cdot \boldsymbol{\tau} + \rho \boldsymbol{c}) = \frac{1}{2}\boldsymbol{I} \times \left(2\eta\nabla^2\nabla \times \boldsymbol{u} + \frac{1}{3}\nabla\boldsymbol{\tau} : \boldsymbol{I} + \rho\boldsymbol{c}\right) \tag{6-64}$$

只有偶应力张量的球量部分 $\bar{\tau}\boldsymbol{I}$ 是不确定的。

6.4 修正的偶应力理论

为了克服经典偶应力弹性理论中偶应力张量的球量部分 $\bar{\tau}\boldsymbol{I}$ 是不确定的这一缺陷，目前提出了修正的偶应力理论。下面我们就来讨论修正的偶应力理论，令

$$\boldsymbol{t}_n = \boldsymbol{\sigma} \cdot \boldsymbol{n} \tag{6-65}$$

$$\boldsymbol{m}_n = \boldsymbol{\tau} \cdot \boldsymbol{n} \tag{6-66}$$

由动量守恒方程式（6-2）和动量矩守恒方程式（6-3）得

$$\boldsymbol{\sigma} \cdot \nabla + \rho \boldsymbol{f} = \rho \boldsymbol{v} \tag{6-67}$$

$$\boldsymbol{\tau} \cdot \nabla + \rho \boldsymbol{c} - \boldsymbol{E} : \boldsymbol{\sigma} = 0 \tag{6-68}$$

式中，$\boldsymbol{E}$ 为 Eddington 张量，也称置换张量。式（6-68）表明 $-\boldsymbol{E} : \boldsymbol{\sigma}$ 相当于由应力张量产生的等效体力偶。在经典弹性力学中，力偶矢量被认为是自由矢量，即它可以平行移动到固体中任意一点而不改变其作用效果。而力矢量是定位矢量，其作用效果依赖于其作用点位置。在修正的偶应力弹性理论中，对于力偶矢量增加了一个限制条件，要求所有面力偶和体力偶对坐标原点的矩必须为零，即

$$\int_S \boldsymbol{r} \times \boldsymbol{m}_n \mathrm{d}S + \int_V \boldsymbol{r} \times (\rho \boldsymbol{c} - \boldsymbol{E} : \boldsymbol{\sigma}) \mathrm{d}V = 0 \tag{6-69}$$

将式（6-66）代入式（6-69）得

$$\int_V \boldsymbol{r} \times (\boldsymbol{\tau} \cdot \nabla + \rho \boldsymbol{c} - \boldsymbol{E} : \boldsymbol{\sigma}) \mathrm{d}V - \int_V \boldsymbol{r} \times (\boldsymbol{E} : \boldsymbol{\tau}) \mathrm{d}V = 0 \tag{6-70}$$

考虑到式（6-68），由式（6-70）得

$$\boldsymbol{E} : \boldsymbol{\tau} = 0 \tag{6-71}$$

式（6-71）意味着偶应力张量是对称张量。

由式（6-67）和式（6-68）还可以消去应力张量的反对称部分，而将运动方程写为

$$\boldsymbol{\sigma}^{\mathrm{s}} \cdot \nabla + \frac{1}{2} \boldsymbol{E} : (\boldsymbol{\tau}^{\mathrm{d}} \cdot \nabla\nabla + \rho \boldsymbol{c} \nabla) + \rho \boldsymbol{f} = \rho \dot{\boldsymbol{v}} \tag{6-72}$$

或者

$$\boldsymbol{\sigma}^{\mathrm{s}} \cdot \nabla - \frac{1}{2} \nabla \times (\boldsymbol{\tau}^{\mathrm{d}} \cdot \nabla) + \rho \boldsymbol{f} - \frac{1}{2} \nabla \times \rho \boldsymbol{c} = \rho \dot{\boldsymbol{v}} \tag{6-73}$$

为了得到本构关系，假设各向同性偶应力材料的变形能密度为

$$W = \frac{1}{2} \lambda \, (\mathrm{tr}\boldsymbol{\varepsilon})^2 + \mu (\boldsymbol{\varepsilon} : \boldsymbol{\varepsilon} + l^2 \boldsymbol{\chi}^{\mathrm{s}} : \boldsymbol{\chi}^{\mathrm{s}}) \tag{6-74}$$

这意味着只有应变张量 $\boldsymbol{\varepsilon}$（位移梯度的对称部分）和曲率张量的对称部分 $\boldsymbol{\chi}^{\mathrm{s}}$ 对材料的变形能有贡献，而旋转张量 $\boldsymbol{\omega}$ 和曲率张量的反对称部分 $\boldsymbol{\chi}^{\mathrm{a}}$ 对材料的变形能都没有贡献。由式（6-74）可得修正的偶应力弹性理论的本构关系为

$$\boldsymbol{\sigma}^{\mathrm{s}} = \frac{\partial W}{\partial \boldsymbol{\varepsilon}} = \lambda(\mathrm{tr}\boldsymbol{\varepsilon})\boldsymbol{I} + 2\mu\boldsymbol{\varepsilon} \tag{6-75}$$

$$\boldsymbol{\tau}^{\mathrm{d}} = \frac{\partial W}{\partial \boldsymbol{\chi}^{\mathrm{s}}} = 2l^2\mu\,\boldsymbol{\chi}^{\mathrm{s}} \tag{6-76}$$

相应地，能量守恒定律可表示为

$$\int_V \left[\frac{1}{2}\rho\dot{\boldsymbol{u}}\cdot\dot{\boldsymbol{u}} + U\right]_{t_0}^{t}\mathrm{d}V = \int_{t_0}^{t}\mathrm{d}t\int_V\left(\boldsymbol{f} + \frac{1}{2}\nabla\times\boldsymbol{c}\right)\cdot\dot{\boldsymbol{u}}\rho\,\mathrm{d}V + \int_{t_0}^{t}\mathrm{d}t\int_S[\boldsymbol{p}\cdot\dot{\boldsymbol{u}} + \boldsymbol{n}\cdot\boldsymbol{\tau}\cdot(\boldsymbol{I} - \boldsymbol{nn})\cdot\dot{\boldsymbol{\omega}})]\mathrm{d}S \tag{6-77}$$

其中，修正边界力可写成

$$\boldsymbol{p} = \boldsymbol{\sigma}^{\mathrm{s}}\cdot\boldsymbol{n} + \frac{1}{2}\boldsymbol{n}\times(\boldsymbol{\tau}^{\mathrm{d}}\cdot\nabla - \tau_{nn}^{\mathrm{d}}\nabla) \tag{6-78}$$

习　题

6-1　偶应力弹性材料中的动量矩守恒定律微分形式，即式（6-15），等号左边各项的力学意义是什么？如果考虑微元体的转动惯量，该式应该如何修正？

6-2　偶应力弹性材料中的应力张量是不对称的，求证其不对称部分满足：

(1) $\boldsymbol{\sigma}^{\mathrm{a}} = -\frac{1}{2}\boldsymbol{I}\times\boldsymbol{\sigma}\overset{\times}{\cdot}\boldsymbol{I} = \frac{1}{2}\boldsymbol{I}\times(\nabla\cdot\boldsymbol{\tau} + \rho\boldsymbol{c})$。

(2) $\frac{1}{2}(\boldsymbol{\sigma}\overset{\times}{\cdot}\boldsymbol{I})\cdot\nabla\times\boldsymbol{v} = \boldsymbol{\sigma}^{\mathrm{a}}:\nabla\boldsymbol{v}$。

6-3　已知 $\boldsymbol{v}$ 为质点速度，$\boldsymbol{\tau}$ 为偶应力张量，求证：

(1) $\boldsymbol{I}:\nabla\nabla\times\boldsymbol{v} = 0$。

(2) $\nabla\times\nabla\cdot(\boldsymbol{\tau}:\boldsymbol{I})\boldsymbol{I} = 0$。

6-4　求证曲率张量 $\boldsymbol{\chi}$ 的协调条件为：

(1) $\nabla\times\boldsymbol{\chi} = 0$。

(2) $\boldsymbol{\chi}:\boldsymbol{I} = 0$。

6-5　已知 $\boldsymbol{J}_1 = \boldsymbol{I}\otimes\boldsymbol{I}$，$\boldsymbol{J}_2 = (\boldsymbol{I}\times\boldsymbol{I})\overset{\times}{\underset{\times}{}}(\boldsymbol{I}\times\boldsymbol{I}) - \boldsymbol{J}_1 - \boldsymbol{J}_3$，$\boldsymbol{J}_3 = \frac{1}{2}\boldsymbol{I}\times\boldsymbol{I}\times\boldsymbol{I}$，求证曲率张量 $\boldsymbol{\chi}$ 满足：

(1) $\boldsymbol{\chi}:\boldsymbol{J}_2:\boldsymbol{\chi} = \boldsymbol{\chi}:\boldsymbol{\chi}^{\mathrm{s}}$。

(2) $\boldsymbol{\chi}:\boldsymbol{J}_3:\boldsymbol{\chi}=\boldsymbol{\chi}:\boldsymbol{\chi}^{\mathrm{a}}$。

6-6 求证偶应力弹性理论的修正面力可以表示为 $\boldsymbol{p}=\boldsymbol{n}\cdot\boldsymbol{\sigma}^{\mathrm{s}}+\frac{1}{2}\boldsymbol{n}\times(\nabla\cdot\boldsymbol{\tau}^{\mathrm{d}}-\nabla\tau_{nn}^{\mathrm{d}})$。

6-7 试解释说明在偶应力弹性理论中应力张量的反对称部分 $\boldsymbol{\sigma}^{\mathrm{a}}$ 和偶应力张量的球量部分 $\bar{\tau}\boldsymbol{I}$ 是不确定的。

6-8 在修正偶应力弹性理论中，偶应力张量是对称张量，这个对称性是依据什么得到的？这个依据是否满足物理守恒定律？

7 应变梯度弹性理论

经典的弹性理论认为一点的应力只与该点的应变有关，这样的材料通常称为一阶简单材料。而应变梯度理论认为一点的应力不仅与该点的应变有关系，还与该点的各阶应变梯度有关，这样的材料称为非简单材料（或高阶材料）。对于微纳米级的工程器件，大量微观实验证实试件尺寸越小，其强度越大。这种现象被称为材料的尺寸效应。经典弹性理论的本构关系不包含材料的内秉特征长度，因而不能描述材料在微纳米尺度下的力学行为，也不能反映材料的尺寸效应。应变梯度理论在本构方程中引入了应变梯度，并引入了材料内秉长度参数。当所讨论的物理现象的特征尺度 L 与材料内秉尺度 l 在同一数量级时，应变梯度效应不可忽略；当所讨论的物理现象的特征尺度 L 远大于材料内秉尺度 l 时，应变梯度效应可以忽略，应变梯度理论退化为经典弹性理论。应变梯度理论尽管在一定程度上可以描述外特征尺度与材料内特征尺度接近时的材料力学行为，但应变梯度理论在实际工程应用中存在许多问题没有很好地解决，如材料内秉尺度 l 的意义以及与材料微结构的关系还不是很清楚，其取值目前还没有脱离假设。下面仅就由 Mindlin 和 Aifantis 及其合作者发展的二阶应变梯度理论作简单介绍。

7.1 经典应变梯度弹性理论

不同于经典弹性理论，应变梯度弹性理论认为物体的变形能不仅与应变有关系，还与应变梯度有关系，即

$$\overline{W} = \overline{W}(\varepsilon_{ij},\ \varepsilon_{ij,k}) \tag{7-1}$$

式中，

$$\varepsilon_{ij} = \frac{1}{2}(u_{i,j} + u_{j,i}) \tag{7-2}$$

定义应变与应变梯度的功共轭量

$$\sigma_{ij} = \frac{\partial \overline{W}(\varepsilon_{ij}, \varepsilon_{ij,k})}{\partial \varepsilon_{ij}} = \sigma_{ji} \tag{7-3}$$

$$m_{kij} = \frac{\partial \overline{W}(\varepsilon_{ij}, \varepsilon_{ij,k})}{\partial \varepsilon_{ij,k}} = m_{kji} \tag{7-4}$$

则应变能密度的变分可表示成

$$\delta \overline{W} = \frac{\partial \overline{W}}{\partial \varepsilon_{ij}} \delta \varepsilon_{ij} + \frac{\partial \overline{W}}{\partial \varepsilon_{ij,k}} \delta \varepsilon_{ij,k} = \sigma_{ij} \delta \varepsilon_{ij} + m_{kij} \delta \varepsilon_{ij,k} \tag{7-5}$$

变形体的总变形能

$$\begin{aligned}
\delta W_{\mathrm{i}} &= \int_V \delta \overline{W} \mathrm{d}V = \int_V (\sigma_{ij} \delta \varepsilon_{ij} + m_{kij} \delta \varepsilon_{ij,k}) \mathrm{d}V = \int_V (\sigma_{ij} \delta u_{i,j} + m_{kij} \delta u_{i,jk}) \mathrm{d}V \\
&= \int_V [(\sigma_{ij} \delta u_i)_{,j} - \sigma_{ij,j} \delta u_i] \mathrm{d}V + \int_V [(m_{kij} \delta u_i)_{,jk} - m_{kij,jk} \delta u_i] \mathrm{d}V \\
&= \int_\Sigma n_j \sigma_{ij} \delta u_i \mathrm{d}S - \int_V \sigma_{ij,j} \delta u_i \mathrm{d}V - \int_V m_{kij,jk} \delta u_i \mathrm{d}V + \\
&\quad \int_\Sigma [(\mathrm{D}_l n_l) n_j n_k m_{kij} - n_j m_{kij,k} - \mathrm{D}_j (n_k m_{kij}) + n_k m_{kji} n_j \mathrm{D}] \delta u_i \mathrm{d}S
\end{aligned} \tag{7-6}$$

式中,

$$\mathrm{D} = n_l \partial_l, \ \mathrm{D}_j = (\delta_{jl} - n_j n_l) \partial_l \tag{7-7}$$

分别为法向导数算子和切向投影算子。外力功的变分可表示为

$$\delta W_{\mathrm{e}} = \int_\Sigma t_i \delta u_i \mathrm{d}S + \int_\Sigma \tau_i \mathrm{D} \delta u_i \mathrm{d}S + \int_V f_i \delta u_i \mathrm{d}V \tag{7-8}$$

式中, t_i 和 τ_i 分别为面力和面力偶。

$$\mathrm{D} \delta u_i = n_l \delta u_{i,l} = \frac{\partial \delta u_i}{\partial \boldsymbol{n}} \tag{7-9}$$

这里 $\boldsymbol{n}$ 是表面的外法线。若假定直角坐标系的 z 轴与 $\boldsymbol{n}$ 重合, 则 $\frac{\partial \delta u_x}{\partial \boldsymbol{n}} = \frac{\partial \delta u_x}{\partial z}$ 表示 z 方向单位长度微元绕 y 轴的弯曲角的变分, 而 $\frac{\partial \delta u_y}{\partial \boldsymbol{n}} = \frac{\partial \delta u_y}{\partial z}$ 表示 z 方向单位长度微元绕 x 轴的弯曲角的变分, $\frac{\partial \delta u_z}{\partial \boldsymbol{n}} = \frac{\partial \delta u_z}{\partial z}$ 表示 z 方向单位长度微元绕 z 轴的扭转角的变分。

根据虚功原理, 即外力在虚位移上所做功等于物体的虚变形能

$$\delta W_{\mathrm{i}} = \delta W_{\mathrm{e}} \tag{7-10}$$

可得边界修正面力及面力偶和平衡方程如下：

$$t_i = n_j(\sigma_{ij} - m_{kij,k}) - \mathrm{D}_j(n_k m_{kij}) + (\mathrm{D}_l n_l) n_j n_k m_{kij} \tag{7-11}$$

$$\tau_i = n_j n_k m_{kij} \tag{7-12}$$

$$\sigma_{ij,j} - m_{kij,kj} + f_i = 0 \tag{7-13}$$

从平衡方程可见，与经典弹性理论中的 Cauchy 应力 σ_{ij} 对应，在应变梯度理论中的应力

$$\bar{\sigma}_{ij} = \sigma_{ij} - m_{kij,k} \tag{7-14}$$

是非对称的。若取应变能和动能分别为

$$\bar{W}(\varepsilon_{ij},\ \varepsilon_{ij,k}) = \frac{1}{2}c_{ijkl}\varepsilon_{kl}\varepsilon_{ij} + \frac{1}{2}l^2 c_{ijkl}\varepsilon_{ij,m}\varepsilon_{kl,m} \tag{7-15}$$

$$T = \frac{1}{2}\rho\dot{u}_i\dot{u}_i \tag{7-16}$$

式中，c_{ijkl} 为经典弹性理论中的弹性系数，对于各向同性材料有

$$c_{ijkl} = \lambda\delta_{ij}\delta_{kl} + \mu(\delta_{ik}\delta_{jl} + \delta_{il}\delta_{jk}) \tag{7-17}$$

l 为材料微结构的物理常数。则可得运动方程和本构方程分别为

$$\bar{\sigma}_{ij,j} + f_i = \rho\ddot{u}_i \tag{7-18}$$

$$\bar{\sigma}_{ij} = c_{ijkl}(\varepsilon_{kl} - l^2\nabla^2\varepsilon_{kl}) \tag{7-19}$$

这就是艾芬蒂斯（Aifantis）应变梯度理论，是最简单的一种应变梯度理论，仅含有一个与材料微结构有关的细观材料参数 l。但由于是唯象理论，这种理论不能清楚地表明细观材料长度 l 是如何与微结构的几何特征相联系的。

若取

$$\bar{W}(\varepsilon_{ij},\ \varepsilon_{ij,k}) = \frac{1}{2}\lambda\varepsilon_{ii}\varepsilon_{jj} + \mu\varepsilon_{ij}\varepsilon_{ij} + a_1\varepsilon_{ik,i}\varepsilon_{jj,k} + a_2\varepsilon_{jj,i}\varepsilon_{kk,i} + a_3\varepsilon_{ik,i}\varepsilon_{jk,j} + a_4\varepsilon_{jk,i}\varepsilon_{jk,i} + a_5\varepsilon_{jk,i}\varepsilon_{ij,k} \tag{7-20}$$

$$T = \frac{1}{2}\rho\dot{u}_i\dot{u}_i + \frac{1}{2}\rho l_1^2\dot{u}_{i,j}\dot{u}_{i,j} \tag{7-21}$$

则可得运动方程和本构方程分别为

$$\bar{\sigma}_{ij,j} + f_i = \rho(1 - l_1^2\nabla^2)\ddot{u}_i \tag{7-22}$$

$$\bar{\sigma}_{ij} = (\lambda + \mu)(1 - l_2^2\nabla^2)u_{j,i} + \mu(1 - l_3^2\nabla^2)u_{i,j} \tag{7-23}$$

式中，

$$l_2 = \sqrt{\frac{4a_1 + 4a_2 + 3a_3 + 2a_4 + 3a_5}{2(\lambda + \mu)}},\ l_3 = \sqrt{\frac{a_3 + 2a_4 + a_5}{2\mu}}$$

这就是明德林（Mindlin）应变梯度理论。与经典弹性理论相比，该应变梯度理论含有三个附加尺度系数。而 Aifantis 应变梯度理论可看成是 Mindlin 应变梯度理论的特殊情况，即 $l_2 = l_3$，$l_1 = 0$。

在应变梯度理论中，还有一种被称为不稳定的应变梯度理论。该理论相当于取应变能密度和动能密度为

$$\overline{W}(\varepsilon_{ij},\ \varepsilon_{ij,k}) = \frac{1}{2}c_{ijkl}\varepsilon_{kl}\varepsilon_{ij} - \frac{1}{2}l^2 c_{ijkl}\varepsilon_{ij,m}\varepsilon_{kl,m} \tag{7-24}$$

$$T = \frac{1}{2}\rho\dot{u}_i\dot{u}_i \tag{7-25}$$

由此推出的运动方程和本构方程为

$$\overline{\sigma}_{ij,j} + f_i = \rho\ddot{u}_i \tag{7-26}$$

$$\overline{\sigma}_{ij} = c_{ijkl}(\varepsilon_{kl} + l^2\nabla^2\varepsilon_{kl}) \tag{7-27}$$

将式（7-27）与式（7-19）相比，应变梯度项前面的符号相反，因此也称式（7-19）为“负号”理论，而称式（7-27）为“正号”理论。与“正号”理论相对应的应变能密度不满足正定性要求，故又称其为不稳定应变梯度理论。“正号”理论应用较少，多用于动力问题。对于动力问题，在应变软化后，经典理论的控制方程由双曲型转化为椭圆型导致应变局部化区域波速是虚数，从而丧失了波的传播能力，“正号”理论可以保证在应变软化情况下控制方程仍为双曲型，相比“负号”理论，“正号”理论更好地解释了颗粒状介质中波的传播问题。此外，从原子格子模型推导应变梯度理论也经常导致“正号”理论。如一维直杆可离散为一维弹簧-质量链，设弹簧系数为 K，质点质量为 M($M = \rho dA$。式中，A 为直杆的横截面积；d 为质点间距；ρ 为质量密度)。取质点 n 作受力分析，可列出其运动方程为

$$K(u_{n-1} - 2u_n + u_{n+1}) = M\ddot{u}_n \tag{7-28}$$

若将离散弹簧-质量模型的位移场连续化，则质点 n［其位移表示为 $u(x)$］邻近质点的位移可表示为

$$u(x \pm d,\ t) = u(x,\ t) \pm du_{,x}(x,\ t) + \frac{d^2}{2}u_{,xx}(x,\ t) \pm \frac{d^3}{3!}u_{,xxx}(x,\ t) + \frac{d^4}{4!}u_{,xxxx}(x,\ t) + \cdots \tag{7-29}$$

将 $u_n(x,\ t) = u(x,\ t)$，$u_{n+1}(x,\ t) = u(x + d,\ t)$，$u_{n-1}(x,\ t) = u(x - d,\ t)$ 代入式（7-28）得

$$E\left[u_{,xx}(x,t)+\frac{d^2}{12}u_{,xxxx}(x,t)+\cdots\right]=\rho\ddot{u} \tag{7-30}$$

上式隐含

$$\sigma=E\left(\varepsilon+\frac{d^2}{12}\varepsilon_{,xx}+\cdots\right) \tag{7-31}$$

式中，$E=Kd/A$。在三维情况下就得到式（7-27），其中特征长度 l 通常是粒间距 d 的封闭形式代数表达式。

应变梯度所对应的变形能密度一般可表示为

$$\overline{W}=\sigma_{ijk}u_{k,ij} \tag{7-32}$$

上式共有 27 项，考虑到

$$u_{k,ij}=u_{k,ji} \tag{7-33}$$

独立的只有 18 项，即

$$W=\overline{\sigma}_{ijk}u_{k,ji} \tag{7-34}$$

式中，

$$\overline{\sigma}_{ijk}=\begin{cases}\sigma_{ijk}+\sigma_{jik} & (i\neq j)\\ \sigma_{ijk} & (i=j)\end{cases} \tag{7-35}$$

这 18 项可进一步分成 3 组，即膨胀变形能、扭转变形能和弯曲变形能。

膨胀模态（即 3 个下标全部相同，共计 3 项）：

$$\overline{\sigma}_{111}u_{1,11}+\overline{\sigma}_{222}u_{2,22}+\overline{\sigma}_{333}u_{3,33} \tag{7-36}$$

扭转模态（即 3 个下标互不相同，共计 3 项）：

$$\overline{\sigma}_{123}u_{3,21}+\overline{\sigma}_{231}u_{1,32}+\overline{\sigma}_{321}u_{2,13} \tag{7-37}$$

弯曲模态（即 3 个下标其中 2 个相同，共计 12 项）：

$$\begin{aligned}&\overline{\sigma}_{112}u_{2,11}+\overline{\sigma}_{113}u_{3,11}+\overline{\sigma}_{121}u_{1,21}+\overline{\sigma}_{122}u_{2,21}+\overline{\sigma}_{131}u_{1,31}+\overline{\sigma}_{133}u_{3,31}+\\&\overline{\sigma}_{221}u_{1,22}+\overline{\sigma}_{223}u_{3,22}+\overline{\sigma}_{322}u_{2,23}+\overline{\sigma}_{323}u_{3,23}+\overline{\sigma}_{331}u_{1,33}+\overline{\sigma}_{332}u_{2,33}\end{aligned} \tag{7-38}$$

将应变梯度分解成对称部分（变形梯度）和反对称部分（转动梯度），即

$$\begin{aligned}&\overline{x}_{11}=\frac{1}{2}(u_{3,21}+u_{2,31}),\ \overline{x}_{22}=\frac{1}{2}(u_{1,32}+u_{3,12}),\ \overline{x}_{33}=\frac{1}{2}(u_{2,13}+u_{1,23}),\\&\overline{x}_{12}=\frac{1}{2}(u_{3,22}+u_{2,32}),\ \overline{x}_{13}=\frac{1}{2}(u_{3,23}+u_{2,33}),\ \overline{x}_{23}=\frac{1}{2}(u_{1,33}+u_{3,13}),\\&\overline{x}_{21}=\frac{1}{2}(u_{1,31}+u_{3,11}),\ \overline{x}_{31}=\frac{1}{2}(u_{2,11}+u_{1,21}),\ \overline{x}_{32}=\frac{1}{2}(u_{2,12}+u_{1,22})\end{aligned} \tag{7-39}$$

和

$$x_{11}=\frac{1}{2}(u_{3,21}-u_{2,31}),\ x_{22}=\frac{1}{2}(u_{1,32}-u_{3,12}),\ x_{33}=\frac{1}{2}(u_{2,13}-u_{1,23}),$$

$$x_{12}=\frac{1}{2}(u_{3,22}-u_{2,32}),\ x_{13}=\frac{1}{2}(u_{3,23}-u_{2,33}),\ x_{23}=\frac{1}{2}(u_{1,33}-u_{3,13}),$$

$$x_{21}=\frac{1}{2}(u_{1,31}-u_{3,11}),\ x_{31}=\frac{1}{2}(u_{2,11}-u_{1,21}),\ x_{32}=\frac{1}{2}(u_{2,12}-u_{1,22}) \tag{7-40}$$

在上述18项中，12项属于弯曲模态，即当$i\neq j$时的x_{ij}和$\bar{x}_{ij}$；6项属于扭转模态，即当$i=j$时的x_{ij}和$\bar{x}_{ij}$。对于弯曲模态，12个变量（x_{12}、x_{21}、x_{13}、x_{31}、x_{23}、x_{32}与$\bar{x}_{12}$、$\bar{x}_{21}$、$\bar{x}_{13}$、$\bar{x}_{31}$、$\bar{x}_{23}$、$\bar{x}_{32}$）与12个位移梯度（$u_{3,22}$、$u_{1,31}$、$u_{3,23}$、$u_{2,11}$、$u_{1,33}$、$u_{2,12}$、$u_{2,32}$、$u_{3,11}$、$u_{2,33}$、$u_{1,21}$、$u_{3,13}$、$u_{1,22}$）存在对应关系：

$$\begin{aligned}
&u_{2,11}=\bar{x}_{31}+x_{31},\ u_{3,11}=\bar{x}_{21}-x_{21},\ u_{3,22}=\bar{x}_{12}+x_{12},\\
&u_{1,21}=\bar{x}_{31}-x_{31},\ u_{1,31}=\bar{x}_{21}+x_{21},\ u_{2,32}=\bar{x}_{12}-x_{12},\\
&u_{2,12}=\bar{x}_{32}+x_{32},\ u_{3,13}=\bar{x}_{23}-x_{23},\ u_{3,23}=\bar{x}_{13}+x_{13},\\
&u_{1,22}=\bar{x}_{32}-x_{32},\ u_{1,33}=\bar{x}_{23}+x_{23},\ u_{2,33}=\bar{x}_{13}-x_{13}
\end{aligned} \tag{7-41}$$

对于扭转模态，6个变量（x_{11}、x_{22}、x_{33}、$\bar{x}_{11}$、$\bar{x}_{22}$、$\bar{x}_{33}$）仅与3个位移梯度（$u_{2,13}$、$u_{1,23}$、$u_{3,12}$）有关，若用x_{ij}和$\bar{x}_{ij}$来表示$u_{k,ij}$，则有多种表示形式，如位移梯度$u_{3,12}$可表示成$u_{3,12}=\bar{x}_{22}-x_{22}$，同时也可表示成$u_{3,12}=x_{11}-x_{22}+\bar{x}_{33}$。

若用x_{ij}和$\bar{x}_{ij}$来表示应变能，则有

$$W=\bar{\sigma}_{ijk}u_{k,ij}=\bar{\sigma}_{111}u_{1,11}+\bar{\sigma}_{222}u_{2,22}+\bar{\sigma}_{333}u_{3,33}+m_{pi}x_{ip}+\bar{m}_{pi}\bar{x}_{ip} \tag{7-42}$$

若忽略$u_{i,ii}$和$\bar{x}_{ip}$对应的变形能，则有

$$\begin{aligned}
W&=m_{pi}x_{ip}\\
&=(\bar{\sigma}_{223}-\bar{\sigma}_{232})x_{12}-(\bar{\sigma}_{113}-\bar{\sigma}_{131})x_{21}-(\bar{\sigma}_{332}-\bar{\sigma}_{233})x_{13}+\\
&\quad(\bar{\sigma}_{112}-\bar{\sigma}_{121})x_{31}+(\bar{\sigma}_{331}-\bar{\sigma}_{133})x_{23}-(\bar{\sigma}_{221}-\bar{\sigma}_{122})x_{32}+\\
&\quad(\bar{\sigma}_{123}-\bar{\sigma}_{132})x_{11}+(\bar{\sigma}_{231}-\bar{\sigma}_{123})x_{22}+(\bar{\sigma}_{132}-\bar{\sigma}_{231})x_{33}
\end{aligned} \tag{7-43}$$

其中，$m_{ij}=e_{jkl}\bar{\sigma}_{ikl}$就对应于偶应力理论中的偶应力张量。

下面讨论一下偶应力和转动梯度的物理意义。在直角坐标系$Ox_1x_2x_3$中，偶应力m_{ij}表示作用在法向为x_i的那个平面上的绕x_j轴转动的力偶密度。这与σ_{ij}的物理意思是相似的，二者区别在于一个是单位面积上的力矢量，一个是单位面积

上的力偶矢量。当下标 $i=j$ 时，m_{ij} 表示扭矩；当 $i\neq j$ 时，m_{ij} 表示弯矩。图 7-1（a）和图 7-1（b）分别表示偶应力 m_{12} 和 m_{21}，与偶应力 m_{12} 和 m_{21} 对应的变形就是转动梯度 χ_{21} 和 χ_{12} 。正的 χ_{21} 表示沿 x_1 轴的负曲率 $u_{3,11}$ 和沿 x_1 轴的正曲率 $u_{1,31}$ 的代数和。正的 χ_{12} 表示沿 x_2 轴的正曲率 $u_{3,22}$ 和沿 x_2 轴的负曲率 $u_{2,32}$ 的代数和。

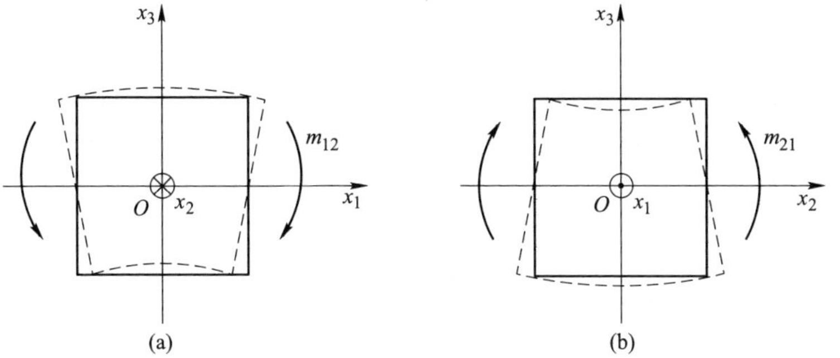

图 7-1 偶应力与转动梯度的物理意义

（a）偶应力 m_{12} 和对应的转动梯度 χ_{21}；（b）偶应力 m_{21} 和对应的转动梯度 χ_{12}

应变梯度弹性理论与微态弹性理论之间存在密切联系。在某些假设下，微结构的变形梯度可由宏观变形梯度的线性组合表示，相对变形也可以由宏观变形的某种组合表示，这样物质点的自由度仍然只有宏观位移。文献［26］讨论了三种假设下的控制方程和边界条件，建立了应变梯度弹性理论与微态弹性理论之间的内在联系。在应变梯度弹性理论中的应变梯度实际上反映的是材料微结构变形的影响。在材料变形能计算中，包含应变梯度实际上就相当于包含了微结构变形产生的变形能。另外，考虑到在泰勒展开式中，某一点的近邻点的变形可用该点变形和变形梯度线性组合表示，因而在应变能密度计算中，包括应变能梯度也相当于包含了近邻点变形的影响。从这个角度看，应变能梯度弹性理论与非局部弹性理论存在异曲同工之处。有时也将应变梯度弹性理论称为弱非局部弹性理论。

7.2 广义应变梯度弹性理论

首先定义如下运动学变量：

应变张量

$$\boldsymbol{\varepsilon}=\frac{1}{2}(\nabla\boldsymbol{u}+\boldsymbol{u}\nabla),\ \varepsilon_{ij}=\frac{1}{2}(u_{j,i}+u_{i,j})=u_{(j,i)}=\varepsilon_{ji} \tag{7-44}$$

转动张量

$$\boldsymbol{\Omega}=\frac{1}{2}(\nabla\boldsymbol{u}-\boldsymbol{u}\nabla),\ \Omega_{ij}=\frac{1}{2}(u_{j,i}-u_{i,j})=u_{[j,i]}=-\Omega_{ji} \tag{7-45}$$

转动矢量

$$\boldsymbol{\omega}=\nabla\times\boldsymbol{u},\ \omega_i=\frac{1}{2}e_{ijk}u_{k,j} \tag{7-46}$$

位移二阶梯度

$$\tilde{\boldsymbol{k}}=\nabla\nabla\boldsymbol{u},\ \tilde{k}_{ijk}=u_{k,ij}=\tilde{k}_{jik} \tag{7-47}$$

应变梯度

$$\hat{\boldsymbol{k}}=\nabla\boldsymbol{\varepsilon},\ \hat{k}_{ijk}=\frac{1}{2}(u_{k,ji}+u_{j,ki})=u_{(k,j)i}=\hat{k}_{ikj} \tag{7-48}$$

转动矢量的梯度

$$\bar{\boldsymbol{k}}=\nabla(\nabla\times\boldsymbol{u}),\ \bar{k}_{ij}=\frac{1}{2}e_{jlk}u_{k,li},\ \bar{k}_{ii}=0 \tag{7-49}$$

位移二阶梯度的对称部分

$$\bar{\bar{k}}_{ijk}=\frac{1}{3}(u_{k,ij}+u_{i,jk}+u_{j,ki})=u_{(k,ij)}=\bar{\bar{k}}_{jki}=\bar{\bar{k}}_{kij}=\bar{\bar{k}}_{kji} \tag{7-50}$$

上述定义的运动学变量之间存在如下关系：

$$\Omega_{ij}=e_{ijk}\omega_k \tag{7-51}$$

$$\omega_i=\frac{1}{2}e_{ijk}\Omega_{jk} \tag{7-52}$$

$$\tilde{k}_{ijk}=\hat{k}_{ijk}+\hat{k}_{jki}-\hat{k}_{kij}=\bar{\bar{k}}_{ijk}+\frac{2}{3}\bar{k}_{il}e_{ljk}+\frac{2}{3}\bar{k}_{jl}e_{lik} \tag{7-53}$$

$$\hat{k}_{ijk}=\bar{\bar{k}}_{ijk}-\frac{1}{3}\bar{k}_{jl}e_{kil}-\frac{1}{3}\bar{k}_{kl}e_{jil}=\frac{1}{2}(\tilde{k}_{ijk}+\tilde{k}_{ikj}) \tag{7-54}$$

$$\bar{k}_{ij}=\omega_{j,i}=\frac{1}{2}e_{jkl}\Omega_{kl,i}=\frac{1}{2}\tilde{k}_{ilk}e_{jlk}=\hat{k}_{lik}e_{jlk} \tag{7-55}$$

$$\bar{\bar{k}}_{ijk}=\frac{1}{3}(\tilde{k}_{ijk}+\tilde{k}_{jki}+\tilde{k}_{kij})=\frac{1}{3}(\hat{k}_{ijk}+\hat{k}_{jki}+\hat{k}_{kij}) \tag{7-56}$$

哈密顿（Hamilton）变分原理表示为

$$\delta\int_{t_0}^{t_1}(T-W)\mathrm{d}t+\int_{t_0}^{t_1}\delta W_1\mathrm{d}t=0 \tag{7-57}$$

式中，

$$T = \int_V \bar{T} \mathrm{d}V,\ W = \int_V \bar{\bar{\bar{W}}} \mathrm{d}V,\ W'_1 = \int_V W_1 \mathrm{d}V$$

表示系统的总动能和总势能。动能密度泛函为

$$\bar{T} = \frac{1}{2}\rho \dot{u}_i \dot{u}_i \tag{7-58}$$

势能密度泛函存在如下三种形式，即

$$\bar{\bar{\bar{W}}} = \widetilde{W}(\varepsilon_{ij},\ \tilde{k}_{ijk}) = \hat{W}(\varepsilon_{ij},\ \hat{k}_{ijk}) = \bar{W}(\varepsilon_{ij},\ \bar{k}_{ij},\ \bar{\bar{k}}_{ijk}) \tag{7-59}$$

$$\begin{aligned}\widetilde{W} = &\frac{1}{2}\lambda \varepsilon_{ii}\varepsilon_{jj} + \mu \varepsilon_{ij} + \tilde{a}_1 \tilde{k}_{iik}\tilde{k}_{kjj} + \tilde{a}_2 \tilde{k}_{ijj}\tilde{k}_{ikk} + \\ &\tilde{a}_3 \tilde{k}_{iik}\tilde{k}_{jjk} + \tilde{a}_4 k_{ijk}\tilde{k}_{ijk} + \tilde{a}_5 \tilde{k}_{ijk} k_{kji}\end{aligned} \tag{7-60}$$

$$\begin{aligned}\hat{W} = &\frac{1}{2}\lambda \varepsilon_{ii}\varepsilon_{jj} + \mu \varepsilon_{ij}\varepsilon_{ij} + \hat{a}_1 \hat{k}_{iik}\hat{k}_{kjj} + \hat{a}_2 \hat{k}_{ijj}\hat{k}_{ikk} + \\ &\hat{a}_3 \hat{k}_{iik}\hat{k}_{jjk} + \hat{a}_4 \hat{k}_{ijk}\hat{k}_{ijk} + \hat{a}_5 \hat{k}_{ijk}\hat{k}_{kji}\end{aligned} \tag{7-61}$$

其中，

$$\hat{a}_1 = 2\tilde{a}_1 - 4\tilde{a}_3,\ \hat{a}_2 = -\tilde{a}_1 + \tilde{a}_2 + \tilde{a}_3,$$

$$\hat{a}_3 = 4\tilde{a}_3,\ \hat{a}_4 = 3\tilde{a}_4 - \tilde{a}_5,\ \hat{a}_5 = -2\tilde{a}_4 + 2\tilde{a}_5$$

$$\begin{aligned}\bar{W} = &\frac{1}{2}\lambda \varepsilon_{ii}\varepsilon_{jj} + \mu \varepsilon_{ij}\varepsilon_{ij} + 2\bar{d}_1 \bar{k}_{ij}\bar{k}_{ij} + 2\bar{d}_2 \bar{k}_{ij}\bar{k}_{ji} + \\ &\frac{3}{2}\bar{a}_1 \bar{\bar{k}}_{iij}\bar{\bar{k}}_{kkj} + \bar{a}_2 \bar{\bar{k}}_{ijk}\bar{\bar{k}}_{ijk} + \bar{f} e_{ijk}\bar{k}_{ij}\bar{\bar{k}}_{kll}\end{aligned} \tag{7-62}$$

其中，

$$\begin{aligned}&18\bar{d}_1 = -2\hat{a}_1 + 4\hat{a}_2 + \hat{a}_3 + 6\hat{a}_4 - 3\hat{a}_5,\ 18\bar{d}_2 = 2\hat{a}_1 - 4\hat{a}_2 - \hat{a}_3, \\ &3\bar{a}_1 = 2(\hat{a}_1 + \hat{a}_2 + \hat{a}_3),\ \bar{a}_2 = \hat{a}_4 + \hat{a}_5,\ 3\bar{f} = \hat{a}_1 + 4\hat{a}_2 - 2\hat{a}_3\end{aligned} \tag{7-63}$$

对应于上述三种形式的变形能的外力功为

$$\delta W'_1 = \delta \widetilde{W}'_1 = \delta \hat{W}'_1 = \delta \bar{W}'_1 \tag{7-64}$$

$$\delta \widetilde{W}'_1 = \int_V F_k \delta u_k \mathrm{d}V + \int_S (\widetilde{P}_k \delta u_k + \widetilde{R}_k \mathrm{D}\delta u_k)\mathrm{d}S + \oint_C \widetilde{E}_k \delta u_k \mathrm{d}s \tag{7-65}$$

$$\delta \hat{W}'_1 = \int_V F_k \delta u_k \mathrm{d}V + \int_S (\hat{P}_k \delta u_k + \hat{R}_k \mathrm{D}\delta u_k)\mathrm{d}S + \oint_C \hat{E}_k \delta u_k \mathrm{d}s \tag{7-66}$$

$$\delta\overline{W}_1' = \int_V F_k \delta u_k \mathrm{d}V + \int_S [\overline{P}_k \delta u_k + \overline{Q}_k(\delta_{kj} - n_k n_j)\delta\omega_j + \overline{R}\delta u_{k,k}]\mathrm{d}S + \oint_C \overline{E}_k \delta u_k \mathrm{d}s \tag{7-67}$$

式中，外力功 $\delta\widetilde{W}_1'$ 对应于 $\widetilde{W}$，$\delta\hat{W}_1'$ 对应于 $\hat{W}$，$\delta\overline{W}_1'$ 对应于 $\overline{W}$；S 为边界所在曲面；n_j 为单位外法向矢量；C 为边界面的棱边；s 为沿棱边的曲线弧长；D 为法向导数算子，即

$$\mathrm{D}\varphi = n_i \varphi_{,i} = \boldsymbol{n} \cdot \nabla\varphi = \mathrm{D}_n \varphi \tag{7-68}$$

此外，

$$\varepsilon_{nn} = n_i n_j \varepsilon_{ij} \tag{7-69}$$

表示表面法向正应变，即 $\varepsilon_{nn} = \boldsymbol{n} \cdot \boldsymbol{\varepsilon} \cdot \boldsymbol{n}$。

上述三种形式的变分原理导出三种形式的控制方程及边界条件：

第一种形式：

$$\widetilde{\tau}_{jk,j} - \widetilde{\mu}_{ijk,ij} + F_k = \rho \ddot{u}_k \tag{7-70}$$

$$\widetilde{P}_k = n_j(\widetilde{\tau}_{jk} - \widetilde{\mu}_{ijk,i}) - \mathrm{D}_j(n_i \widetilde{\mu}_{ijk}) + (\mathrm{D}_l n_l) n_i n_j \widetilde{\mu}_{ijk} \tag{7-71}$$

$$\widetilde{R}_k = n_i n_j \widetilde{\mu}_{ijk} \tag{7-72}$$

$$\widetilde{E}_k = s_p [n_l n_i \widetilde{\mu}_{ijk}] e_{plj} \tag{7-73}$$

其中，应力和偶极应力定义为

$$\widetilde{\tau}_{ij} = \frac{\partial \widetilde{W}}{\partial \varepsilon_{ij}} = \widetilde{\tau}_{ji} \tag{7-74}$$

$$\widetilde{\mu}_{ijk} = \frac{\partial \widetilde{W}}{\partial \widetilde{k}_{ijk}} = \widetilde{\mu}_{jik} \tag{7-75}$$

表面梯度定义为

$$\mathrm{D}_i \varphi = \varphi_{,i} - n_i \mathrm{D}\varphi \tag{7-76}$$

或者写成整体形式

$$\mathrm{D}_s \varphi = \nabla\varphi - \boldsymbol{n}\mathrm{D}\varphi \tag{7-77}$$

它作用在标量场上结果是一个矢量，这个矢量就是梯度矢量在表面的投影，也就是表面梯度。换句话说，表面梯度是梯度矢量减去法向导数的剩余部分。实际上就是沿表面曲线坐标的导数。梯度算子也可以作用在矢量和张量场上。作用在矢

量上时，

$$D_s\boldsymbol{u} = \nabla\boldsymbol{u} - \boldsymbol{n} \otimes D\boldsymbol{u} \tag{7-78}$$

其结果是一个二阶张量。如果作用在二阶张量上，则

$$D_s\boldsymbol{T} = \nabla\boldsymbol{T} - \boldsymbol{n} \otimes D\boldsymbol{T} \tag{7-79}$$

结果是一个三阶张量。实际上，法向梯度和表面梯度是场的梯度作加法分解的结果。$\widetilde{P}_k$ 是修正的面力矢量，如果不考虑应变梯度效应就退化为经典的面力矢量。$\widetilde{R}_k$ 是由偶极应力或者高阶应力引起的，其意义是作用在表面的面力偶。$\widetilde{E}_k$ 仅对于非光滑表面存在。

第二种形式：

$$\hat{\tau}_{jk,j} - \hat{\mu}_{ijk,ij} + F_k = \rho\ddot{u}_k \tag{7-80}$$

$$\hat{P}_k = n_j(\hat{\tau}_{jk} - \hat{\mu}_{ijk,i}) - D_j(n_i\hat{\mu}_{ijk}) + (D_l n_l)n_i n_j\hat{\mu}_{ijk} \tag{7-81}$$

$$\hat{R}_k = n_i n_j\hat{\mu}_{ijk} \tag{7-82}$$

$$\hat{E}_k = s_p[n_l n_i\hat{\mu}_{ijk}]e_{plj} \tag{7-83}$$

其中，应力及偶极应力定义为

$$\hat{\tau}_{ij} = \frac{\partial\hat{W}}{\partial\varepsilon_{ij}} = \hat{\tau}_{ji} \tag{7-84}$$

$$\hat{\mu}_{ijk} = \frac{\partial\hat{W}}{\partial\hat{k}_{ijk}} = \hat{\mu}_{ikj} \tag{7-85}$$

第三种形式：

$$\bar{\tau}_{jk,j} - \frac{1}{2}\bar{\mu}_{il,ij}e_{ljk} - \bar{\bar{\mu}}_{ijk,ij} + F_k = \rho\ddot{u}_k \tag{7-86}$$

$$\bar{P}_k = n_j\left[\bar{\tau}_{jk} + \frac{1}{2}(\bar{\mu}_{li,l} - \bar{\mu}_{nn,i})e_{jik} - \bar{\bar{\mu}}_{ijk,i}\right] - (D_j - n_j D_l n_l)(n_i\bar{\bar{\mu}}_{ijk} + n_p n_q n_k n_j\bar{\bar{\mu}}_{pqj}) \tag{7-87}$$

$$\bar{Q}_k = n_i\bar{\mu}_{ij}(\delta_{jk} - n_j n_k) + 2n_q n_i n_j\bar{\bar{\mu}}_{ijp}e_{qpk} \tag{7-88}$$

$$\bar{R} = n_i n_j n_k\bar{\bar{\mu}}_{ijk} \tag{7-89}$$

$$\bar{E}_k = s_p\left[\frac{1}{2}\delta_{pk}\bar{\mu}_{nn} + n_q n_i(\bar{\bar{\mu}}_{ijk} + n_k n_l\bar{\bar{\mu}}_{lij})e_{jpq}\right] \tag{7-90}$$

其中，应力及偶极应力定义为

$$\bar{\tau}_{ij} = \frac{\partial \overline{W}}{\partial \varepsilon_{ij}} = \bar{\tau}_{ji} \tag{7-91}$$

$$\bar{\mu}_{ij} = \frac{\partial \overline{W}}{\partial \bar{k}_{ij}},\ \bar{\mu}_{ii} = 0 \tag{7-92}$$

$$\bar{\bar{\mu}}_{ijk} = \frac{\partial \overline{W}}{\partial \bar{\bar{k}}_{ijk}} = \bar{\bar{\mu}}_{jki} = \bar{\bar{\mu}}_{kij} = \bar{\bar{\mu}}_{kji} \tag{7-93}$$

$$\bar{\mu}_{nn} = n_i n_j \bar{\mu}_{ij} \tag{7-94}$$

由上述三种形式的应变能定义，导出的应力和偶极应力之间存在一定的关系。其中，应力满足

$$\tilde{\tau}_{ij} = \hat{\tau}_{ij} = \bar{\tau}_{ij} \tag{7-95}$$

考虑到

$$\tilde{\mu}_{ijk} = \frac{\partial \hat{W}}{\partial \hat{k}_{pqr}} \frac{\partial \hat{k}_{pqr}}{\partial \tilde{k}_{ijk}} = \frac{\partial \overline{W}}{\partial \bar{\bar{k}}_{pqr}} \frac{\partial \bar{\bar{k}}_{pqr}}{\partial \tilde{k}_{ijk}} + \frac{\partial \overline{W}}{\partial \bar{k}_{pq}} \frac{\partial \bar{k}_{pq}}{\partial \tilde{k}_{ijk}} \tag{7-96}$$

$$\hat{\mu}_{ijk} = \frac{\partial \widetilde{W}}{\partial \tilde{k}_{pqr}} \frac{\partial \tilde{k}_{pqr}}{\partial \hat{k}_{ijk}} = \frac{\partial \overline{W}}{\partial \bar{\bar{k}}_{pqr}} \frac{\partial \bar{\bar{k}}_{pqr}}{\partial \hat{k}_{ijk}} + \frac{\partial \overline{W}}{\partial \bar{k}_{pq}} \frac{\partial \bar{k}_{pq}}{\partial \hat{k}_{ijk}} \tag{7-97}$$

$$\bar{\mu}_{ij} = \frac{\partial \widetilde{W}}{\partial \tilde{k}_{pqr}} \frac{\partial \tilde{k}_{pqr}}{\partial \bar{k}_{ij}} = \frac{\partial \hat{W}}{\partial \hat{k}_{pqr}} \frac{\partial \hat{k}_{pqr}}{\partial \bar{k}_{ij}} \tag{7-98}$$

$$\bar{\bar{\mu}}_{ijk} = \frac{\partial \widetilde{W}}{\partial \tilde{k}_{pqr}} \frac{\partial \tilde{k}_{pqr}}{\partial \bar{\bar{k}}_{ijk}} = \frac{\partial \hat{W}}{\partial \hat{k}_{pqr}} \frac{\partial \hat{k}_{pqr}}{\partial \bar{\bar{k}}_{ijk}} \tag{7-99}$$

可以推出

$$\tilde{\mu}_{ijk} = \frac{1}{2}(\hat{\mu}_{ijk} + \hat{\mu}_{jik}) = \bar{\bar{\mu}}_{ijk} + \frac{1}{4}\bar{\mu}_{il}e_{ljk} + \frac{1}{4}\bar{\mu}_{jl}e_{lik} \tag{7-100}$$

$$\hat{\mu}_{ijk} = \tilde{\mu}_{ijk} + \tilde{\mu}_{kij} - \tilde{\mu}_{jki} = \bar{\bar{\mu}}_{ijk} + \frac{1}{2}\bar{\mu}_{jl}e_{lik} + \frac{1}{2}\bar{\mu}_{kl}e_{lij} \tag{7-101}$$

$$\hat{\mu}_{ij} = \frac{4}{3}\tilde{\mu}_{ipq}e_{jpq} = \frac{2}{3}(\hat{\mu}_{ipq} + \hat{\mu}_{piq})e_{jpq} \tag{7-102}$$

$$\bar{\bar{\mu}}_{ijk} = \frac{1}{3}(\tilde{\mu}_{ijk} + \tilde{\mu}_{jki} + \tilde{\mu}_{kij}) = \frac{1}{3}(\hat{\mu}_{ijk} + \hat{\mu}_{jki} + \hat{\mu}_{kij}) \tag{7-103}$$

式（7-100）的一个有用的替代形式是

$$\tilde{\mu}_{ijk} = \bar{\bar{\mu}}_{ijk} + \frac{1}{2}\bar{\mu}_{il}e_{ljk} + \frac{1}{4}\bar{\mu}_{kl}e_{lij} \tag{7-104}$$

进一步组合式（7-100）和式（7-104）可得

$$\tilde{\mu}_{ijk,ij} = \hat{\mu}_{ijk,ij} = \frac{1}{2}\bar{\mu}_{il,ij}e_{ljk} + \bar{\bar{\mu}}_{ijk,ij} \tag{7-105}$$

三种形式的应变能定义对应的单级面力和偶极面力存在如下关系：

$$\widetilde{P}_k = \hat{P}_k,\ \widetilde{R}_k = \hat{R}_k,\ \widetilde{E}_k = \hat{E}_k \tag{7-106}$$

注意到

$$\widetilde{R}_k \mathrm{D}\delta u_k = 2\widetilde{R}_k n_j \delta\,\omega_l e_{ljk} + \widetilde{R}_k n_j\,\mathrm{D}_k \delta u_j + \widetilde{R}_k n_k \delta\varepsilon_{nn} \tag{7-107}$$

$$2\widetilde{R}_k n_j \delta\,\omega_l e_{ljk} = 2n_j \widetilde{R}_k(\delta_{li} - n_l n_i)\delta\,\omega_l e_{ljk} \tag{7-108}$$

利用表面散度定理可得

$$\begin{aligned}\int_S \widetilde{R}_k n_j \mathrm{D}_k \delta u_j \mathrm{d}S &= \int_S [\mathrm{D}_k(\widetilde{R}_k n_j \delta u_j) - \mathrm{D}_k(\widetilde{R}_k n_j)\delta u_j]\mathrm{d}S \\ &= \int_S [(\mathrm{D}_l n_l) n_k \widetilde{R}_k n_j - \mathrm{D}_k(\widetilde{R}_k n_j)]\delta u_j \mathrm{d}S + \oint_C s_l [n_i \widetilde{R}_j n_k] e_{lij} \delta u_k \mathrm{d}s\end{aligned} \tag{7-109}$$

从而

$$\begin{aligned}\delta \widetilde{W}_1 = &\int_V F_k \delta u_k \mathrm{d}V + \int_S [\widetilde{P}_k - (\mathrm{D}_j - n_j \mathrm{D}_l n_l)(\widetilde{R}_j n_k)]\delta u_k \mathrm{d}S + \\ &\int_S 2n_j \widetilde{R}_k e_{ljk}(\delta_{li} - n_l n_i)\delta\omega_l \mathrm{d}S + \int_S \widetilde{R}_k n_k \delta\varepsilon_{nn} \mathrm{d}S + \\ &\oint_C (\widetilde{E}_k + s_l [n_i \widetilde{R}_j n_k] e_{lij})\delta u_k \mathrm{d}s\end{aligned} \tag{7-110}$$

比较式（7-110）和式（7-67）可得

$$\overline{P}_k = \widetilde{P}_k - (\mathrm{D}_j - n_j\,\mathrm{D}_i n_i)(\widetilde{R}_j n_k) \tag{7-111}$$

$$\overline{Q}_k = 2n_i \widetilde{R}_j e_{ijk} \tag{7-112}$$

$$\overline{R} = n_i \widetilde{R}_i \tag{7-113}$$

$$\overline{E}_k = \widetilde{E}_k + s_l [n_i \widetilde{R}_j n_k] e_{lij} \tag{7-114}$$

写成整体形式，即

$$\overline{\boldsymbol{P}} = \widetilde{\boldsymbol{P}} - \boldsymbol{n} \cdot \nabla \times (\boldsymbol{n} \times \widetilde{\boldsymbol{R}} \otimes \boldsymbol{n}) \tag{7-115}$$

$$\overline{\boldsymbol{Q}} = 2\boldsymbol{n} \times \widetilde{\boldsymbol{R}} \tag{7-116}$$

$$\overline{R} = \widetilde{\boldsymbol{R}} \cdot \boldsymbol{n} \tag{7-117}$$

$$\overline{\boldsymbol{E}} = \widetilde{\boldsymbol{E}} + \boldsymbol{s} \cdot [\boldsymbol{n} \times \widetilde{\boldsymbol{R}} \otimes \boldsymbol{n}] \tag{7-118}$$

或者

$$\widetilde{\boldsymbol{P}} = \overline{\boldsymbol{P}} + \frac{1}{2}\boldsymbol{n} \cdot \nabla \times (\overline{\boldsymbol{Q}} \otimes \boldsymbol{n}) = \hat{\boldsymbol{P}} \tag{7-119}$$

$$\widetilde{\boldsymbol{R}} = \boldsymbol{n} \times \widetilde{\boldsymbol{R}} \times \boldsymbol{n} + \boldsymbol{n} \cdot \widetilde{\boldsymbol{R}} \otimes \boldsymbol{n} = \frac{1}{2} \overline{\boldsymbol{Q}} \times \boldsymbol{n} + \overline{R} \otimes \boldsymbol{n} = \hat{\boldsymbol{R}} \tag{7-120}$$

$$\widetilde{\boldsymbol{E}} = \overline{\boldsymbol{E}} - \frac{1}{2}\boldsymbol{s} \cdot [\overline{\boldsymbol{Q}} \otimes \boldsymbol{n}] = \hat{\boldsymbol{E}} \tag{7-121}$$

习　　题

7-1　已知微分算子 $\mathrm{D} = n_l \partial_l$，$\mathrm{D}_j = (\delta_{jl} - n_j n_l)\partial_l$，试求：

(1) 作用在标量 φ 上，并解释 $\mathrm{D}\varphi$ 和 $\mathrm{D}_j\varphi$ 的力学意义。

(2) 作用在位移矢量 $\boldsymbol{u}$ 上，并解释 $\mathrm{D}\boldsymbol{u}$ 和 $\mathrm{D}_j\boldsymbol{u}$ 的力学意义。

(3) 作用在应力张量 $\boldsymbol{\sigma}$ 上，并解释 $\mathrm{D}\boldsymbol{\sigma}$ 和 $\mathrm{D}_j\boldsymbol{\sigma}$ 的力学意义。

7-2　求证在应变梯度弹性理论中，修正面力和高阶面力可表示为

$$t_i = n_j(\sigma_{ij} - m_{kij,k}) - \mathrm{D}_j(n_k m_{kij}) + (\mathrm{D}_l n_l) n_j n_k m_{kij}$$

$$\tau_i = n_j n_k m_{kij}$$

7-3　在应变梯度弹性理论中，动能表示为

$$T = \frac{1}{2}\rho \dot{u}_i \dot{u}_i + \frac{1}{2}\rho l_1^2 \dot{u}_{i,j} \dot{u}_{i,j}$$

试解释等号右边第二项的物理意义及其作用。

7-4　应变梯度弹性理论中，有“正号”理论和“负号”理论，试分析两种理论的合理性和优缺点。

7-5　在应变梯度弹性理论中，在计算应变梯度对应的变形能时，根据应变梯度不同分量分成三种模态，即膨胀模态、弯曲模态和扭转模态，试解释这样分组的合理性。

7-6　试解释偶应力和转动梯度的力学意义。

7-7　在广义应变梯度弹性理论中，存在三种形式的变形能密度泛函，试分析其合理性和优

缺点。

7-8　求证三种形式的运动学变量定义之间存在如下关系：

(1) $\tilde{k}_{ijk} = \hat{k}_{ijk} + \hat{k}_{jki} - \hat{k}_{kij} = \bar{\bar{k}}_{ijk} + \dfrac{2}{3}\bar{k}_{il}e_{ljk} + \dfrac{2}{3}\bar{k}_{jl}e_{lik}$。

(2) $\hat{k}_{ijk} = \bar{\bar{k}}_{ijk} - \dfrac{1}{3}\bar{k}_{jl}e_{kil} - \dfrac{1}{3}\bar{k}_{kl}e_{jil} = \dfrac{1}{2}(\tilde{k}_{ijk} + \tilde{k}_{ikj})$。

(3) $\bar{k}_{ij} = \omega_{j,i} = \dfrac{1}{2}e_{jkl}\,\Omega_{kl,i} = \dfrac{1}{2}\tilde{k}_{ilk}e_{jlk} = \hat{k}_{lik}e_{jlk}$。

8 微态、微极及微膨胀弹性理论

在经典连续介质力学中，物体被假设成由无穷小的质点组成，用于研究一点的应力状态、应变状态以及平衡方程的微元体可以无限小，因而不能承受均布的体力偶和面力偶的作用，否则就要导致无限大应力的出现。在此理论下得到的应力张量是对称的，质点的运动方程只有平动方程，没有转动方程。Voigt 设想物体是由非常小但不为零的质点所组成的，这样微元体尽管很小但具有有限体积，其特征长度是材料参数。在这种情形下，体力偶和面力偶的存在都是有可能的。Cosserat 兄弟提出了偶应力（couple-stresses）理论。Tiffen 和 Stevenson 研究了受体力偶的弹性体。Truesdell 和 Toupin 提出了二维有限变形偶应力理论。Mindlin 和 Tiersten 将 Toupin 的理论进行了线性化，在各向同性、均匀、中心对称的材料下归结为一种含有 4 个弹性常数的偶应力弹性理论。为了寻求出现偶应力的物理背景，1964 年 Mindlin 提出了微结构理论，即假设物体是由宏观物质和微观物质构成的变形协调体，每一个宏观质点中都嵌有一个微物质细胞，物体的总位移是宏观物质应变、微观物质应变以及它们的相对变形的函数。根据微结构弹性理论，弹性体的变形能密度一般情况下含有 45 个弹性常数，即使在各向同性、均匀和中心对称条件下，也含有 18 个弹性常数，这些弹性常数实际很难从实验中加以确定，从而限制了这个理论的实际应用。1964 年 Eringen 和 Suhubi 提出并发表了另一种理论，即微极弹性理论，在微极弹性理论中，微观物质变形仅有转动，宏观的位移场和微观的转动场决定了整个物质的变形。在线性情况下，微极物质具有 6 个弹性常数。不同于应变弹性理论，微态弹性理论包含独立的微变形场。

8.1 微态弹性理论

假设 $X_i(i=1, 2, 3)$ 和 $x_i(i=1, 2, 3)$ 表示宏观质点在参考构型的位置和现在的位置。$X_i'(i=1, 2, 3)$ 和 $x_i'(i=1, 2, 3)$ 分别表示微观质点在参考构型的位置和现在的位置。带撇号的坐标系是以宏观质点的位置作原点的平动坐标系，如图 8-1 所示。

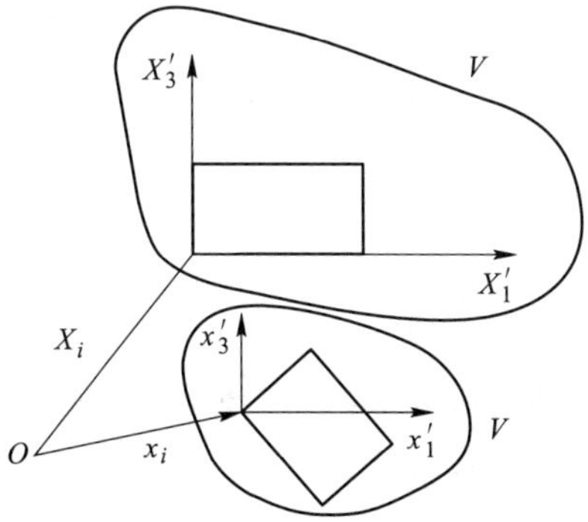

图 8-1　含微结构物质质点的变形

定义宏观位移

$$u_i = x_i - X_i \tag{8-1}$$

和微观位移

$$u_i' = x_i' - X_i' \tag{8-2}$$

假定位移梯度为小量，即

$$\left|\frac{\partial u_j}{\partial X_i}\right| \leqslant 1, \quad \left|\frac{\partial u_j'}{\partial X_i'}\right| \leqslant 1 \tag{8-3}$$

于是近似有

$$\frac{\partial u_j}{\partial X_i} \approx \frac{\partial u_j}{\partial x_i} = u_{j,i} \tag{8-4}$$

$$\frac{\partial u_j'}{\partial X_i'} \approx \frac{\partial u_j'}{\partial x_i'} = u_{j,i}' \tag{8-5}$$

式中，

$$u_j = u_j(x_i, t) \tag{8-6}$$

$$u_j' = u_j'(x_i, x_i', t) \tag{8-7}$$

即宏观位移仅是宏观坐标的函数，而微观位移不仅依赖于微观坐标也依赖于宏观坐标。进一步假定微观位移场是微观质点坐标的线性函数，即

$$u_j' = x_k' \psi_{kj}(x_i, t) \tag{8-8}$$

定义下列各量：

微变形（位移梯度）

$$u'_{j,i}=\frac{\partial u'_j}{\partial x'_i}=\psi_{kj}(x_i,\ t)\delta_{ki}=\psi_{ij}(x_i,\ t) \tag{8-9}$$

微应变

$$\varepsilon'_{ij}=\psi_{(ij)}=\frac{1}{2}(\psi_{ij}+\psi_{ji}) \tag{8-10}$$

微转动

$$\psi_{[ij]}=\frac{1}{2}(\psi_{ij}-\psi_{ji})=-e_{ijk}\phi'_k \tag{8-11}$$

式中，ϕ'_k 为反对称张量的轴矢量分量；e_{ijk} 为置换符号，即 $\boldsymbol{e}_i\times\boldsymbol{e}_j=e_{ijk}\boldsymbol{e}_k$。

微变形梯度（微位移二阶导数）

$$k_{ijk}=\frac{\partial\psi_{jk}}{\partial x_i}=\psi_{jk,i} \tag{8-12}$$

宏观变形

$$\frac{\partial u_j}{\partial X_i}\approx\frac{\partial u_j}{\partial x_i}=u_{j,i} \tag{8-13}$$

宏观应变

$$\varepsilon_{ij}=\frac{1}{2}(u_{j,i}+u_{i,j}) \tag{8-14}$$

宏观转动

$$\omega_{ij}=\frac{1}{2}(u_{i,j}-u_{j,i})=-e_{ijk}\phi_k \tag{8-15}$$

相对变形

$$\gamma_{ij}=u_{j,i}-u'_{j,i}=u_{j,i}-\psi_{ij} \tag{8-16}$$

上述宏微观变形的协调方程为

$$e_{mik}e_{nlj}\varepsilon_{kl,ij}=0\quad(\nabla\times\boldsymbol{\varepsilon}\times\nabla=0) \tag{8-17}$$

$$e_{mij}k_{jkl,i}=0\quad(\nabla\times\boldsymbol{k}=0) \tag{8-18}$$

$$\varepsilon_{jk,i}+\omega_{jk,i}-\gamma_{jk,i}=k_{ijk} \tag{8-19}$$

设微物质体元初始体积为 $\mathrm{d}X'_1\mathrm{d}X'_2\mathrm{d}X'_3=2d_1\times2d_2\times2d_3$，在当前构型上变形为斜六面体，各棱的方向系数为 l_{ij}，即

$$\mathrm{d}X'_i=\frac{\partial X'_i}{\partial x'_j}\mathrm{d}x'_j=l_{ij}\mathrm{d}x'_j$$

或

$$\mathrm{d}\boldsymbol{X}'_i=\frac{\partial X'_i}{\partial x'_j}\mathrm{d}\boldsymbol{x}'_j=l_{ij}\mathrm{d}\boldsymbol{x}'_j$$

则变形前后的体积存在下列关系：

$$\begin{aligned}\mathrm{d}V'&=\mathrm{d}\boldsymbol{X}'_1\cdot(\mathrm{d}\boldsymbol{X}'_2\times\mathrm{d}\boldsymbol{X}'_3)=l_{1j}l_{2m}l_{3n}\mathrm{d}\boldsymbol{x}'_j\cdot(\mathrm{d}\boldsymbol{x}'_m\times\mathrm{d}\boldsymbol{x}'_n)\\&=l_{1j}l_{2m}l_{3n}\varepsilon_{jmn}\mathrm{d}\boldsymbol{x}'_1\cdot(\mathrm{d}\boldsymbol{x}'_2\times\mathrm{d}\boldsymbol{x}'_3)=\det(l_{ij})\mathrm{d}v'\end{aligned}\tag{8-20}$$

其中，变形后的体积微元在当前构型上可表示为

$$\mathrm{d}v'=\mathrm{d}\boldsymbol{x}'_1\cdot(\mathrm{d}\boldsymbol{x}'_2\times\mathrm{d}\boldsymbol{x}'_3)$$

以 ρ_{m} 表示宏观物质密度，ρ' 表示微观物质密度，则单位宏观体积的动能为

$$T=\frac{1}{2}\rho_{\mathrm{m}}\dot{u}_j\dot{u}_j+\frac{1}{V'}\int_{V'}\frac{1}{2}\rho'(\dot{u}'_j+\dot{u}_j)(\dot{u}'_j+\dot{u}_j)\mathrm{d}V'=\frac{1}{2}\rho\dot{u}_j\dot{u}_j+\frac{1}{6}\rho'd^2_{kl}\dot{\psi}_{kj}\dot{\psi}_{lj}\tag{8-21}$$

式中，

$$\rho=\rho_{\mathrm{m}}+\rho'\tag{8-22}$$

$$d^2_{kl}=d_pd_q(\delta_{pm}\delta_{qm}l_{km}l_{lm})\tag{8-23}$$

式中，δ_{ij} 为 Kronecker 符号。

单位宏观体积的应变能（也可称为应变能密度）假设为

$$\overline{W}=\overline{W}(\varepsilon_{ij},\ \gamma_{ij},\ k_{ijk})\tag{8-24}$$

定义 Cauchy 应力 τ_{ij}、相对应力 σ_{ij}、微观应力 μ_{ijk} 如下：

$$\tau_{ij}=\frac{\partial\overline{W}}{\partial\varepsilon_{ij}}=\tau_{ji}\tag{8-25}$$

$$\sigma_{ij}=\frac{\partial\overline{W}}{\partial\gamma_{ij}}\neq\sigma_{ji}\tag{8-26}$$

$$\mu_{ijk}=\frac{\partial\overline{W}}{\partial k_{ijk}}\tag{8-27}$$

则应变能的变分可写成

$$\begin{aligned}\delta\overline{W}&=\tau_{ij}\delta\varepsilon_{ij}+\sigma_{ij}\delta\gamma_{ij}+\mu_{ijk}\delta k_{ijk}=\tau_{ij}\partial_i\delta u_j+\sigma_{ij}(\partial_i\delta u_j-\delta\psi_{ij})+\mu_{ijk}\partial_i\delta\psi_{jk}\\&=\partial_i[(\tau_{ij}+\sigma_{ij})\delta u_j]-\partial_i(\tau_{ij}+\sigma_{ij})\delta u_j-\sigma_{ij}\delta\psi_{ij}+\partial_i(\mu_{ijk}\delta\psi_{ij})-\partial_i\mu_{ijk}\delta\psi_{jk}\end{aligned}\tag{8-28}$$

利用高斯公式得

$$\int_V\delta\overline{W}\mathrm{d}V=-\int_V\partial_i(\tau_{ij}+\sigma_{ij})\delta u_j\mathrm{d}V-\int_V(\partial_i\mu_{ijk}+\sigma_{jk})\delta\psi_{jk}\mathrm{d}V+$$

$$\int_{\Sigma}(\tau_{ij}+\sigma_{ij})\delta u_j n_j \mathrm{d}S+\int_{\Sigma} n_i \mu_{ijk}\delta\psi_{jk}\mathrm{d}S \tag{8-29}$$

外力功的变分可形式地表示成

$$\delta W_1=\int_V f_j\delta u_j \mathrm{d}V+\int_V F_{jk}\delta\psi_{jk}\mathrm{d}V+\int_{\Sigma} t_j\delta u_j\mathrm{d}S+\int_{\Sigma} T_{jk}\delta\psi_{jk}\mathrm{d}S \tag{8-30}$$

式中，f_j 为单位宏观体积的体力；t_j 为边界上单位宏观面积的面力；F_{jk} 为单位宏观体积的微观体力；T_{jk} 为单位宏观面积的微观面力。

根据 Hamilton 变分原理

$$\delta\int_{t_0}^{t_1}\int_V (T-\overline{W})\mathrm{d}V\mathrm{d}t+\int_{t_0}^{t_1}\int_{\Sigma}\delta W_1\mathrm{d}S\mathrm{d}t=0 \tag{8-31}$$

得到如下 12 个运动方程

$$\partial_i(\tau_{ij}+\sigma_{ij})+f_j=\rho\ddot{u}_j \tag{8-32}$$

$$\partial_i\mu_{ijk}+\sigma_{jk}+F_{jk}=\frac{1}{3}\rho' d_{lj}^2\ddot{\psi}_{lk} \tag{8-33}$$

和 12 个边界条件

$$t_j=n_i(\tau_{ij}+\sigma_{ij}) \tag{8-34}$$

$$T_{jk}=n_i\mu_{ijk} \tag{8-35}$$

微观面力 T_{jk} 的反对称部分 $T_{[jk]}=\frac{1}{2}(T_{jk}-T_{kj})$ 和一个轴矢量对应，这个矢量称为偶应力矢量，其模为力偶矩，表示作用在边界上的力偶；微观体力 F_{jk} 的反对称部分 $F_{[jk]}=\frac{1}{2}(F_{jk}-F_{kj})$ 也和一个轴矢量对应，这个轴矢量称为体力偶矢量。微观应力 μ_{ijk} 的反对称部分 $\mu_{i[jk]}=\frac{1}{2}(\mu_{ijk}-\mu_{ikj})$ 称为偶应力张量。而这些量的对称部分则没有恰当的物理解释。

物质的本构关系可以通过对应变能密度作出特殊的假设而得到。如假设 $\overline{W}$ 是 ε_{ij}、γ_{ij}、k_{ijk} 的二次齐次函数，则一般情况下，本构关系中含有 45 个弹性常数。若假设物质是各向同性的、中心对称的、宏观均匀的，则弹性常数归结为 18 个，即

$$\begin{aligned}W=&\frac{1}{2}\lambda\varepsilon_{ii}\varepsilon_{jj}+\mu\varepsilon_{ij}\varepsilon_{ij}+\frac{1}{2}b_1\gamma_{ii}\gamma_{jj}+\frac{1}{2}b_2\gamma_{ij}\gamma_{ij}+\frac{1}{2}b_3\gamma_{ij}\gamma_{ji}+\\&g_1\gamma_{ii}\varepsilon_{jj}+g_2(\gamma_{ij}+\gamma_{ji})\varepsilon_{ij}+a_1k_{iik}k_{kjj}+a_2k_{iik}k_{jkj}+\end{aligned}$$

$$\frac{1}{2}a_3k_{iik}k_{jjk} + \frac{1}{2}a_4k_{ijj}k_{ikk} + a_5k_{ijj}k_{kik} + \frac{1}{2}a_8k_{iji}k_{kjk} +$$

$$\frac{1}{2}a_{10}k_{ijk}k_{ijk} + a_{11}k_{ijk}k_{jki} + \frac{1}{2}a_{13}k_{ijk}k_{ikj} + \frac{1}{2}a_{14}k_{ijk}k_{jik} + \frac{1}{2}a_{15}k_{ijk}k_{kji} \tag{8-36}$$

若进一步假设微物质变形与宏观位置无关，即 $\partial_i\psi_{jk} = 0$，从而微变形梯度 $k_{ijk} = 0$，则与 k_{ijk} 有关的常数 a_i 都不出现，材料常数减少为 7 个。若再假设微物质只做刚性转动，即 $\psi_{(ij)} = \frac{1}{2}(\psi_{ij} + \psi_{ji}) = 0$，则相对变形的对称部分与宏观变形的对称部分是相同的，即 $\gamma_{(ij)} = \frac{1}{2}(\gamma_{ij} + \gamma_{ji}) = \varepsilon_{ij}$，于是 W 只是 ε_{ij} 和 $\gamma_{[ij]}$ 的函数。这种情况下应变能密度可表示为

$$W = \frac{1}{2}\bar{\lambda}\varepsilon_{ii}\varepsilon_{jj} + \bar{\mu}\varepsilon_{ij}\varepsilon_{ij} + \bar{b}_2\gamma_{[ij]}\gamma_{[ij]} + \bar{b}_3\gamma_{[ij]}\varepsilon_{ij} \tag{8-37}$$

本构方程为

$$\tau_{ij} = \frac{\partial W}{\partial \varepsilon_{ij}} = \bar{\lambda}\varepsilon_{kk}\delta_{ij} + 2\bar{\mu}\varepsilon_{ij} + \bar{b}_3\gamma_{[ij]} \tag{8-38}$$

$$\sigma_{ij} = \frac{\partial W}{\partial \gamma_{[ij]}} = 2\bar{b}_2\gamma_{[ij]} + \bar{b}_3\varepsilon_{ij} \tag{8-39}$$

考虑微结构的弹性理论和经典弹性理论的区别就在于在考虑宏观体元运动时，也考虑了微体元的相对运动，即将微观运动自由度也包含进来。这种理论称为微态理论（micromorphic theory）。

8.2 微极弹性理论

微极弹性理论（micropolar theory）作为微态理论的一个特殊情况，只考虑微体元的刚性运动，此时有：微变形 $\partial'_i u'_j = \psi_{ij}(x_i, t)$，微应变 $\psi_{(ij)} = \frac{1}{2}(\psi_{ij} + \psi_{ji}) = 0$，微转动 $\psi_{[ij]} = \frac{1}{2}(\psi_{ij} - \psi_{ji}) = -e_{ijk}\phi'_k$，微变形梯度 $k_{ijk} = \partial_i\psi_{jk} = -e_{jkm}\phi'_{m,i}$，宏观变形 $\partial_i u_j$，宏观应变 $\varepsilon_{ij} = \frac{1}{2}(u_{i,j} + u_{j,i})$，宏观转动 $\omega_{ij} = \frac{1}{2}(u_{i,j} - u_{j,i}) = -e_{ijk}\phi_k$，相对变形 $\gamma_{ij} = u_{j,i} - \psi_{ij} = u_{j,i} + e_{ijk}\phi'_k$。考虑到 $\gamma_{(ij)} = \varepsilon_{ij}$，微极弹性介质的应变能密度可表示为

$$\overline{W} = \overline{W}(\varepsilon_{ij}, \gamma_{[ij]}, k_{ijk}) = \overline{W}(u_{i,j} - e_{ijk}\phi'_k, \phi'_{j,i}) \tag{8-40}$$

动能密度可表示为

$$T = \frac{1}{2}\rho\dot{u}_i\dot{u}_i + \frac{1}{2}J\dot{\phi}'_i\dot{\phi}'_i \tag{8-41}$$

外力所做功表示为

$$W_1 = \int_V (f_i u_i + M_i \phi'_i)\,\mathrm{d}V + \int_\Sigma (t_i u_i + m_i \phi'_i)\,\mathrm{d}S \tag{8-42}$$

类似于微态理论的分析过程，从能量 Hamilton 原理可导出运动方程

$$\begin{cases} t_{kl,k} + \rho f_l = \rho \ddot{u}_l \\ m_{rk,r} + e_{klr}t_{lr} + M_k = J\ddot{\phi}'_k \end{cases} \tag{8-43}$$

边界条件

$$\begin{cases} t_{kl}n_k = \bar{t}_l \\ m_{kl}n_k = \overline{m}_l \end{cases} \tag{8-44}$$

从应变能密度的表达式可导出本构方程

$$\begin{cases} t_{kl} = \lambda u_{r,r}\delta_{kl} + \mu(u_{k,l} + u_{l,k}) + \chi(u_{l,k} - e_{klr}\phi'_r) \\ m_{kl} = \alpha\phi'_{r,r}\delta_{kl} + \beta\phi'_{k,l} + \bar{\gamma}\phi'_{l,k} \end{cases} \tag{8-45}$$

式中，t_{kl} 为非对称应力张量（asymmetric stress tensor）分量；$\bar{t}_l$ 为面力矢量（traction vector）分量；m_{kl} 为偶应力张量（couple stress tensor）分量；$\overline{m}_l$ 为面力偶矢量（couple vector）分量；ρ 为总质量密度（宏观物质与微观物质质量密度之和）；f_l 为体力矢量（body force vector）分量；M_k 为体力偶矢量（body couple vector）分量；u_k 为宏观位移矢量（macro displacement vector）分量；ϕ'_k 为微转动矢量（micro rotation vector）分量；J 为微转动惯量（micro inertia moment）；δ_{kl} 为 Kronecker 符号；e_{ijk} 为置换符号（permutation symbol）；λ、μ 为经典弹性理论中的材料拉梅常数（Lamé constants）；χ、α、β、$\bar{\gamma}$ 为考虑材料微结构后引入的附加材料常数，称为微极弹性常数。

与经典弹性理论相比，平衡方程不仅包括力的平衡方程，也包含力偶的平衡方程。利用本构关系将非对称应力张量分量 t_{ij} 和偶应力张量分量 m_{ij} 用宏观位移场 $\boldsymbol{u}$ 和微转动场 $\boldsymbol{\Phi}$ 表示，再代入平衡方程式（8-43）中可得用位移场和微转动场表示的平衡方程

$$(\mu+\chi)u_{k,ll}+(\lambda+\mu)u_{l,lk}+\chi e_{klm}\phi_{m,l}=\rho\ddot{u}_k \tag{8-46}$$

$$\bar{\gamma}\phi'_{k,ll}+(\alpha+\beta)\phi'_{l,lk}+\chi e_{lmk}u_{m,l}-2\chi\phi'_k=J\phi'_k \tag{8-47}$$

写成矢量形式即为

$$(\mu+\chi)\nabla^2\boldsymbol{u}+(\lambda+\mu)\nabla(\nabla\cdot\boldsymbol{u})+\chi\nabla\times\boldsymbol{\Phi}=\rho\ddot{\boldsymbol{u}} \tag{8-48}$$

$$\bar{\gamma}\nabla^2\boldsymbol{\Phi}+(\alpha+\beta)\nabla(\nabla\cdot\boldsymbol{\Phi})+\chi\nabla\times\boldsymbol{u}-2\chi\boldsymbol{\Phi}=J\ddot{\boldsymbol{\Phi}} \tag{8-49}$$

或者

$$(c_1^2+c_3^2)\nabla(\nabla\cdot\boldsymbol{u})-(c_2^2+c_3^2)\nabla\times(\nabla\times\boldsymbol{u})+c_3^2\nabla\times\boldsymbol{\Phi}=\ddot{\boldsymbol{u}} \tag{8-50}$$

$$(c_4^2+c_5^2)\nabla(\nabla\cdot\boldsymbol{\Phi})-c_4^2\nabla\times(\nabla\times\boldsymbol{\Phi})+\omega_0^2\nabla\times\boldsymbol{u}-2\omega_0^2\boldsymbol{\Phi}=\ddot{\boldsymbol{\Phi}} \tag{8-51}$$

式中, $c_1^2=\dfrac{\lambda+2\mu}{\rho}$, $c_2^2=\dfrac{\mu}{\rho}$, $c_3^2=\dfrac{\chi}{\rho}$, $c_4^2=\dfrac{\bar{\gamma}}{J}$, $c_5^2=\dfrac{\alpha+\beta}{J}$, $\omega_0^2=\dfrac{\chi}{J}$。

场方程是关于宏观位移矢量 $\boldsymbol{u}$ 和微转动矢量 $\boldsymbol{\Phi}$ 的耦合方程，出于解耦目的，利用矢量分解方程，可将位移矢量 $\boldsymbol{u}$ 和微转动矢量 $\boldsymbol{\Phi}$ 表示成

$$\boldsymbol{u}=\nabla\xi+\nabla\times\boldsymbol{A}\quad(\nabla\cdot\boldsymbol{A}=0) \tag{8-52}$$

$$\boldsymbol{\Phi}=\nabla\eta+\nabla\times\boldsymbol{B}\quad(\nabla\cdot\boldsymbol{B}=0) \tag{8-53}$$

代入场方程得

$$\nabla[(c_1^2+c_3^2)\nabla^2\xi-\ddot{\xi}]-\nabla\times[(c_2^2+c_3^2)\nabla\times(\nabla\times\boldsymbol{A})-c_3^2\nabla\times\boldsymbol{B}+\ddot{\boldsymbol{A}}]=0 \tag{8-54}$$

$$\nabla[(c_4^2+c_5^2)\nabla^2\eta-2\omega_0^2\eta-\ddot{\eta}]-\nabla\times[c_4^2\nabla\times(\nabla\times\boldsymbol{B})-\omega_0^2\nabla\times\boldsymbol{A}+2\omega_0^2\boldsymbol{B}+\ddot{\boldsymbol{B}}]=0 \tag{8-55}$$

上面两个方程形式上与下面的方程等价:

$$\nabla\varphi-\nabla\times\boldsymbol{H}=0\quad(\nabla\cdot\boldsymbol{H}=0) \tag{8-56}$$

式中, φ 和 $\boldsymbol{H}$ 分别为标量势函数和矢量势函数。令

$$\boldsymbol{F}=\nabla\varphi-\nabla\times\boldsymbol{H}=0 \tag{8-57}$$

则有

$$\nabla\cdot\boldsymbol{F}=\nabla^2\varphi=0 \tag{8-58}$$

$$\nabla\times\boldsymbol{F}=-\nabla\times\nabla\times\boldsymbol{H}=\nabla^2\boldsymbol{H}=0\quad(\nabla\cdot\boldsymbol{H}=0) \tag{8-59}$$

上述方程的特解之一是

$$\varphi=0 \tag{8-60}$$

$$\boldsymbol{H}=0 \tag{8-61}$$

因此场方程式（8-54）和式（8-55）的求解，可简化为下列 4 个较简单方程的求解：

$$(c_1^2 + c_3^2)\nabla^2\xi = \ddot{\xi} \tag{8-62}$$

$$(c_4^2 + c_5^2)\nabla^2\eta - 2\omega_0^2\eta = \ddot{\eta} \tag{8-63}$$

$$(c_2^2 + c_3^2)\nabla^2\boldsymbol{A} - c_3^2\nabla\times\boldsymbol{B} = \ddot{\boldsymbol{A}} \tag{8-64}$$

$$c_4^2\nabla^2\boldsymbol{B} - 2\omega_0^2\boldsymbol{B} + \omega_0^2\nabla\times\boldsymbol{A} = \ddot{\boldsymbol{B}} \tag{8-65}$$

求解上述 4 个方程得到标量势函数 ξ、η 和矢量势函数 $\boldsymbol{A}$、$\boldsymbol{B}$ 后再代回式（8-52）和式（8-53）即得所求宏观位移场 $\boldsymbol{u}$ 和微观转动场 $\boldsymbol{\Phi}$。

8.3 微膨胀弹性理论

与微极弹性理论相比，微膨胀理论认为微观物质点不但存在微旋转运动，还具有微膨胀运动自由度。在不考虑体力和体力偶情况下，控制方程修正为

$$(\lambda + 2\mu + \chi)\nabla(\nabla\cdot\boldsymbol{u}) - (\mu + \chi)\nabla\times(\nabla\times\boldsymbol{u}) + \chi\nabla\times\boldsymbol{\Phi} + \lambda_0\nabla\psi = \rho\ddot{\boldsymbol{u}} \tag{8-66}$$

$$(\alpha + \beta + \bar{\gamma})\nabla(\nabla\cdot\boldsymbol{\Phi}) - \bar{\gamma}\nabla\times(\nabla\times\boldsymbol{\Phi}) + \chi\nabla\times\boldsymbol{u} - 2\chi\boldsymbol{\Phi} = \rho J\ddot{\boldsymbol{\Phi}} \tag{8-67}$$

$$a_0\nabla^2\psi - \frac{1}{3}\lambda_1\psi - \frac{1}{3}\lambda_0\nabla\cdot\boldsymbol{u} = \frac{1}{2}\rho J_0\ddot{\psi} \tag{8-68}$$

式中，a_0、λ_1 和 λ_0 为微伸缩弹性常数；$J(J_{kl} = J\delta_{kl})$ 和 $J_0(=J_{kk} = 3J)$ 分别为微转动惯量和径向微膨胀惯量；ψ 为微膨胀场。

各向同性微膨胀固体的本构方程为

$$\sigma_{kl} = \lambda u_{r,r}\delta_{kl} + \mu(u_{k,l} + u_{l,k}) + \chi(u_{l,k} - \varepsilon_{klr}\phi_r) + \lambda_0\psi\delta_{kl} \tag{8-69}$$

$$m_{kl} = \alpha\phi_{r,r}\delta_{kl} + \beta\phi_{k,l} + \bar{\gamma}\phi_{l,k} \tag{8-70}$$

$$p_k = a_0\psi_{,k} \tag{8-71}$$

式中，σ_{kl} 为应力张量分量；m_{kl} 为偶应力张量分量；p_k 为微膨胀应力矢量分量。非负应变能要求下列不等式成立：

$$3\lambda + 2\mu + \chi \geqslant \frac{3\lambda_0^2}{\lambda_1},\quad 2\mu + \chi \geqslant 0,\quad \chi \geqslant 0,\quad 3\alpha + \beta + \bar{\gamma} \geqslant 0,$$

$$\bar{\gamma} + \beta \geqslant 0,\quad \bar{\gamma} - \beta \geqslant 0,\quad a_0 \geqslant 0,\quad \lambda_1 \geqslant 0$$

微膨胀变形与宏观热膨胀变形具有某种相似性。在考虑热弹性耦合的情况下，微膨胀固体的本构方程为

$$\sigma_{kl}=\lambda u_{r,r}\delta_{kl}+\mu(u_{k,l}+u_{l,k})+\chi(u_{l,k}-\varepsilon_{klr}\phi_r)+\lambda_0\psi\delta_{kl}-\beta_0T\delta_{kl} \quad (8\text{-}72)$$

$$m_{kl}=\alpha\phi_{r,r}\delta_{kl}+\beta\phi_{k,l}+\bar{\gamma}\phi_{l,k} \quad (8\text{-}73)$$

$$p_k=a_0\psi_{,k} \quad (8\text{-}74)$$

$$q_k=k_0T_{,k} \quad (8\text{-}75)$$

控制方程修改为

$$(\lambda+2\mu+\chi)\nabla(\nabla\cdot\boldsymbol{u})-(\mu+\chi)\nabla\times(\nabla\times\boldsymbol{u})+\chi\nabla\times\boldsymbol{\Phi}+\lambda_0\nabla\psi-\beta_0\nabla T=\rho\ddot{\boldsymbol{u}} \quad (8\text{-}76)$$

$$(\alpha+\beta+\bar{\gamma})\nabla(\nabla\cdot\boldsymbol{\Phi})-\bar{\gamma}\nabla\times(\nabla\times\boldsymbol{\Phi})+\chi\nabla\times\boldsymbol{u}-2\chi\boldsymbol{\Phi}=\rho J\ddot{\boldsymbol{\Phi}} \quad (8\text{-}77)$$

$$a_0\nabla^2\psi-\frac{1}{3}\lambda_1\psi+\frac{1}{3}\beta_1T-\frac{1}{3}\lambda_0\nabla\cdot\boldsymbol{u}=\frac{1}{2}\rho J_0\ddot{\psi} \quad (8\text{-}78)$$

$$\rho_0C_0\dot{T}+\beta_0T_0\dot{u}_{k,k}+\beta_1T_0\dot{\psi}-k_0\nabla^2T=0 \quad (8\text{-}79)$$

式中，T_0 和 T 分别为参考温度和当前温度；β_0 为热弹性耦合系数；β_1 为热微膨胀耦合系数；C_0 为比热容；q_k 为热流矢量分量。

习　题

8-1　求证在微态弹性理论中，宏微观变形满足下列协调条件：

(1) $e_{mik}e_{nlj}\varepsilon_{kl,ij}=0\quad(\nabla\times\boldsymbol{\varepsilon}\times\nabla=0)$。

(2) $e_{mij}k_{jkl,i}=0\quad(\nabla\times\boldsymbol{K}=0)$。

(3) $\varepsilon_{jk,i}+\omega_{jk,i}-\gamma_{jk,i}=k_{ijk}$。

8-2　在微态弹性理论中，外力功的变分可形式地表示成

$$\delta W_1=\int_V f_j\delta u_j\mathrm{d}V+\int_V F_{jk}\delta\psi_{jk}\mathrm{d}V+\int_\Sigma t_j\delta u_j\mathrm{d}S+\int_\Sigma T_{jk}\delta\psi_{jk}\mathrm{d}S$$

试从量纲分析角度说明上述广义力和广义位移构成功共轭对的合理性。

8-3　试解释微观面力 T_{jk} 和微观应力 μ_{ijk} 的力学意义。

8-4　试分析微态弹性理论、微极弹性理论、微膨胀弹性理论与经典弹性理论的本质区别。

8-5　在微态弹性理论和微极弹性理论中，动能密度分别表示为

$$T=\frac{1}{2}\rho\dot{u}_j\dot{u}_j+\frac{1}{6}\rho' d_{kl}^2\dot{\psi}_{kj}\dot{\psi}_{lj}$$

$$T = \frac{1}{2}\rho \dot{u}_i \dot{u}_i + \frac{1}{2}J\dot{\phi}'_i \dot{\phi}'_i$$

试解释以上两个方程等号右边第二项的本质区别。

8-6 试推导微极弹性理论的位移形式运动方程

$$(\mu + \chi)\nabla^2 \boldsymbol{u} + (\lambda + \mu)\nabla(\nabla \cdot \boldsymbol{u}) + \chi \nabla \times \boldsymbol{\Phi} = \rho \ddot{\boldsymbol{u}}$$

$$\gamma \nabla^2 \boldsymbol{\Phi} + (\alpha + \beta)\nabla(\nabla \cdot \boldsymbol{\Phi}) + \chi \nabla \times \boldsymbol{u} - 2\chi \boldsymbol{\Phi} = J\ddot{\boldsymbol{\Phi}}$$

8-7 试分析微膨胀变形与宏观热膨胀变形的相似性。

9 非局部弹性理论

经典的弹性理论建立在以下三个基本假设上：

（1）物质是连续分布的，每个物质点都具有三个自由度。

（2）若物体处于平衡状态，则其任意小的物质微元也处于平衡状态。

（3）物体中某点的状态只与该点无穷小邻域有关。

从以上的假设可以看出，第一个假设忽略了物质点的极性性质，即作用在物质点上的只能有力而不能有力偶。第二个假设消除了载荷对物体运动和状态变化的长程效应。第三个假设忽略了组成物质的原子间长程力的交互作用。非局部弹性理论放弃了第二、三个假设。认为任何物质都有局部结构，如原子结构、分子结构、晶粒或颗粒等，并且由这些基本内部结构组成实际物体。这些内部结构是通过原子、分子、晶粒或颗粒间的长程作用力（吸引力）发生相互影响的。因此，物体中某点的状态受到其他各物质点的影响，只是不同点的影响程度不同而已。

9.1 非局部影响函数

非局部弹性理论考虑了物质微结构间的长程力效应，建立了新的基本假设：

（1）对全局成立的各种守恒定律（如质量守恒、动量守恒、动量矩守恒、能量守恒）对任意小的体元不一定成立。这样一来，在守恒定律的微分形式中将出现局部化残余。正是它反映了载荷对物体的运动和状态演变的长程效应。

（2）物体中每点的应力不仅与该点的应变有关，而且与其领域内所有点的应变都有关。在新的假设下，非局部弹性理论将经典的弹性理论方程修改为

$$t_{ij,j}(\boldsymbol{r}) + f_i(\boldsymbol{r}) = \rho \ddot{u}_i(\boldsymbol{r}) \tag{9-1}$$

$$t_{ij}(\boldsymbol{r}) = \int_V \alpha(|\boldsymbol{r} - \boldsymbol{r}'|, \tau)\sigma_{ij}(\boldsymbol{r}')\mathrm{d}V' \tag{9-2}$$

$$\sigma_{ij}(\boldsymbol{r}') = \lambda\varepsilon_{kk}(\boldsymbol{r}')\delta_{ij} + 2\mu\varepsilon_{ij}(\boldsymbol{r}') \tag{9-3}$$

$$\varepsilon_{ij}(\boldsymbol{r}') = \frac{1}{2}[u_{i,j}(\boldsymbol{r}') + u_{j,i}(\boldsymbol{r}')] \tag{9-4}$$

式中，$t_{ij}(\boldsymbol{r})$ 为非局部弹性应力张量分量，仍为对称张量；$\sigma_{ij}(\boldsymbol{r}')$ 为局部弹性应力张量分量，即经典弹性理论中的对称的 Cauchy 应力张量；$\alpha(|\boldsymbol{r}-\boldsymbol{r}'|, \tau)$ 为非局部影响函数，反映邻域内各点的影响程度，通常是距离的衰减函数；$\varepsilon_{ij}(\boldsymbol{r}')$ 为局部应变张量分量，仍是对称张量；ρ 为物质密度；f_i 为体力密度，即单位体积中的体力。

而边界条件修改为

$$\begin{cases} u_i(\boldsymbol{r}') = \bar{u}_i(\boldsymbol{r}') & (\boldsymbol{r}' \in \partial V_u) \\ t_{ij}(\boldsymbol{r}') n_j = \bar{t}_i(\boldsymbol{r}') & (\boldsymbol{r}' \in \partial V_\sigma) \end{cases} \tag{9-5}$$

式中，$\bar{u}_i$ 为给定位移边界上的给定位移；$\bar{t}_i$ 为给定面力边界上的给定面力；n_j 为边界外法线方向余弦。

对于各向同性均匀介质，式（9-2）也可写成

$$t_{ij}(\boldsymbol{r}) = \int_V [\lambda'(|\boldsymbol{r}-\boldsymbol{r}'|, l_\alpha)\varepsilon_{kk}(\boldsymbol{r})\delta_{ij} + 2\mu'(|\boldsymbol{r}-\boldsymbol{r}'|, l_\alpha)\varepsilon_{ij}]\mathrm{d}V' \tag{9-6}$$

式中，

$$\lambda'(|\boldsymbol{r}-\boldsymbol{r}'|, l_\alpha) = \lambda\alpha(|\boldsymbol{r}-\boldsymbol{r}'|, \tau) \tag{9-7}$$

$$\mu'(|\boldsymbol{r}-\boldsymbol{r}'|, l_\alpha) = \mu\alpha(|\boldsymbol{r}-\boldsymbol{r}'|, \tau) \tag{9-8}$$

称为非局部拉梅系数。

非局部影响函数 $\alpha(|\boldsymbol{r}-\boldsymbol{r}'|, \tau)$ 是伴随非局部弹性理论引入的新的材料参数，它用来描述材料非局部衰减效应，即离观察点越近则对观察点影响越大，随着与观察点间距离的增加，对观察点的影响将逐渐减小。在点 $\boldsymbol{r}$ 处的非局部应力张量也可以理解为点 $\boldsymbol{r}$ 邻域内所有各点的局部弹性应力的加权体积平均值，而影响函数就是加权函数。为了和量子力学相对应，甚至可以将非局部应力理解为概率平均值，此时影响函数就是概率密度函数。非局部影响函数强烈依赖于材料内部特征长度 l（如晶格参数、粒子间的距离）和外部特征长度 L（如波长、裂纹长度）之比。通常将其写成 $\alpha(|\boldsymbol{r}-\boldsymbol{r}'|, \tau)$，$\tau = \rho_0 \dfrac{l}{L}$。这里 ρ_0 是一个材料常数。适当选择非局部影响函数可更加真实地反映材料的力学行为，但如何选择影响函数目前却没有统一的方法。实际在选择非局部影响函数时应注意遵守下面几个原则：

（1）非局部影响函数是一个随距离衰减的函数，在 $\boldsymbol{r}'=\boldsymbol{r}$ 时达到最大值，并随 $|\boldsymbol{r}-\boldsymbol{r}'|$ 的增加而逐渐减小直至在无穷远处衰减为0。

（2）当特征尺度比 $\tau\to 0$ 时，非局部影响函数应退化为狄拉克(Dirac)δ函数，以保证非局部弹性理论可以退化为经典弹性理论，即

$$\lim_{\tau\to 0}\alpha(|\boldsymbol{r}-\boldsymbol{r}'|,\tau)=\delta(\boldsymbol{r}-\boldsymbol{r}') \tag{9-9}$$

这个原则要求所有非局部影响函数构成一个δ序列，在 $\tau\to 0$ 时，这个序列的极限就是狄拉克δ函数。

（3）当材料外部特征长度接近材料内部特征长度时，即 $\tau\to 1$ 时，非局部弹性理论的结果应该退化为原子格子动力学的结果。

（4）满足归一化条件，即

$$\int_V\alpha(|\boldsymbol{r}-\boldsymbol{r}'|,\tau)\mathrm{d}V'=1\quad(\boldsymbol{r}'\in V) \tag{9-10}$$

经常使用的非局部影响函数的形式有一维非局部影响函数、二维非局部影响函数和三维非局部影响函数。

（1）一维非局部影响函数。

$$\alpha(|x-x'|,\tau)=\begin{cases}\dfrac{1}{\tau L}\left(1-\dfrac{|x-x'|}{\tau L}\right) & (|x-x'|\leqslant\tau L)\\ 0 & (|x-x'|>\tau L)\end{cases} \tag{9-11}$$

即三角形型。

$$\alpha(|x-x'|,\tau)=\frac{1}{2\tau L}\mathrm{e}^{-\frac{|x-x'|}{\tau L}} \tag{9-12}$$

即指数型。

$$\alpha(|x-x'|,\tau)=\frac{1}{\tau L\sqrt{\pi}}\mathrm{e}^{-\frac{|x-x'|^2}{\tau L^2}} \tag{9-13}$$

即误差函数的导数型。

$$\alpha(|x-x'|,\tau)=\begin{cases}\dfrac{1}{\tau L} & \left(|x-x'|\leqslant\dfrac{1}{2\tau L}\right)\\ 0 & \left(|x-x'|>\dfrac{1}{2\tau L}\right)\end{cases} \tag{9-14}$$

即矩形型。

$$\alpha(|x-x'|,\tau)=\frac{\sin^2\left(\dfrac{|x-x'|}{\tau L}\right)}{\left(\dfrac{|x-x'|}{\tau L}\right)^2}\quad\left(\frac{|x-x'|}{\tau L}\leqslant\pi\right) \tag{9-15}$$

即 sinc 函数型。

（2）二维非局部影响函数。

$$\alpha(|\boldsymbol{r}-\boldsymbol{r}'|,\tau)=\frac{1}{\pi\tau L^2}\mathrm{e}^{\frac{|\boldsymbol{r}-\boldsymbol{r}'|^2}{\tau L^2}} \tag{9-16}$$

$$\alpha(|\boldsymbol{r}-\boldsymbol{r}'|,\tau)=\frac{1}{2\pi\tau^2L^2}\kappa_0\left(\frac{|\boldsymbol{r}-\boldsymbol{r}'|^2}{\tau L}\right) \tag{9-17}$$

其中 $\kappa_0(z)$ 是修正贝塞尔函数（modified Bessel function）。

（3）三维非局部影响函数。

$$\alpha(|\boldsymbol{r}-\boldsymbol{r}'|,\tau)=\frac{1}{(\pi\tau L^2)^{3/2}}\mathrm{e}^{-\frac{|\boldsymbol{r}-\boldsymbol{r}'|^2}{\tau L^2}} \tag{9-18}$$

$$\alpha(|\boldsymbol{r}-\boldsymbol{r}'|,\tau)=\frac{1}{4\pi\tau^2L^2|\boldsymbol{r}-\boldsymbol{r}'|}\mathrm{e}^{-\frac{|\boldsymbol{r}-\boldsymbol{r}'|}{\tau L}} \tag{9-19}$$

下面进一步讨论非局部弹性理论的场方程。考虑到

$$\frac{\partial\alpha(|\boldsymbol{x}-\boldsymbol{x}'|,\tau)}{\partial x_j}\sigma_{ij}(\boldsymbol{x}')=-\frac{\partial\alpha(|\boldsymbol{x}-\boldsymbol{x}'|,\tau)}{\partial x_j'}\sigma_{ij}(\boldsymbol{x}')$$

$$=-\frac{\partial}{\partial x_j'}[\alpha(|\boldsymbol{x}-\boldsymbol{x}'|,\tau)\sigma_{ij}(\boldsymbol{x}')]+\alpha(|\boldsymbol{x}-\boldsymbol{x}'|,\tau)\frac{\partial\sigma_{ij}(\boldsymbol{x}')}{\partial x_j'}$$

并利用高斯定理，将式（9-2）代入式（9-1）得到用局部应力表示的运动方程

$$-\int_{\partial V}\alpha(|\boldsymbol{x}-\boldsymbol{x}'|,\tau)\sigma_{ij}(\boldsymbol{x}')n_j'\mathrm{d}s(\boldsymbol{x}')+\int_V\alpha(|\boldsymbol{x}-\boldsymbol{x}'|,\tau)\sigma_{ij,j}(\boldsymbol{x}')\mathrm{d}V(\boldsymbol{x}')+f_i=\rho\ddot{u}_i \tag{9-20}$$

进一步将式（9-3）和式（9-4）代入上式，得到用位移表示的运动方程

$$-\int_{\partial V}\alpha(|\boldsymbol{x}-\boldsymbol{x}'|,\tau)[\lambda u_{k,k}'\delta_{ij}+\mu(u_{i,j}'+u_{j,i}')]n_j'\mathrm{d}s(\boldsymbol{x}')+$$

$$\int_V\alpha(|\boldsymbol{x}-\boldsymbol{x}'|,\tau)[(\lambda+\mu)u_{j,ij}'+\mu u_{i,jj}']\mathrm{d}V(\boldsymbol{x}')+f_i=\rho\ddot{u}_i \tag{9-21}$$

上式等号左边第一项表示有界区域边界上表面应力或表面张力的影响。因此，相对于经典弹性理论，非局部弹性理论可以考虑材料表面物理性质的影响。对微纳米材料，由于材料比表面积（表面体积比）非常大，表面应力的影响一般不能忽略。这是非局部弹性理论比经典弹性理论能更好地解释微纳米力学现象的原因之一。此外，由于运动方程中包含封闭表面的面积分，因此对整体成立的守恒方程对局部未必成立。一般称上式中关于封闭表面的面积分为局部化残余。当表面应力或表面张力非常小，以致可以忽略不计时，表面残余的影响也就可以忽略不计。

9.2 非局部本构方程

用位移表示的非局部弹性理论的运动方程是一个积分-微分型偏微分方程。其求解具有相当的难度。能否将其化成纯微分型，即将其中的积分消去？这一思想如能实现，则会大大简化运动方程的求解。设想存在常系数线性微分算子 D 使得

$$\mathrm{D}\alpha(|\boldsymbol{x}-\boldsymbol{x}'|, \tau)=\delta(\boldsymbol{x}-\boldsymbol{x}') \tag{9-22}$$

将上式作用于式（9-2）两边并利用 $\delta(\boldsymbol{x}-\boldsymbol{x}')$ 函数的积分性质得

$$\mathrm{D}t_{ij}(\boldsymbol{x})=\sigma_{ij}(\boldsymbol{x}) \tag{9-23}$$

考虑到对常系数线性微分算子

$$\mathrm{D}=E+A_i\frac{\partial}{\partial x_i}+B_{ij}\frac{\partial}{\partial x_i\partial x_j}+C_i\frac{\partial^2}{\partial x_i^2}+\cdots \tag{9-24}$$

存在关系式

$$\frac{\partial}{\partial x_k}[\mathrm{D}t_{ij}(\boldsymbol{x})]=\mathrm{D}\left[\frac{\partial}{\partial x_k}t_{ij}(\boldsymbol{x})\right] \tag{9-25}$$

则式（9-1）可表示成

$$\sigma_{ij,j}(\boldsymbol{x})+\mathrm{D}[f_i(\boldsymbol{x})-\rho\ddot{u}_i(\boldsymbol{x})]=0 \tag{9-26}$$

进一步将式（9-3）、式（9-4）代入上式，得到用位移表示的纯微分型运动方程。特别是对于无体力静力学问题，运动方程简化为

$$\sigma_{ij,j}(\boldsymbol{x})=0 \tag{9-27}$$

Eringen 通过比较非局部弹性理论所得平面波色散曲线与原子动力学所得色散曲线，建议采用如下常系数线性微分算子：

$$\mathrm{D}=1-\tau^2L^2\nabla^2 \tag{9-28}$$

此时非局部弹性理论的应力应变关系表示如下：

$$(1-\tau^2L^2\nabla^2)t_{ij}=C_{ijkl}\varepsilon_{kl} \tag{9-29}$$

如将上式中的 t_{ij} 用 σ_{ij} 代替，即

$$(1-\tau^2L^2\nabla^2)\sigma_{ij}=C_{ijkl}\varepsilon_{kl} \tag{9-30}$$

则这样得到的应力就包含了非局部效应。

考虑到在应变梯度弹性理论中，应力应变关系表示为

$$\sigma_{ij}=C_{ijkl}(1-l^2\nabla^2)\varepsilon_{kl} \tag{9-31}$$

Aifantis 认为材料的本构方程可以一般地表示为

$$\left(1 - g_1 \sum_{m=1}^{3} \frac{\partial^2}{\partial x_m^2}\right) \sigma_{ij} = C_{ijkl}\left(1 - g_2 \sum_{m=1}^{3} \frac{\partial^2}{\partial x_m^2}\right) \varepsilon_{kl} \tag{9-32}$$

这种隐式材料本构方程更具有一般性，其中包括了两种特殊情况：当 $g_1 = 0$ 时，就是应变梯度理论；当 $g_2 = 0$ 时，就是非局部弹性理论。当 $g_1 = g_2 = 0$ 时，就是经典弹性理论。式（9-32）一般称为非局部应变梯度弹性理论。它是将非局部弹性与应变梯度弹性相结合的产物。如果进一步将时间导数引入，即

$$\left(1 - g_1 \sum_{m=1}^{3} \frac{\partial^2}{\partial x_m^2}\right)\left(1 + \tau_1 \frac{\partial}{\partial t}\right) \sigma_{ij} = C_{ijkl}\left(1 - g_2 \sum_{m=1}^{3} \frac{\partial^2}{\partial x_m^2}\right)\left(1 + \tau_2 \frac{\partial}{\partial t}\right) \varepsilon_{kl} \tag{9-33}$$

则上述本构方程同时还包含了黏弹性效应。式中，τ_1 和 τ_2 为黏弹性松弛时间。黏弹性效应可以理解为时间域上的非局部效应，一般称为历史依赖效应或时间记忆效应。不同于空间非局部效应，由于存在因果关系，时间非局部效应属于单边效应，即 t 时刻的力学行为仅依赖于 t 时刻之前的变形历史，而与 t 时刻之后的变形无关。而一维空间非局部呈现双边效应。由于非局部弹性理论突破了经典连续介质力学的局部作用原理对本构关系的限制，所以非局部弹性理论实际上属于广义连续介质力学范畴。而空间非局部和时间非局部可以看成是空间和时间耦合非局部理论。根据考虑非局部效应的不同程度，可以将连续介质力学模型划分为三类：严格局部模型（经典弹性理论）、弱非局部模型（应变梯度弹性理论）、强非局部模型（积分型本构模型）。

作为时空非局部弹性理论的典型模型，我们简单介绍一下威利斯（Willis）方程。针对由线弹性组分材料构成的复合材料，考虑材料密度和弹性模量的非均匀性，Willis 基于变分原理得到如下一组方程：

$$\boldsymbol{p}_{\text{eff}} = \nabla \cdot \boldsymbol{\sigma}_{\text{eff}} + \boldsymbol{b} \tag{9-34}$$

$$\boldsymbol{\sigma}_{\text{eff}} = \boldsymbol{C}_{\text{eff}} \circ \boldsymbol{\varepsilon}_{\text{H}} + \boldsymbol{S}_{\text{eff}} \circ \boldsymbol{u}_{\text{H}} + \boldsymbol{C}_0 : \boldsymbol{\varepsilon}_{\text{H}} \tag{9-35}$$

$$\boldsymbol{p}_{\text{eff}} = \boldsymbol{D}_{\text{eff}} \circ \boldsymbol{\varepsilon}_{\text{H}} + \boldsymbol{\rho}_{\text{eff}} \circ \boldsymbol{u}_{\text{H}} + \rho_0 \boldsymbol{u}_{\text{H}} \tag{9-36}$$

式中，$\boldsymbol{\sigma}_{\text{eff}}$和 $\boldsymbol{p}_{\text{eff}}$分别为等效应力张量和等效动量张量；$\boldsymbol{b}$ 为体力张量；$\boldsymbol{u}_{\text{H}}$和 $\boldsymbol{\varepsilon}_{\text{H}}$为复合材料等效位移场和应变场；$\boldsymbol{C}_0$和 ρ_0分别为参考介质的弹性张量和密度；$\boldsymbol{\rho}_{\text{eff}}$为等效密度张量；$\boldsymbol{C}_{\text{eff}}$为等效弹性张量；$\boldsymbol{S}_{\text{eff}}$为速度耦合张量；$\boldsymbol{D}_{\text{eff}}$为应变耦合张量。$\boldsymbol{C}_{\text{eff}}$、$\boldsymbol{S}_{\text{eff}}$、$\boldsymbol{D}_{\text{eff}}$和 $\boldsymbol{\rho}_{\text{eff}}$均为时空非局部算子。符号"$\circ$"表示时空非局部运算，即先进行一次时间卷积运算，再进行一次空间域积分，定义为

$$A \circ B = \int_{\Omega} A(\boldsymbol{x}, \boldsymbol{x}', t) * B(\boldsymbol{x}', t) \mathrm{d}\boldsymbol{x}' = \int_{\Omega} \left[\int_{0}^{t} A(\boldsymbol{x}, \boldsymbol{x}', t - \tau) B(\boldsymbol{x}', \tau) \mathrm{d}\tau \right] \mathrm{d}V(\boldsymbol{x}') \tag{9-37}$$

式中，$*$ 表示时间卷积运算。

9.3 非局部残余

从式（9-21）可见，运动方程中包含封闭表面的面积分，因此对整体成立的守恒方程对局部未必成立。一般称式（9-21）中关于封闭表面的面积分为局部化残余。存在局部化残余是非局部理论区别于局部理论的基本特征。本节重点讨论非局部理论中的局部化残余问题。考虑局部化残余，在当前构型下的守恒定律，包括质量守恒定律、动量守恒定律、动量矩守恒定律、能量守恒定律以及热力学第二定律的熵不等式，可以改写为

$$\dot{\rho} + \nabla \cdot (\rho \boldsymbol{v}) = \hat{\rho} \tag{9-38}$$

$$\boldsymbol{t} \cdot \nabla + \rho \boldsymbol{b} - \rho \dot{\boldsymbol{v}} = \hat{\rho} \boldsymbol{v} + \rho \hat{\boldsymbol{b}} \tag{9-39}$$

$$\boldsymbol{\epsilon} : \boldsymbol{t} + \boldsymbol{r} \times \rho \hat{\boldsymbol{b}} = \boldsymbol{r} \times \hat{\rho} \boldsymbol{v} + \rho \hat{\boldsymbol{J}} \tag{9-40}$$

$$\rho \dot{e} + \hat{\rho} \left(e - \frac{1}{2} \boldsymbol{v} \cdot \boldsymbol{v} \right) - \boldsymbol{t} : (\boldsymbol{v} \otimes \nabla) - \rho \hat{\boldsymbol{b}} \cdot \boldsymbol{v} + \boldsymbol{q} \cdot \nabla - \rho Q = \rho \hat{e} \tag{9-41}$$

$$\rho \dot{\eta} + \frac{1}{T} \left(\boldsymbol{q} \cdot \nabla - \frac{\boldsymbol{q} \cdot \nabla T}{T} \right) - \frac{\rho Q}{T} - \rho \hat{\eta} \geqslant 0 \tag{9-42}$$

式中，ρ、$\boldsymbol{v}$、$\boldsymbol{b}$、$\boldsymbol{t}$、$\boldsymbol{r}$ 分别为质量密度、质点速度、体力、非局部应力张量和矢径；e、η 分别为内能密度和熵密度；$\boldsymbol{q}$、Q 分别为热流矢量和热源；T 为绝对温度；$\boldsymbol{\epsilon}$ 为三阶置换张量；$\hat{\rho}$、$\hat{\boldsymbol{b}}$、$\hat{\boldsymbol{J}}$、$\hat{e}$、$\hat{\eta}$ 分别为质量密度、体力、体力偶、内能密度和熵密度的非局部残余。这些非局部残余满足零平均条件

$$\int_V (\hat{\rho}, \rho \hat{\boldsymbol{b}}, \rho \hat{\boldsymbol{J}}, \rho \hat{e}, \rho \hat{\eta}) \mathrm{d}V = 0 \tag{9-43}$$

其中 V 是连续体的整体体积。

考虑到长程力的作用特点，可以改变质点的运动状态如位移和速度，进而改变连续体的内能，但一般不会改变连续体的质量和熵，故可认为 $\hat{\rho} = 0$ 和 $\hat{\eta} = 0$。此外，将非局部应力张量和速度梯度进行加法分解，写成对称部分与反对称部分之和，即

$$\boldsymbol{t}=\boldsymbol{t}^{\mathrm{s}}+\boldsymbol{t}^{\mathrm{a}},\ \boldsymbol{t}^{\mathrm{s}}=\frac{1}{2}(\boldsymbol{t}+\boldsymbol{t}^{\mathrm{T}}),\ \boldsymbol{t}^{\mathrm{a}}=\frac{1}{2}(\boldsymbol{t}-\boldsymbol{t}^{\mathrm{T}}) \tag{9-44}$$

$$\boldsymbol{v}\otimes\nabla=\dot{\boldsymbol{\varepsilon}}+\dot{\boldsymbol{\Omega}} \tag{9-45}$$

$$\dot{\boldsymbol{\varepsilon}}=\frac{1}{2}(\boldsymbol{v}\otimes\nabla+\nabla\otimes\boldsymbol{v}) \tag{9-46}$$

$$\dot{\boldsymbol{\Omega}}=\frac{1}{2}(\boldsymbol{v}\otimes\nabla-\nabla\otimes\boldsymbol{v}) \tag{9-47}$$

则考虑非局部残余的各种守恒定律，即式（9-38）~式（9-42）可以改写为

$$\dot{\rho}+\nabla\cdot(\rho\boldsymbol{v})=0 \tag{9-48}$$

$$\boldsymbol{t}\cdot\nabla+\rho\boldsymbol{b}-\rho\dot{\boldsymbol{v}}=\rho\hat{\boldsymbol{b}} \tag{9-49}$$

$$\boldsymbol{\epsilon}:\boldsymbol{t}+\boldsymbol{r}\times\rho\hat{\boldsymbol{b}}=\rho\hat{\boldsymbol{J}} \tag{9-50}$$

$$\rho\dot{e}-\boldsymbol{t}^{\mathrm{s}}:\dot{\boldsymbol{\varepsilon}}-\boldsymbol{t}^{\mathrm{a}}:\dot{\boldsymbol{\Omega}}-\rho\hat{\boldsymbol{b}}\cdot\boldsymbol{v}+\boldsymbol{q}\cdot\nabla-\rho Q=\rho\hat{e} \tag{9-51}$$

$$\rho\dot{\eta}+\frac{1}{T}\left(\boldsymbol{q}\cdot\nabla-\frac{\boldsymbol{q}\cdot\nabla T}{T}\right)-\frac{\rho Q}{T}\geqslant 0 \tag{9-52}$$

根据客观性原理，不管是局部理论还是非局部理论，能量守恒定律在坐标变化下应该保持不变。不考虑时间平移，考虑空间坐标系的如下变换：

$$\bar{\boldsymbol{x}}(t)=\boldsymbol{R}(t)\cdot\boldsymbol{x}(t)+\boldsymbol{x}_0(t) \tag{9-53}$$

式中，$\boldsymbol{R}(t)$ 是正交张量，表示坐标系的旋转；$\boldsymbol{x}_0(t)$ 表示坐标系的平移。则能量守恒定律（9-51）在 $\bar{\boldsymbol{x}}(t)$ 坐标系和 $\boldsymbol{x}(t)$ 坐标系中应该保持一致，这就要求

$$e=\rho\hat{e}+\boldsymbol{t}^{\mathrm{a}}:\dot{\boldsymbol{\Omega}}+\rho\hat{\boldsymbol{b}}\cdot\boldsymbol{v} \tag{9-54}$$

应该是客观性标量。又因为 $\hat{\boldsymbol{b}}$、$\hat{\boldsymbol{J}}$、$\hat{e}$ 均为描述连续体内部长程作用力的连续性变量，故不加证明地认为它们均为客观性物理量。在两种坐标系下内能的非局部残余存在如下关系：

$$\rho\bar{\hat{e}}=\rho\hat{e}+\boldsymbol{t}^{\mathrm{a}}:(\dot{\boldsymbol{R}}\cdot\boldsymbol{R}^{\mathrm{T}})+\rho(\hat{\boldsymbol{b}}\otimes\boldsymbol{r}):(\dot{\boldsymbol{R}}\cdot\boldsymbol{R}^{\mathrm{T}}) \tag{9-55}$$

若 $\rho\hat{e}$ 是客观性标量，则应该满足 $\rho\bar{\hat{e}}=\rho\hat{e}$。从而要求

$$\boldsymbol{t}^{\mathrm{a}}:(\dot{\boldsymbol{R}}\cdot\boldsymbol{R}^{\mathrm{T}})-\rho(\hat{\boldsymbol{b}}\otimes\boldsymbol{r}):(\dot{\boldsymbol{R}}\cdot\boldsymbol{R}^{\mathrm{T}})=0 \tag{9-56}$$

考虑到 $\dot{\boldsymbol{R}}\cdot\boldsymbol{R}^{\mathrm{T}}$ 是反对称张量，上式要满足就必须有

$$\boldsymbol{t}^{\mathrm{a}}=0 \tag{9-57}$$

$$\hat{\boldsymbol{b}}=0 \tag{9-58}$$

$$\hat{\boldsymbol{J}} = \hat{\boldsymbol{b}} \otimes \boldsymbol{r} = 0 \tag{9-59}$$

这表明体力和体力偶的非局部残余实际上是零，非局部应力张量依然是对称张量。由力矩平衡条件知，如果体力或者体力偶的非局部残余不为零，则必然导致非局部应力张量是非对称的。利用关系式（9-57）~式（9-59），非局部理论下的各种守恒定律还可以进一步简化为

$$\dot{\rho} + \nabla \cdot (\rho \boldsymbol{v}) = 0 \tag{9-60}$$

$$\boldsymbol{t} \cdot \nabla + \rho \boldsymbol{b} = \rho \dot{\boldsymbol{v}} \tag{9-61}$$

$$\boldsymbol{\epsilon} : \boldsymbol{t} = 0 \tag{9-62}$$

$$\rho \dot{e} - \boldsymbol{t} : \dot{\boldsymbol{\varepsilon}} + \boldsymbol{q} \cdot \nabla - \rho Q = \rho \hat{e} \tag{9-63}$$

$$\rho \dot{\eta} + \frac{1}{T}\left(\boldsymbol{q} \cdot \nabla - \frac{\boldsymbol{q} \cdot \nabla T}{T}\right) - \frac{\rho Q}{T} \geqslant 0 \tag{9-64}$$

能量非局部残余可以理解为由于长程作用力的存在，在有限体积的连续体微元内产生的应变能。这部分应变能又可以根据能量等效原则，即

$$\int_V \rho \hat{e}(\boldsymbol{x}) \mathrm{d}V = \oint_{\partial V} \boldsymbol{v}(\boldsymbol{x}) \cdot \boldsymbol{\gamma}(\boldsymbol{x}) \mathrm{d}S \tag{9-65}$$

等效为表面张力 $\boldsymbol{\gamma}(\boldsymbol{x})$ 产生的应变能（即表面张力所做功）。这样就将能量守恒方程中的能量非局部残余等效为边界上的表面张力。控制方程中的能量非局部残余可以不再考虑，取而代之的是在边界条件中考虑表面张力的作用，即边界条件改写为：在位移边界上，

$$\boldsymbol{u}(\boldsymbol{x}) = \bar{\boldsymbol{u}}(\boldsymbol{x}) \quad (\boldsymbol{x} \in \partial V_u) \tag{9-66}$$

在应力边界上，

$$\boldsymbol{t}_n(\boldsymbol{x}) = \boldsymbol{t}(\boldsymbol{x}) \cdot \boldsymbol{n}(\boldsymbol{x}) = \boldsymbol{p}(\boldsymbol{x}) - \boldsymbol{\gamma}(\boldsymbol{x}) \quad (\boldsymbol{x} \in \partial V_\sigma) \tag{9-67}$$

式中，$\boldsymbol{p}(\boldsymbol{x})$ 表示作用在边界上的外力；$\boldsymbol{\gamma}(\boldsymbol{x})$ 表示由能量非局部残余等效而来的表面张力。

接下来我们讨论能量非局部残余的计算。在非局部弹性理论中，由于考虑长程相互作用，Helmholtz 自由能是关于连续体内所有质点的变形历史和温度历史的泛函。以初始构型为参考构型，Helmholtz 自由能密度可以表示为

$$\rho_0 \psi = \rho_0 \psi(\boldsymbol{E}(\boldsymbol{X}, t), \boldsymbol{E}(\boldsymbol{X}', t), \theta(\boldsymbol{X}, t), \theta(\boldsymbol{X}', t)) \tag{9-68}$$

式中，$\boldsymbol{E}$ 为 Green 应变张量；$\theta = T - T_0$ 表示温度变化；$\boldsymbol{X}$、$\boldsymbol{X}'$ 为遍历初始构型下的连续体的所有物质点；ρ_0 为初始构型下的质量密度。为方便起见，记 $\boldsymbol{E}(\boldsymbol{X}, t) = \boldsymbol{E}$，$\boldsymbol{E}(\boldsymbol{X}', t) = \boldsymbol{E}'$，$\theta(\boldsymbol{X}, t) = \theta$，$\theta(\boldsymbol{X}', t) = \theta'$，则

$$\rho_0\psi = \rho_0\psi(\boldsymbol{E},\ \boldsymbol{E}',\ \theta,\ \theta') \tag{9-69}$$

在初始构型下，利用 Helmholtz 自由能表示的熵不等式为

$$-\rho_0(\dot{\psi} + \dot{\theta}\eta) + \boldsymbol{S} : \dot{\boldsymbol{E}} + \frac{\boldsymbol{q}\cdot\nabla\theta}{T_0} \geqslant 0 \tag{9-70}$$

式中，$\boldsymbol{S}$ 表示 PK2 应力张量，它与 Green 应变张量 $\boldsymbol{E}$ 在初始构型下是功共轭的。将式（9-69）代入式（9-70）得

$$\left[\boldsymbol{S} - \int_V \frac{\partial\psi}{\partial\boldsymbol{E}}\mathrm{d}V(\boldsymbol{X}')\right] : \dot{\boldsymbol{E}} - \left[\rho_0\eta + \int_V \frac{\partial\psi}{\partial\theta}\mathrm{d}V(\boldsymbol{X}')\right] : \dot{\theta} - \frac{\boldsymbol{q}\cdot\nabla\theta}{T_0} -$$

$$\int_V \frac{\partial\psi}{\partial\boldsymbol{E}'} : \boldsymbol{E}'\mathrm{d}V(\boldsymbol{X}') - \int_V \frac{\partial\psi}{\partial\theta'}\cdot\theta'\mathrm{d}V(\boldsymbol{X}') + \rho_0\hat{e} \geqslant 0 \tag{9-71}$$

考虑到 $\dot{E}$、$\dot{\theta}$ 的任意性，上式成立的条件是

$$\boldsymbol{S} = \int_V \frac{\partial\psi}{\partial\boldsymbol{E}}\mathrm{d}V(\boldsymbol{X}') \tag{9-72}$$

$$\rho_0\eta = -\int_V \frac{\partial\psi}{\partial\theta}\mathrm{d}V(\boldsymbol{X}') \tag{9-73}$$

$$\rho_0\hat{e} = \int_V \frac{\partial\psi}{\partial\boldsymbol{E}'} : \boldsymbol{E}'\mathrm{d}V(\boldsymbol{X}')\int_V \frac{\partial\psi}{\partial\theta'}\cdot\theta'\mathrm{d}V(\boldsymbol{X}') \tag{9-74}$$

$$-\frac{\boldsymbol{q}\cdot\nabla\theta}{T_0} + \rho_0\hat{e} \geqslant 0 \tag{9-75}$$

考虑到应变能的非负性，如令 $\boldsymbol{q} = -\boldsymbol{k}\cdot\nabla\theta$（$\boldsymbol{k}$ 为各向异性热传导二阶张量），则熵不等式总可以满足。这也是傅里叶热传导定律的理论依据。一旦 Helmholtz 自由能密度泛函给定，不仅可以得到非局部应力张量 $\boldsymbol{S}$ 与 Green 应变张量 $\boldsymbol{E}$ 的本构关系、熵密度 η 与温度变化 θ 之间的本构关系，同时也可以得到能量非局部残余的计算公式。

设 Helmholtz 自由能密度可用如下二次型表示：

$$\psi = \frac{1}{2}[\boldsymbol{E} : \boldsymbol{C}_1 : \boldsymbol{E} + (\boldsymbol{E}' : \boldsymbol{C}_2 : \boldsymbol{E} + \boldsymbol{E} : \boldsymbol{C}_2 : \boldsymbol{E}') + \boldsymbol{E}' : \boldsymbol{C}_3 : \boldsymbol{E}'] \tag{9-76}$$

式中，$\boldsymbol{C}_i(i = 1,\ 2,\ 3)$ 一般是关于温度和坐标依赖的四阶张量，且满足 Voigt 对称性。为简便起见，忽略温度的影响，考虑纯弹性变形情况，可由式（9-72）得到

$$\boldsymbol{S}(\boldsymbol{X}) = \boldsymbol{K}(\boldsymbol{X}) : \boldsymbol{E}(\boldsymbol{X}) + \int_V \boldsymbol{C}_2(\boldsymbol{X},\ \boldsymbol{X}') : \boldsymbol{E}(\boldsymbol{X}')\mathrm{d}V(\boldsymbol{X}') \tag{9-77}$$

式中，$\boldsymbol{K}(\boldsymbol{X}) = \int_V \boldsymbol{C}_1(\boldsymbol{X},\ \boldsymbol{X}')\mathrm{d}V(\boldsymbol{X}')$。对于弹性小变形情况，可以忽略初始构型与

当前构型的微小差别，用当前构型上的应力张量和应变张量代替初始构型上的应力张量和应变张量，式（9-77）可以写成

$$\boldsymbol{t}(\boldsymbol{x})=\boldsymbol{K}(\boldsymbol{x}):\boldsymbol{\varepsilon}(\boldsymbol{x})+\int_V \boldsymbol{C}_2(\boldsymbol{x},\boldsymbol{x}'):\boldsymbol{\varepsilon}(\boldsymbol{x}')\mathrm{d}V(\boldsymbol{x}') \tag{9-78}$$

对于各向同性材料，令

$$K_{ijkl}(\boldsymbol{x})=\lambda\delta_{ij}\delta_{kl}+\mu(\delta_{ik}\delta_{jl}+\delta_{il}\delta_{jk}) \tag{9-79}$$

$$\boldsymbol{C}_2(\boldsymbol{x},\boldsymbol{x}')=\alpha(|\boldsymbol{x}-\boldsymbol{x}'|)\boldsymbol{K}(\boldsymbol{x}) \tag{9-80}$$

式中，$\alpha(|\boldsymbol{x}-\boldsymbol{x}'|)$ 是非局部影响函数。则式（9-78）退化为

$$\boldsymbol{t}(\boldsymbol{x})=\lambda\mathrm{tr}\boldsymbol{\varepsilon}(\boldsymbol{x})\boldsymbol{I}+2\mu\boldsymbol{\varepsilon}(\boldsymbol{x})+\int_V\alpha(|\boldsymbol{x}-\boldsymbol{x}'|)[\lambda\mathrm{tr}\boldsymbol{\varepsilon}(\boldsymbol{x}')\boldsymbol{I}+2\mu\boldsymbol{\varepsilon}(\boldsymbol{x}')]\mathrm{d}V(\boldsymbol{x}') \tag{9-81}$$

式中，$\mathrm{tr}\boldsymbol{\varepsilon}(\boldsymbol{x})$ 表示应变张量 $\boldsymbol{\varepsilon}(\boldsymbol{x})$ 的迹。写成分量形式为

$$t_{ij}(\boldsymbol{x})=\lambda\varepsilon_{kk}(\boldsymbol{x})\delta_{ij}+2\mu\varepsilon_{ij}(\boldsymbol{x})+\int_V\alpha(|\boldsymbol{x}-\boldsymbol{x}'|)[\lambda\varepsilon_{kk}(\boldsymbol{x}')\delta_{ij}+2\mu\varepsilon_{ij}(\boldsymbol{x}')]\mathrm{d}V(x') \tag{9-82}$$

此即非局部弹性理论的应力张量与应变张量的本构方程。

习　题

9-1　非局部弹性理论中的非局部残余指什么？为什么说对整体成立的控制方程，对局部不一定成立？

9-2　为什么说体力或者体力偶的非局部残余不为零，则非局部应力张量就是非对称的？

9-3　为什么体力、体力偶的非局部残余可以是零，而能量非局部残余不可以为零？

9-4　为什么能量非局部残余可以等效为表面张力的作用？能量非局部残余如何计算？表面张力如何计算？

9-5　比较非局部弹性理论的微分型本构方程与积分型本构方程，试回答积分型本构方程是否一定可以化成微分型？满足什么条件才可以化成微分型？

9-6　比较非局部弹性理论的本构方程与应变梯度弹性理论的本构方程有何不同？两者反映的力学行为是否相同？

9-7　考虑长为 L、横截面积为 A、抗弯刚度为 EI 的悬臂梁，端部作用集中载荷 P，分别用非局部弹性理论和应变梯度弹性理论求端部挠度，并分析哪种弹性理论得到的挠度更大？据此分析非局部效应和应变梯度效应有何不同？

9-8　考虑长为 L、横截面积为 A、抗弯刚度为 EI 的两端简支梁，分别用非局部弹性理论和应

变梯度弹性理论求简支梁固有频率和振型，并分析哪种弹性理论得到的固有频率更大？据此分析非局部效应和应变梯度效应有何不同？

9-9 考虑长为 L、横截面积为 A、抗弯刚度为 EI 的悬臂梁，端部作用力偶 M，用非局部应变梯度弹性理论求端部挠度，据此分析非局部特征长度和应变梯度特征长度取值对端部位移的影响有何不同？

参考文献

[1] 李锡夔，郭旭，段庆林．连续介质力学［M］. 北京：科学出版社，2015.

[2] 黄筑平．连续介质力学［M］. 北京：高等教育出版社，2003.

[3] 黄克智，薛明德，陆明万．张量分析［M］. 3 版．北京：清华大学出版社，2023.

[4] 赵亚溥．近代连续介质力学［M］. 北京：科学出版社，2016.

[5] 金明．非线性连续介质力学教程［M］. 3 版．北京：清华大学出版社，2017.

[6] 魏培君．数学物理方程［M］. 北京：冶金工业出版社，2012.

[7] 魏培君．积分方程及其数值方法［M］. 北京：冶金工业出版社，2007.

[8] 赵杰，陈万吉，冀宾．关于两种二阶应变梯度理论［J］. 力学学报，2010，42（1）：138-145.

[9] 谭忠棠．偶应力的弹性理论［J］. 固体力学学报，1982（4）：590-600.

[10] 虞吉林．考虑微结构的固体力学的进展和若干应用［J］. 力学进展，1985，15（1）：82-89.

[11] 黄再兴，樊蔚勋，黄维扬．关于非局部场论的几个新观点及其在断裂力学中的应用（Ⅰ）——基本理论部分［J］. 应用数学和力学，1997，18（1）：45-54.

[12] 黄再兴．关于非局部场论的几个新观点及其在断裂力学中的应用（Ⅱ）——重论非线性非局部热弹性本构方程［J］. 应用数学和力学，1999，20（7）：56-63.

[13] 黄再兴．关于非局部场论的几个新观点及其在断裂力学中的应用（Ⅲ）——重论线性非局部弹性理论［J］. 应用数学和力学，1999，20（11）：1193-1197.

[14] 王林娟，徐吉峰，王建祥．非局部弹性理论概述及在当代材料背景下的一些进展［J］. 力学季刊，2019，40（1）：1-12.

[15] MINDLIN R D，TIERSTEN H F. Effects of couple-stresses in linear elasticity［J］. Arch. Ration. Mech. Anal.，1962，11：415-448.

[16] KOITER W T. Couple stresses in the theory of elasticity，Ⅰ and Ⅱ［J］. Proc. K. Ned. Akad. Wet.（B），1964，67：17-44.

[17] TOUPIN R A. Elastic materials with couple stresses［J］. Arch. Ration. Mech. Anal.，1962，11：385-414.

[18] YANG F，CHONG A C M，LAM D C C，et al. Couple stress based strain gradient theory for elasticity［J］. International Journal of Solids and Structures，2002，39：2731-2743.

[19] MINDLIN R D. Micro-structure in linear elasticity［J］. Arch. Ration. Mech. Anal.，1964，16：51-78.

[20] ASKES H，AIFANTIS E C. Gradient elasticity in statics and dynamics：An overview of

formulations, length scale identification procedures, finite element implementations and new results [J]. International Journal of Solids and Structures, 2011, 48 (13): 1962-1990.

[21] CHANG C S, SHI Q, LIAO C L. Elastic constants for granular materials modeled as first-order strain-gradient continua [J]. International Journal of Solids and Structures, 2003, 40 (21): 5565-5582.

[22] ERINGEN A C, EDELEN D G B. On the nonlocal elasticity [J]. Int. J. Sci. Eng., 1972, 10: 233-248.

[23] ERINGEN A C, EDELEN D G B. Linear theory of nonlocal elasticity and dispersion of plane waves [J]. Int. J. Sci. Eng., 1972, 5: 425-435.

[24] MA H M, GAO X L, REDDY J N. A microstructure-dependent Timoshenko beam model based on a modified couple stress theory [J]. Journal of the Mechanics and Physics of Solids, 2008, 56 (12): 3379-3391.

[25] ERINGEN A C. Microcontinuum field theories [M]. Berlin: Springer, 1998.

[26] MINDLIN R. On first strain-gradient theories in linear elasticity [J]. International Journal of Solids and Structures, 1968, 4: 109-124.

[27] EREMEYEV V A, LEBEDEV L, ALTENBACH H. Foundations of micropolar mechanics [M]. Berlin: Springer, 2013.

[28] ERINGEN A C. Theory of micropolar elasticity [M]. Berlin: Springer, 1967.

[29] ERINGEN A C. Micropolar mixture theory of porous media [J]. Journal of Applied Physics, 2003, 94 (6): 4184-4190.

[30] ZHANG P, WEI P J, LI Y Q. The elastic wave propagation through the finite and infinite periodic laminated structure of micropolar elasticity [J]. Composite Structures, 2018, 200: 358-370.

[31] LI Y Q, LI L, WEI P J, et al. Reflection and refraction of thermoelastic waves at an interface of two couple-stress solids based on Lord-Shulman thermoelastic theory [J]. Applied Mathematical Modelling, 2018, 55: 536-550.

[32] ZHANG P, WEI P J, LI Y Q. In-plane wave propagation through a microstretch slab sandwiched by two half-spaces [J]. European Journal of Mechanics A/Solids, 2017, 63: 136-148.

[33] ZHANG P, WEI P J, LI Y Q. Wave propagation through a micropolar slab sandwiched by two elastic half-spaces [J]. Journal of Vibration and Acoustics, 2016, 138 (4): 041008.

[34] ZHANG P, WEI P J, TANG Q H. Reflection of micropolar elastic waves at the non-free surface of a micropolar elastic half-space [J]. Acta Mechanica, 2015, 226 (9): 2925-2937.

[35] LI Y Q, WEI P J. Reflection and transmission through a microstructured slab sandwiched by two

half-spaces [J]. European Journal of Mechanics A/Solids, 2016, 57: 1-17.

[36] HUANG Y S, WEI P J. Modelling the flexural waves in a nanoplate based on the fractional order nonlocal strain gradient elasticity and thermoelasticity [J]. Composite Structures, 2021, 266: 113793.

[37] HUANG Y S, WEI P J. Modelling flexural wave propagation by the nonlocal strain gradient elasticity with fractional derivatives [J]. Mathematics and Mechanics of Solid, 2021, 26 (10): 1538-1562.

[38] XU Y Q, WEI P J, ZHAO L N. Flexural waves in nonlocal strain gradient high-order shear beam mounted on fractional-order viscoelastic Pasternak foundation [J]. ACTA Mechanica, 2022, 233: 4101-4118.

[39] XU Y Q, WEI P J, HUANG Y S. Traveling and standing flexural waves in the micro-beam based on the fraction-order nonlocal strain gradient theory [J]. J. Vib. Acoust., 2022, 144 (6): 061002.